U0248694

固体电介质空间电荷与电气绝缘

Space Charges in Solid Dielectrics and Electrical Insulation

周远翔　张　灵　著

科 学 出 版 社

北　京

内 容 简 介

本书介绍了电介质绝缘材料技术的基本概念，固体电介质中空间电荷产生、发展和消散的基本理论和仿真分析方法，电声脉冲法空间电荷测量技术及几种典型的测量系统，纳米粒子表面接枝技术和电介质复合技术在绝缘电介质改性中的应用，凝聚态结构、纳米界面调控、绝缘材料老化对低密度聚乙烯、聚酰亚胺、硅橡胶和油纸等典型绝缘材料空间电荷特性的影响规律，常温、高温和强电场等条件下空间电荷对聚乙烯、油纸等绝缘材料电场畸变效应和对电气击穿过程、电介质电导特性的影响机制，空间电荷在典型电力设备绝缘结构设计及运行特性分析中的应用，电介质空间电荷在理论研究、测量技术、暂态特性、数值仿真和电气绝缘应用方面的发展方向等。

本书可以为电力、电工及其他行业的工作者以及科研院所和高校提供高电压、电介质材料与电气绝缘等方面的参考。

图书在版编目(CIP)数据

固体电介质空间电荷与电气绝缘＝Space Charges in Solid Dielectrics and Electrical Insulation / 周远翔，张灵著. —北京：科学出版社，2023.11

ISBN 978-7-03-075735-7

Ⅰ. ①固… Ⅱ. ①周… ②张… Ⅲ. ①电介质-研究 Ⅳ. ①O48

中国国家版本馆CIP数据核字(2023)第104403号

责任编辑：范运年 / 责任校对：王萌萌
责任印制：赵　博 / 封面设计：陈　敬

科学出版社出版
北京东黄城根北街 16 号
邮政编码: 100717
http://www.sciencep.com
三河市春园印刷有限公司印刷
科学出版社发行　各地新华书店经销
*
2023 年 11 月第 一 版　开本：720 × 1000 1/16
2024 年 2 月第二次印刷　印张：22 1/2
字数：453 000

定价：168.00 元

(如有印装质量问题，我社负责调换)

序

直流输电由于其固有的输电优越性，近年来得到了迅猛发展。然而，直流下电压分布温度依存性以及带电粒子单向导电性造成的迁移、积聚，不可避免地在绝缘材料内部形成空间电荷，从而畸变了高压绝缘系统内部的电场应力，在实际运行设备中这种畸变对绝缘可靠性的负面影响已经得到了证实。

周远翔教授于 20 世纪末留学日本期间，完成了电容器陶瓷电介质材料电导、击穿和空间电荷现象的博士课题。三十年来，他针对电介质材料与绝缘技术，开展空间电荷产生、发展、积聚和消散的基本理论和仿真，以及空间电荷测量技术的研究。他通过开展国际合作研究，首次在官方层面引进了国外先进的电声脉冲法空间电荷测量技术及装置；在 973 计划、国家自然科学基金和教育部人才计划等国家项目的支持下，他攻克了高分辨率、高速、高耐压、动态空间电荷检测技术，解决了深入研究固体电介质空间电荷理论的关键难题；他采用反演技术，攻克了多孔介质结构测量难题，率先实现了变压器油纸绝缘空间电荷的测量。研究成果为直流电力电缆和换流变压器等直流电气设备的绝缘材料特性提升、绝缘结构设计、绝缘试验以及运行可靠性提供了重要的试验和理论支撑，获得国家科技进步奖特等奖 1 项、国家科技进步奖二等奖 1 项、省部级科技奖 11 项，产生了显著的经济和社会效益。

该书是电气绝缘领域空间电荷研究的论著，系统介绍了空间电荷的基本概念及电声脉冲法空间电荷测量技术，结合周远翔教授的研究，从空间电荷来源、仿真、材料凝聚态结构、绝缘老化、电气性能、材料开发和绝缘结构等角度论述了空间电荷和电气绝缘研究的最新知识。

该书介绍的宽频电声脉冲信号混合算法将电声脉冲法拓展至表面粗糙且多孔性电介质材料的空间电荷的检测，解决了油纸绝缘等电介质空间电荷行为研究的难题；在介绍电声脉冲法测量系统时融入了团队对测量手段的研究成果，解决了高场强、临近击穿和电导电流-空间电荷同步测量的难题，大幅提升了装置的测试能力，拓展了电介质空间电荷研究的广度和深度。

该书首次系统介绍了凝聚态结构和小分子接枝对空间电荷输运行为的影响规律，提出直流电压下有效抑制空间电荷影响的纳米复合技术，为直流电缆与换流变压器绝缘材料选型、结构设计、优化和运行测试提供了试验和理论依据。

该书的最后在总结了空间电荷电气设备绝缘领域应用的基础上，展望了三维空间电荷探测技术、空间电荷绝缘评估技术和空间电荷现场测试技术的发展，对电气绝缘中的空间电荷研究具有借鉴和引领作用。

该书的出版，有助于空间电荷测试技术和空间电荷电气绝缘性能评价技术壁垒的跨越，不失为电气设备绝缘研究和装备制造的一大幸事，可为电力、电工及其他行业的工作者以及科研院所和高校提供高电压、电介质材料与电气绝缘等方面的参考。该书可以引导大学生等初学者认识和探索固体电介质内部空间电荷行为；为步入科研殿堂的研究生提供空间电荷理论及研究思路和方法；为科研工作者的进一步深入研究提供较为系统的空间电荷基本理论和技术；为工程技术人员在直流设备的绝缘设计、制造和运行等方面提供参考。

2023 年 3 月于北京

前　言

提到电气绝缘，绕不开空间电荷的影响问题。极不均匀场中，气体间隙放电产生极性效应，操作冲击放电电压与波前时间出现“U”形特性等；固体电介质放电产生预加电压效应，电容器极化与储能的应用，造成电导过程的载流子迁移与积聚等。这些空间电荷引起的材料行为，直接影响着电气绝缘系统的运行可靠性和稳定性。

1995 年作者留学日本，从事陶瓷电容器介质绝缘空间电荷、电气传导和击穿性能的研究，其间有幸认识了空间电荷领域国际著名的专家高田达雄教授。回国后，作者于 2003 年开展了固体电介质中空间电荷与电气绝缘国际合作研究，首次在官方层面引进了高田教授开发的 PEA 空间电荷测量技术及装置。该研究先后获得了教育部新世纪优秀人才支持计划（NCET-04-0095）、国家自然科学基金（51377089）和 973（2011CB209400、2014CB239501）等纵向项目，以及电力系统及大型发电设备安全控制和仿真国家重点实验室、国家电网公司、南方电网公司等国内中坚科研机构和企业的大力支持，形成了高分辨率、高速、高耐压、动态空间电荷检测专利技术，解决了深入研究固体电介质空间电荷理论的关键难题。研究成果为交直流电力电缆和变压器/换流变压器等电气设备的绝缘结构设计、绝缘试验及运行可靠性提供了重要的试验和理论支撑，获得国家科技进步奖特等奖 1 项、国家科技进步奖二等奖 1 项、省部级科技奖 11 项，产生了重要的经济和社会效益。本书的出版是成果总结的必然，也是学术研究的必然之选。

本书共分 9 章。第 1 章介绍电介质绝缘材料技术的内涵，空间电荷的基本概念，空间电荷测量方法及相关特性的研究现状。第 2 章介绍电介质空间电荷运动基础理论，RKDG+LDG 方法的计算效率和精度及强电场下电介质空间电荷包的形成机理。第 3 章介绍基于电声脉冲法的空间电荷测量技术。第 4 章介绍凝聚态结构及其与电介质电气性能之间的关系。第 5 章介绍界面调控对纳米电介质空间电荷特性的影响，纳米粒子表面接枝技术和电介质复合技术，纳米颗粒表面接枝对交联聚乙烯空间电荷特性的影响以及优选参数的纳米复合交联聚乙烯陷阱特性与电学性能。第 6 章介绍电老化对固体电介质空间电荷特性的影响，包括电老化情况下低密度聚乙烯、聚酰亚胺、硅橡胶和油纸在电老化下的空间特性。第 7 章介绍空间电荷对固体电介质电气绝缘性能的影响，以及常温、高温和强电场等条件下空间电荷对固体电介质的电场畸变效应和对电气击穿过程、电介质电导特性的影响。第 8 章介绍空间电荷对油纸绝缘电气性能的影响，极性反转电压下油纸绝缘的空间电荷特性，油纸复合绝缘界面处电荷特性，长期运行工况下老化后油纸绝缘的空间电荷输运特性及理论。第 9 章介绍空间电荷的应用研究及未来发展，空间电荷在典型电力设备结构设计及运行特性中的应用以及电介质空间电荷在理论研究、测量技术、暂态特性、数值仿真和电气绝缘应用方面的发展方向。

博士王宁华、王云杉、田冀焕、张灵、黄猛等，以及刘鸿斌、莫雅俊、聂浩等为本书的完成作出了重要的贡献。高级工程师杨元彪，博士后张云霄，博士研究生黄欣、滕陈源、李科、朱小倩、姜贵敏、陈健宁、马春苗、白正、侯旭照进行了大量的数据、图片、数据查证及编辑、校对工作。在此一并致以衷心的感谢！

周远翔负责全书的撰写工作；张灵参与了第 2 章、第 5 章和第 9 章 9.5 节的撰写工作。限于作者的水平，书中难免仍有不当之处，敬请广大读者批评指正。

作　者

2023 年 1 月于清华园

目　录

第1章 绪 论

本章首先介绍电介质材料与绝缘技术相关的概念及发展方向，然后着重介绍固体电介质材料中的空间电荷问题，最后综述了现有空间电荷测量技术，对空间电荷研究进展进行了归纳。

1.1 电介质材料与绝缘技术

1.1.1 电介质材料及电气性能

电介质就是具备绝缘体物理特性，一旦施加电场后能发生介质极化的固体、液体和气体的总称。作为材料，电介质与导体、半导体和磁性材料一样，在电工领域占有重要的地位。高介电常数和高绝缘阻抗是电介质的主要特性，这类材料被广泛应用于电气绝缘和储能领域。

电介质材料的电气特性就是对电介质材料施加电场时它所做出的响应，主要包括[1]：①电导特性(载流子来源、性质，电导过程，强场下的电导等)；②击穿特性(击穿机理，老化特性，V-t 曲线等)；③介电特性(介电常数，介质损耗角正切等)；④二次效应，包括空间电荷、陷阱、界面现象、化学结构、形态结构、缺陷等的影响。因此，对电介质材料电气性能及其影响机理的进一步探索是推动电气绝缘材料研究的重要理论基础，可以对电气绝缘材料的工程应用起指导性作用。

1.1.2 绝缘问题与绝缘技术研究发展方向

绝缘技术发展是电工技术发展的需要，是有关绝缘问题的归纳和解决的结果。绝缘问题主要来自三方面：一是世界性的电能需求量迅猛增长，发电设备和输变电设备不断向高电压和大容量方向发展所带来的问题；二是电工设备应用领域不断扩大，环境因素日益复杂和严酷化所导致的问题；三是实践要求电工设备的可靠性和经济性不断提高而需要解决的问题。

1. 电工设备与绝缘技术应用领域问题

随着西电东送的开展及核能及应用、低温超导、变频、电磁弹射、航空航天、微波、等离子体、高功率脉冲和深层石油开采等技术的不断发展，电介质材料与绝缘技术的应用领域越来越广泛。极端与非常规条件下电介质及其行为的研究，既属于学科研究的前沿，又符合国家发展战略需求。

在超特高压绝缘技术方面，由于一些关键绝缘问题的解决，750kV 交流电网工程和±500kV 及以上直流输电工程已经成熟运行。在我国，现阶段已经建成多个交流 1000kV 和直流±800kV 的长距离大容量特高压输电工程，首条直流±1100kV 工程也已经建成投运。发电设备方面，单机容量 1000MW 以上大型火力、水力和核电设备技术已经得到应用。其他新型设备如超导电力设备、无油化电力设备、气体绝缘输电线路(gas insulated transmission line，GIL)及电力电缆等也是目前发展的重要方向，这些输变电设备技术的发展和设备水平的提高归根结底取决于绝缘技术的发展。

电介质在信息、生物与能源技术中也有着十分重要的作用和地位。信息技术中的传感器材料、非线性光学材料，微电子技术发展中亟需的新型高介电常数与低介电常数材料，新型能源领域中涉及的高效能源转化材料，大电容高效储能电介质材料等都是电介质材料的重要应用和发展方向。

2. 绝缘技术发展方向

电气工程中的绝缘是指各种电工设备的绝缘结构，绝缘技术则是主要包含绝缘理论、绝缘材料、绝缘结构设计和制造安装以及绝缘的测试分析等四个组成部分的技术整体，四个组成部分之间相互关联，缺一不可。

1)绝缘理论

物质的微观结构和微观粒子运动特性是绝缘理论发展的基础。从电子运动的轨道理论、能级理论、原子结构理论，到热力学统计，构成了电介质绝缘理论的量子力学基础。从这些基础理论出发，对绝缘技术的一些现象及其规律进行理论总结，进而指导绝缘技术。

从应用的角度，绝缘理论包含绝缘介电特性、放电特性、劣化特性及其对应的机理问题。绝缘理论主要指与指导绝缘设计、绝缘问题的分析、探讨物质微观结构与宏观绝缘性能有关的一些理论，它的核心仍然是电介质物理、电介质化学和物质的老化理论。绝缘问题的提出，各种绝缘及其结构的失效、损坏现象的分析与验证，归结到一点，就是寻找物质变化的规律和机理。这种规律又由于应力条件不同可能表现为不同形式。电荷在介质内部的传导和输运的形式是多种多样的。对带电质点的产生与消失，已经有多种相关理论。介质内部的粒子能级跃迁、粒子转移、积聚，甚至在高场强下的场致发射，归纳起来可分为电子和离子的运动与积聚过程。

新型绝缘材料的开发及重大绝缘事故原因的分析，特别对多发性事故的考查与研究，需要有科技理论上的指导。未来，随着绝缘材料的应用环境越来越广泛、运行工况越来越复杂，复杂工况下的绝缘材料理论分析需要进一步深入。一方面，随着计算机技术的不断发展，绝缘材料的建模仿真技术可以为绝缘材料电气性能的物理过程提供合理解释；另一方面，一些高性能绝缘材料的研发往往需要进行有特定目的的改性或作定向的开发。因此，掌握绝缘材料微观特性表征技术和相关仿真技术，明晰微观结构对宏观性能的影响机制，是未来高性能绝缘材料设计的重要理论基础。

2) 绝缘结构

绝缘结构是电工设备的关键部分，是技术应用的具体表现，也是最容易损坏的部分。电工设备能否安全可靠运行，技术经济指标能否进一步提高，绝缘结构的优劣是一个重要因素。绝缘结构由绝缘材料组合而成，因而材料的优劣直接影响绝缘结构的性能，而绝缘结构的功能要求又指导着绝缘材料的发展方向。因此，整个绝缘技术水平的提高也体现在可形成良好绝缘结构的绝缘材料上，如聚酯、聚酰亚胺薄膜、漆包线、无溶剂漆、聚芳酰胺纤维纸等，它们都是以其综合性能优异而不同于一般高分子材料。

随着电力设备电压等级的不断提高，及电工产品使用领域的扩展，环境因素对绝缘的影响越来越显著，绝缘问题已不是一般材料的简单组合和简单工艺所能解决，而需要有一些特定性能的材料，在遵循物质规律的条件下，针对具体的绝缘要求做成特定形式的结构才能适应运行需要。这促使一批多功能的协和性组合绝缘结构得到开发，如新型纤维和薄膜组合绝缘、热弹性绝缘、SF_6 气体和固体组合绝缘、合成油和薄膜或膜纸组合绝缘、整体浇注式组合绝缘等，从而使绝缘技术发展到一个新的阶段。不同于以往经验式的绝缘结构设计，随着计算机技术的不断发展，电力设备绝缘结构设计及仿真技术、绝缘介质多物理场耦合技术水平也得到了迅猛提升。未来，配合绝缘材料的基础特性，绝缘结构设计将服务电气设备设计朝向更可靠、更经济的方向发展。

3) 绝缘材料

绝缘材料的研发是影响电工技术发展的关键技术之一。绝缘材料按照物质形态分类，可以分为气体、液体、固体绝缘材料及复合绝缘材料等。随着我国电力设备及新能源等技术的不断发展，对新型绝缘材料的需求日益突出。具体而言，结合今后发展，绝缘材料的发展趋势为如下几个方面：①高耐压绝缘材料；②环保型绝缘材料；③高介电、高力学性能的复合绝缘材料；④高耐腐蚀、耐老化的绝缘材料；⑤耐高温绝缘材料；⑥阻燃型绝缘材料；⑦高档电子封装材料；⑧储能材料等。

4) 绝缘测试分析

由于从绝缘材料到绝缘结构的整个生产过程涉及的面很广，而结构的性能要求又较复杂。特别在对可靠性要求不断提高的情况下，不但需要合理的结构设计，还必须在工艺质量上层层把关，加强测试。针对运行设备，需要测试绝缘状况能否在各种环境应力下均处于良好的工作状态。因此，分析测试技术的研究就成为不可缺少的组成部分。而对结构的功能性试验和材料的质量控制，对运行过程的精准诊断，对测试的速度与精度，也像一般测试技术那样，成为绝缘技术基础研究内容的一部分。

1.2 固体电介质中的空间电荷现象

1.2.1 空间电荷的定义

宏观固体物质通常可划分为一些相同的结构单元，一般来讲，每个结构单元应该是电中性的，如果在一个或多个这样的结构单元内正负电荷不能互相抵消，则多余的电荷称为相应位置上的空间电荷[2]。在外加电场等因素的作用下，气体、液体和固体绝缘电介质中或电介质表面将积聚空间电荷。空间电荷的存在对电介质的电气性能将产生较大的影响。如图 1.1 所示，当电极前面积聚了与电极同极性的空间电荷时，称这类空间电荷为同极性空间电荷，其产生的作用称为同极性空间电荷效应；反之，则称为异极性空间电荷，其产生的作用称为异极性空间电荷效应。

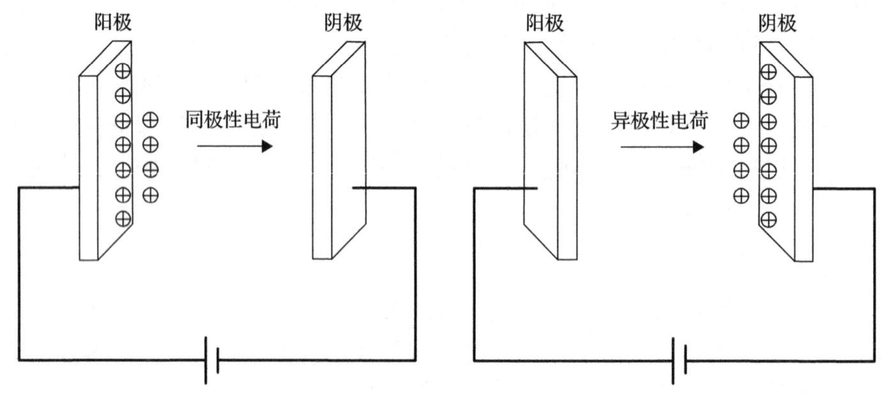

图 1.1 空间电荷示意图

空间电荷积聚后，将畸变电介质空间的电场分布，会使其所在位置一侧的电场增大，另外一侧的电场减小。空间电荷将削弱同极性电极与电介质界面的场强，而增强异极性电极与电介质界面的场强。电介质中带电粒子被陷阱捕获后形成的空间电荷可存在较长时间。假设在电极表面有凸起的毛刺等，由此引起的局部场强较高。随着同极性空间电荷的注入，该凸起与电介质之间界面的场强会因此被削弱，一旦电极上施加的电压极性反转后，残留在凸起前面的同极性空间电荷翻转成异极性空间电荷，该凸起表面的场强将被增强。电气设备在进行破坏性或非破坏性直流试验后均会在设备内部残留空间电荷，空间电荷的这些行为会影响电介质或电气设备的绝缘性能。目前普遍认为，由于空间电荷对电场的这种畸变作用，空间电荷对绝缘材料的电导、击穿破坏、老化等特性都有明显的影响。空间电荷研究是电介质理论研究的重要前沿方向。

1.2.2 高压电力设备绝缘的空间电荷问题

直流输电技术是未来新能源并网、电力互联以及城市输电的主要解决方案。由于在直流电压作用下空间电荷的注入，高压电力设备面临着严峻的绝缘问题。下面以直流塑料电缆和换流变压器为例进行简单介绍。

传统直流电缆指充油式直流电缆和油浸式直流电缆。前者需要大量的充油设备，难以用于远距离输电，后者正常运行温度较低，难以实现大容量输电。如果交流交联聚乙烯(crosslinked polyethylene, XLPE)电缆能够应用于高压直流输电，将大幅提高系统的可靠性，降低建造和维护的成本。20 世纪 70 年代，日本曾尝试将交流 XLPE 电缆应用于±250kV 直流输电系统，但试运行期间频繁发生击穿，最终不得不放弃这一尝试，改用更可靠的传统油浸电缆，事故分析认为空间电荷效应是导致直流 XLPE 电缆频繁击穿的主因[3-5]。而后随着越来越多的学者关注固体绝缘材料中的空间电荷特性，业界一致认为高压直流电缆绝缘用绝缘材料应满足空间电荷注入和积聚量少、电阻率受温度和场强影响小、介电强度高、导热性好等特点。随着直流电压等级的进一步提高，运行工况将更加严酷，如何改善直流场下绝缘材料的性能特别是空间电荷特性，将成为影响新一代电力系统电缆工业发展的重要研究课题。

换流变压器是直流输电系统的核心装备之一。运行中，换流变压器的阀侧绕组不仅要承受交直流叠加电压，还要承受控制和故障出现的各种暂态电压以及直流电压极性的快速反转。种种数据和迹象表明，绝缘问题是换流变压器运行故障的重要因素，一旦换流变压器发生故障，需要长时间停运，直接威胁到电力系统的安全稳定运行。除此之外，由于交流电压极性的周期性变化，在电介质中不易积聚电荷，而直流电压极性长时间不变，载流子的定向移动容易在固体电介质中积聚电荷，导致直流电压下绝缘材料空间电荷积聚。实测结果表明，长期运行之后，换流变压器中等位线的形状发生扭转和回环，甚至出现局部闭合的情况，这说明出现了孤立的空间电荷[6]。

除此之外，当电力设备绝缘面临复杂运行工况，例如脉冲冲击、叠加脉冲、多层结构或者温度梯度等作用时，绝缘材料中均会存在空间电荷效应。空间电荷的存在、转移和消失会导致绝缘材料内部的电场发生畸变，或削弱或增强局部电场，影响电介质的击穿、电导和老化特性。此外，空间电荷会受到电场力的作用，从而使电介质材料发生微小的形变，对材料的击穿和老化构成威胁。在极性反转和放电等暂态过程中，瞬时变化的空间电荷还会影响绝缘介质放电的发展过程。

1.2.3 预电压极性效应

直流预电压后，另一个极性的击穿电压发生变化的现象称为预电压极性效应或预电压现象(prestressing phenomenon)。Bradwell 等[7]研究了聚乙烯的直流预电压场强与脉冲击穿强度的关系，发现了明显的极性效应：与预电压电场极性相同的脉冲击穿强度比未经预电压的脉冲击穿强度高，而与预电压电场极性相反的脉冲击穿强度比未经预电压的脉冲击穿强度低。在这之后，研究人员相继在 $BaTiO_3$ 基陶瓷、聚苯硫醚、聚丙烯、交联聚乙烯、氧化聚乙烯等多种电介质中，在不同温度下，也都发现了类似的现象[1,8-12]。图 1.2 给出了 $BaTiO_3$ 基陶瓷中的预电压极性效应。

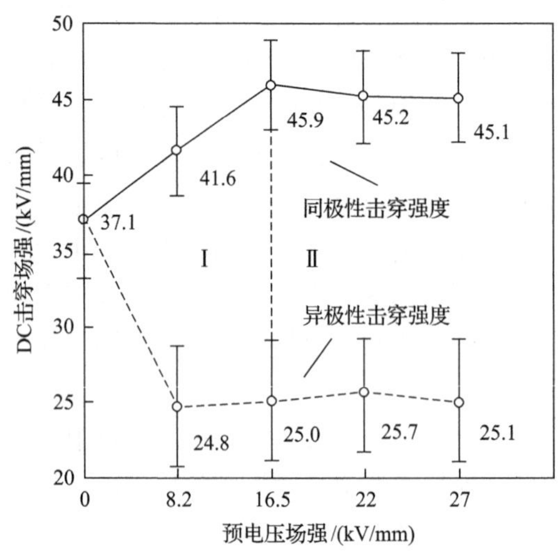

图 1.2 $BaTiO_3$ 基陶瓷的预电压极性效应[1]

预电压极性效应被归因为直流预压时产生的同极性空间电荷积聚(与邻近电极极性相同的空间电荷积聚)。由 Poisson 方程可以计算得知，$1\mu C/cm^3$ 的空间电荷可对其附近 1mm 距离的部位产生 50kV/mm 的电场[13]。因此，如果空间电荷足够多，则足以导致局部电场的畸变，从而使击穿强度发生明显的改变。如图 1.3 所示，在外加电场 E 与预电压电场极性相同的情况下，试品内部靠近试品-电极界面部分的场强被同极性积聚的空间电荷削弱，从而导致脉冲击穿场强提高；在外加电场与预电压电场极性相反的情况下，施加脉冲电场时，试品内部原先的同极性积聚反而呈现异极性效应，试品内部靠近试品-电极界面部分的场强被加强，从而导致脉冲击穿场强降低。

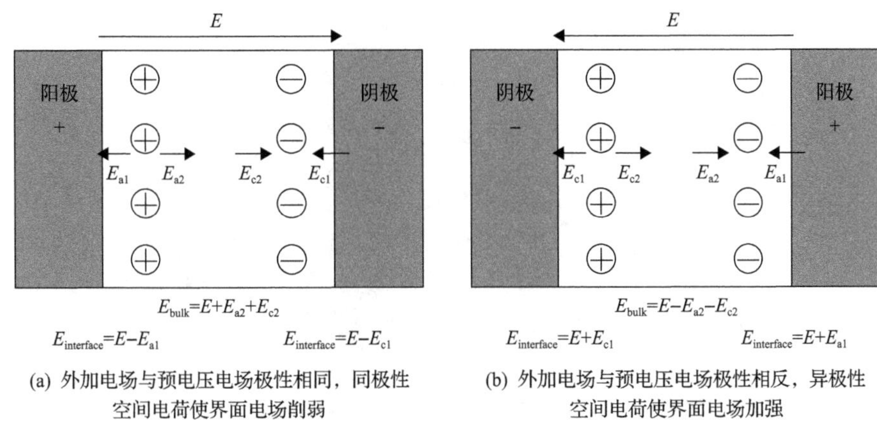

(a) 外加电场与预电压电场极性相同，同极性空间电荷使界面电场削弱

(b) 外加电场与预电压电场极性相反，异极性空间电荷使界面电场加强

图 1.3　预电压极性效应中空间电荷与界面电场示意图

图 1.3 中，E_{bulk} 为体电场，$E_{interface}$ 为界面电场，E_a 为阳极附近积聚的空间电荷所产生的电场，E_c 为阴极附近积聚的空间电荷所产生的电场。

预电压极性效应表明了空间电荷积聚对击穿强度的影响，也促使学者们和制造商对空间电荷在绝缘材料老化和击穿研究中的作用开展持续深入的研究。例如，固体绝缘电缆出厂前的直流耐压测试因此受到严重质疑，抑制空间电荷的积聚成为直流固体绝缘电缆研究的关键。

1.2.4　空间电荷包现象

所谓空间电荷包现象，是指在一定高场强下，空间电荷出现以相对孤立的包的形式进行迁移的动态行为[14]。以聚乙烯(polyethylene，PE)材料为例，聚乙烯材料中的空间电荷包如图 1.4 所示。1994 年 Hozumi 等[15]首先发现当场强超过 100kV/mm 时，在 XLPE 电缆中出现正空间电荷包现象。空间电荷包的起始、运动和消散过程会严重影响介质内部的场强，使电导电流产生震荡，同时也可能造成介质内部的物理化学变化，从而影响电介质击穿和老化特性。因此，空间电荷包现象受到广泛关注，目前研究的内容主要集中于空间电荷包的起源机制、起始场强阈值、极性、速率、迁移方式、对电导和击穿的影响等。

关于空间电荷包的起源，目前还没有定论，几种可能的来源分别是电极注入、试品内部场致电离和场致发射引起的电子、空穴从电极共同注入和相互作用的结果。空间电荷包的出现需要一定的电场强度，深入研究空间电荷包起始电场阈值，对研究空间电荷包的起源和控制有重要意义。此外，空间电荷包运动速率的研究主要集中在运动速率和场强的关系，以及用速率来评估载流子迁移率。一些试验结果表明，空间电荷包的运动速率可随局部场强的增大而减小，即出现所谓的负微分迁移率[16,17]。空间电荷包迁移的本质、迁移率的意义以及负微分迁移率的深层次原因的阐释仍然需要更多的研究。

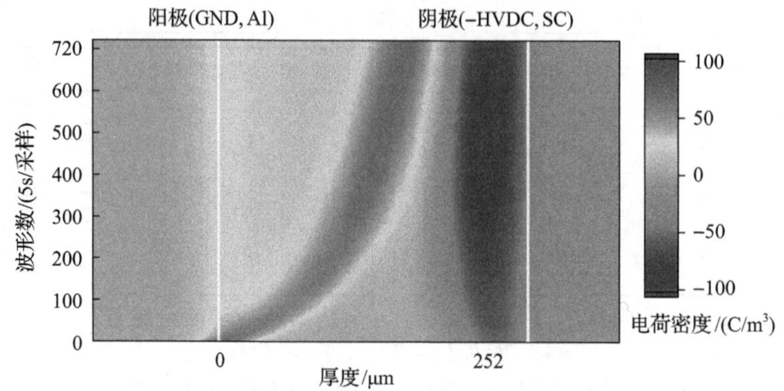

图 1.4　聚乙烯材料中的空间电荷包现象(–100kV/mm 极化，室温)

1.3　固体电介质空间电荷测量技术的发展

空间电荷测量技术是空间电荷研究的基础。空间电荷测量技术的发展与电介质材料电特性研究的发展是互相促进的，基于电介质材料空间电荷研究的需要，出现了空间电荷测量技术，而空间电荷测量技术的发展也反过来推动了空间电荷研究的发展。

1.3.1　空间电荷测量技术简介及历史回顾

通过各国学者卓有成效的研究工作，空间电荷的测量技术在最近 40 年中获得了巨大进步。20 世纪 80 年代之前出现有损测量技术，80 年代开始出现多种无损测量技术，到了 90 年代，测量技术趋于成熟，开始应用到实际研究中，推动了空间电荷研究和材料工业的发展[18]。

国际大电网会议(CIGRE) 1996 年在第 15 研究委员会(Study Committee 15: Materials for Electrotechnology)成立 15.03 工作组(Task Force 15.03: Space Charge Measurements)研究空间电荷测量技术的评估、标准化以及各种测量技术的比较[19,20]。CIGRE 在 2002 年改革，第 15 研究委员会转变为 D1 研究委员会(Study Committee D1: Materials and Emerging Technologies)。

与日本在电缆制造领域起步较早相一致，日本开展的空间电荷及测量技术的研究也处于先进地位。1997 年，日本电气学会诱电绝缘材料技术委员会成立了诱电绝缘材料内部的空间电荷分布测试法调查专门委员会，研究空间电荷测量技术的标准化问题[20]。值得注意的是，包括东京都市大学、名古屋大学、东京大学、早稻田大学等大学，通信综合研究所等研究所，昭和电线控股株式会社、三菱电线工业株式会社、日立电线株式会社等电缆制造商，古河电气工业株式会社、住友电气工业株式会社等电气设备制造商，东京电力公司等电力企业，共计 8 所大学、2 个科研院所、6 个电缆制造商、4 个电气设备制造商、3 所电力企业的研究人员共同组成了这个委员会，说明空间电荷的测量技术是科研机构和大型电缆、电气设备制造商及电力运营商都共同关心的问题，空间电荷研究是在理论和应用上都具有重大意义的前沿课题。日本在电缆工业方面的先进地位是与其科研水平以及制造商、运营商对科研的重视分不开的。该委员会在 2001 年出版了《诱电·绝缘材料的空间电荷分布测试法的标准化》技术报告[21]，对主流的空间电荷测量方法进行了对比分析和标准化工作。一些学者如国外的 Lewiner[22]、Wintle[23]、Li[24]、Morshuis 等[25]、Ahmed 等[26]和 Takada 等[27]，国内的周远翔、张冶文等在不同时期先后对空间电荷测量技术的发展给出了很好的综述[28,29]。

1.3.2 空间电荷测量方法综述

空间电荷的测量技术首先经历了从有损测量到无损测量的转变。在 20 世纪 70 年代，学者们使用有损的热刺激法的测量来间接研究材料内部的空间电荷，如热刺激电流(thermally stimulated current，TSC)法、热刺激表面电位(thermally stimulated surface potential，TSSP)法、热致发光(thermoluminescence，TL)法和热阶跃(thermal step，TS)法等。这些都是有损的间接测量方式，通过对试品进行缓慢的升温，检测升温过程中的电荷释放造成的信号，从而获得电荷的陷阱参数等信息。

在 20 世纪 80 年代以后，先后出现了多种无损空间电荷检测方法，用于测量空间电荷在介质内的分布，代表性的测量方法包括压电诱导压力波扩展(piezo-electric induced pressure wave propagation，PIPWP)法[30]、激光诱导压力波扩展(laser induced pressure propagation，LIPP)法[22]、脉冲电声(pulsed electro-acoustic，PEA)法[31,32]、激光强度调制(laser intensity modulatin method，LIMM)法[33]等。几种方法有不同的适用范围和精度，其中 PIPWP 法与 LIPP 法统称 PWP 法。

PWP 法的基本原理如图 1.5 所示[28]，一个压力波脉冲在介质中以声速传播时，引起介质中的电荷发生微小位移，这一微小位移导致介质电极上的感应电荷量的变化，从而在外电路上可观测到电流及电压信号的变化，以获得介质中空间电荷分布的信息。压力波脉冲由电脉冲和压电材料诱发时，称为 PIPWP 法，而压力波脉冲由激光信号诱发时，称为 LIPP 法。图 1.5 中，g 为电致伸缩常数；ρ 为空间电荷密度；p 为声波；q 为感应电荷；i 为电流；u 为电压；t 为时间；e_{p} 为脉冲电源；z 为测量阻抗。

PEA 法的基本原理如图 1.6 所示[28]，一个电脉冲施加在介质上，导致介质中的空间电荷发生微小位移，这一微小位移以声波形式传递到电极上被压电传感器收集，从而获得有关的空间电荷分布信息。

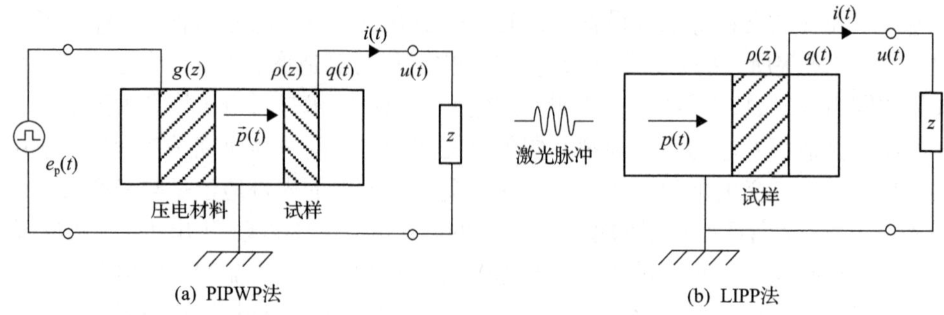

图 1.5　PWP 法的基本原理[28]

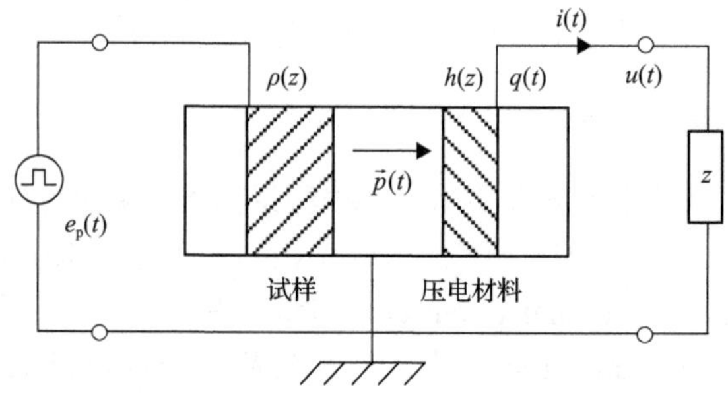

图 1.6　PEA 法的基本原理[28]

图 1.6 中，h 为压电常数。

表 1.1 中总结了三种常用空间电荷测量方法的基本原理、分辨率、优缺点等。其中，TL 法在近电极附近可获得较高分辨率，但数据恢复方法复杂，且精度较低。PWP 法的空间分辨率和信噪比较高，但压力波在材料中色散大且衰减快，使其无法测量较厚的绝缘试样[34]。PEA 法的原理与 PWP 法正好相反，是通过施加电脉

表 1.1　三种常用的空间电荷测量方法总结

测量方法	热阶跃法(TS)	激光诱导压力波法(LIPP)	电声脉冲法(PEA)
测量原理	热扰动电荷导致感生电荷变化	激光激发压力波脉冲扰动电荷	电脉冲扰动电荷产生压力波
空间分辨率	百微秒级	百纳秒级	数微秒级
测量速度	受限于热扩散速度，约数分钟	信噪比好，测量速度较快	最快可达 50μs
样品厚度范围	2～20mm	百微米级	0.1～27mm
优点	适用于厚试样测量	信噪比高、测量分辨率较高	搭建简便、安全
不足	测量速度慢，信号物理意义不直观	无法测量较厚的绝缘介质	分辨率难以进一步提高、信噪比低

冲扰动介质内部电荷，并利用压电传感器采集声波信号[35]。与PWP法相比，PEA法的高压回路和测量回路彼此独立，设备运行安全可靠。但PEA法的空间分辨率受限于脉冲宽度和压电传感薄膜厚度，且测量信号的信噪比较低[36]。

1.3.3　空间电荷测量技术的发展方向

空间电荷测量技术仍然在发展，主要的发展方向是高速、高分辨率、三维测量和小型化，以及现场电力设备绝缘工程检测应用等。

在高速动态测量方面，空间电荷在介质内会发生积聚、分布、迁移、衰减等多种运动过程，这种运动过程可在很短时间内完成，这就需要高速、动态的空间电荷测量技术。如击穿是短时发生的过程，而击穿发生、发展的全过程中空间电荷的变化和衰减情况对击穿机理的研究有重要的意义。在介质中可出现空间电荷整体迁移的空间电荷包现象，对快速迁移的空间电荷包进行研究也需要一定程度的动态、高速测量。

在分辨率方面，PEA法空间电荷测量的分辨率主要受限于电脉冲源的脉宽和PVDF传感器的厚度，随着这两项技术的提高，PEA法空间电荷测量系统的最高分辨率提高到约为5μm。近年来，以激光为激励的光电子学测量方法，则表现出高测试速度和纳米级空间分辨率的潜在优势，例如传统的LIPP法，或者基于光电效应的 Pockels 法。但受限于高分辨率与高速扫描的固有矛盾，目前高分辨率扫描策略存在着扫描速度慢的问题。而且高精度扫描必然带来大量信号数据，因而相关信号恢复技术有待进一步研究。

为了满足不同的试验目的和需求，空间电荷测量系统需要能够在不同条件下工作，有更多的功能。最初，空间电荷测量仅能用于平板型(薄膜型)试品的空间电荷测量，通过改进，目前PEA法、PWP法等已经可以直接应用于同轴型试品[37,38]，为空间电荷测量直接用于电力电缆的开发和评估创造了条件。但由于现场环境干扰、电力设备绝缘结构远比实验条件来得复杂，空间电荷测量技术应用于现场电力设备检测还有很长一段路要走。

另一个研究方向是三维PEA法空间电荷测量，即同时获得空间电荷沿厚度方向和在横截面上的分布信息。Imaizumi等通过缩小电极面积并使电极在试品表面扫描的办法实现基于PEA法的三维测量，但是由于电极面积过小，信噪比很差，需要进行多次采集数据进行平均以提高信噪比，因而一次完整的测量耗时极长，做一次21×21个点的扫描需要几个小时[39]。Maeno和Fukunaga通过使用声透镜(acoustic lens)对声波进行聚焦，实现了基于PEA法的三维空间电荷测量。与普通PEA系统的区别在于，只有声透镜聚焦部分的声信号可以传到传感器上，因而通过声透镜位置的移动就可以完成空间电荷的三维测量[40,41]。后续随着微处理器技术的进步，微处理器阵列被引入PEA系统中，实现了一定精度的空间电荷三维探测。然而，由于现有测量技术的空间分辨率有限等问题，且目前三维空间电荷信号反演技术尚未完善，绝缘材料的三维空间电荷分布仍无法有效表征。

1.4　空间电荷研究进展分析

随着近40年来空间电荷测量技术的巨大进步，固体电介质空间电荷已成为电工学科领域的国际研究热点。在强电场条件下，电介质中产生和积累的空间电荷对材料的介电性能、击穿性能、老化和绝缘破坏性能都有重要影响。理解空间电荷的老化破坏机理，可为提高电介质材料性能和开发新型电介质材料提供扎实的理论基础。

1.4.1　凝聚态结构对空间电荷特性的影响

固体电介质材料的电气性能受其微观结构的影响，研究凝聚态结构及其对空间电荷特性的影响，可以揭示凝聚态结构通过影响空间电荷改变电介质材料电气性能的作用过程。聚合物电介质微观结构的两个主要影响因素是热处理方式和添加剂。半结晶聚合物的微观结构可分为晶区和无定形区。以聚乙烯为例，其晶区一般由折叠链形成片晶，堆积生长形成球晶。聚合物的微观结构影响了空间电荷，从而影响其电导特性、击穿过程、电树枝老化等。研究认为绝缘材料的无定形区容易积聚空间电荷，且晶区界面的支链、端部基团及杂质等会引起陷阱，从而导致电荷积聚。

可以通过调控加工工艺或者添加成核剂等添加剂，调控聚合物材料晶型从而达到抑制空间电荷的效果。例如，对于聚乙烯材料来说，较慢的冷却速率可以得到较大的球晶和较高的结晶度[42]。通过添加不同添加剂也可以改变材料的微观结构，同时可以起到成核剂的作用，提高结晶度并形成较小的晶球[13]。通常结晶度较好、晶胞较为均匀的绝缘材料空间电荷积聚量较少。

1.4.2　电介质老化对空间电荷特性的影响

根据不同老化形式和老化机理，可以将聚合物的老化分为电老化、热老化、电热老化、机械老化、化学老化、光老化等。其中，电老化和热老化是电力设备老化的重要表现方式[43]。

在长期热或电热联合作用下，聚合物材料发生热氧分解反应，分子链重新交联和断裂，晶体结构产生相分离，从而产生孔缺陷。热老化使聚合物绝缘材料产生了更多陷阱，导致更多电荷被捕获。在电缆用绝缘材料聚乙烯的电老化和击穿过程中，电介质绝缘材料中陷阱的深度和密度发生变化，而聚乙烯内部陷阱或缺陷通常被认为是形成空间电荷的重要原因[44]。同时，电老化还会导致绝缘材料的微观结构发生变化，从而导致材料的化学、物理、电学和其他性能发生不可逆转的变化。

对于电老化来说，一方面，在强电场下，由于外部电荷的注入、陷阱的捕获以及杂质分子的电离，聚合物中出现空间电荷，随后发生转移和消散，这都会改变电介质内部电场的分布，对局部电场起到加强或削弱的作用。在空间电荷长期作用下，聚合物的性能会出现退化，最终导致绝缘提前发生击穿。电老化也会引起绝缘材料微观结构的变化，这将导致材料化学、物理等性能产生不可逆的转变。

另一方面，绝缘材料在长期运行中出现的水树枝、电树枝等老化现象与绝缘材料内部空间电荷的出现和积累有着密不可分的关系。绝缘材料制备或者挤塑过程中，如果引入杂质、气泡或者毛刺等，在外电场作用下容易形成电场集中，引发缺陷[45]。缺陷处发生电荷积聚和局部放电，进一步导致电树枝起始和生长。当电缆处于潮湿环境中运行时，水一旦在电场作用下进入 XLPE 绝缘层中，将形成放电通道，产生水树枝老化[13,46,47]。因此，对长期老化过程中聚合物空间电荷特性及影响机理进行研究，可为稳定可靠的绝缘材料研发提供理论支持。

1.4.3 空间电荷与电介质电气性能的关系

空间电荷对局部电场畸变和击穿特性有很大的影响，预电压极性效应促使学者、制造商和运营商都对研究空间电荷存在时的电介质内部局部电场与击穿的关系更加重视。依据空间电荷分布和 Poisson 方程可以获得介质内部不同区域的局部电场，结合击穿场强，可以研究击穿是由介质内部控制还是界面控制。例如，在进行预电压脉冲击穿场强结合空间电荷分布的研究中，研究者发现假设低密度聚乙烯击穿发生在阴极附近场强最大时，比假设击穿发生在整个试品内部场强最大时更符合脉冲击穿电压的试验结果[48]。在聚丙烯材料[9]和聚醚类塑料材料[49]中也发现了类似的现象。

对于油纸绝缘，研究结果表明，空间电荷引起的电场畸变和极性变化导致吸收电流的试验结果与阻容等值模型不一致[50]。由于存在空间电荷，极性反转过程中油隙中的电场快速衰减，浸油纸板中的电场则快速增加，但是浸油纸板不能承受这种快速增加的电场，所以油纸复合绝缘在极性反转电压下容易发生击穿，极性反转时间越短则越严重[51]。

聚合物击穿现象研究表明，聚合物老化的起始和发展归根结底与电荷输运过程密切关联。基于空间电荷的击穿机理大致可以分为以下两类：①空间电荷对聚合物树枝化的影响，即陷阱电荷受到的电场力引起介质的破坏，并提出了电荷注入-抽出理论、场致发射理论、陷阱理论、电致发光的光降解理论等[52-54]；②测量临界击穿前或击穿过程中的空间电荷分布，认为空间电荷引发的局部电场过高是诱发击穿的主要原因。

1.4.4 基于空间电荷对绝缘材料的开发和评估

随着研究的不断深入，空间电荷对绝缘材料电特性的影响越来越受到重视，空间电荷的研究被直接应用于绝缘材料的开发和评估。

一方面，降低空间电荷的积聚水平，或者促进积聚空间电荷的消散成为评价和开发绝缘材料的一个重要指标和手段。Terashima 等[55]通过抑制空间电荷的积聚，开发了两种含有添加剂的 XLPE 用于±250kV 电缆。Tekeda 等[56]使用空间电荷特性来评估 250kV 直流固体绝缘电缆。Tu 等[57]发现在聚乙烯中添加 EVA 能够减少空间电荷积聚从而提高起树电压。Zhang 等[58]则指出任何增加浅陷阱减少深陷阱的添加剂可以提高起树电压。Ono 等[59]发现两种共混聚乙烯由于积聚更多的空间电荷而击穿强度较低。Suzuki 等[60]通过添加剂抑制高密度聚乙烯（high-density polyethylene, HDPE）中空间电荷的积聚，提高了击穿场强。Yoshifuji 等[61]使用空间电荷控制改性了 HDPE 绝缘。Matsui 等[62]比较了三种聚乙烯，发现其中空间电荷注入最少的一种有最高的击穿强度。

另一方面，通过空间电荷性能评估绝缘材料的性能，进一步丰富绝缘材料性能评估方法。Dakka 等[63]发现，在最初几小时中积聚空间电荷越多，老化击穿的时间就越短。Hozumi 等[64]从交流老化电缆中切割的 XLPE 试品中发现，积累的空间电荷量与交流击穿强度等其他电特性相对应，从而提出空间电荷可用于电缆绝缘老化的评估。

1.4.5 空间电荷的仿真研究

空间电荷机理问题研究是基于固体物理学理论，解决电介质中载流子的来源和类型，传输机理，材料陷阱能级分布，不同电场条件下的载流子迁移率，载流子在金属电极和绝缘介质之间的界面注入和析出等问题[65]。目前，空间电荷测量技术的信号质量、空间分辨率与测量速度难以满足实际工程需求，而空间电荷动力学数值仿真能提供实验难以获得的数据以及发现规律，判定起主导作用的经典电导模型，有助于揭示绝缘老化机理、指导产品设计、预测服役寿命。

空间电荷动力学数值仿真是集偏微分方程理论、电介质物理、高性能计算的前沿性交叉学科，始于 1994 年 Alison 等[66]提出的空间电荷动力学数学模型。Alison 的模型针对平行平板结构，采用一维时变方程描述了电场作用下由电子与空穴形成的空间电荷动力学过程。以 Alison 的工作为基础，Roy 等[67]对空间电荷动力学模型所包含的效应、过程、因素予以了进一步的丰富与完善。电极处载流子注入模型被改进为 Schottky 注入关系，从而可以描述电场对电荷注入量的影响。Alison 与 Roy 的工作为空间电荷理论模型与数值仿真奠定了基础。后来的研究则根据实验现象，基于自身对物理过程的理解与把握，增加或减少方程涉及的物理要素，修改模型参数值，以期得到与实验数据基本吻合的仿真结果，从而提供机理性的解释。

聚合物绝缘数值仿真对象具有多尺度特点(从小于 1nm 到数十毫米)，涵盖了分子尺度、介观尺度和宏观尺度。在分子尺度上，采用分子动力学方法计算得到诸如聚乙烯分子的稳定构型。基于该分子构型，使用密度泛函理论计算电子的能态密度分布，研究物理陷阱与化学陷阱对电子能态的影响，并从电子能态密度曲线中提取陷阱参数。在介观尺度上，基于 Markov 统计过程对载流子从一个分子跳跃至另一个分子的输运过程予以定量描述，基于统计模型进行载流子的迁移计算。在宏观尺度上，空间电荷动态过程仿真需要基于分子尺度下计算得到的能态密度、陷阱深度与浓度，以及介观尺度下基于统计学计算得到的载流子迁移率，将静电场泊松方程与对流－反应－扩散方程联立求解，从而得到随时间变化的介质内部电荷浓度、电场强度、电流密度、复合速率等物理量的分布。

1.4.6 其他相关研究

除了高压绝缘材料需要抑制空间电荷之外，在一些特殊的应用场合，例如航空器、传感器和锂电池应用场合等也需要抑制空间电荷。航空器在宇宙空间中，会遭受恶劣的空间环境，例如真空、高低温、射线辐射等。空间环境与航天器相互作用会产生诸多异常问题，如介质表面、内部的电荷充放、辐射损伤等。当电荷积聚到一定程度时，会产生静电放电，严重时甚至产生航天器介质的严重击穿。因此，宇宙空间复杂条件下航天器绝缘材料的空间电荷特性及抑制方法也成为目前研究的一大热点。

对于锂电池来说，锂电池的空间电荷层一般发生在硫化物固态电解质与氧化物正极材料间，氧化物正极材料与硫化物电解质间形成较大的锂离子化学势差，导致锂离子会从硫化物固体电解质一侧向氧化物正极材料一侧移动，在两相界面处易形成空间电荷层。这样降低了锂离子在界面处的传输，使得界面电阻变大，极化增加，电池的性能降低。

并非所有空间电荷积聚都是有害的，例如驻极体材料。驻极体材料是主动型电介质，因其可以长期保存电荷而应用于信息存储和信号传感等领域。对于驻极体材料，是利用其可控的空间电荷存储与在适当激励(如光或电场等)下的空间电荷释放特性，通过识别电荷的空间分布来读取信息，从而实现信息存储。此外还有一些压电传感器等材料，都需要存储空间电荷，然后通过外界物理变化来实现电荷充放。

参 考 文 献

[1] Zhou Y X. Space charge phenomena in electrical conduction and breakdown of ceramic dielectrics[D]. Akita: Akita University, 1999.

[2] 李景德, 雷德铭. 电介质材料物理和应用[M]. 广州: 中山大学出版社, 1992.

[3] 周远翔, 赵健康, 刘睿, 等. 高压/超高压电力电缆关键技术分析及展望[J]. 高电压技术, 2014, 40(9): 2593～2612.

[4] Maekawa Y, Yamaguchi A, Yoshida S, et al. Development of DC ±250kV XLPE cable and factory joints[C]//3rd Proceedings International Conference on Insulated Power Cable (Jicable'91), Paris, 1991: 554～561.

[5] Satoru M, Tanaka T, Muto H, et al. Development of XLPE cable under DC voltage[C]//5th Proceedings International Conference on Insulated Power Cable (Jicable'99), Versailles, 1999: 527～562.

[6] 中国电力科学研究院. 特高压输电技术-直流输电分册[M]. 北京: 中国电力出版社, 2012.

[7] Bradwell A, Cooper R, Varlow B. Conduction in polythene with strong electric fields and the effect of prestressing on the electric strength[J]. Proceeding of IEE, 1971, 118(1): 247～254.

[8] Kaneko K, Umemura A, Hikita M, et al. Consideration of space charge effect on electrical breakdown of poly-p-phenylene sulfide films[C]//IEEE Dielectrics and Electrical Insulation Society. Proceedings of the 3rd International Conference on Properties and Applications of Dielectric Materials. New York: IEEE Dielectrics and Electrical Insulation Society, 1991: 1057～1060.

[9] Mizutani T, Suzuoki Y, Hattori K, et al. Space charge and dielectric breakdown in polypropylene[C]//The 8th International Symposium on Electrets, Paris: IEEE Dielectrics and Electrical Insulation Society, 1994: 254～258.

[10] Mori T, Matsuoka T, Mizutani T. The breakdown mechanism of poly-p-xylylene film prestress effects on the breakdown[J]. IEEE Transactions on Dielectrics and Electrical Insulation, 1994, 1(1): 71～76.

[11] Riechert U, Eberhardt M, Kindersberger J, et al. Breakdown behavior of polyethylene at DC voltage stress[C]//IEEE Dielectrics and Electrical Insulation Society. Proceedings of 1998 IEEE 6th International Conference on Conduction and Breakdown in Solid Dielectrics, Västerås: IEEE Dielectrics and Electrical Insulation Society, 1998: 510～513.

[12] Mizutani T, Suzuoki Y, Matsukawa Y, et al. Space charge and high field phenomena in polyethylene[C]//IEEE Dielectrics and Electrical Insulation Society. 1992 Annual Report. Conference on Electrical Insulation and Dielectric Phenomena. New York: IEEE Dielectrics and Electrical Insulation Society, 1992: 55～60.

[13] Hanley T L, Burford R P, Fleming R J, et al. A general review of polymeric insulation for use in HVDC cables[J]. IEEE Electrical Insulation Magazine, 2003, 19(1): 13～24.

[14] 张灵. 纳米颗粒表面接枝对交联聚乙烯空间电荷特性的影响研究[D]. 北京: 清华大学, 2016.

[15] Hozumi N, Suzuki H, Okamoto T, et al. Direct observation of time-dependent space charge profiles in XLPE cable under high electric fields[J]. IEEE Transactions on Dielectrics and Electrical Insulation, 1994, 1(6): 1068～1076.

[16] Matsui K, Tanaka Y, Takada T, et al. Space charge behavior in low-density polyethylene ate pre-breakdown[J]. IEEE Transactions on Dielectrics and Electrical Insulation, 2005, 12(3): 406～415.

[17] 夏俊峰, 郑飞虎, 肖春, 等. 一个关于低密度聚乙烯中的电荷包注入的物理模型[J]. 四川大学学报(自然科学版), 2005, 42(增刊 2): 90～93.

[18] 王宁华. 形态对低密度聚乙烯空间电荷特性的影响研究[D]. 北京: 清华大学, 2007.

[19] Damamme G, Gressus C L, Reggi A S. Space charge characterization for the 21th century[J]. IEEE Transactons on Dielectrics and Electrical Insulation, 1997, 4(5): 558～584.

[20] Takada T, Tanaka Y. Investigation committee on standardization of space charge measurement in dielectrics and insulating materials[C]//Proceedings of 1998 International Symposium on Electrical Insulating Materials, in conjunction with 1998 Asian International Conference on Dielectrics and Electrical Insulation and the 30th Sypmosimu on Electrical Insulating Materials, Toyohashi, 1998: 828.

[21] 诱电绝缘材料的空间电荷分布计测法标准化调查专门委员会. 诱电·绝缘材料的空间电荷分布测试法的标准

化[S]. 日本电气学会技术报告第 834 号. 东京: 丸井工文社, 2001.

[22] Lewiner J. Evolution of experimental techniques for the study of the electrical properties of insulating materials[J]. IEEE Transactions on Electrical Insulation, 1986, EI-21: 351～360.

[23] Wintle H J. Basic physics of insulators[J]. IEEE Transactions on Electrical Insulation, 1990, 25(1): 27～44.

[24] Li Y, Takada T. Progress in space charge measurement of solid insulating materials in Japan[J]. IEEE Electrical Insulation Magazine, 1994, 10(5): 16～28.

[25] Morshuis P, Jeroense M. Space charge measurements on impregnated paper: A review of the PEA method and a discussion of results[J]. IEEE Electrical Insulation Magazine, 1997, 13(3): 26～35.

[26] Ahmed N H, Srinivas N N. Review of space charge measurements in dielectrics[J]. IEEE Transactions on Dielectrics and Electrical Insulation, 1997, 4(5): 644～656.

[27] Takada T. Acoustic and optical methods for measuring electric charge distributions in dielectrics[C]//IEEE Dielectrics and Insulation Society. 1999 Annual Report Conference on Electrical Insulation and Dielectric Phenomena. Austin: OMNIPRESS, 1999: 1～14.

[28] 周远翔, 王宁华, 王云杉, 等. 固体电介质空间电荷研究进展[J]. 电工技术学报, 2008, 23(9): 16～25.

[29] 张冶文, 潘佳萍, 郑飞虎, 等. 固体绝缘介质中空间电荷分布测量技术及其在电气工业中的应用[J]. 高电压技术, 2019, 45(8): 2603～2618.

[30] Eisenmenger W, Haardt M. Observation of charge compensated polarization zones in polyvinyliden-fluoride (PVDF) films by piezo-electric acoustic step wave response[J]. Solid State Communication, 1982, 41: 917～920.

[31] Takada T, Maeno T, Kushibe H. An electric stress-pulse technique for the measurement of charges in a plastic plate irradiated by electron beam[J]. IEEE Transactions on Electrical Insulation, 1987, EI-22(4): 497～501.

[32] Li Y, Yasuda M, Takada T. Pulsed electroacoustic method for measurement of charge accumulation in solid dielectrics[J]. IEEE Transactions of Dielectric and Electrical Insulation, 1994, 1(2): 188～195.

[33] Dus-Gupta D K, Homsby J S. Laser-intensity modulation method (LIMM)-an analytical and numerical modification[J]. IEEE Transactions on Electrical Insulation, 1991, 26(1): 63～68.

[34] Zhang L, Zhou Y X, Teng C Y, et al. Effect of epitaxial crystallization on packet-like space charge characteristics in low-density polyethylene under multi-field coupling conditions[J]. Journal of Electrostatics, 2017, 88: 88～93.

[35] Zhang L, Mohammad M K, Timothy M, et al. Suppression of space charge in crosslinked polyethylene filled with poly(stearyl methacrylate)-grafted SiO2 nanoparticles[J]. Applied Physics Letters, 2017, 110(13): 132903 (1～5).

[36] Zhang Y X, Zhang L, Zhou Y X, et al. Temperature dependence of DC electrical tree initiation in silicone rubber considering defect type and polarity[J]. IEEE Transactions on Dielectrics and Electrical Insulation, 2017, 24(5): 2694～2702.

[37] Liu R S, Takada T, Takasu N. Pulsed electroacoustic method for measurement of charge distribution in power cables under both ac and dc electric fields[J]. Journal of Physics D: Appllied Physics, 1993, 26(6): 986～993.

[38] Fu M, Chen G, Davies A E, et al. A modified PEA space charge measuring system for power Cables[C]//IEEE Dielectrics and Electrical Insulation Society.Proceedings of the 6th International Conference on Properties and Applications of Dielectric Materials. Xi'an: Xi'an Jiaotong University, 2000: 104～107.

[39] Imaizumi Y, Suzuki K, Tanaka Y, et al. Three-dimensional space charge distribution measurement in electron beam irradiated PMMA[J]. IEEJ Transactions, 1996, 116～A(8): 684～689.

[40] Maeno T, Fukunaga K. Three-dimensional PEA charge measurement system[C]//Proceedings of 2001 International Symposium on Electrical Insulating Materials, in conjunction with 2001 Asian Conference on Electrical Insulation Diagnosis and 33rd Symposium on Electrical and Electronic Insulation Materials and Applications in Systems,

Tokyo, 2001.

[41] Fukunaga K, Maeno T, Okamoto K. Three-dimensional space charge observation of Ion migration in a metal-base printed circuit board[J]. IEEE Transactions on Dielectrics and Electrical Insulation, 2003, 10(3): 458～462.

[42] Zhou Y X, Wang N H, Yan P, et al. Annealing effect on DC conduction in polyethylene films[J]. J Electrost, 2003, 57(3～4): 381～388.

[43] 王云杉. 聚乙烯长期交直流老化条件下的空间电荷特性研究[D]. 北京: 清华大学, 2011.

[44] 尹毅, 肖登明, 屠德民. 空间电荷在评估绝缘聚合物电老化程度中的应用研究[J]. 中国电机工程学报, 2002, 22(1): 43～48.

[45] 张云霄. 直流场下硅橡胶电树枝老化特性研究[D]. 北京: 清华大学, 2018.

[46] Mizutani T. Space charge measurement techniques and space charge in polyethylene[J]. IEEE Trans on DEI, 1994, 1(5): 923～933.

[47] Matsui K, Tanaka Y, Fukao T, et al. Short-duration space charge observation in LDPE at the electric breakdown[C]//2002 Annual Report Conference on Elect rical Insulation and Dielectric Phenomena. Cancun: 2002, 598～601.

[48] Mizutani T. Space charge distributions in insulating polymers[C]//Lewiner J, Morisseau D, Alquié C. The 8th International Symposium on Electrets, Paris, 1994.

[49] Suzuoki Y, Matsukawa Y, Han J O, et al. Study of space-charge effects on dielectric breakdown of polymers by direct probing[J]. IEEE Transactions on Electrical Insulation, 1992, 27(4): 758～762.

[50] 王永红. 换流变压器油纸绝缘击穿特性[D]. 哈尔滨: 哈尔滨理工大学, 2013.

[51] 黄猛. 电热耦合下油纸绝缘空间电荷及其对击穿的影响[D]. 北京: 清华大学, 2016.

[52] Tanaka T. Space charge injected via interfaces and tree initiation in polymers[J]. IEEE Transactions on Dielectrics and Electrical Insulation, 2001, 8(5): 733～743.

[53] Kao K C, Hwang W, Choi S I. Electrical Transport in Solids[M]. Oxford & New York: Pergmon Press, 1981.

[54] 屠德民, 阚林. 高氏聚合物击穿理论的验证及其在电缆上的应用[J]. 西安交通大学学报, 1989, 23(2): 17～24.

[55] Terashima K, Suzuki H, Hara M, et al. Research and development of ±250kV DC XLPE cables[J]. IEEE Transactions on Power Delivery, 1998, 13(1): 7～16.

[56] Takeda T, Hozumi N, Suzuki H, et al. Space charge behavior in full-size 250kV DC XLPE cables[J]. IEEE Transactions on Power Delivery, 1998, 13(1): 28～39.

[57] Tu D, Kan L, Kao K C. Electric breakdown and space charges in ethylene-vinyl-acetate（EVA）incorporated polyethylene[C]//IEEE Dielectrics and Electrical Insulation Society. Proceedings Second International Conference on Properties and Applications of Dielectric Materials, 1988: 598～601.

[58] Zhang Y W, Li J X, Peng Z G, et al. Research of space charge in solid dielectrics in China[C]//IEEE Dielectrics and Electrical Insulation Society. Proceedings of the 6th International Conference on Properties and Applications of Dielectric Materials, Xi'an, 2000.

[59] Ono H, Hirai N, Ohki Y. Effect of blending on the dielectric breakdown of polyethylene[C]//Ohki Y, eds. Proceedings of 2001 International Symposium on Electrical Insulating Materials, in conjunction with 2001 Asian Conference on Electrical Insulation Diagnosis and 33rd Symposium on Electrical and Electronic Insulation Materials and Applications in Systems. Tokyo: The Institute of Electrical Engineers of Japan, 2001: 574～577.

[60] Suzuki T, Niwa T, Yoshida S, et al. New insulating materials for HV DC cables[C]//IEEE. Proceedings of the 3rd International Conference on Conduction and Breakdown in Solid Dielectrics. New York: IEEE, 1989: 442～447.

[61] Yoshifuji N, Niwa T, Takahashi T, et al. Development of the new polymer insulating materials for HVDC cable[J].

IEEE Transactions on Power Delivery, 1992, 7(3): 1053～1059.

[62] Matsui K, Tanaka Y, Takada T, et al. Space charge observation in various types of polyethylene under ultra-high DC electric field[C]//IEEE Dielectrics and Electrical Insulation Society. Proceedings of the 2004 IEEE International Conference on Solid Dielectrics, Toulouse, 2004: 201～204.

[63] Dakka M A, Bulinski A, Bamji S. Space charge development and breakdown in cross-linked polyethylene under DC fields[C]//IEEE Dielectrics and Electrical Insulation Society. Conference Recond of the 2000 IEEE International Symposium on Electrical Insulation, USA: The Institute of Electrical and Electronics Engineersings, Anaheim, 2000: 489～492.

[64] Hozumi N, Tanaka J, De Reggi A S, et al. Space charge induced in stressed polyethylene[C]//Conference on Electrical Insulation and Dielectric Phenomena, Leesburg, 1989: 253～258.

[65] 田冀焕. 强电场条件下绝缘材料空间电荷输运过程仿真计算[D]. 北京: 清华大学, 2009.

[66] Alison J M, Hill R M. A model for bipolar charge transport, trapping and recombination in degassed crosslinked polyethene[J]. Journal of Physics D: Applied Physics, 1994, 27(6): 1291～1299.

[67] Leroy S, Segur P, Teyssedre G, et al. Description of bipolar charge transport in polyethylene using a fluid model with a constant mobility: Model prediction[J]. Journal of Physics D: Applied Physics, 2004, 37(2): 298～305.

第 2 章　电介质电荷运动理论与分析

本章首先对电介质电荷运动基础理论与电介质中空间电荷动态过程数值仿真建模两个方面进行介绍。然后，基于空间电荷仿真算法，介绍电场强度、载流子电极注入势垒、迁移率、陷阱捕获系数和复合系数等参数对空间电荷动态过程与介质中场强分布的影响规律。最后基于载流子迁移率计算提出空间电荷包的形成机理解释。

2.1　电介质电荷运动基础理论

在国际电工学科领域，电介质材料及其绝缘体系的破坏规律一直备受科学家们关注，这既是基础课题又是前沿课题。在强电场条件下，电介质中产生和积累的空间电荷对材料的介电性能与击穿性能、老化与绝缘破坏性能有着重要影响。电介质材料性能的提升和新材料的开发建立在对其破坏机理认识的基础上，并以提高材料在特殊环境下的服役特性为动力。了解和认识电介质材料在强电磁场作用下的破坏机理，是为了有目的、有方向地对其进行改性和性能提升，进而提高电气设备和武器装备的性能。

对于聚乙烯材料，尽管其分子结构较为简单，但是材料基体构型不同，生产制备过程中控制的条件与参数不同，材料中加入的抗氧化剂、增加机械强度的填料成分不同，混入其中的杂质，不同的热处理过程等诸多因素均会对电荷注入、输运、陷阱捕获作用产生影响[1]。空间电荷的输运、入陷、脱陷、复合等过程会对材料的机械、电气、物理结构、化学特性产生影响，电荷的积累会导致材料局部电场强度增强，从而引起电化学作用并最终导致材料的老化乃至击穿，严重影响了绝缘材料工作的安全性与稳定性[2]。因此，绝缘材料空间电荷问题的研究对于揭示绝缘材料的电老化与击穿机理，提高电介质的绝缘性能具有重要的理论价值和工程实际意义。

基于固体物理理论的空间电荷机理问题研究，需要解决电介质中载流子的来源与类型、输运机理、材料陷阱能级分布、不同电场条件下载流子的迁移率、载流子在金属电极与绝缘介质交界面处的注入与析出等问题。

2.1.1　电极与电介质界面处的载流子注入

载流子在金属电极与介质界面的注入模型分为 FN（Fowler-Nordheim）与

RS (Richardson-Schottky) 注入[3]。其中，前者是在强电场条件下，由量子力学隧穿效应产生的载流子注入。该模型最初考虑的是绝对零度近似下，载流子由金属电极越过三角形势垒注入介质的情况。通过进一步处理，其可用于有限温度，并考虑电极上的镜像电荷对注入载流子的影响。RS 注入模型描述的是在热电离作用下，载流子由金属电极越过界面势垒注入真空或介质[4]。其中，Richardson 模型考虑的是矩形势垒，Schottky 模型则考虑了外加电场的镜像电荷对势垒形状的影响[5,6]。

2.1.2　电介质内部载流子的电导

电介质中载流子的电导理论在文献[7]中有较为全面的总结。根据载流子类型的不同可以分为电子电导与离子电导；根据电场强度大小可以分为低场电导与高场电导。

电子电导包括能带相干输运和跳跃传导两种模式。晶态材料，如硅、锗等具有较强的刚性晶格结构且受外加电场与注入载流子的影响较小，其原子间具有较强的相互作用，波函数重叠较大，因而可形成电子能带，电子以能带相干输运的方式在晶格中运动，并受到来自晶格和杂质的碰撞[8]。对于高分子聚合物，如聚乙烯，在外加电场与注入电荷的作用下，其分子中的化学键会变形，晶格呈不定形与无序的状态[9]。同时，交联反应中的副产物等杂质分子在材料带隙中产生杂质能级，电子将在这些定域态间以跳跃电导的方式实现输运。

离子电导包括本征离子电导与非本征离子电导。由介质分子主链或侧链基团分解形成本征离子电导，添加物与杂质离子在介质中的渗流则形成非本征离子电导。对于离子晶体而言，离子电导主要是由于物理缺陷造成。对于非离子晶体物质，离子电导主要是由化学缺陷产生。

2.2　空间电荷输运过程建模与仿真

本节介绍用于绝缘介质中空间电荷输运过程仿真的数值算法，包括描述载流子输运过程的数学模型，以及现有文献中仿真算法的修正。引入用于载流子对流-反应方程解的龙格-库塔不连续伽辽金 (Runge-Kutta discontinuous Galerkin, RKDG) 方法。与传统的 QUICKEST+ULTIMATE 方法对比分析，重点关注 RKDG 方法具有更高的数值精度的特点；随后介绍 RKDG 与局部不连续伽辽金 (local discontinuous Galerkin，LDG) 配合的混合算法，该方法将原 RKDG 方法中的数值积分转化为解析积分，从而提高算法的效率[9]。

2.2.1　载流子输运过程数学模型

采用由 Roy 等[10]提出的双极性空间电荷输运过程模型。该模型描述的是电子与空穴在外加电场作用下，从电极注入介质并向介质内部迁移的动态过程。模型中考虑了陷阱对载流子的捕获作用以及异极性载流子之间的复合，电子或空穴一旦进入陷阱后则不再脱陷，同时介质中不存在分子离解。该模型已被用于模拟低密度聚乙烯中的空间电荷输运过程、电场强度分布、电压与电流的关系，以及载流子复合速率与电致发光之间的关系，得到了与实验数据基本吻合的结果。描述该模型的系统方程是载流子对流-反应方程、静电场泊松方程和输运方程组成的耦合偏微分方程组：

$$\begin{cases} \dfrac{\partial n_a}{\partial t}+\dfrac{\partial f_a}{\partial x}=S_a=T_a+R_a \\ \dfrac{\partial E}{\partial x}=\dfrac{\rho_{\text{all}}}{\varepsilon_0\varepsilon_{\text{r}}} \\ f_a=\pm\mu_a n_a E,\quad a=\text{e}\mu,\ \text{et},\ \text{h}\mu,\ \text{ht} \end{cases} \tag{2.1}$$

式中，n_a 为载流子的粒子数浓度；f_a 为载流子在电场作用下的对流项；S_a 为反应项；反应项 S_a 包括陷阱捕获项 T_a 和正负极性载流子复合项 R_a；μ_a 为载流子迁移率，在模型中可以取常数，也可能依赖于陷阱能级、电场强度和载流子浓度；下标 a 表示如下四种载流子的类型，eμ 为自由电子，et 为电子陷阱，hμ 为自由空穴，ht 为空穴陷阱。

上述每一类载流子均分别满足式(2.1)。

事实上，采用该模型可以描述任意多种类型的载流子在电场下的迁移运动和各载流子之间的相互作用，如陷阱捕获、正负极性载流子的复合等作用。通过设定不同的模型边界条件，则可以表征不同机理下电荷由极板注入介质以及电荷由电极析出等多种物理过程。

式(2.1)中的反应项 S_a 表示各类型载流子之间的陷阱捕获与复合作用，具体如下：

$$S_{\text{e}\mu}=-eS_{\text{e}\mu,\text{ht}}n_{\text{e}\mu}n_{\text{ht}}-B_{\text{e}}n_{\text{e}\mu}\left(1-\frac{en_{\text{et}}}{N_{\text{et}0}}\right) \tag{2.2}$$

$$S_{\text{et}}=-eS_{\text{et},\text{h}\mu}n_{\text{et}}n_{\text{h}\mu}-eS_{\text{et},\text{ht}}n_{\text{et}}n_{\text{ht}}+B_{\text{e}}n_{\text{e}\mu}\left(1-\frac{en_{\text{et}}}{N_{\text{et}0}}\right) \tag{2.3}$$

$$S_{\text{h}\mu}=-eS_{\text{et},\text{h}\mu}n_{\text{et}}n_{\text{h}\mu}-B_{\text{h}}n_{\text{h}\mu}\left(1-\frac{en_{\text{ht}}}{N_{\text{ht}0}}\right) \tag{2.4}$$

$$S_{\mathrm{ht}}=-eS_{\mathrm{e\mu,ht}}n_{\mathrm{e\mu}}n_{\mathrm{ht}}-eS_{\mathrm{et,ht}}n_{\mathrm{et}}n_{\mathrm{ht}}+B_{\mathrm{h}}n_{\mathrm{h\mu}}\left(1-\frac{en_{\mathrm{ht}}}{N_{\mathrm{ht0}}}\right) \tag{2.5}$$

式中，B_e与 B_h为电子陷阱与空穴陷阱的捕获系数；N_{et0}与 N_{ht0}为电子陷阱与空穴陷阱的浓度；$S_{e\mu,ht}$、$S_{et,h\mu}$、$S_{et,ht}$为异极性载流子之间的复合系数。根据聚乙烯材料实验结果，并不存在自由电子与自由空穴之间的复合[11]。

式(2.1)的边界条件需要由载流子在电极-介质交界面处的注入与析出来确定。通常采用考虑了极板上镜像电荷吸引作用和电场降低金属-绝缘体界面势垒的 Schottky 注入模型[12]：

$$j_{\mathrm{e}}(0,t)=\mathrm{A}T^{2}\exp\left(\frac{-e\omega_{\mathrm{e}i}}{kT}\right)\exp\left(\frac{e}{kT}\sqrt{\frac{e\left|E(0,t)\right|}{4\pi\varepsilon_{0}\varepsilon_{\mathrm{r}}}}\right) \tag{2.6}$$

$$j_{\mathrm{h}}(D,t)=\mathrm{A}T^{2}\exp\left(\frac{-e\omega_{\mathrm{h}i}}{kT}\right)\exp\left(\frac{e}{kT}\sqrt{\frac{e\left|E(D,t)\right|}{4\pi\varepsilon_{0}\varepsilon_{\mathrm{r}}}}\right) \tag{2.7}$$

式中，$j_e(0, t)$与 $j_h(D, t)$分别为阴极(x=0)和阳极(x=D)的注入电流密度；ω_{ei}与 ω_{hi}分别为金属-绝缘体界面处的注入势垒；A 为 Richardson 常数。

对于载流子运动至另一电极的析出，根据文献[10]所述，若未发现明显的异极性电荷积累现象，则可以认为电极对于载流子的析出没有阻挡作用，即不存在析出势垒。此时，载流子将以欧姆定律的方式从电极析出：

$$j_{\mathrm{e}}(D,t)=e\mu_{\mathrm{e\mu}}n_{\mathrm{e\mu}}\left|E(D,t)\right| \tag{2.8}$$

$$j_{\mathrm{h}}(D,t)=e\mu_{\mathrm{h\mu}}n_{\mathrm{h\mu}}\left|E(0,t)\right| \tag{2.9}$$

基于上述载流子的注入与析出模型，式(2.1)的边界条件如下：

$$\begin{aligned}&f_{\mathrm{e\mu}}(0,t)=\frac{j_{\mathrm{e}}(0,t)}{e}\qquad f_{\mathrm{e\mu}}(D,t)=\frac{j_{\mathrm{e}}(D,t)}{e}\\&f_{\mathrm{h\mu}}(0,t)=-\frac{j_{\mathrm{h}}(0,t)}{e}\qquad f_{\mathrm{h\mu}}(D,t)=-\frac{j_{\mathrm{h}}(D,t)}{e}\end{aligned} \tag{2.10}$$

至此，基于式(2.1)与式(2.10)，采用合适的数值计算方法，可以求解得到随时间变化的各种类型载流子浓度及电场强度的分布。

以上是描述双极性载流子运动的数学模型。若只有一种极性的载流子，其满足的方程形式与双极性模型类似，只是反应项 S_a将仅含陷阱捕获项，其余方程与边界条件保持不变。

2.2.2　Splitting 方法处理对流–反应方程

Roy、Belgaroui 等基于双极性载流子模型，采用 Splitting 方法将载流子对流–反应方程拆分为齐次双曲方程和常微分方程并依次处理，实现了基于最终(ULTIMATE)方法限制数值通量的有限体积最快速(QUICKEST)方法来求解描述载流子在电场下漂移运动的双曲守恒方程，静电场方程的求解则采用边界元或有限元法。相对于传统的有限差分和有限体积法，QUICKEST+ULTIMATE 方法具有较高的精度和抑制数值色散的能力，因而可以较好地处理空间电荷的动态过程仿真问题。

尽管 Belgaroui 等通过手动调整数值模型中的参数使仿真结果与实测的介质中空间电荷分布吻合，但参数的人工调整掩盖了其算法中存在的疏漏。Belgaroui 等在实施 Splitting 方法时认为：在一个时间步Δt内，对流项与反应项对载流子浓度影响的作用时间分别为$\Delta t/2$，即采用半个时间步长来分别求解由 Splitting 方法得到的齐次双曲守恒方程和常微分方程。而实际情况是，在整个时间步长Δt中，相互耦合的对流项与反应项在持续作用，Splitting 方法只是将耦合的两种作用分开考虑，但并不能认为对流项与反应项的作用时间也因此减半。因此，Belgaroui 得到的载流子速度与反应项对载流子浓度变化产生的影响只有实际值的一半。

基于 Toro 给出的 Splitting 方法，可纠正 Belgaroui 实施 Splitting 方法时存在的时间步长问题，由此得到正确的 QUICKEST+ULTIMATE 算法。采用聚乙烯的参数值(见表 2.1)，由修正的 QUICKEST+ULTIMATE 方法得到的介质内部空间电荷随时间变化的分布与 Belgaroui 等的结果对比如图 2.1 所示。图中分别给出了正、负电荷浓度分布。可以看出，相同的方法由于具体实现方式不同，结果完全不同。

通过定性分析，亦可证明文献[13]中结果有误。在该节算例中，聚乙烯厚度为 150μm，所加电压为 12kV，则初始介质内无净电荷时的电场强度为 80kV/mm，载流子的速度为 7.2×10^{-7}m/s。在加压后电荷注入的初始阶段，介质内积累的电荷量较少，此时介质内的电场强度受空间电荷的影响较小，因而上述速度值 7.2×10^{-7}m/s 可近似作为载流子在 t =0～100s 内的平均速度。基于该假设，可以推出当 t =100s 时，载流子的注入深度为 72μm。事实上，由于注入的同极性载流子会在运动方向上加强其前方的电场强度，所以载流子在 t =100s 时的注入深度应大于 72μm。由图 2.1 中仿真结果可以看出，当 t =100s 时，由 Belgaroui 的 QUICKEST+ULTIMATE 方法得到的载流子注入深度小于 40μm。本节仿真得到的载流子注入深度约为 80μm，这一结果与上面定性分析的结果相符，从而证明了修正后方法的正确性。

表 2.1　双极性空间电荷输运过程参数

模型参数		参数值
捕获系数	B_e	$7\times10^{-3}\mathrm{s}^{-1}$
	B_h	$7\times10^{-3}\mathrm{s}^{-1}$
复合系数	$S_{e\mu,\,ht}$(自由电子/入陷空穴)	$4\times10^{-3}\mathrm{m}^{-3}\cdot\mathrm{C}^{-1}\cdot\mathrm{s}^{-1}$
	$S_{et,\,h\mu}$(入陷电子/自由空穴)	$4\times10^{-3}\mathrm{m}^{-3}\cdot\mathrm{C}^{-1}\cdot\mathrm{s}^{-1}$
	$S_{et,\,ht}$(入陷电子/入陷空穴)	$4\times10^{-3}\mathrm{m}^{-3}\cdot\mathrm{C}^{-1}\cdot\mathrm{s}^{-1}$
陷阱浓度	N_{et0}(电子陷阱)	$100\mathrm{C/m}^3$
	N_{ht0}(空穴陷阱)	$100\mathrm{C/m}^3$
迁移率	μ_e(电子)	$9\times10^{-15}\mathrm{m}^2\cdot\mathrm{V}^{-1}\cdot\mathrm{s}^{-1}$
	μ_h(空穴)	$9\times10^{-15}\mathrm{m}^2\cdot\mathrm{V}^{-1}\cdot\mathrm{s}^{-1}$
肖特基注入势垒	ω_{ei}(电子)	1.2eV
	ω_{hi}(空穴)	1.2eV
	温度(T)	300K
	样品厚度(D)	150μm
	相对介电常数(ε_r)	2.3
	空间网格数	100

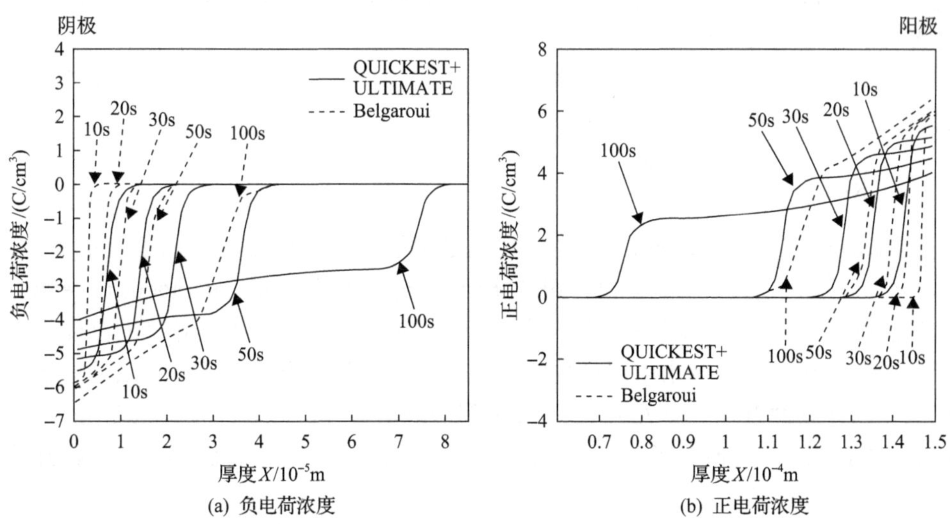

图 2.1　Belgaroui 与修正的最快速法(QUICKEST)+最终法(ULTIMATE)求解12kV 下空间电荷浓度分布结果对比

2.2.3 RKDG 方法求解载流子对流–反应方程

基于式(2.1)的空间电荷输运过程数值仿真的关键在于对流-反应方程的求解。该方程是含有一阶偏导的非线性双曲方程，其描述的是初始电荷波形随着时间发展在介质中向前推移的过程。即使初始电荷浓度分布连续，但随着时间推移，系统的非线性仍会在波形中引入不连续点。这一现象常出现于电荷从电极注入无净电荷分布的介质，此时电荷分布波形中将出现陡峭前沿。为了模拟此类波形不连续问题，准确计算出空间电荷在介质中的分布，需要采用高阶数值方法。若基于传统的高阶有限差分或有限体积法，则会在仿真得到的波形陡峭沿附近产生伪振荡，即数值色散。而若要消除数值振荡，又只能采用低阶方法。这就是传统的有限差分法或有限体积法在求解含有不连续波形的对流-反应方程时存在的矛盾。

此外，在求解对流-反应方程时，传统的有限差分与有限体积法需要借助 Splitting 方法将反应项 f_a 和对流项 $\partial f_a / \partial x$ 对电荷浓度的影响分别处理。而实际情况是，电荷浓度随时间的变化是反应项与对流项共同作用导致的。因此，采用传统方法将引入更多的数值误差。

在 Belgaroui 与 Roy 等的工作中[13,14]，均采用了有限体积法 QUICKEST 差分格式与 ULTIMATE 数值通量抑制器相结合的方法来解决高阶方法中存在的数值色散问题，从而可以在一定程度上保证算法的精度并抑制伪振荡。然而，该方法对方程在空间某点的离散处理采用了五点差分格式，即需要较多相邻单元信息。这将不利于准确模拟陡峭沿处的波形，通常表现为仿真结果得到的波形中跳变沿陡度没有实际曲线的陡度大[15]。

为此，将 RKDG 方法用于空间电荷输运过程仿真，以解决传统有限差分与有限体积法存在的低阶与高阶方法的矛盾问题[16-19]。

1. RKDG 方法实现

RKDG 方法由 Cockburn 等提出，目前是用于处理计算流体力学问题的前沿数学方法。其最初是为了对 Reed 与 Hill 提出的不连续伽辽金(discontinuous Galerkin，DG)法进行扩展以用于求解双曲守恒方程[20]。该方法已被用于半导体的流体力学模型仿真计算[21]，以及水中污染物的输运模拟[22]，且该方法易于扩展以处理含有扩散项的连续性方程。有关 RKDG 方法理论证明与分析可以参考文献[23]。本章将 RKDG 方法引入到空间电荷输运过程仿真中，与现有方法相比得到了更精确的仿真结果。

RKDG 方法采用不连续伽辽金法来处理式(2.1)中对流-反应方程的空间离散。在每个单元内，采用 Legendre 多项式作为基函数对载流子浓度 n_a 作级数展开。然后，选取 Legendre 多项式作为权函数，利用矩量法将对流-反应方程转化为仅含有电荷浓度时间导数$\partial n_a / \partial t$的半离散形式的方程。

RKDG 方法中的时间离散采用龙格-库塔(Runge-Kutta，RK)方法[24]。该 RK 方法属于多步积分方法，且需对每个积分步的中间结果进行斜率限制，从而抑制数值振荡、保证算法的稳定性。下面将具体介绍 RKDG 方法的实施步骤。

1) DG 方法空间离散

如图 2.2 所示介质区域$[0,D]$的单元剖分，第 j 个单元为$I_j=[x_{j-1/2},x_{j+1/2}]$，单元中心为$x_j$，单元长度为$\varDelta_j$。该单元上电荷浓度 n_j可以由 Legendre 多项式进行级数展开：

$$n_j \approx n_h^j = \sum_{l=0}^{k} \alpha_j^{\ l}(t) P_l\left[\frac{2(x-x_j)}{\varDelta_j}\right] \tag{2.11}$$

式中，$P_l(x)$为第 l 阶第一类 Legendre 多项式；n_h^j为在$P^k(I_j)$空间中对电荷浓度 n_j的近似。

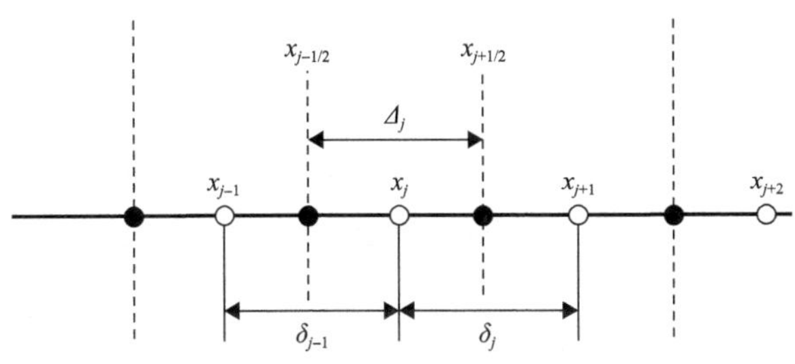

图 2.2　空间单元剖分示意图

同样采用$P_{l'}(x)$作为权函数并利用矩量法，可以得到对流-反应方程的弱解形式：

$$\begin{aligned}&\int_{I_j} \sum_{l=0}^{k} \frac{\partial \alpha_j^{\ l}(t)}{\partial t} P_l\left[\frac{2(x-x_j)}{\varDelta_j}\right] P_{l'}\left[\frac{2(x-x_j)}{\varDelta_j}\right] \mathrm{d}x \\ &+\int_{I_j} \frac{\partial f_j}{\partial x} P_{l'}\left[\frac{2(x-x_j)}{\varDelta_j}\right] \mathrm{d}x = \int_{I_j} S_j P_{l'}\left[\frac{2(x-x_j)}{\varDelta_j}\right] \mathrm{d}x, \\ &l'=0,\cdots,k\end{aligned} \tag{2.12}$$

利用 Legendre 多项式的正交性质：

$$\int_{-1}^{1} P_l(s) P_{l'}(s)\, \mathrm{d}s = \left(\frac{2}{2l+1}\right) \delta_{ll'} \tag{2.13}$$

可以得到空间离散方程：

$$\begin{aligned}\frac{\mathrm{d}}{\mathrm{d}t}\alpha_j^{l'}(t)=\frac{2l'+1}{\varDelta_j}\Bigg\{&\frac{2}{\varDelta_j}\int_{I_j} f_j P_{l'}'\left[\frac{2(x-x_j)}{\varDelta_j}\right]\mathrm{d}x\\&-P_{l'}\left[\frac{2(x-x_j)}{\varDelta_j}\right]\hat{f}\Big|_{x_{j-1/2}}^{x_{j+1/2}}+\int_{I_j} S_j P_{l'}\left[\frac{2(x-x_j)}{\varDelta_j}\right]\mathrm{d}x\Bigg\}\end{aligned}\tag{2.14}$$

该半离散形式的右端项中同时包含了反应项与对流项对电荷浓度的影响，从而无需采用 Splitting 步骤，避免了由此引入的数值误差。

式(2.14)中的 $\hat{f}(x_{j-1/2})$ 与 $\hat{f}(x_{j+1/2})$ 是第 j 个单元左右边界处的数值通量(numerical flux)。数值通量是关于电荷浓度在单元界面左右极限的二元函数 $\hat{f}(n_{j-1/2}^{-},n_{j-1/2}^{+})$，其应满足如下三个条件才能保证数值算法的稳定性[19]。

(1) Lipschitz 连续条件：

$$\left|f(n_{j-1/2}^{-})-f(n_{j-1/2}^{+})\right|\leqslant K\left|n_{j-1/2}^{-}-n_{j-1/2}^{+}\right|\tag{2.15}$$

(2) 相容性：

$$\hat{f}(n,n)=f(n)\tag{2.16}$$

(3) 数值通量单调性：$\hat{f}(n_{j-1/2}^{-},n_{j-1/2}^{+})$ 关于其第一个自变量为增函数，关于第二个自变量为减函数。

基于上述要求，通常采用 Lax-Friedrichs 数值通量[19]：

$$\hat{f}_{j-1/2}(n_{j-1/2}^{-},n_{j-1/2}^{+})=\frac{1}{2}\left[f_j(n_{j-1/2}^{-})+f_j(n_{j-1/2}^{+})-C(n_{j-1/2}^{-}-n_{j-1/2}^{+})\right]\tag{2.17}$$

式中

$$C=\max_{n^0}\left|f'(n^0)\right|=\max_{x\in[0,D]}\left|\mu E(x,0)\right|\tag{2.18}$$

式中，n^0 为初始电荷浓度。

2) RK 方法时间离散

采用多步 RK 方法对式(2.14)进行时间离散。对每一步的中间结果采用斜率限制进行修正来保证算法的数值稳定性，从而抑制高阶方法带来的伪振荡。将式(2.14)简写为如下：

$$\frac{\mathrm{d}}{\mathrm{d}t}\alpha_j^{l'}(t)=L_j^{l'}\left[n_a(t)\right] \tag{2.19}$$

则 RK 时间离散的步骤如下(由第 m 个时间步到第 m+1 个时间步)[19]。

(1)令 $n_j^{(0)}=n_j^m$。

(2)与空间离散的 k 阶精度相匹配，进行 k+1 步 RK 积分。第 s 步为

$$n_j^{(s)}=\Lambda\Pi\left(\sum_{l=0}^{s-1}\alpha_{sl}\omega_j^{sl}\right) \tag{2.20}$$

式中

$$\omega_j^{sl}=n_j^{(l)}+\frac{\beta_{sl}}{\alpha_{sl}}\Delta tL_j\left[n_a^{(l)}\right] \tag{2.21}$$

(3)令 $n_j^{m+1}=n_j^{(k+1)}$。

式(2.20)中的 $\Lambda\Pi$ 是斜率限制器，用于抑制高阶算法中可能出现的伪振荡。采用Biswas等提出的斜率限制器，对载流子浓度 n_j 的各阶展开系数 $\alpha_j^{l'}$ 进行修正[25]。对于第 j 个单元 $I_j=[x_{j-1/2},\ x_{j+1/2}]$ 上的电荷浓度 $n_j(x,\ t)$，通过坐标变换 $\xi=2(x-x_j)/\varDelta_j$ 可以将其映射为 $[-1,1]$ 区间上的函数 $n_j(\xi,t)$，用 Legendre 正交多项式对其展开如下：

$$n_j(\xi,t)=\sum_{l=0}^{K}c_{jl}(t)P_l(\xi),\qquad \xi\in[-1,1] \tag{2.22}$$

该函数的 k 阶导数为

$$\begin{aligned}\frac{\partial^k}{\partial\xi^k}n_j(\xi,t)=&\prod_{m=1}^{k}(2m-1)c_{jk}+\prod_{m=1}^{k+1}(2m-1)c_{j,k+1}\xi\\&+\sum_{m=k+2}^{K}c_{jm}(t)\frac{\mathrm{d}^k}{\mathrm{d}\xi^k}P_m(\xi)\end{aligned} \tag{2.23}$$

为了保证各阶矩量 $c_{jk}(k=0, 1, \cdots, K-1)$ 的单调性，需对 $c_{j,\,k+1}$ 限制如下：

$$(2k+1)c_{j,k+1}=\min\mathrm{mod}[(2k+1)c_{j,k+1},c_{j+1,k}-c_{j,k},c_{j,k}-c_{j-1,k}] \tag{2.24}$$

式中，min mod 函数定义为

$$\min\mathrm{mod}(a,b,c)=\begin{cases}\mathrm{sgn}(a)\min(|a|,|b|,|c|), & \mathrm{sgn}(a)=\mathrm{sgn}(b)=\mathrm{sgn}(c)\\0, & \text{其他}\end{cases} \tag{2.25}$$

对于各阶矩量 c_{jk} 单调性的限制需从最高阶逐步向低阶进行。若对某一阶矩量的限制并未导致次高阶矩量的变化，则限制停止，从而可以实现斜率的自适应限制。

式(2.21)中对应于不同阶数 k 的 α_{sl} 和 β_{sl} 系数取值如下：

$$k=1:\alpha_{10}=1\quad \beta_{10}=1$$

$$k=2:\begin{cases}\alpha_{10}=1 & \alpha_{20}=\dfrac{1}{2} & \alpha_{21}=\dfrac{1}{2}\\ \beta_{10}=1 & \beta_{20}=0 & \beta_{21}=\dfrac{1}{2}\end{cases}$$

$$k=3:\begin{cases}\alpha_{10}=1 & \alpha_{20}=\dfrac{3}{4} & \alpha_{21}=\dfrac{1}{4}\\ \alpha_{30}=\dfrac{1}{3} & \alpha_{31}=0 & \alpha_{32}=\dfrac{2}{3}\\ \beta_{10}=1 & \beta_{20}=0 & \beta_{21}=\dfrac{1}{4}\\ \beta_{30}=0 & \beta_{31}=0 & \beta_{32}=\dfrac{2}{3}\end{cases} \tag{2.26}$$

2. RKDG 方法与 QUICKEST+ULTIMATE 方法比较

1) 算例一：常系数线性齐次双曲方程求解

采用具有解析解的线性常系数齐次双曲方程验证 RKDG 方法的正确性，并与 QUICKEST+ULTIMATE 方法的结果进行对比。测试算例如下：

$$\begin{aligned}&u_t+cu_x=0,\quad t\in(0,T),x\in(0,2\pi)\\&u_{01}(t=0)=\sin(x),\quad x\in(0,2\pi)\\&u_{02}(t=0)=\begin{cases}1, & x\in\left[0,\dfrac{\pi}{3}\right]\\ 0, & x\in\left[\dfrac{\pi}{3},2\pi\right]\end{cases}\end{aligned} \tag{2.27}$$

该算例描述的物理过程为初始波形保持其形状不变以速度 c 传播。采用的两种初始波形 u_{01} 与 u_{02} 为正弦与阶跃，分别用来测试算法对于光滑波形和不连续波形模拟的精度。上述双曲方程的解析解为

$$u_1(t,x)=u_0(x-ct) \tag{2.28}$$

图 2.3 与图 2.4 分别给出了两种初始波形下，RKDG 方法和 QUICKEST+ULTIMATE 方法计算结果的 L_1 误差。其中，参数 $c=1$，$T=5$。L_1 误差定义为数值

解与解析解误差的 1-范数：

$$\int_0^d \left| u(t,x) - u_{1,2}(t,x) \right| \mathrm{d}x \tag{2.29}$$

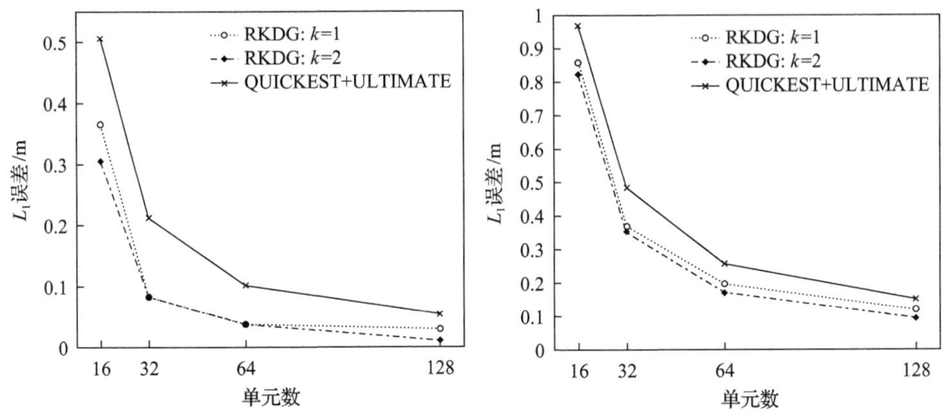

图 2.3　龙格库塔不连续伽辽金法(RKDG)与最快速法(QUICKEST)+最终法(ULTIMATE)求解正弦初始波形的常系数线性齐次双曲方程结果误差对比

图 2.4　龙格库塔不连续伽辽金法(RKDG)与最快速法(QUICKEST)+最终法(ULTIMATE)求解阶跃初始波形的常系数线性齐次双曲方程结果误差对比

从结果可以看出，无论对于光滑波形还是含有不连续点的波形，在相同单元数条件下，RKDG 方法的精度比 QUICKEST+ULTIMATE 方法更高。对于正弦波形，单元数为 64 时二阶 RKDG 方法的 L_1 误差为 0.0378，而 QUICKEST+ULTIMATE 方法在单元数为 128 时的 L_1 误差为 0.0537。对于阶跃波形，单元数为 64 时二阶 RKDG 方法的 L_1 误差为 0.1699，而 QUICKEST+ULTIMATE 方法在单元数为 128 时的 L_1 误差为 0.1506。可见，相对于 QUICKEST+ULTIMATE 方法，二阶 RKDG 方法可以采用较少的单元获得同样的精度。

2) 算例二：常系数线性对流-反应方程求解

描述空间电荷输运过程的方程(如式(2.1))是对流-反应方程，为此采用具有解析解的常系数线性对流-反应方程验证 RKDG 方法的正确性。该方程如下：

$$\begin{aligned} & u_t + c u_x = r, \quad t \in (0,T), x \in (0,2\pi) \\ & u(t=0) = \sin(x), \quad x \in (0,2\pi) \\ & u(x=0) = u, \quad x = 2\pi \end{aligned} \tag{2.30}$$

方程的解析解为

$$u(x,t) = \sin(x - ct) + rt \tag{2.31}$$

分别采用 RKDG 和修正的 QUICKEST+ULTIMATE 方法求解式(2.30)，并将其结果与 Belgaroui 等的 QUICKEST+ULTIMATE 方法计算得到的结果[13]一起绘制于图 2.5 与图 2.6，其中，$c=1$，$r=1$。

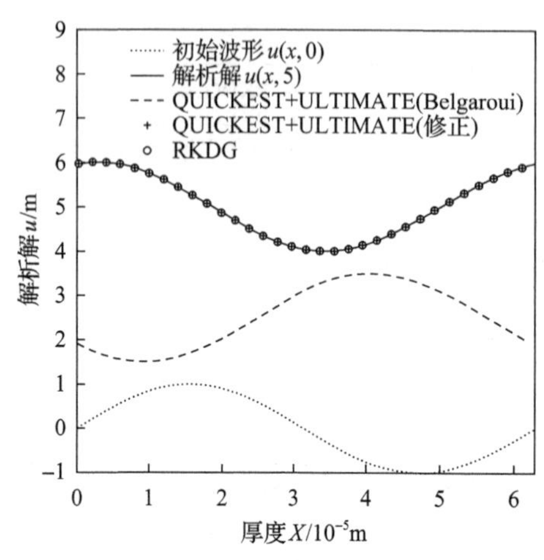

图 2.5　常系数线性对流-反应方程的计算结果对比：$u(T=5)$

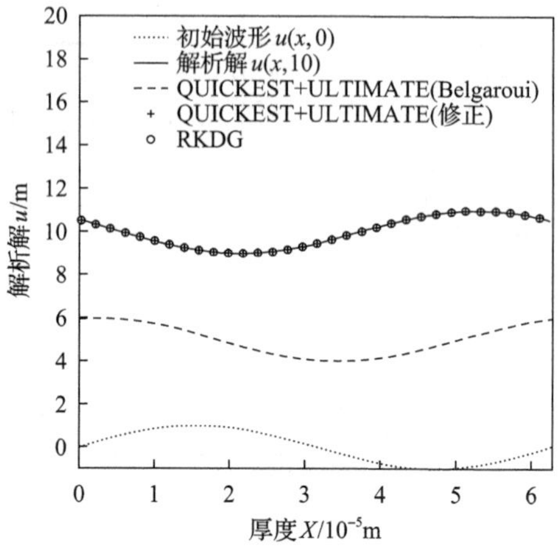

图 2.6　常系数线性对流-反应方程的计算结果对比：$u(T=10)$

可以看出，RKDG 方法和修正的 QUICKEST+ULTIMATE 方法计算结果与解析解一致，Belgaroui 等算法得到的结果则与解析解不符。如 2.2.2 节中所述，由于 Belgaroui 认为在一个时间步 Δt 内，载流子的对流项与反应项均只作用 $\Delta t/2$，所以导致了该方法得到的波速和相对于初始波形的峰值变化量均只有解析解的一半。通过这一算例，证明了 RKDG 方法和修正的 QUICKEST+ULTIMATE 方法的正确性。

3) 算例三：空间电荷输运过程仿真

采用 Belgaroui、Roy 等的双极性空间电荷模型参数值[13, 14](见表 2.1)，由 RKDG 方法与修正的 QUICKEST+ULTIMATE 方法得到的介质内部空间电荷随时间变化的分布对比于图 2.7。从计算结果可以看出，两种方法得到的空间电荷分布基本一致，电荷注入介质产生的波前位置随时间的变化也是一致的。由于电荷注入没有净电荷的介质，其浓度波形中会产生几乎垂直的波前。由 RKDG 方法计算得到的电荷波形前沿更为陡峭，这说明 RKDG 方法相对于 QUICKEST+ULTIMATE 方法具有更好的激波捕获效果，具有更高的计算精度。

3. RKDG 方法空间电荷运动仿真结果与 PEA 实验数据比较

PEA 实验采用厚 92μm、无添加剂的低密度聚乙烯(low-density polyethylene，LDPE)试品，施加 4.6kV 直流电压，加压时间 1200s。PEA 实验装置的分辨率为

10μm。通过调整双极性空间电荷模型的参数，可使仿真得到的电荷浓度分布与实验结果吻合，从而验证了所采用的数学物理模型、数值计算方法的正确性和有效性。适用于该 LDPE 样品的参数值如表 2.2 所示，其余参数取值与表 2.1 相同。

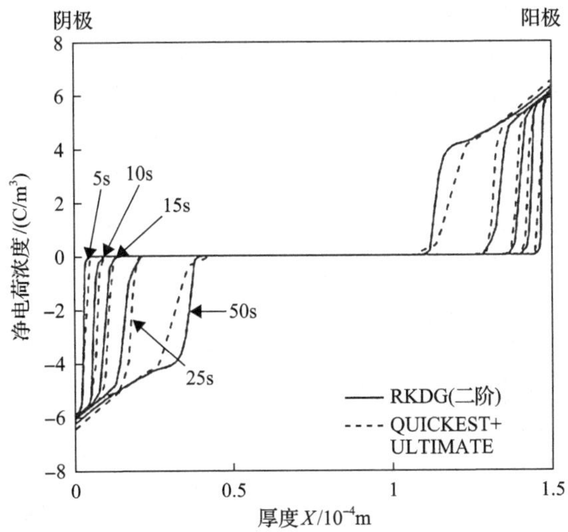

图 2.7　龙格库塔不连续伽辽金法(RKDG)与修正的最快速法(QUICKEST)+最终法(ULTIMATE)求解双极性空间电荷输运过程：净电荷浓度分布

表 2.2　非对称注入双极性空间电荷模型参数

模型参数		参数值
捕获系数	B_e	$2.5\times10^{-2}s^{-1}$
	B_h	$5\times10^{-2}s^{-1}$
迁移率	μ_e (电子)	$1\times10^{-14}m^2\cdot V^{-1}\cdot s^{-1}$
	μ_h (空穴)	$2\times10^{-14}m^2\cdot V^{-1}\cdot s^{-1}$
肖特基注入势垒	ω_{ei} (电子)	1.27eV
	ω_{hi} (空穴)	1.10eV

根据上述参数取值，由 RKDG 方法和修正的及 Belgaroui 等的 QUICKEST+ULTIMATE 方法计算得到了 t 为 60s、300s、600s、1200s 时刻下 LDPE 试品内部空间电荷分布。将其与 PEA 测量结果一同绘制于图 2.8。需要说明的是，图中绘制的是将仿真计算得到的电荷浓度分布与PEA系统冲激响应函数$A(t,x)$卷积后得到的曲线，且只有如此才能够将数值计算的结果与 PEA 实验曲线进行对比。可以看出，t =60s 时，由于电极附近注入的同极性电荷量很少，电极表面电场强度较大，所以仿真与实验结果均显示出阳极处的电荷浓度略高于 150C/m^3，该值大于

后续时刻阳极处的电荷浓度。电极处电荷浓度实际反映的是电极-介质界面处面电荷与电极注入电荷浓度的叠加，且通常情况下以面电荷的贡献为主，亦即电极处的电荷浓度大小直接反映了此处电场强度的大小。当 t=300～1200s 时，随着注入介质的同极性电荷增多，电极处的电荷浓度也有所降低。这是由于同极性电荷注入削弱了电极表面电场强度(如图 2.9，箭头指向电场强度下降的方向)，从而由 Schottky 注入式(2.6)和式(2.7)可知，注入电荷浓度会降低。

同时可看出，系统函数 $A(t,x)$ 滤掉了仿真结果中的高频成分与波形细节，从而掩盖了 RKDG 与 QUICKEST+ULTIMATE 方法所得结果的差异。因而，手动调整参数使仿真结果与 PEA 实验数据吻合并不能验证算法自身的正确性。正确的方法是使用 2.2.3 节中给出的两个有解析解的算例来检验算法的正确性。

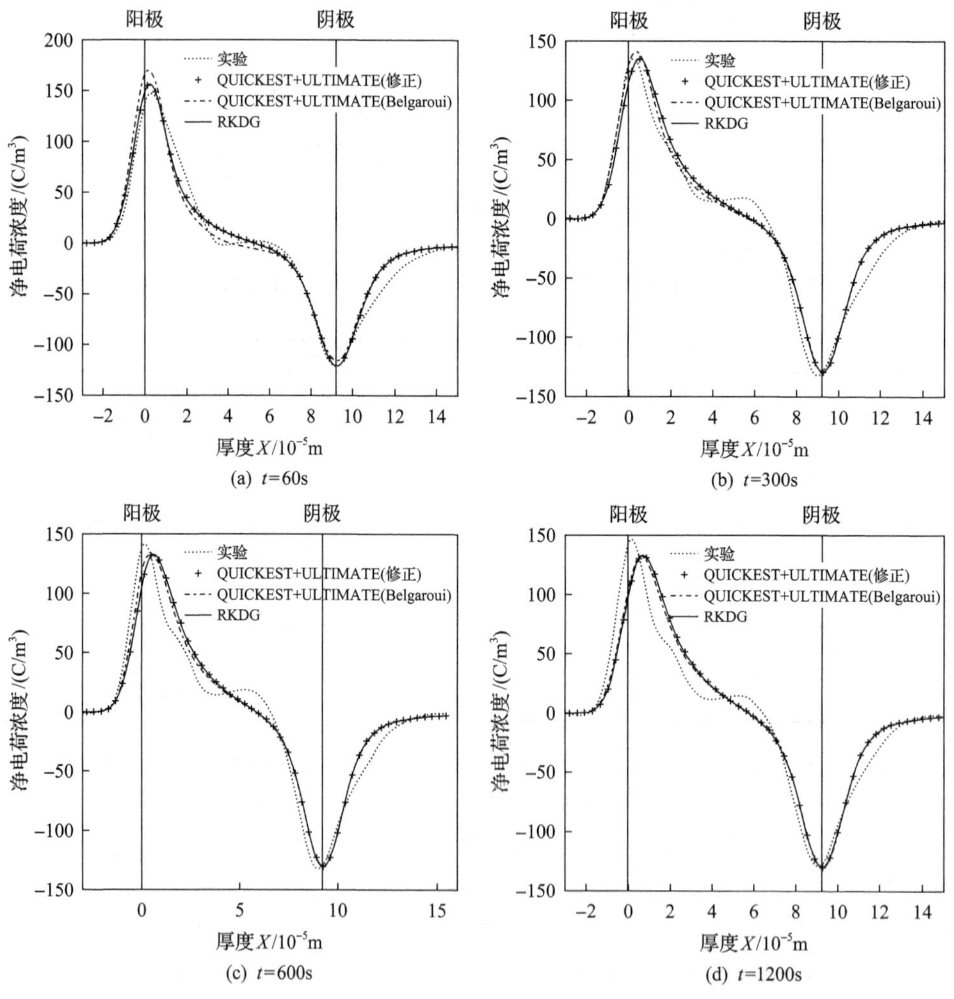

图 2.8　非对称注入空间电荷输运过程仿真结果与实验结果对比

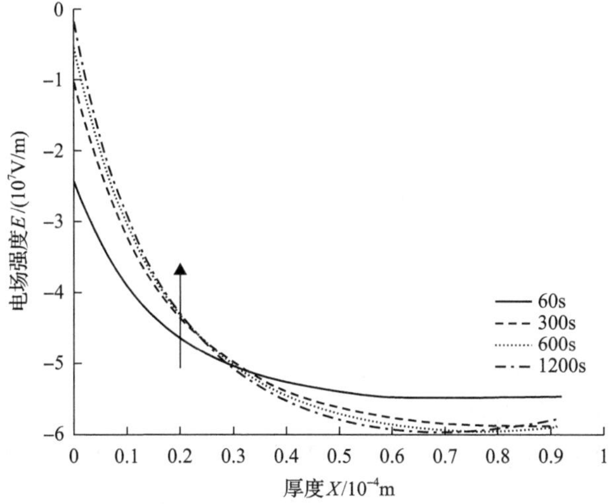

图 2.9　非对称注入情况下由 RKDG 方法得到的介质内部电场强度分布

2.2.4　RKDG+LDG 方法求解载流子对流–反应方程

在研究和实现 RKDG 方法求解载流子对流–反应方程的基础上，进一步研究了用于求解静电场 Poisson 方程的局部不连续伽辽金法(LDG)来替代原先采用的边界元法(boundary element method，BEM)。其目的是将 LDG 方法与 RKDG 方法配合，用解析积分替换原先 RKDG 算法中的数值积分，从而提高 RKDG 算法的效率。

1. RKDG+LDG 方法实现

定义在域Ω上、边界Γ_D为一类边界条件的一维 Poisson 方程为

$$
\begin{aligned}
&-\frac{\mathrm{d}q}{\mathrm{d}x}=f,\ \text{在定义域}\Omega\text{内}\\
&q=-E=\frac{\mathrm{d}u}{\mathrm{d}x}\\
&u=g_D,\ \text{在边界}\ \Gamma_D\text{上}
\end{aligned}
\tag{2.32}
$$

该方程的弱解满足如下方程[26, 27]：

$$
\begin{aligned}
&\int_{I_j} qr\ \mathrm{d}x=r\hat{u}\Big|_{x_{j-1/2}}^{x_{j+1/2}}-\int_{I_j} u\frac{\mathrm{d}r}{\mathrm{d}x}\mathrm{d}x\\
&\int_{I_j} q\frac{\mathrm{d}v}{\mathrm{d}x}\mathrm{d}x=\int_{I_j} fv\mathrm{d}x+v\hat{q}\Big|_{x_{j-1/2}}^{x_{j+1/2}}
\end{aligned}
\tag{2.33}
$$

式中，r 和 v 属于单元 I_j 上最高阶数为 k 的 Legendre 多项式空间，即 $r,v\in P^k(I_j)=\{P_l(x):\ l=0,\cdots,k\}$。

式(2.33)中的数值通量 $\hat{u}$ 和 $\hat{q}$ 定义为

$$
\begin{aligned}
&\begin{pmatrix}\hat{q}\\ \hat{u}\end{pmatrix}=\begin{pmatrix}\{q\}\\ \{u\}\end{pmatrix}+\begin{pmatrix}C_{11} & C_{12}\\ -C_{21} & C_{22}\end{pmatrix}\begin{pmatrix}[u]\\ [q]\end{pmatrix} \text{ 在定义域}\Omega\text{内}\\
&\begin{pmatrix}\hat{q}\\ \hat{u}\end{pmatrix}=\begin{pmatrix}q^{+}-C_{11}\left(u^{+}-g_D\right)n\\ g_D\end{pmatrix} \text{ 在边界}\Gamma_D\text{上}, n=\begin{cases}-1, & \text{左边界}\\ 1, & \text{右边界}\end{cases}
\end{aligned}
\tag{2.34}
$$

式中，C_{11}=C_{22}=0.5；C_{12}=C_{21}=0；$\{q\}=1/2(q_{j+1/2}^{+}+q_{j+1/2}^{-})$；$[q]=q_{j+1/2}^{+}-q_{j+1/2}^{-}$。$\{u\}$与$[u]$的定义和$\{q\}$与$[q]$的定义类似。

将式(2.34)代入式(2.33)，并将 u 与 q 在 Legendre 多项式空间按式(2.11)的形式展开，则由式(2.33)直接求得 u 与 q 展开式中各基函数的系数，从而求得 Poisson 方程的解。

将 LDG 方法与 RKDG 方法配合的目的是简化原先 RKDG+BEM 方法中数值积分的求解[28]。在 RKDG 方法求解载流子对流-反应方程的过程中，需求解如下形式的积分：

$$
\int_{I_j} f_a P_l'\left[\frac{2(x-x_j)}{\Delta_j}\right]\mathrm{d}x=\int_{I_j}\mu_a n_a E P_l'\left[\frac{2(x-x_j)}{\Delta_j}\right]\mathrm{d}x \tag{2.35}
$$

该积分中的被积函数含有载流子浓度 n_a 与电场强度 E 的乘积。RKDG 方法得到的单元内电荷浓度是 Legendre 多项式展开式，而采用 BEM 得到单元节点上的电场强度值。因而，在 RKDG+BEM 方法中，式(2.35)中的积分需用数值积分实现，如 Gauss-Legendre 积分。而若采用 LDG 方法求解电场，由于其同样采用了 Legendre 多项式作为电场的基函数，所以能够直接得到式(2.35)的解析解，从而提高算法的效率。

若载流子浓度 n_a 与电场强度 E 分别展开为

$$
\begin{aligned}
n_a&=\sum_{l=0}^{k} a_l P_l\left[\frac{2(x-x_j)}{\Delta_j}\right]\\
E&=\sum_{l=0}^{k} b_l P_l\left[\frac{2(x-x_j)}{\Delta_j}\right]
\end{aligned}
\tag{2.36}
$$

则 Legendre 多项式空间 $P^k(I_j)$ 最高阶数 k=1 与 k=2 时，式(2.35)积分为

$$
\int_{I_j}\pm\mu_a n_a E P_l'\left[\frac{2(x-x_j)}{\Delta_j}\right]\mathrm{d}x=\begin{cases}0, & l=0,\ (k=1)\\ \pm\mu_a\left(2a_0b_0+\dfrac{2}{3}a_1b_1\right), & l=1,\ (k=1)\end{cases} \tag{2.37}
$$

$$\int_{I_j} \pm\mu_a n_a E P_l'\left[\frac{2(x-x_j)}{\Delta_j}\right]\mathrm{d}x$$

$$=\begin{cases}0, & l=0,k=2\\ \pm\mu_a\left(2a_0b_0+\dfrac{2}{3}a_1b_1+\dfrac{2}{5}a_2b_2\right), & l=1,k=2\\ \pm\mu_a\left(2a_0b_1+2a_1b_0+\dfrac{4}{5}a_1b_2+\dfrac{4}{5}a_2b_1\right), & l=2,k=2\end{cases} \tag{2.38}$$

2. RKDG+LDG 与 RKDG+BEM 方法空间电荷运动仿真结果比较

对于厚度为 118μm 的 LDPE 试品，施加直流电压 12kV，并采用表 2.1 中的参数，用 2 阶 RKDG+LDG 方法求解载流子浓度分布，并与 RKDG+BEM 方法的计算结果对比如图 2.10。两种算法得到的电荷波形完全吻合，但 RKDG+LDG 算法的执行效率比 RKDG+BEM 算法提高了 40%。

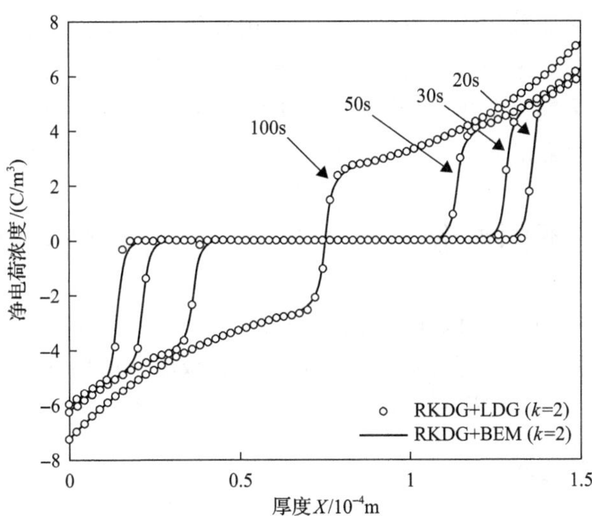

图 2.10　RKDG+LDG 与 RKDG+ BEM 求解空间电荷浓度分布对比

定义 RKDG+LDG 与 RKDG+BEM 两种算法得到的电场强度与净电荷浓度相对误差为

$$\varepsilon_E=\frac{\|E_{\mathrm{BEM}}-E_{\mathrm{LDG}}\|_2}{\|E_{\mathrm{BEM}}\|_2},\quad \varepsilon_{\rho_{\mathrm{all}}}=\frac{\|\rho_{\mathrm{all/BEM}}-\rho_{\mathrm{all/LDG}}\|_2}{\|\rho_{\mathrm{all/BEM}}\|_2} \tag{2.39}$$

分别采用 1 阶和 2 阶 Legendre 基函数，用 RKDG+LDG 与 RKDG+BEM 方法计算 $t = 20s$、30s、50s、100s 时的电场强度与电荷浓度分布。其中，BEM 方法求解电场时，单元内的积分采用五点 Gauss-Legendre 数值积分。两种算法计算结果的相对误差总结于表 2.3。

表 2.3　不同 Legendre 基函数阶数下 RKDG+LDG 与 RKDG+BEM 方法的相对误差

时间/s	$\varepsilon_E(k=1)$	$\varepsilon_E(k=2)$	$\varepsilon_{\rho_{all}}(k=1)$	$\varepsilon_{\rho_{all}}(k=2)$
20	4.3914×10^{-5}	3.4504×10^{-5}	5.9634×10^{-4}	0.0122
30	3.9018×10^{-5}	3.5073×10^{-5}	5.6421×10^{-4}	0.0114
50	3.0615×10^{-5}	5.2887×10^{-5}	6.1195×10^{-4}	0.0125
100	2.5023×10^{-5}	8.7324×10^{-5}	1.8976×10^{-4}	0.0098

由表 2.3 中数据可以看出，当 k =1 时，两种算法计算得到的电荷浓度与电场强度之间的相对误差非常小。k =2 时，电场相对误差仍比较小，电荷浓度相对误差则上升到 1%左右。电场强度的变化将导致电极注入、载流子运动速度等整个物理过程的变化，从而载流子浓度仿真结果对电场计算精度较为敏感。

以上结果说明，采用 RKDG+LDG 方法可以提高 RKDG+BEM 方法的计算效率，二者计算结果精度基本一致。因此，RKDG+LDG 方法用于模拟空间电荷输运过程是有效和可靠的。

2.3　不同参数下空间电荷输运过程仿真结果

本节采用 2.2.1 节中双极性空间电荷模型，基于表 2.1 中聚乙烯材料参数，通过人工调整仿真参数，研究电场强度、载流子、载流子迁移率、陷阱捕获系数及正负载流子复合系数等参数对介质空间电荷输运过程和电场强度分布的影响。

2.3.1　电场强度的影响

本节研究了初始电场强度分别为 E=50kV/mm、E=110kV/mm 和 E=150kV/mm 条件下，不同时刻介质中空间电荷浓度和电场强度的分布规律。计算结果绘制于图 2.11～图 2.13。其中，各图中的图(b)给出的是将仿真计算得到的电荷浓度波形 $\rho(x)$ 与 PEA 系统函数 $A(t,x)$ 卷积后得到的 PEA 信号。可以看出，由于 PEA 测量系统对信号的畸变作用，最终由 PEA 装置输出的电荷浓度波形与原介质内真实的体电荷浓度分布相去甚远，尤其是靠近电极处的空间电荷分布完全被极板-介质界面处的面电荷产生的主峰淹没了。因此，基于合适的数学物理模型，仿真计算能够提供更多、更准确的介质内电荷运动与积累、电场强度分布等信息。

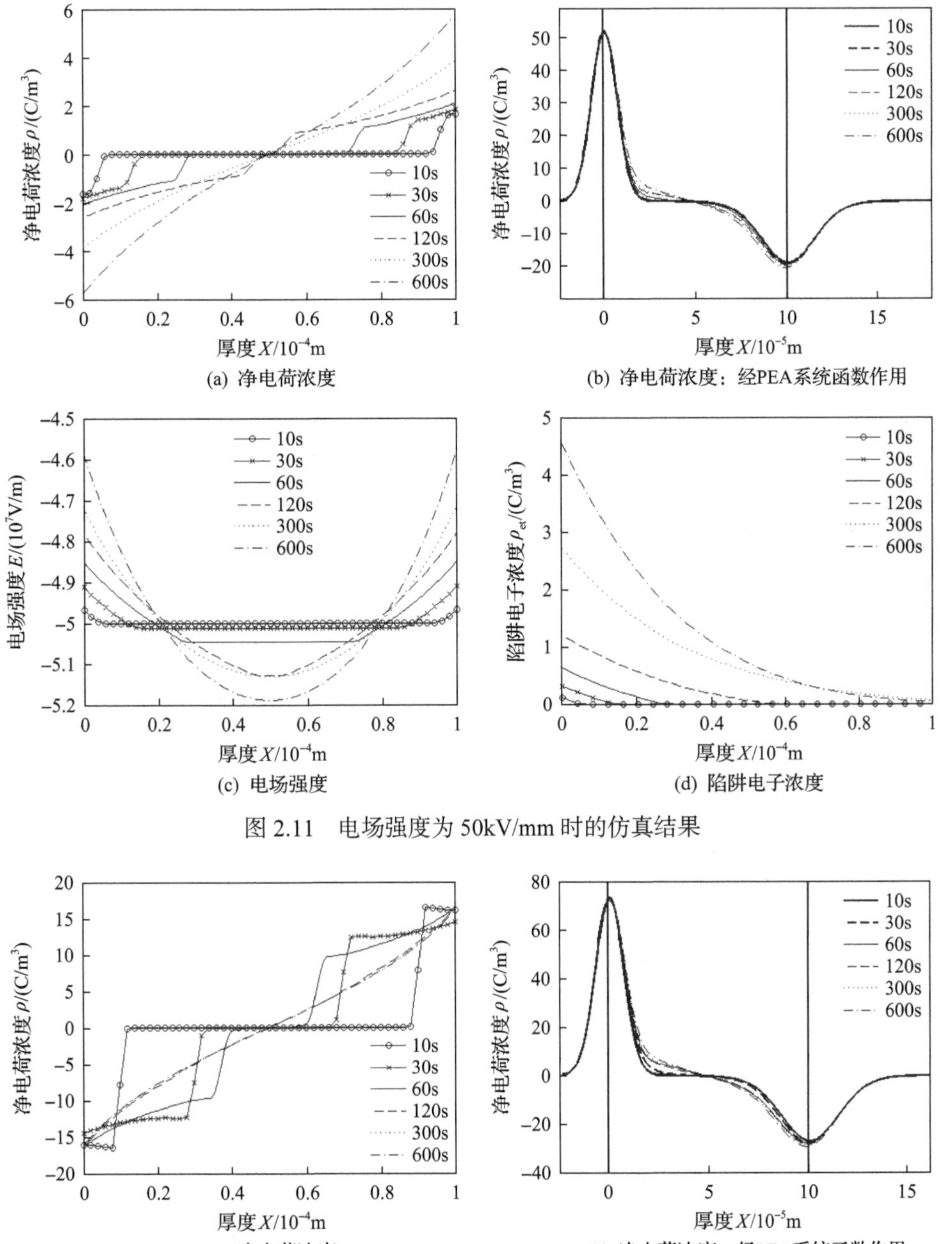

图 2.11　电场强度为 50kV/mm 时的仿真结果

(a) 净电荷浓度

(b) 净电荷浓度：经PEA系统函数作用

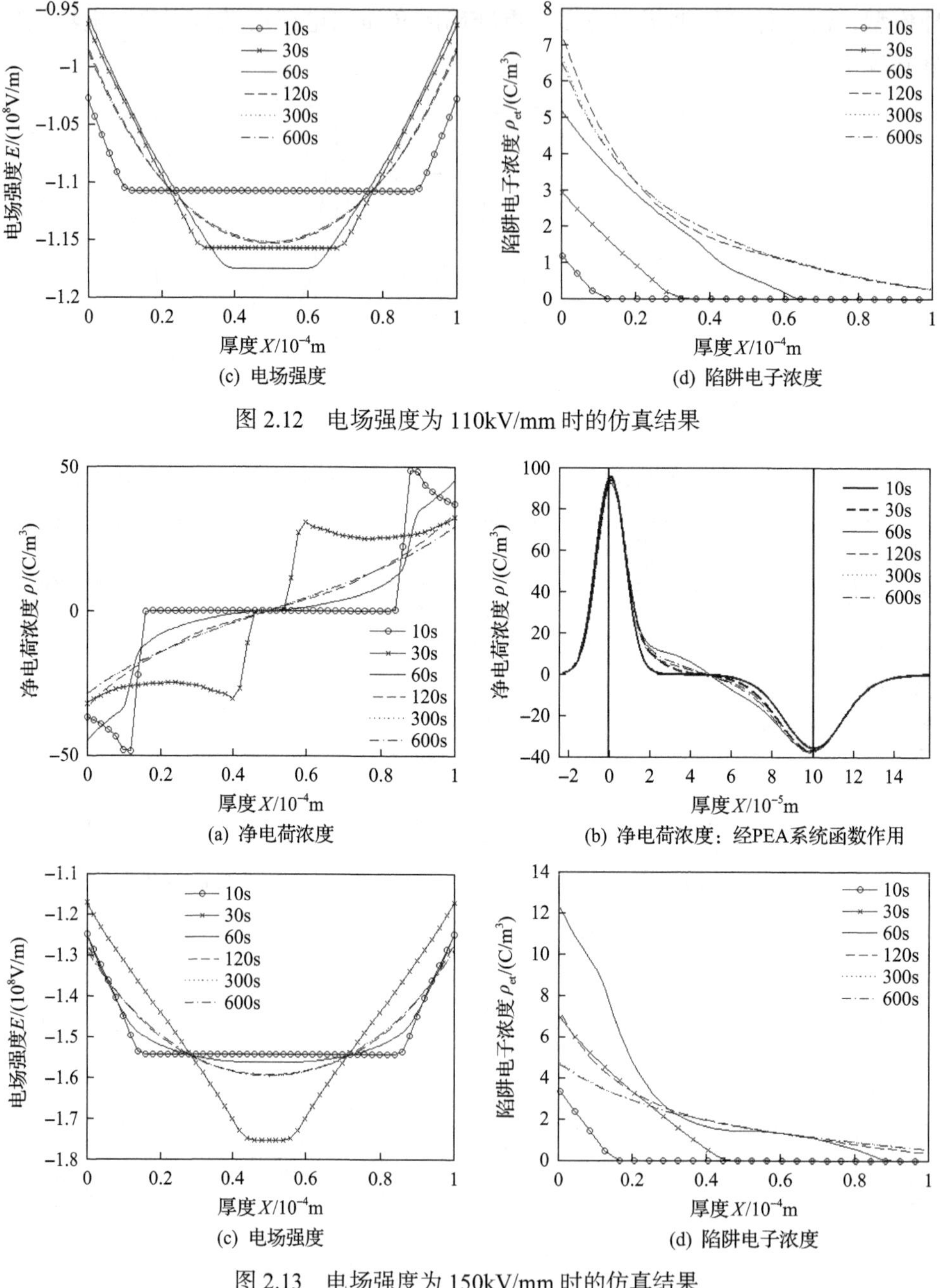

(c) 电场强度　　(d) 陷阱电子浓度

图 2.12　电场强度为 110kV/mm 时的仿真结果

(a) 净电荷浓度　　(b) 净电荷浓度：经PEA系统函数作用

(c) 电场强度　　(d) 陷阱电子浓度

图 2.13　电场强度为 150kV/mm 时的仿真结果

从各图的计算结果可以清晰地看到，在电场作用下，从电极注入的空间电荷形成陡峭波前，该波前逐步向介质中部推进的过程。当正负电荷波前相遇时发生复合，从而使载流子的陡峭波前消失。最终，整个介质中形成连续的电荷浓度分布。

当外加电场强度 E=50kV/mm 时，介质中积累的空间电荷量随时间单调增加(如图 2.11(a))。由于同极性电荷注入，电荷加强其运动方向前方的电场而削弱其后方的电场，所以随着时间推移，介质中部的电场强度不断增加，至 t=600s 时达到最大电场强度 E_{max}≈52kV/mm，比初始电场强度提高了 4%。电极-介质交界面处的电场强度则随时间单调下降，至 t=600s 时电场强度减小为 E_{min}=46kV/mm，比初始电场强度下降了 8%。由于外加电场强度较低，介质中空间电荷的积累量较小，对电场的畸变也较小。

当外加电场强度 E=110kV/mm 时，电荷注入量相对于 E=50kV/mm 时有显著提高，因而空间电荷对电场强度的畸变作用也相应增加。t=60s 时，介质中部的电场强度提高到 E=117kV/mm，相对于初始电场强度上升了 6%。极板-介质交界面处的电场强度则下降至 E=95kV/mm，比初始电场强度降低了 14%。值得注意的是，在 110kV/mm 电场强度下，电荷浓度、电场强度随时间的变化规律与 50kV/mm 条件下的单调变化有所不同。如图 2.12(c)所示，当 t=0～60s 时介质中部的电场强度不断增加并达到最大，电极-介质界面处的电场强度则不断减小。t=120s 时，介质中部的电场强度开始减小，电极-介质界面处的电场强度又有所回升。这一现象说明正负载流子在介质中部相遇且其中一部分发生复合后，仍有一定量的载流子越过介质中部继续向另一极运动。正是由于这些未复合的载流子削弱了介质中部的电场强度并使极板处的电场强度有所回升。由图 2.12(d)中入陷电子浓度则可看出，在阴极附近的受陷电子浓度自 t=120s 后开始减小，这说明来自阳极的空穴已运动至阴极附近，并与该处的入陷电子发生复合。

当初始电场强度为 E=150kV/mm 时，电荷浓度与电场强度随时间的变化规律与 E=110kV/mm 时的情况类似，均为非单调变化。由于电场强度的提高，在 t=30s 时介质中部的电场强度就开始回落，自 t=60s 之后便出现阴极附近入陷电子浓度减小的现象。这是由于载流子速度在高电场强度下较高的缘故。同时可看出，在 E=150kV/mm 时出现了电荷波包现象。这是由于大量载流子的注入导致极板处电场强度下降，从而抑制了后续载流子的注入，使得已注入的载流子与电极分离形成波包。由图 2.13(c)可看出，介质中部最大电场强度已接近 190kV/mm，这一数据与不同热处理条件下 LDPE 中的最大电场强度是吻合的。例如，对于冰水冷却的 LDPE，E_{max}=190kV/mm；对于空气冷却的 LDPE，E_{max}=180kV/mm。

2.3.2　注入势垒的影响

本节研究电极 Schottky 注入势垒分别为 $\omega_e = \omega_h$ = 1.10eV、1.14eV、1.18eV 时空间电荷的动态过程与电场强度分布。其中，下标 e 与 h 分别表示电子与空穴。其余模型参数与 2.3.1 节中取值相同，初始电场强度 E=110kV/mm。

由图 2.14～图 2.16 可看出，电极注入势垒的变化对载流子注入量有很大影响。

当 $\omega_e = \omega_h = 1.10\text{eV}$ 时，注入电荷浓度峰值为 150C/m^3；当 $\omega_e = \omega_h = 1.18\text{eV}$ 时，注入载流子浓度峰值略大于 30C/m^3。由图 2.14(a)可看到，由于注入的大量载流子有效降低了电极表面电场($E_{\min}$=40kV/mm，仅为初始电场强度的 36%)，所以形成了比图 2.13(a)更为明显的波包。对应于该空间电荷分布，相应的 PEA 输出信号如图 2.14(b)所示，从中可明显看到从阴极和阳极分离出的电荷波峰。

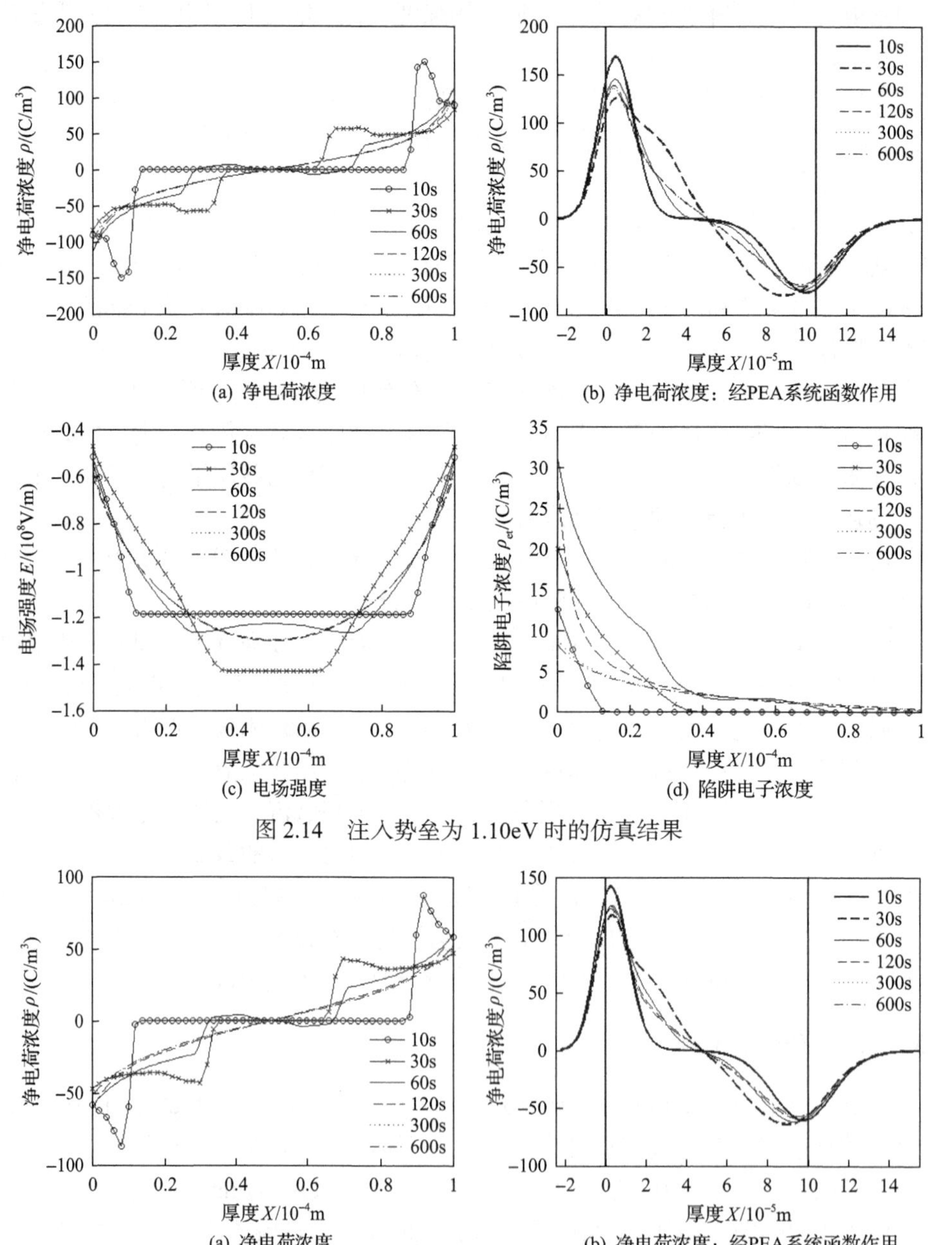

(a) 净电荷浓度　(b) 净电荷浓度：经PEA系统函数作用

(c) 电场强度　(d) 陷阱电子浓度

图 2.14　注入势垒为 1.10eV 时的仿真结果

(a) 净电荷浓度　(b) 净电荷浓度：经PEA系统函数作用

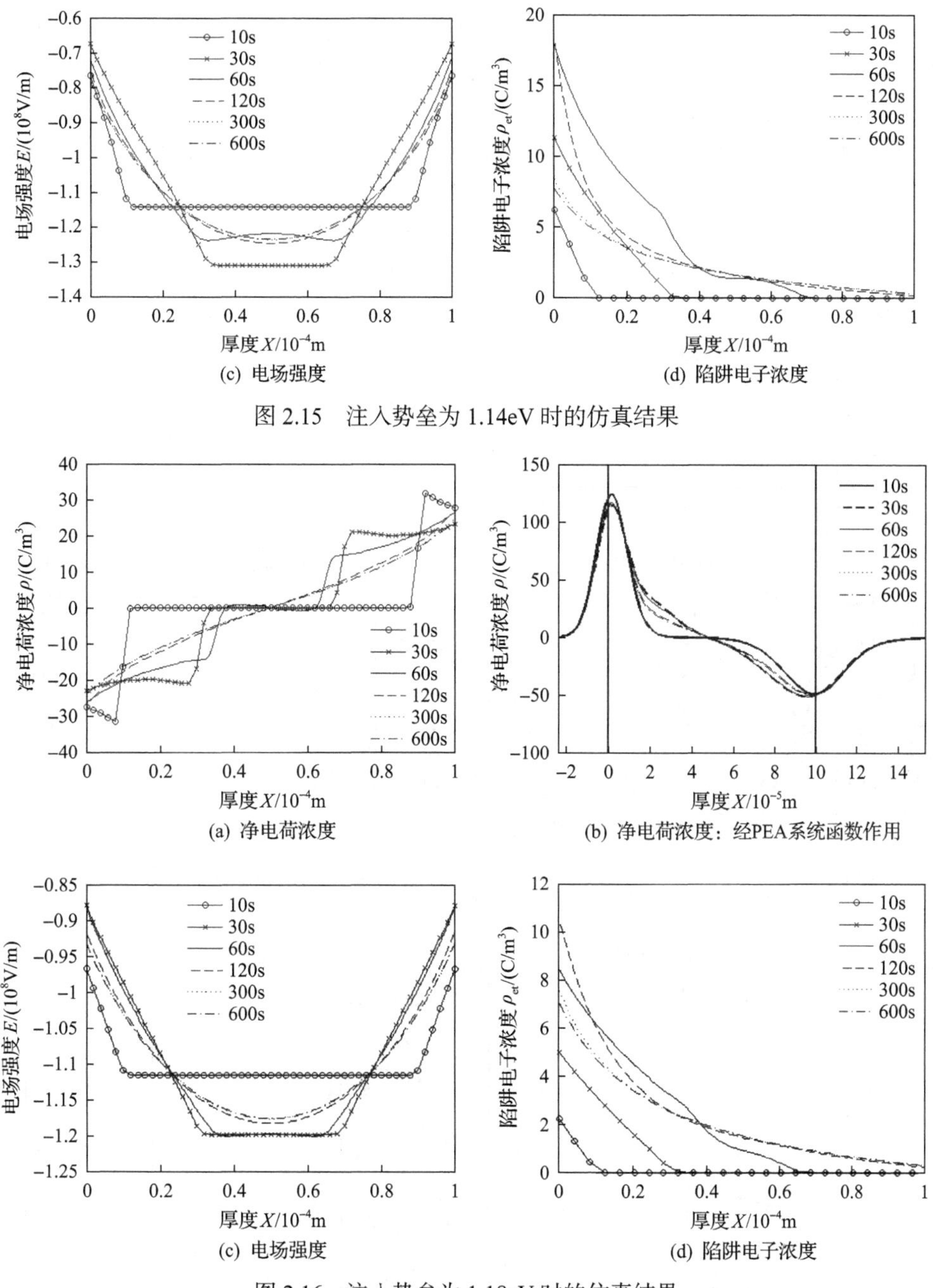

(c) 电场强度　(d) 陷阱电子浓度

图 2.15　注入势垒为 1.14eV 时的仿真结果

(a) 净电荷浓度　(b) 净电荷浓度：经PEA系统函数作用

(c) 电场强度　(d) 陷阱电子浓度

图 2.16　注入势垒为 1.18eV 时的仿真结果

2.3.3　载流子迁移率的影响

本节分别取 $\mu_e = \mu_h$ 为 $2\times10^{-14}\mathrm{m}^2\cdot\mathrm{kg}\cdot\mathrm{s}^{-2}\cdot\mathrm{K}^{-1}$、$5\times10^{-14}\mathrm{m}^2\cdot\mathrm{kg}\cdot\mathrm{s}^{-2}\cdot\mathrm{K}^{-1}$、$1\times$

$10^{-13}m^2 \cdot kg \cdot s^{-2} \cdot K^{-1}$研究迁移率参数对空间电荷输运过程与电场强度分布的影响。由图 2.17～图 2.19 可看出，随着迁移率的增加，介质中积累的净电荷量逐渐减少，入陷的载流子浓度也呈下降趋势。由于载流子运动速度的增加，载流子在电场作用下漂移运动占主导地位，而入陷积聚的概率相对减小。同时，由图 2.17～图 2.19

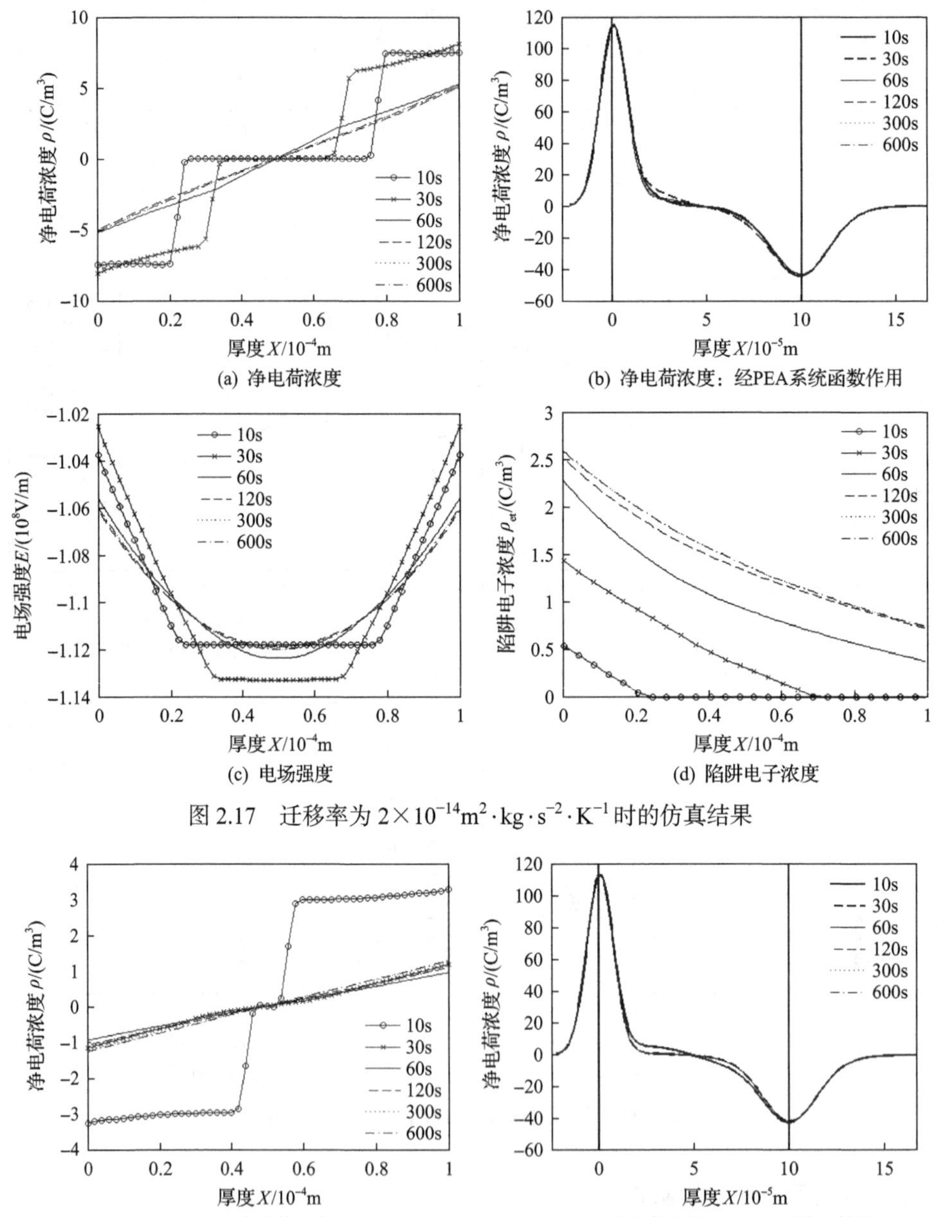

图 2.17　迁移率为 $2\times10^{-14}m^2 \cdot kg \cdot s^{-2} \cdot K^{-1}$ 时的仿真结果

(a) 净电荷浓度　　(b) 净电荷浓度：经PEA系统函数作用

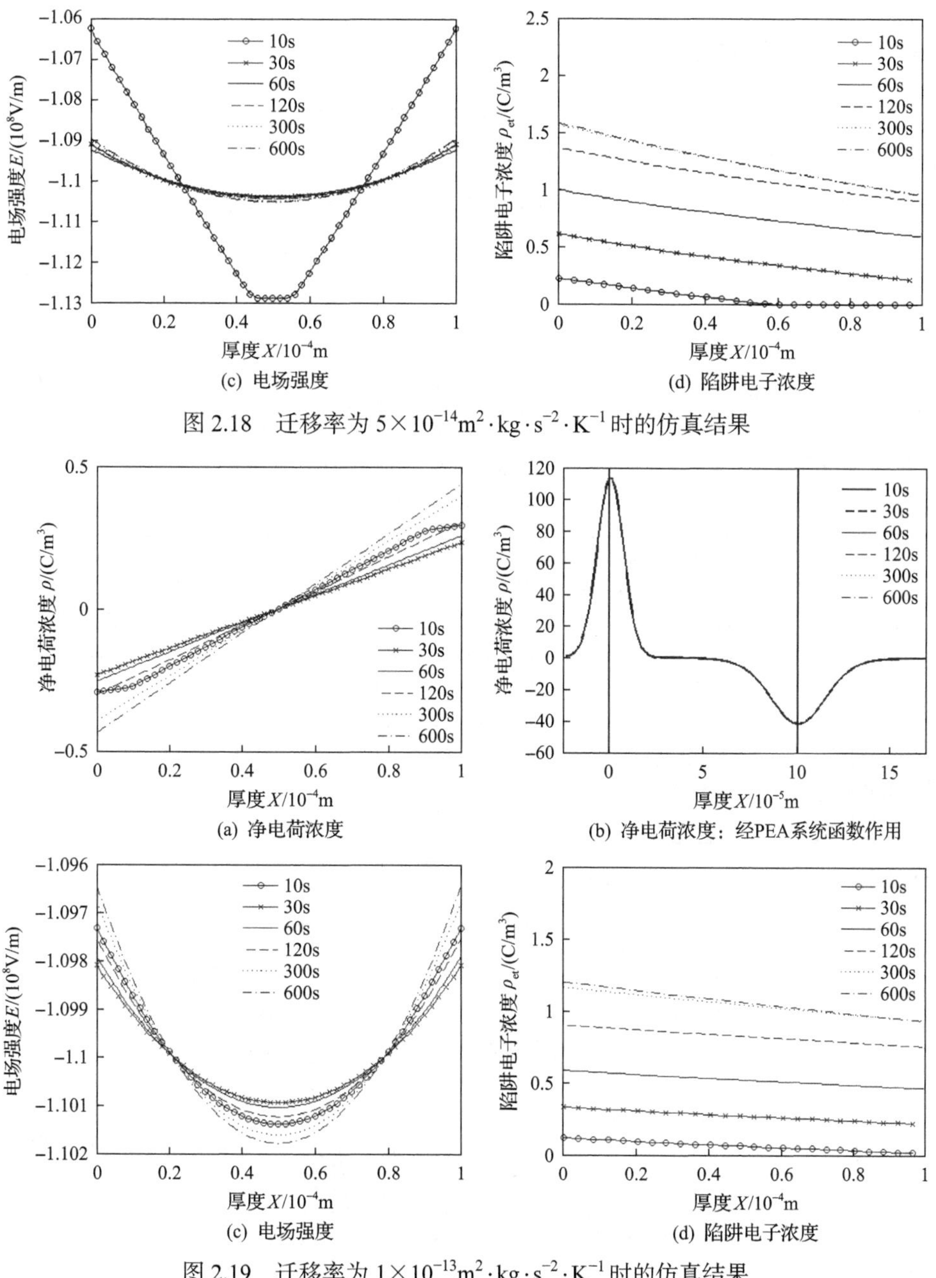

(c) 电场强度　　(d) 陷阱电子浓度

图 2.18　迁移率为 $5\times10^{-14}\text{m}^2\cdot\text{kg}\cdot\text{s}^{-2}\cdot\text{K}^{-1}$ 时的仿真结果

(a) 净电荷浓度　　(b) 净电荷浓度：经PEA系统函数作用

(c) 电场强度　　(d) 陷阱电子浓度

图 2.19　迁移率为 $1\times10^{-13}\text{m}^2\cdot\text{kg}\cdot\text{s}^{-2}\cdot\text{K}^{-1}$ 时的仿真结果

中的(c)、(d)图可看出，迁移率的增加将使入陷载流子浓度和电场强度在介质中分布更为均匀。这一点容易理解，迁移率的增加将使介质的电导过程由体控制过渡为电极控制，介质拥有较强的能力疏导注入的载流子，整个介质中载流子浓度与电场强度分布也趋于均匀。

2.3.4 陷阱捕获系数的影响

本节算例中陷阱捕获系数分别为 $B_e = B_h = 0.01s^{-1}, 0.05s^{-1}, 0.1s^{-1}$。由图 2.20(a)、图 2.21(a)与图 2.22(a)中可以看出，当捕获系数较小时，注入的载流子会在介质中形成陡峭前沿，在电场作用下该前沿向介质中部推进，直至正负载流

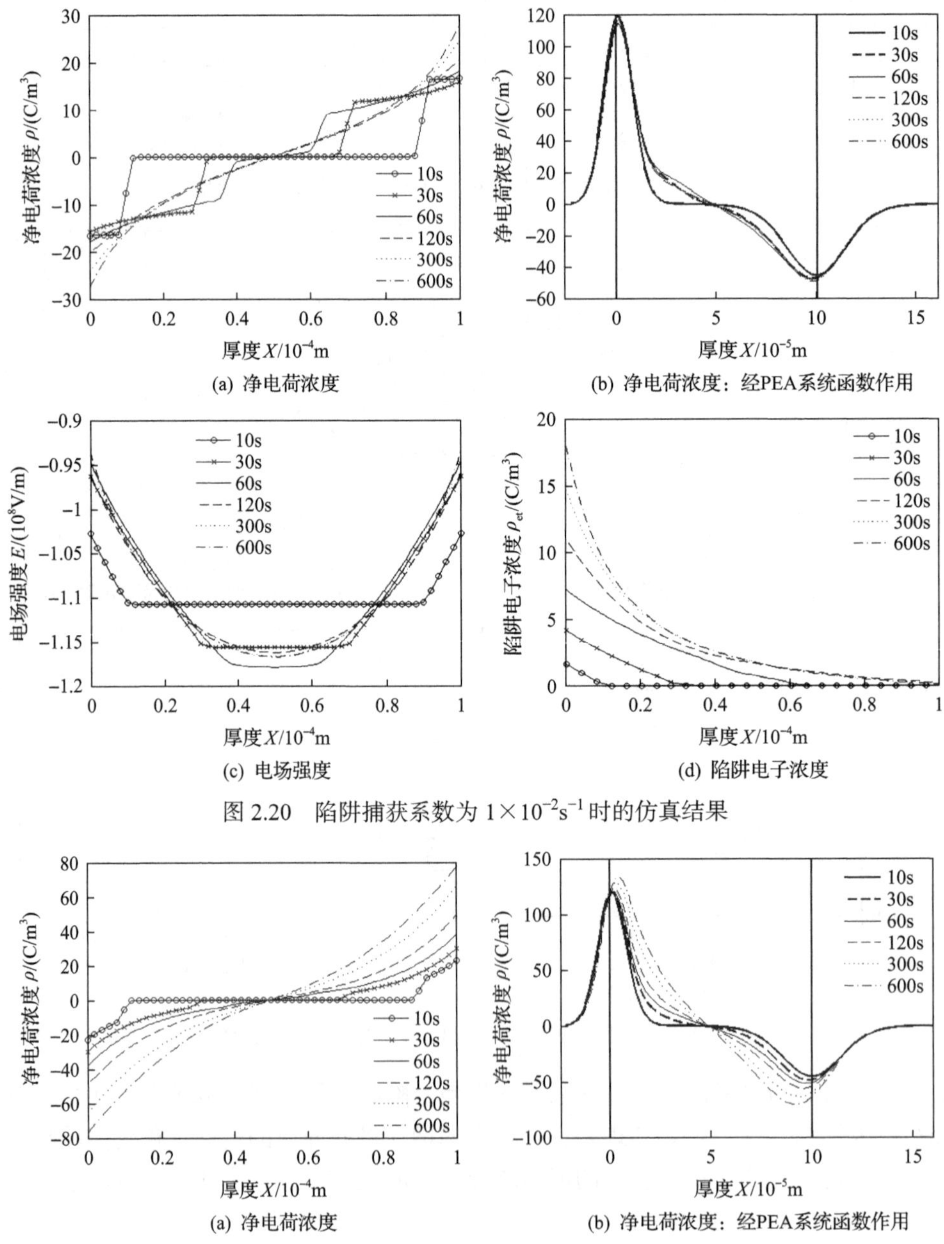

(a) 净电荷浓度　　(b) 净电荷浓度：经PEA系统函数作用

(c) 电场强度　　(d) 陷阱电子浓度

图 2.20　陷阱捕获系数为 $1\times10^{-2}s^{-1}$ 时的仿真结果

(a) 净电荷浓度　　(b) 净电荷浓度：经PEA系统函数作用

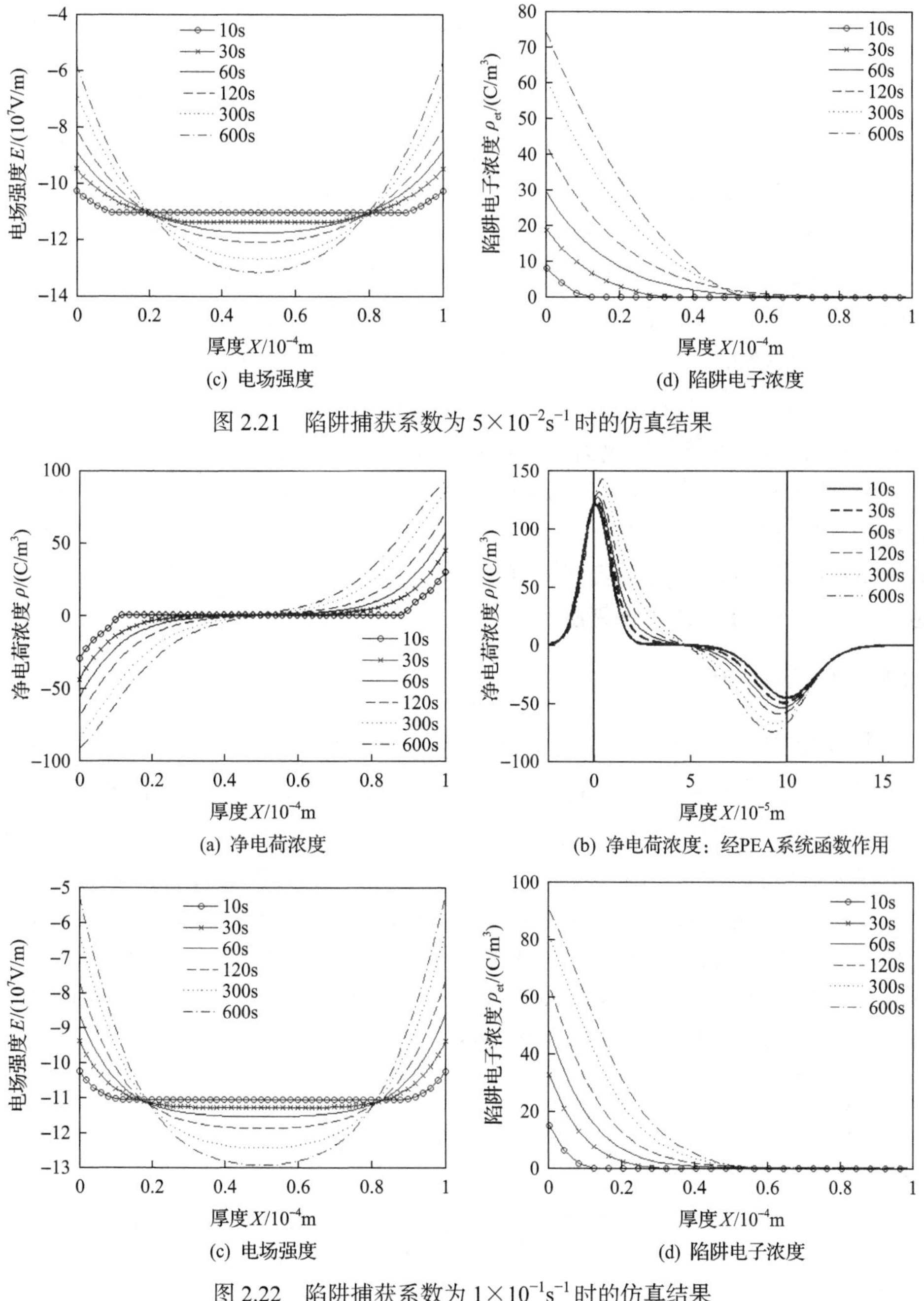

(c) 电场强度　(d) 陷阱电子浓度

图 2.21　陷阱捕获系数为 $5\times10^{-2}s^{-1}$ 时的仿真结果

(a) 净电荷浓度　(b) 净电荷浓度：经PEA系统函数作用

(c) 电场强度　(d) 陷阱电子浓度

图 2.22　陷阱捕获系数为 $1\times10^{-1}s^{-1}$ 时的仿真结果

子相遇发生复合使该前沿消失。而当陷阱捕获系数增加后，载流子浓度前沿变得不明显，当 $B_e = B_h = 0.1\,s^{-1}$ 时该前沿已完全消失。对此可解释为，由于陷阱捕获能力的增强，载流子在运动过程中会受到来自陷阱的更多阻碍，从而会有更多载流子积聚，剩余的载流子继续向介质中部运动。因此，原本一起运动的载流子因部分载流子的积聚而使电荷浓度波形展宽，波形中的陡峭前沿也逐渐消失。

在捕获系数较大的情况下，如 $B_e = B_h = 0.05\mathrm{s}^{-1}, 0.1\mathrm{s}^{-1}$，随着时间推移，由空间电荷浓度计算得到的 PEA 输出信号在阴极与阳极附近出现不断向介质内部发展的波峰(如图 2.21(b)与图 2.22(b)所示)。然而，该波峰并不是空间电荷波包，而是由在电极-介质交界面处积累的大量入陷电荷造成的。

由图 2.20(c)、图 2.21(c)与图 2.22(c)中可以看出，入陷电荷对电场的畸变作用的变化。入陷电荷量越大，则介质中部电场增强和电极处场强减弱的效果越明显。当捕获系数 $B_e = B_h = 0.1\mathrm{s}^{-1}$ 时，最大电场强度为 117kV/mm，最小电场强度为 95kV/mm；而当捕获系数 $B_e = B_h = 0.1\mathrm{s}^{-1}$ 时，介质中最大电场强度为 130kV/mm，最小电场强度仅为 50kV/mm。由此可看出，介质材料的陷阱越少，对载流子的捕获作用越小，介质中电场强度畸变就越小，绝缘性能越好。图 2.20(d)、图 2.21(d)与图 2.22(d)直接反映了入陷载流子的积累情况。可以看出，陷阱捕获作用越强，入陷载流子浓度越大。且由于陷阱越深导致载流子的迁移率越低，所以载流子注入深度越浅。

2.3.5　复合系数的影响

本节分别对复合系数 $S_{e\mu,ht} = S_{et,h\mu} = S_{e\mu,ht} = 0.01\mathrm{m}^{-3}\cdot\mathrm{C}^{-1}\cdot\mathrm{s}^{-1}, 0.05\mathrm{m}^{-3}\cdot\mathrm{C}^{-1}\cdot\mathrm{s}^{-1}$，$0.10\mathrm{m}^{-3}\cdot\mathrm{C}^{-1}\cdot\mathrm{s}^{-1}$ 的情况进行仿真计算，结果绘于图 2.23～图 2.25。可以看出，不同复合系数下的电荷浓度、电场强度分布均比较接近。对于净电荷浓度，复合作用的不同主要影响到介质中最终空间电荷的浓度值。如图 2.23(a)，t=600s 时最大电荷浓度约为 15C/m³。而在图 2.25(a)中，t=600s 时的最大电荷浓度值略大于 10C/m³。这是由于复合作用越强，介质中净电荷浓度越小。由于不同复合系数下电荷浓度分布相差并不大，所以各图中的电场强度分布基本一致，最大电场强度约为 117kV/mm，最小电场强度约为 96kV/mm。

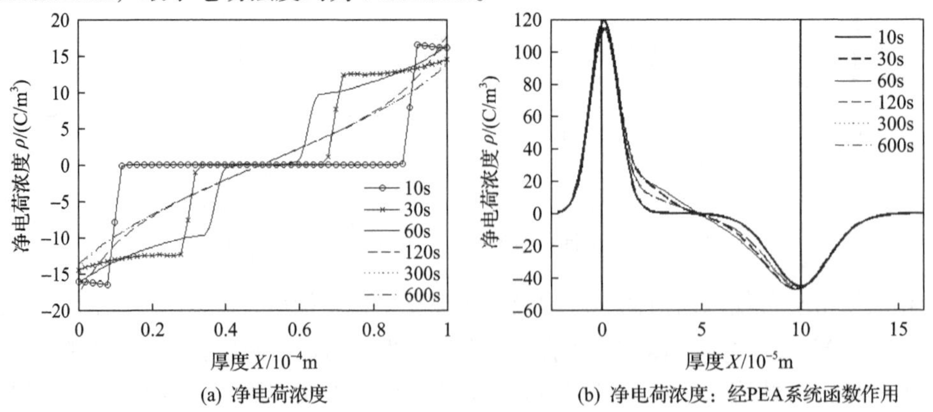

(a) 净电荷浓度　　(b) 净电荷浓度：经PEA系统函数作用

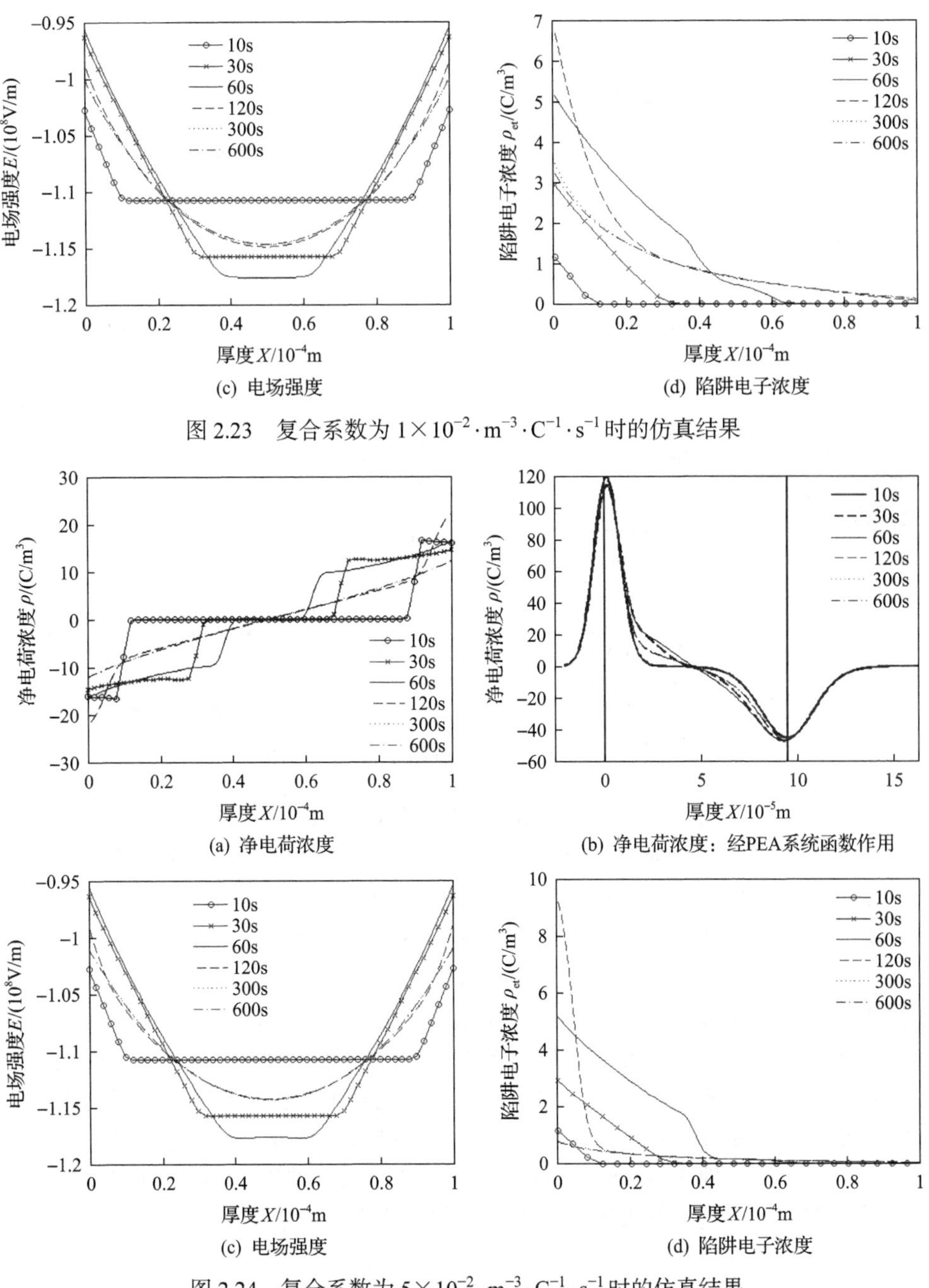

(c) 电场强度　(d) 陷阱电子浓度

图 2.23　复合系数为 $1\times10^{-2}\cdot m^{-3}\cdot C^{-1}\cdot s^{-1}$ 时的仿真结果

(a) 净电荷浓度　(b) 净电荷浓度：经PEA系统函数作用

(c) 电场强度　(d) 陷阱电子浓度

图 2.24　复合系数为 $5\times10^{-2}\cdot m^{-3}\cdot C^{-1}\cdot s^{-1}$ 时的仿真结果

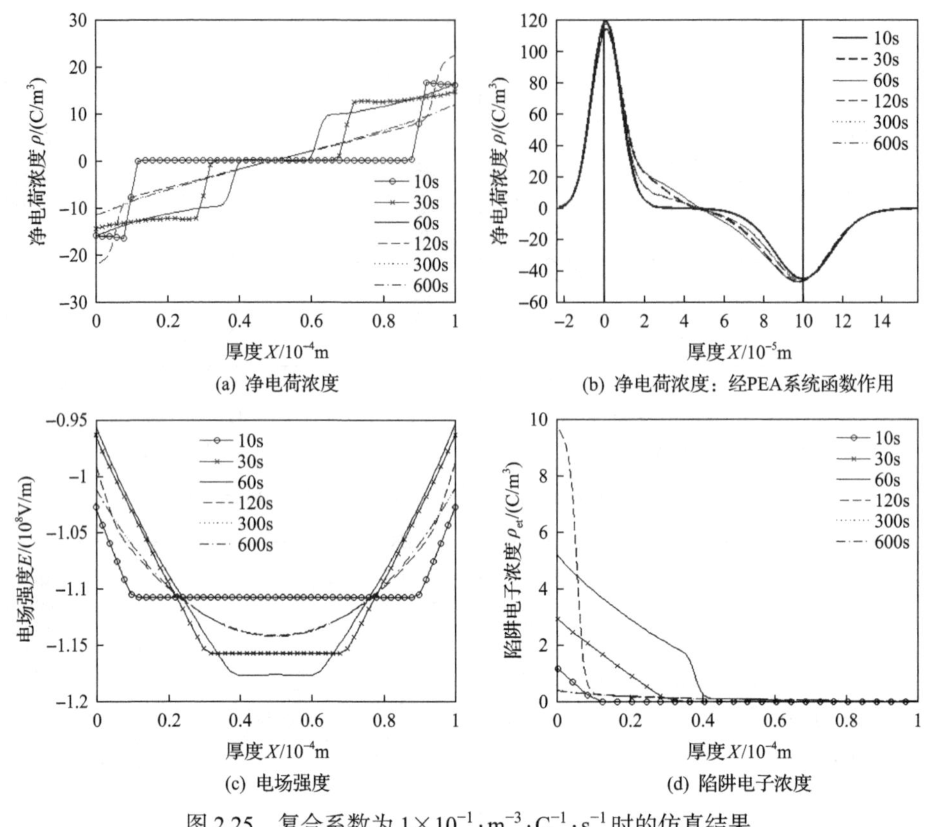

(a) 净电荷浓度　(b) 净电荷浓度：经PEA系统函数作用

(c) 电场强度　(d) 陷阱电子浓度

图 2.25　复合系数为 $1\times10^{-1}\cdot m^{-3}\cdot C^{-1}\cdot s^{-1}$ 时的仿真结果

对于介质中的入陷电荷，如各图中(d)图所示，不同复合系数下得到的入陷电子浓度均于 t=120s 时在靠近阴极处出现最大值，且复合系数越大，阴极附近入陷电子的浓度越大，但入陷电子注入的深度越浅。例如，当复合系数为 $0.01m^{-3}\cdot C^{-1}\cdot s^{-1}$ 时，阴极表面的陷阱电子浓度约为 $6.8C/m^3$，注入深度为整个介质厚度；当复合系数为 $0.1m^{-3}\cdot C^{-1}\cdot s^{-1}$ 时，陷阱电子浓度略小于 $10C/m^3$，注入深度为 40μm。对此可解释为，复合系数越大，在介质中部相遇的电子与空穴损失越大，因而能够越过介质中部运动至另一极并与那里的异极性载流子复合的概率就越小。因此，复合系数增大导致入陷载流子注入深度变浅，且电极附近积累的电荷浓度增大。当 t=600s 时，由于加压时间较长，介质中各处均已有陷阱载流子分布，且由于复合作用可以较为充分地进行，所以该时刻下的陷阱载流子浓度均小于 t=120s 时的值。复合系数越大，载流子损失越多，因而陷阱中的载流子浓度越小。

2.4　基于载流子迁移率计算的空间电荷包形成机理

聚乙烯材料为非晶态与晶态共混的无序材料，由于晶格的无序性导致电子定域态不再呈孤立的能级分布，而需要采用能态密度函数 $g(\varepsilon)$ 描述。由于各能量状态下的电子具有不同的迁移率，所以电子的宏观迁移率是各电子迁移率的统计平均。Anta 等采用 Kubo-Greenwood 公式和“多次入陷随机行走”(multiple trapping random walk，MTRW) 概率模型计算得到了电子的平均迁移率[29,30]。本章基于 Anta 等的方法，采用 Kubo-Greenwood 公式计算得到在给定的定域态密度(density of localized states，DOLS) 下的载流子平均迁移率，并根据迁移率随载流子浓度的变化规律，给出一种对空间电荷波包形成机理的解释。

2.4.1　准费米能级的确定

表 2.4 给出了 Anta 提供的聚乙烯材料定域态能态密度分布[29]。图 2.26 给出了上述参数下的能态密度函数分布图。为了更清楚地展现各陷阱中心峰位，图 2.26(a) 中 4～8 号陷阱浓度放大了 500 倍。陷阱与电场参数如下：a 为陷阱间的平均距离(m)，聚乙烯可取为 8.1Å；ν_0 为声子频率(Hz)，聚乙烯可取为 4.17×10^{14}；$N_t=1/a^3$，陷阱浓度为 $1.8817\times10^{27}\ \mathrm{m}^3$；温度 T 为 303K；电场强度 E 为 $3\times10^7\ \mathrm{V/m}$。

表 2.4　聚乙烯材料的定域态能态密度高斯分布

	DOLS							
	1	2	3	4	5	6	7	8
陷阱能级/eV	0.1	0.12	0.16	0.20	0.50	0.70	0.9	1.1
陷阱比例	9.98×10^{-4}	1.49×10^{-1}	6.48×10^{-1}	2.00×10^{-1}	9.98×10^{-4}	5.01×10^{-4}	9.98×10^{-5}	9.98×10^{-6}
方差/eV	0.05	0.05	0.05	0.05	0.05	0.05	0.05	0.05

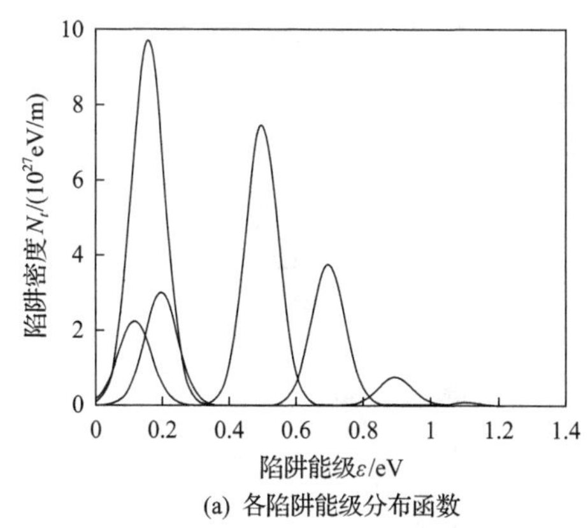

(a) 各陷阱能级分布函数

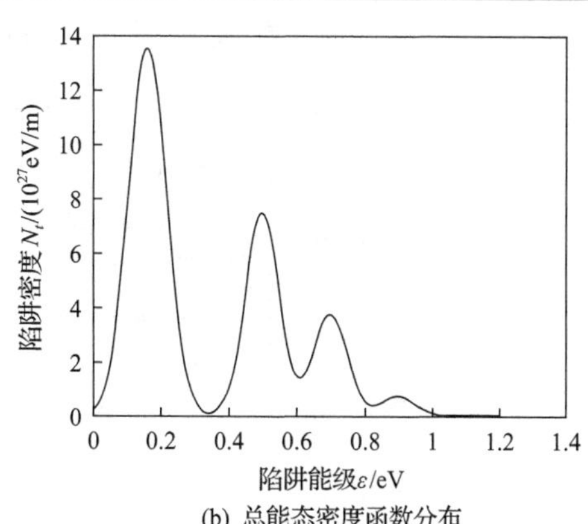

(b) 总能态密度函数分布

图 2.26　聚乙烯能态密度函数分布图

分别采用四阶、二阶级数展开法和数值方法计算不同载流子浓度下的准 Fermi 能级 ε_F，及 $E=3\times10^7\mathrm{V/m}$ 条件下的平均迁移率，结果绘于图 2.27。可以看出，载流子浓度约为 $\rho=2\times10^{22}\mathrm{m}^{-3}$ 时，由四阶与二阶级数展开法得到的准 Fermi 能级和迁移率曲线中出现波动，而数值解得到的曲线则没有此现象，具有较高精度。因此，采用数值方法计算准 Fermi 能级。

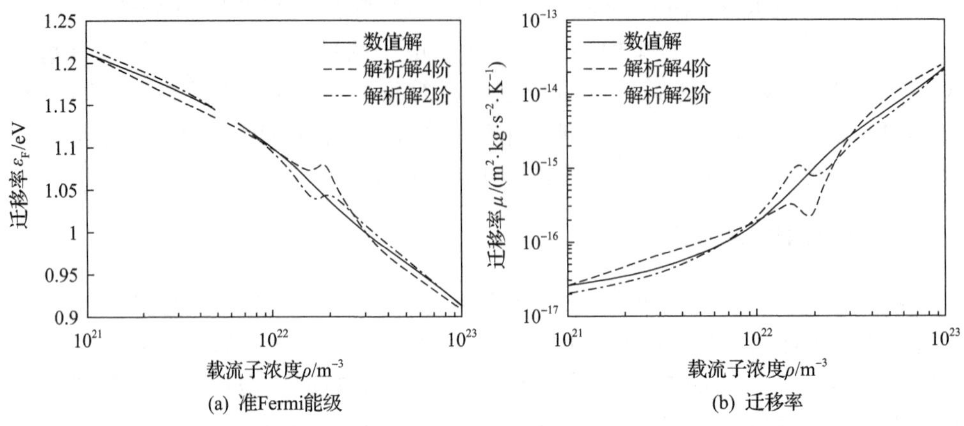

图 2.27　解析法与数值法计算不同载流子浓度下的准 Fermi 能级与迁移率对比

2.4.2　不同电场强度下迁移率与载流子浓度的关系

在电场强度 $E=3\times10^7\sim15\times10^7$V/m 范围内，计算载流子浓度 $\rho=10^{18}\sim10^{23}$m^{-3}下的迁移率。结果绘制于图 2.28 中，图中箭头表示电场增加的方向。由该图可看出，电场强度对于不同载流子浓度下的平均迁移率影响较小，且不同电场强度下平均迁移率随电荷浓度的变化趋势是一致的。当载流子浓度小于10^{21}m^{-3}时，迁移率随载流子浓度的增加变化缓慢；当载流子浓度大于10^{21}m^{-3}时，迁移率开始大幅增长。这个现象说明，随着载流子浓度的增加，陷阱逐渐被填充；当较深陷

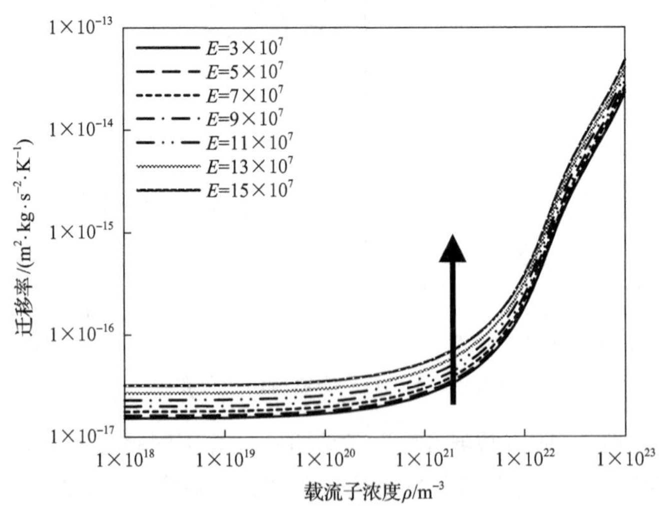

图 2.28　不同电场下迁移率随载流子浓度的变化

阱被填满时，新增加的载流子将继续填充浅陷阱，其具有与浅陷阱对应的迁移率。因此，当 $\rho>10^{21}$ 时，迁移率随载流子浓度的增加大幅上升，此即“陷阱填充”效应[29,30]。

2.4.3　不同最深陷阱深度下迁移率与载流子浓度的关系

保持电场强度始终为 15×10^7V/m，其余参数值不变，计算不同最深陷阱(即表 2.4 中第 8 号陷阱)深度 ε_8 下，迁移率随载流子浓度的变化。计算结果绘制于图 2.29 与图 2.30。可以看出，最深陷阱深度对迁移率的影响非常大，迁移率值在 $7\times10^{-19}\sim7\times10^{-13}\mathrm{m^2\cdot kg\cdot s^{-2}\cdot K^{-1}}$ 六个数量级范围内变化。最深陷阱能级越深，迁移率越低。当陷阱能级较深时，如 $\varepsilon_8=1.2\sim2.0\mathrm{eV}$，载流子迁移率大约在 $\rho=2\times10^{22}\mathrm{m^{-3}}$ 时出现大幅上升，即“陷阱填充”效应。而当 $\varepsilon_8=1.0\mathrm{eV}$ 和 $\varepsilon_8=1.1\mathrm{eV}$ 时，载流子浓度 $\rho>4\times10^{22}\mathrm{m^{-3}}$ 时才出现陷阱填充效应(如图 2.30 所示)。对此可解释为，陷阱越深，载流子越倾向于填充陷阱，从而“较早”(在载流子浓度较小的时候)出现平均迁移率的大幅上升，即“陷阱填充”现象。与此同时，由于陷阱越深，入陷载流子越多，所以载流子平均迁移率越低。

2.4.4　不同最深陷阱比例下迁移率与载流子浓度的关系

表 2.4 中 8 号陷阱所占总陷阱浓度的比例 c_8 取不同值时，计算平均迁移率随载流子浓度的变化。在 8 号陷阱浓度所占比例变化的同时，其余陷阱浓度所占比

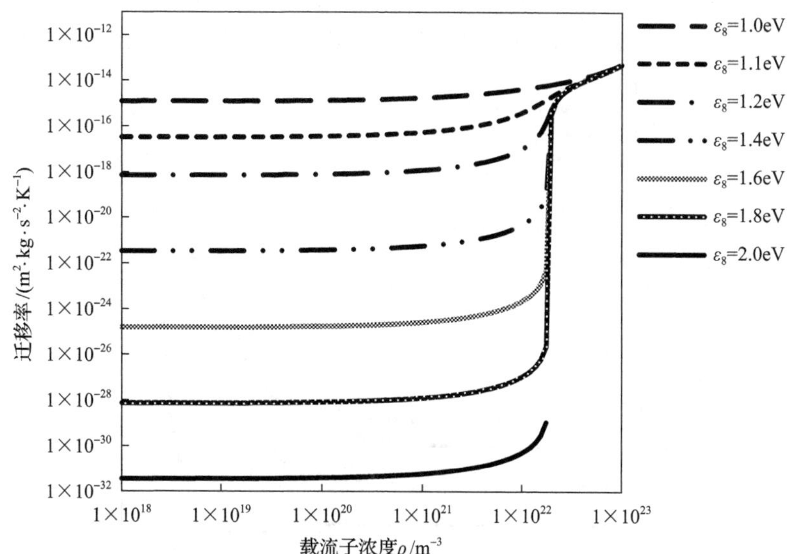

图 2.29　不同最深陷阱深度下迁移率随载流子浓度的变化

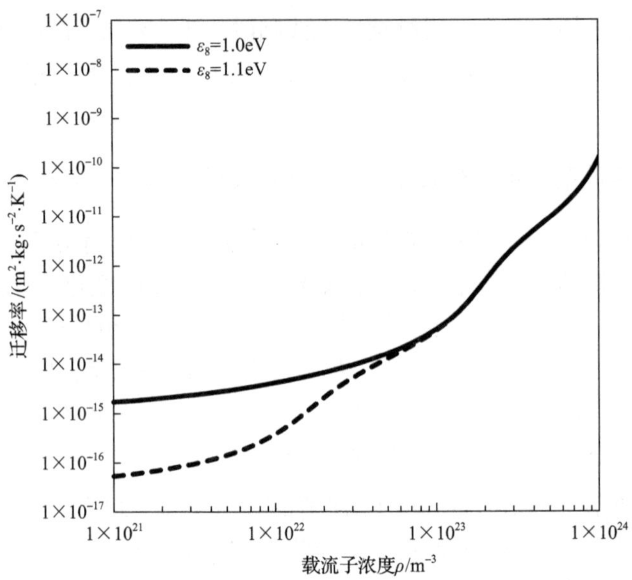

图 2.30　最深陷阱能级为 1.0eV 与 1.1eV 时迁移率随载流子浓度的变化

例相应地变化，以保证各陷阱比例相加恒为 1。由图 2.31 中的计算结果可看出，深陷阱所占比例越大，则迁移率值越小，与此同时，迁移率出现“陷阱填充”效应越“晚”，即在载流子浓度较大的时候出现。例如，当 $c_8 = 9.98\times10^{-4}$ 时，电荷浓度 $\rho > 1\times10^{24}\,\mathrm{m}^{-3}$ 时才出现“陷阱填充”效应；而当 $c_8 = 9.98\times10^{-9}$ 时，“陷阱填充”效应出现于 $\rho > 4\times10^{22}\,\mathrm{m}^{-3}$。对这一现象的解释是，深陷阱所占比例越大，将其填满所需的载流子也就越多，因而“陷阱填充”效应出现于载流子浓度较大的时候。

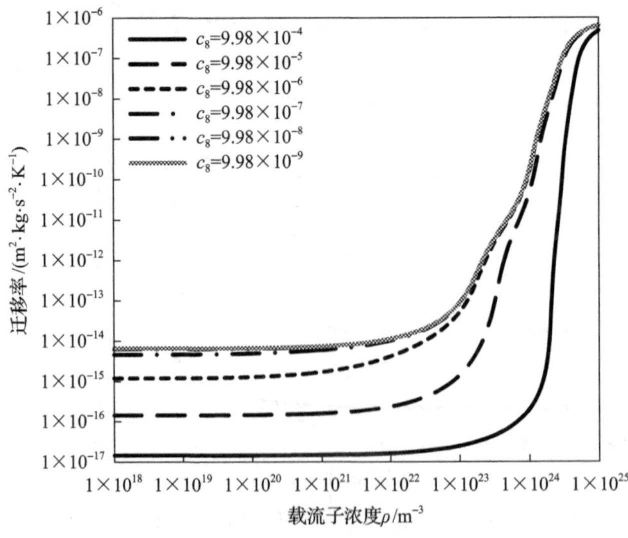

图 2.31　不同最深陷阱比例下迁移率与载流子浓度的关系曲线

2.4.5　不同载流子浓度下迁移率与电场强度的关系

载流子浓度 $\rho = 10^{18} \sim 10^{24}\,\mathrm{m}^{-3}$ 时，本节计算了电场强度 $E = 10^{6} \sim 10^{9}\,\mathrm{V/m}$ 范围内的平均迁移率，计算结果绘于图 2.32 中。由该图可看出，当载流子浓度较小时（$\rho = 10^{18} \sim 10^{22}\,\mathrm{m}^{-3}$），各迁移率-电场曲线基本重合。当载流子浓度为 $\rho = 10^{23} \sim 10^{24}\,\mathrm{m}^{-3}$ 时，迁移率-电场曲线整体有较大上升，此即前文所述“陷阱填充”效应。在不同载流子浓度下，迁移率随电场强度的变化趋势是一致的。当电场强度较低时（$E < 2\times10^{8}\,\mathrm{V/m}$），其对迁移率的影响很小；当电场强度较大时，迁移率随电场强度的增加才有大幅提升。对这一现象解释为，当电场强度 E 很小时，迁移率表达式中的双曲正弦可以近似为

$$\sinh\left(\frac{eEa}{2kT}\right) \approx \frac{eEa}{2kT} \tag{2.40}$$

在低电场强度下可近似为

$$\langle\mu\rangle = \frac{v_0 a^2 e}{l\rho kT}\exp\left(-\frac{\varepsilon_\mathrm{F}}{kT}\right)\int_0^\infty g(\varepsilon)\frac{1}{1+\exp\left[\dfrac{\varepsilon-\varepsilon_\mathrm{F}}{kT}\right]}\mathrm{d}\varepsilon \tag{2.41}$$

由式(2.41)可看出，在低电场强度下，载流子宏观平均迁移率与电场强度无关。

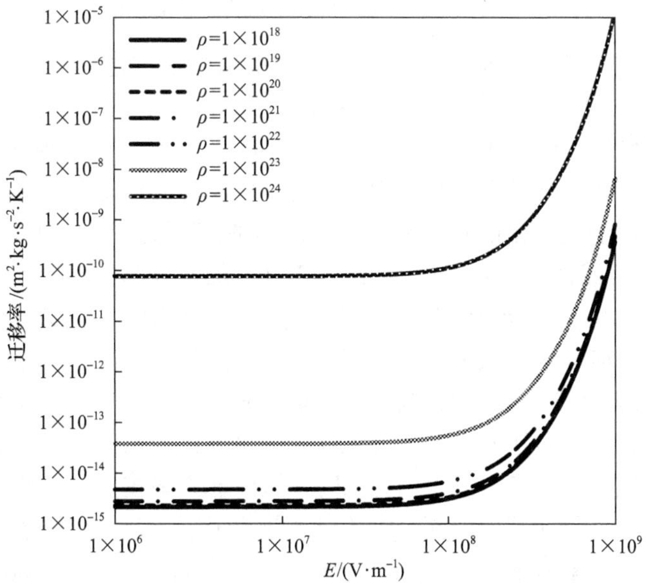

图 2.32　不同载流子浓度下迁移率与电场强度的关系曲线

2.4.6 “陷阱填充”效应与空间电荷波包现象分析

由本章前文所述，在多能级陷阱分布情况下，载流子宏观平均迁移率与载流子的浓度有关。随着陷阱被逐步填充，新入陷的载流子所在陷阱将不断变浅，于是载流子的平均迁移率在每一级深陷阱填满后将有大幅提升，此即“陷阱填充”效应。如图 2.33，根据 2.4.5 节中聚乙烯陷阱与场强参数，在较大的载流子浓度范围内（$\rho = 10^{21} \sim 10^{27}\,\mathrm{m}^{-3}$）计算平均迁移率，可以更清楚地观察到各陷阱逐步被填充对迁移率值的影响。

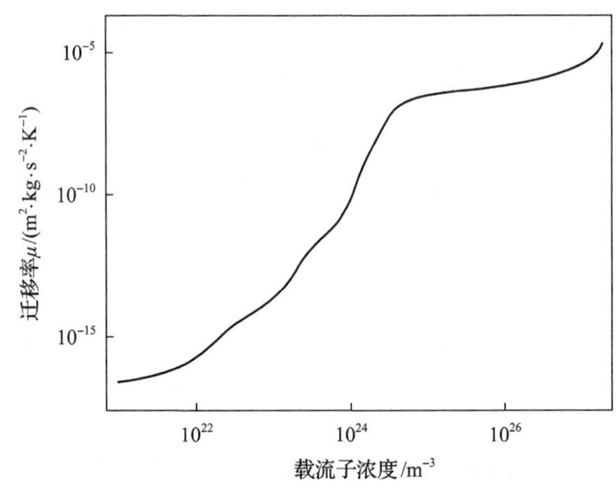

图 2.33　不同载流子浓度下的平均迁移率：“陷阱填充”效应

基于“陷阱填充”效应，给出一种针对空间电荷波包形成机理的解释。如图 2.34 所示，图中黑色区域为从阳极注入的正极性空间电荷波包。该电荷波包将介质分为两个区域，在区域Ⅰ中，正电荷向阴极运动导致电场增强；在区域Ⅱ中，同极性电荷的注入而导致电场强度削弱。为了使波包波形得以维持，要求波包前端和末端的载流子具有相近的速度 $v_{\mathrm{I}} \approx v_{\mathrm{II}}$。由于载流子速度 $v = \mu E$，又因 $E_{\mathrm{I}} > E_{\mathrm{II}}$，则要求 $\mu_{\mathrm{I}} < \mu_{\mathrm{II}}$。然而，由节 2.4.5 结论可知，电场的增加会使载流子迁移率增加，从而无法实现 $\mu_{\mathrm{I}} < \mu_{\mathrm{II}}$ 的要求。Matsui 等研究了空间电荷波包的数学模型，得到了区域Ⅱ中电导率应大于区域Ⅰ中电导率才能产生波包的结论，但并未从物理原理上给予相应的解释[31-33]。为此，利用“陷阱填充”效应来解释该现象。由于正电荷波包从阳极自左至右注入，所以图 2.34 中区域Ⅱ已有载流子经过。由于陷阱的捕获作用，区域Ⅱ中已有载流子填充陷阱，从而迁移率较大。区域Ⅰ则是电荷波包未经过的区域，因而其中的深陷阱还未被载流子填充，相应的迁移率较小。因此，载流子的迁移率满足 $\mu_{\mathrm{I}} < \mu_{\mathrm{II}}$，在合适的参数条件下，就有可能实现 $v_{\mathrm{I}} \approx v_{\mathrm{II}}$，使波包得以维持。

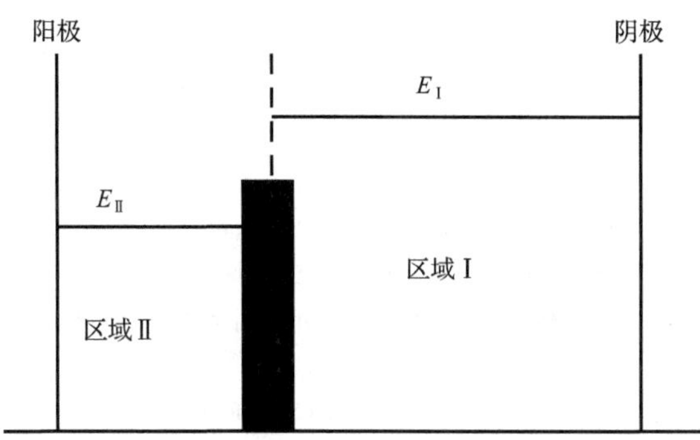

图 2.34　空间电荷波包示意图

参考文献

[1] 田冀焕. 强电场条件下绝缘材料空间电荷输运过程仿真计算[D]. 北京: 清华大学, 2009.

[2] Montanari G, Laurent C, Teyssedre G, et al. From LDPE to XLPE: Investigating the change of electrical properties. Part I. space charge, conduction and lifetime[J]. IEEE Transactions on Dielectrics and Electrical Insulation, 2005, 12(3): 438～446.

[3] O'Dwyer J J. The Theory of Electrical Conduction and Breakdown in Solid Dielectrics[M]. Oxford: Clarendon Press, 1973.

[4] Walker A B, Kambili A, Martin S J, et al. Electrical transport modeling in organic electroluminescent devices[J]. Journal of Physics Condensed Matter, 2002, 14(42): 9825～9876.

[5] Barth S, Wolf U, Bässler H, et al. Current injection from a metal to a disordered hopping system III: Comparison between experiment and Monte Carlo simulation[J]. Physics Review B, 1999, 60(12): 8791～8797.

[6] Freire J A, Voss G. Master equation approach to charge injection and transport in organic insulators[J]. The Journal of Chemical Physics, 2005, 122(12): 124705.

[7] Dissado L A, Fothergill J C. Electrical Degradation and Breakdown in Polymers[M]. London: IET Press, 1992.

[8] Aschroft N W, Mermin N D. Solid States Physics[M]. Singapore: Holt, Rinehart and Winston, 1976.

[9] Blythe A R, Bloor D. Electrical Properties of Polymers[M]. Cambridge: Cambridge University Press, 2005.

[10] Roy S L, Segur P, Teyssedre G, et al. Description of bipolar charge transport in polyethylene using a fluid model with a constant mobility: Model prediction[J]. Journal of Physics D: Applied Physics, 2004, 37(2): 298～305.

[11] Alison J M, Hill R M. A model for bipolar charge transport, trapping and recombination in degassed crosslinked polyethene[J]. Journal of Physics D: Applied Physics, 1994, 27(6): 1291～1299.

[12] Mori T, Matsuoka T , Mizutani T. The breakdown mechanism of poly-p-xylylene film[J]. IEEE Transactions on Dielectrics and Electrical Insulation, 1994, 1(1): 71～76.

[13] Belgaroui E, Boukhris I, Kallel A, et al. A new numerical model applied to bipolar charge transport, trapping and recombination under low and high dc voltages[J]. Journal of Physics D: Applied Physics, 2007, 40(21): 6760～6767.

[14] Roy S L, Teyssedre G, Laurent C, et al. Description of charge transport in polyethylene using a fluid model with a constant mobility: Fitting model and experiments[J]. Journal of Physics D: Applied Physics, 2006, 39(7): 1427～1436.

[15] Tian J H, Zou J, Wang Y S, et al. Simulation of bipolar charge transport with trapping and recombination in polymeric insulators using Runge-Kutta discontinuous Galerkin method[J]. Journal of Physics D: Applied Physics, 2008, 41(19): 195416.

[16] Cockburn B, Lin S, Shu C. TVB Runge-Kutta local projection discontinuous Galerkin finite element method for conservation laws III: One-dimensional systems[J]. Journal of Computational Physics, 1989, 84(1): 90～113.

[17] Cockburn B, Shu C. TVB Runge-Kutta local projection discontinuous Galerkin finite element method for conservation laws II: General framework[J]. Mathematics of Computation, American Mathematical Society, 1989, 52(186): 411～435.

[18] Cockburn B, Shu C. Runge-Kutta discontinuous Galerkin methods for convection-dominated problems[J]. Journal of Scientific Computation, 2001, 16(3): 173～261.

[19] Cockburn B. Discontinuous Galerkin methods[J]. Zamm Journal of Applied Mathematics and Mechanics, 2003, 83(11): 731～754.

[20] Reed W H, Hill T R. Triangular mesh methods for the neutron transport equation[R]. Technical Report: LA-UR-73～479 Los Alamos Scientific Laboratory.

[21] Chen Z. A finite element method for the quantum hydrodynamic model for semiconductor devices[J]. Computers Math. Applic, 1996, 31(7): 17～26.

[22] Aizinger V, Dawson C, Cockburn B, et al. The local discontinuous Galerkin method for contaminant transport[J]. Advances in Water Resources, 2000, 24(1): 73～87.

[23] Cockburn B. Discontinuous Galerkin Methods for Convection-Dominated Problems[M]. Barth T J, Deconinck H. High-Order Methods for Computational Physics. Berlin: Springer, 1999:69～224.

[24] Shu C. Total-variation-diminishing time discretizations[J]. SIAM Journal on Scientific and Statistical Computing, 1988, 9(6): 1073～1084.

[25] Biswas R, Devine K D, Flaherty J E. Parallel, adaptive finite element methods for conservation laws[J]. Applied Numerical Mathematics, 1994, 14(1): 255～283.

[26] 诱电绝缘材料的空间电荷分布计测法标准化调查专门委员会. 诱电·绝缘材料的空间电荷分布测试法的标准化. 日本电气学会技术报告第 834 号[S]. 东京: 丸井工文社, 2001.

[27] Morshuis P , Jeroense M. Space charge measurements on impregnated paper: A review of the PEA method and a discussion of results[J]. IEEE Electrical Insulation Magazine, 1997, 13(3): 26～35.

[28] Ahmed N H, Srinivas N N. Review of space charge measurements in dielectrics[J]. IEEE Transactions on Dielectrics and Electrical Insulation, 1997, 4(5): 644～656.

[29] Anta J A, Marcelli G, Meunier M, et al. Models of electron trapping and transport in polyethylene: Current-voltage characteristics[J]. Journal of Applied Physics, 2002, 92(2): 1002～1008.

[30] Anta J A, Nelson J, Quirke N. Charge transport model for disordered materials: Application to sensitized TiO_2[J]. Phys. Rev. B, 2002, 65(12): 125324.

[31] Aoyamal H, Matsui K, Tanaka Y, et al. Observation and numerical analysis of space charge behavior in low-density polyethylene formed by ultra-high DC Stress[C]//IEEE Annual Report Conference on Electrical Insulation and Dielectric Phenomena, Nashville, 2005: 649～652.

[32] Hayase Y, Matsui K, Tanaka Y, et al. Packet-like charge behavior in various kinds of polyethylene[C]//IEEE Annual Report Conference on Electrical Insulation and Dielectric Phenomena, 2007: 445～448.

[33] Matsui K, Tanaka Y, Takada T, et al. Numerical analysis of packet-like charge behavior in low-density polyethylene under DC high electric field[J]. IEEE Transactions on Dielectrics and Electrical Insulation, Vancouver, 2008, 15(3): 841～850.

第 3 章　电介质中空间电荷的测量

PEA 法空间电荷测量于 20 世纪 80 年代由东京都市大学 Takada 教授发明[1]。开始时采用正弦波作为激励源测量空间电荷分布，但只能检测到一个界面的电场强度，后续的改进中，采用脉冲波形代替了正弦波。直到 1988 年，这种方法还只能测量平板试样，例如评估电子束辐照后绝缘材料中空间电荷分布等。随着聚偏四氟乙烯(polyvinylidene fluoride，PVDF)压电薄膜材料的开发，电声脉冲法能被用于测量同轴电缆等形状复杂的样品中的空间电荷。

与其他空间电荷测量方法相比，PEA 法的突出优点是其测量回路与高压回路以地电极隔离，保障二次测量设备和人身安全，因此，多年来吸引世界很多优秀学者进行研究改进。目前，PEA 法已经是应用最为广泛的空间电荷测量方法之一，其物理模型和测量理论已经明确，测量技术也已日趋成熟，形成了相应的 IEC[2] 和 JB 标准[3]。

本章将介绍 PEA 法空间电荷测量的原理，然后从硬件组成和信号恢复两方面介绍其测量技术，最后将举例介绍一些改进型 PEA 法空间电荷测量系统。

3.1　PEA 法空间电荷测量原理及测量系统

3.1.1　PEA 法空间电荷测量原理

PEA 法空间电荷测量的基本原理是空间电荷在高压脉冲的作用下，受到库仑力的作用，产生微小扰动，从而产生声波脉冲信号。这种声波脉冲信号携带了空间电荷的数量和位置信息沿介质传播，最后被压电传感器感知并采集，并通过信号数字化技术对信号进行提炼和校正，如图 3.1 所示。

假设试品的厚度为 d，其中的空间电荷体密度为 $\rho(x)$。直流电源产生一个恒定电压为 V 的直流电场，脉冲电源产生一个脉宽很小、上升沿和下降沿很陡的电脉冲 $e_{\mathrm{p}}(t)$ 分别经电阻 R_{dc}、电容 C_{c} 施加在试品两端电极上。电脉冲对空间电荷产生一个作用力 $\Delta f_3(x,t)$，并使空间电荷在 x 轴方向上振动 Δx 的距离，产生声波 $\Delta p_3(x,t)$，并经过试品向 PVDF 压电传感器方向传播。叠加后的总声波 $\Delta p(t)$ 被 PVDF 压电传感器转换成电信号 $v_{\mathrm{s}}(t)$，通过计算就可以还原得到材料内的空间电荷分布情况。

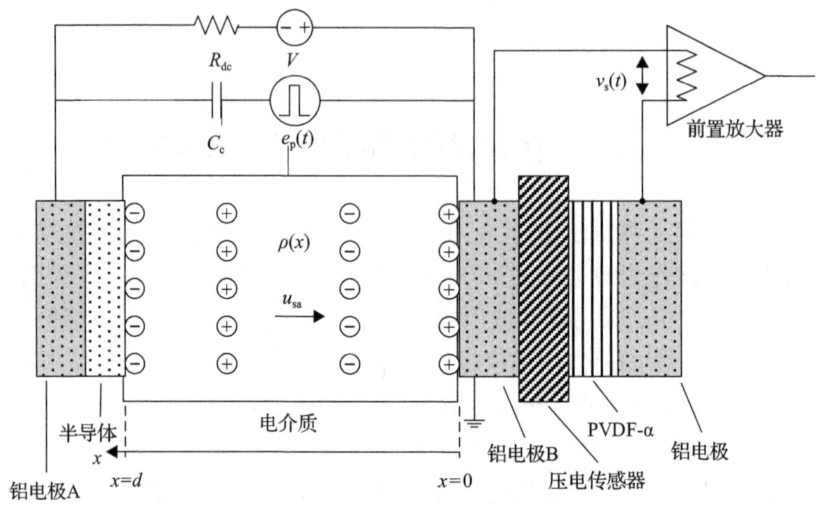

图 3.1　PEA 法空间电荷测量基本原理[4]

由 Poisson 方程可知，相对介电常数恒定的材料中空间电荷满足

$$\nabla \cdot E = \frac{\rho}{\varepsilon_0 \varepsilon_r} \tag{3.1}$$

式中，E 为电场；ε_0 为真空介电常数；ε_r 为材料的相对介电常数。对于图 3.1 所示的平板型试品，式(3.1)可以简化如下：

$$\frac{dE(x)}{dx} = \frac{\rho(x)}{\varepsilon_0 \varepsilon_r} \tag{3.2}$$

试品内部的电场 $E(x)$ 与试品外部施加的电压 V 满足

$$\int_0^x E(x')dx' = -V \tag{3.3}$$

电极表面电荷 σ_0 和 σ_d 如图 3.1 所示，由式(3.2)可知满足

$$\begin{cases} \sigma_0 = \varepsilon_0 \varepsilon_r E_0 \\ \sigma_d = \varepsilon_0 \varepsilon_r E_d \end{cases} \tag{3.4}$$

则电场 $E(x)$ 在电极 B 和电极 A 产生的电场力 f_0 和 f_d 为

$$\begin{cases} f_0 = \frac{1}{2}\sigma_0 E_0 = \frac{1}{2}\varepsilon_0 \varepsilon_r {E_0}^2 \\ f_d = -\frac{1}{2}\sigma_d E_d = -\frac{1}{2}\varepsilon_0 \varepsilon_r {E_d}^2 \end{cases} \tag{3.5}$$

试品内部的空间电荷受到的电场力为

$$\Delta f_3(x) = \rho(x)\Delta x E(x) \tag{3.6}$$

幅值为 V_p/d，脉宽为 ΔT 的脉冲电场 $e_p(t)$ 在时刻 $t = 0$ 施加试品上，使试品内部增加一个新电场：

$$e_p(t) = \frac{v_p(t)}{d} = \frac{V_p}{d}[u(t) - u(t - \Delta T)] \tag{3.7}$$

式中，$u(t)$ 为在 t 时刻跃变的单位阶跃函数。电极 B 表面的电荷此时所受的电场力为

$$f_0 = \frac{\varepsilon_0 \varepsilon_r}{2}\left(\frac{\sigma_0}{\varepsilon_0 \varepsilon_r} + e_p\right)^2 \tag{3.8}$$

稳态外施电压作用在试品上的时间很长，可认为其对试品内部空间电荷的作用力已达到平衡，因此式(3.8)中该分量可忽略，同时 A 电极的表面电荷与 B 电极一样，均可简化为

$$\begin{cases} f_0(t) = \sigma_0 e_p + \dfrac{1}{2}\varepsilon_0 \varepsilon_r {e_p}^2 \\ f_d(t) = \sigma_d e_p - \dfrac{1}{2}\varepsilon_0 \varepsilon_r {e_p}^2 \end{cases} \tag{3.9}$$

则 σ_0、σ_d 由两个分量组成，一个分量由拉普拉斯场引起，另一个分量由空间电荷产生的泊松场引起：

$$\begin{cases} \sigma_0 = \varepsilon_0 \varepsilon_r E_{dc} - \displaystyle\int_0^d \frac{d - x}{d}\rho(x)\mathrm{d}x \\ \sigma_d = -\varepsilon_0 \varepsilon_r E_{dc} - \displaystyle\int_0^d \frac{x}{d}\rho(x)\mathrm{d}x \end{cases} \tag{3.10}$$

式中，$E_{dc} = V / d$。由式(3.6)可得电介质中空间电荷所受由电脉冲引起的电场力 $\Delta f_3(t,x)$ 为

$$\Delta f_3(t,x) = \rho(x)\Delta x e_p(t), \quad 0 < x < d \tag{3.11}$$

振动信号在 x 轴方向传播过程为

$$\Delta p_3(t,x) = \frac{1}{2}\rho(x)\Delta x e_p\left(t - \frac{x}{u_{sa}}\right) \tag{3.12}$$

令 $x = u_{sa}t$（u_{sa} 是声速），$\rho(x) = r(\tau)$，因而试品中全部空间电荷产生的声波

$$p_3(t) = \frac{1}{2}u_{sa}\int_0^t r(\tau)e_p(t-\tau)d\tau \tag{3.13}$$

传到压电传感器上总的声波表示为

$$\begin{aligned} p(t) &= p_0(t) + p_d(t) + p_3(t) \\ &= \frac{1}{2}K_{1T}K_{3T}[\sigma_0 e_p(1-\tau_b) + \sigma_d e_p(t-\tau_d-\tau_b) + u_{sa}\int_0^t r(\tau)e_p(t-\tau)d\tau] \end{aligned} \tag{3.14}$$

式中，$p_0(t)$、$p_d(t)$、$p_3(t)$分别为电极 B、电极 A 以及试品内部的空间电荷产生的声波；K_{1T}、K_{3T}分别为声波从试品进入电极 B 以及从电极 B 进入传感器的折射系数；τ_b、τ_d 分别为声波在电极 B 和试品内的传播时间。

声波在 PVDF 压电传感器上感应产生的电荷 $q(t)$ 为

$$q(t) = d_{33}p(t)S \tag{3.15}$$

式中，d_{33} 为压电传感器自身常量；S 为传感器截面积。则压电传感器电压 $U_{PVDF}(t)$ 为

$$U_{PVDF}(t) = \frac{q(t)}{C_p} \tag{3.16}$$

式中，C_p 为传感器的电容，其值为 $\varepsilon_0\varepsilon_r S/a$；$a$ 为压电传感器的厚度。定义压电传感器的单位冲激响应为 $h(t)$，则

$$u_{PVDF}(t) = u_p\int_0^t h(t')p(t-t')dt' \tag{3.17}$$

式中，$u_p = -a/\Delta\tau$，为传感器的声速。

考虑到前置放大器的影响，示波器上接收到的电压信号 $v_s(t)$ 为

$$v_s(t) = WAu_{PVDF}(t) = WAu_p\int_0^t h(t')p(t-t')dt' \tag{3.18}$$

式中，WA 为前置放大器的传递常数。

将式(3.14)代入式(3.18)，得

$$v_s(t) = K[\sigma_0 e_p(1-\tau_b) + \sigma_d e_p(t-\tau_d-\tau_b)] + u_{sa}\int_0^t r(\tau)e_p(t-\tau-\tau_b)d\tau] \tag{3.19}$$

式中，$K = 0.5K_{1T}K_{3T}WAg_{33}a$；$g_{33} = d_{33}/\varepsilon_0\varepsilon_r$。

3.1.2　PEA 法测量系统

PEA 法空间电荷测量系统如图 3.2 所示，由高压直流电源、纳秒级高压脉冲源、高压电极、压电传感器、宽频同相放大器、数字示波器和采集处理数据的计算机几部分组成。

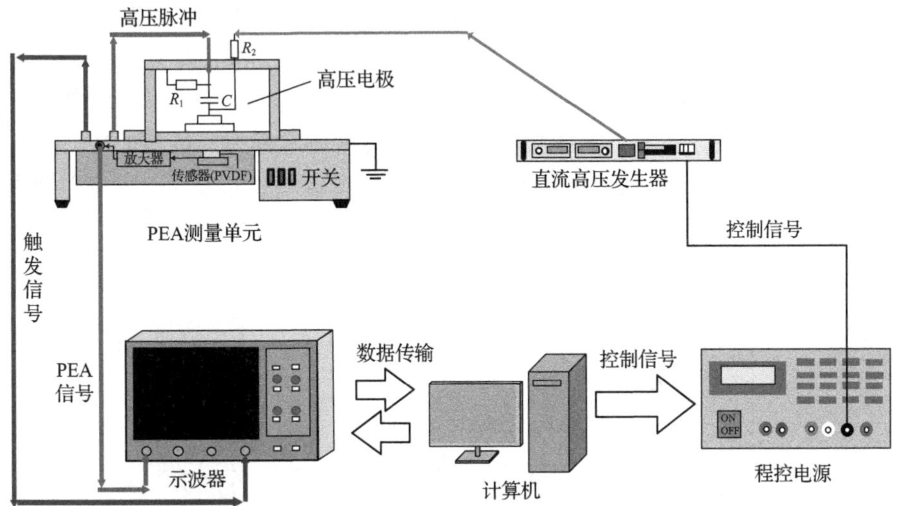

图 3.2　PEA 法空间电荷测量系统总体结构示意图[5]

测量系统工作时，试样置于上电极与下电极之间。程控电源产生控制信号控制直流高压发生器产生直流高压，高压电脉冲源产生高压脉冲信号，二者通过上电极加到试样中，并且相互之间通过电容隔离。PVDF 压电传感器将空间电荷在高压电脉冲作用下产生的包含了试品内部和表面空间电荷分布信息的声波信号转换为电信号，然后经前置放大器放大送入示波器。高压脉冲发生器产生的脉冲电压同时通过衰减器后接入示波器，作为同步触发信号使示波器得以对 PEA 信号进行采集和处理，计算机获取 PEA 信号后通过反卷积技术获得试样内部空间电荷和电场分布信息。

要求纳秒级高压脉冲源能输出稳定的电脉冲，脉冲宽度和幅值根据系统所面临的试样类型和厚度不同而有所不同，通常使用宽度数纳秒到数十纳秒，幅值为数百伏到数千伏的脉冲。高压电极一般设计成可以同时施加脉冲与直流电压的形式。R_1 为匹配电阻，保证高压脉冲波形稳定；R_2 为限流电阻，起击穿保护作用；电容 C 一方面隔离直流高压，另一方面将高压脉冲加到 PEA 单元的高压电极上。为消除电脉冲产生的噪音，下电极通常有数十毫米厚。而为了吸收和减小声波的反射，上电极和试样之间以半导电橡胶作为声阻抗匹配层，另一方面，半导电层也可模拟实际高压电缆的绝缘半导电层结构。压电传感器处也有相应的声波吸收片，如图 3.1 中 PVDF-α 所示。

在 3.1.1 节中 PEA 原理分析中忽略了信号在传播过程中的反射现象，事实上信号在传播过程中，如果在分界面处的声阻抗不匹配，就会发生透射和反射现象。

试品中的声波传递过程如图 3.3 所示，声波会在多个介质分界面处产生反射和透射现象。V_2 表示向 PVDF 压电传感器方向传播的声波，V_1 表示沿着反方向传播的声波，V_{sBs} 表示向 PVDF 压电传感器方向传播的声波在试品和电极 B 的分界面处的反射声波，V_{Bs} 表示从电极 B 方向传播过来在试品和电极 B 的分界面处的透射波，V_{s1s} 表示 V_1 在试品和半导体膜界面处的反射波，V_{1s} 表示从半导体膜方向传播过来的声波在试品和半导体膜分界面处的透射波。其中，V_{Bs} 和 V_{1s} 是 V_2 和 V_1 透射过电极 B 和半导体膜在电极 B 右侧和半导体膜左侧的分界面处反射回来的透射波。

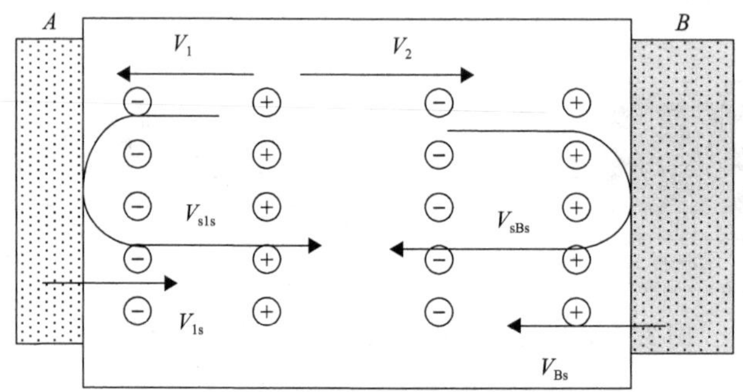

图 3.3　试品中的声波传递过程

PEA 法空间电荷测量系统中，测量到的信号是声波通过 PVDF 压电传感器并在其上产生电信号后经前置放大器放大得到的。因此，如果通过 PVDF 的声波只是式(3.14)所示的声波信号，那么测量结果经过数据处理软件处理后就是试品中沿厚度方向空间电荷的分布信息。如果通过 PVDF 传感器的声波含有透射和反射后的声波信号，那么经过处理后的空间电荷沿厚度方向分布的信息就会有误差，由于反射和透射波的作用，会在原来没有空间电荷的地方造成有空间电荷的假象，不能真实反映试品中空间电荷的分布信息。

为了避免这些折反射波对测量的影响，脉冲源在输出高压脉冲的时候，同时有一路衰减同步信号接到示波器的触发信号端，作为示波器触发源，单次触发示波器采集压电传感器所转换的声波信号。这样每次脉冲电场所激发的空间电荷信号，示波器都可以采集并只采集一次，而忽略时间之间无用的周期信号，如信号不停地来回折反射相互叠加的信号。PEA 系统的顺序采样时序图如图 3.4 所示。

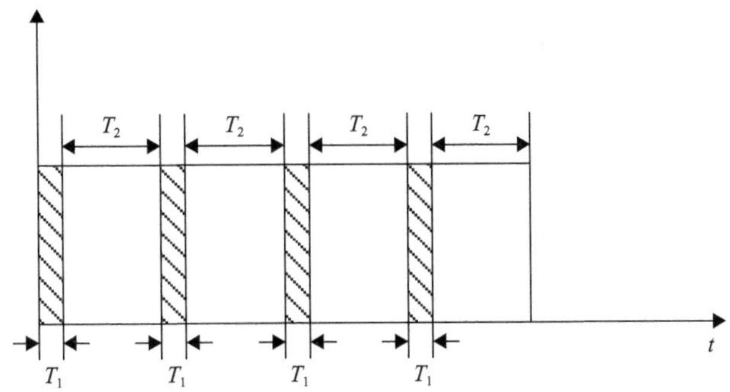

图 3.4　PEA 系统的顺序采样时序图

在 T_1 时间段，示波器以顺序模式进行高速采集，数据直接存入示波器的高速缓存，实现最短的触发间隔，在缓存写满后，数据再从高速缓存写入硬盘。但是在数据写硬盘的时间段内，不能再进行采集，这里就又存在一个新的死区时间 T_2。T_2 限制了 PEA 的测量间隔，但也有利于避免折反射波对信号测量的影响。

在 T_1 时间段内，为了滤去背景噪声，需进行多次测量取平均值处理。此外，当声波到达电极 A 和电极 B 的时候会沿着电缆向脉冲源、直流电源和示波器等传播，需要利用长电缆和声波在传播过程中的衰减，从而避免这部分反射波对测量的影响。

为了减小反射波和透射波带来的误差，可以减小高压脉冲源的频率。在两次触发信号之间，声波在介质中多次反射和透射，其幅值会逐渐减小，而且声波在介质中传播的过程中幅值也会逐渐衰减。如果时间比较长，则可以认为系统中的声波已经衰减到零，当下一次脉冲信号到达产生声波时不会受到干扰，传播到 PVDF 压电传感器的声波是式(3.14)所示的声波信号。

以上主要基于平板型 PEA 空间电荷测量系统进行介绍，而除此之外，PEA 法空间电荷测量系统还有同轴型测量系统，可用于测量同轴电力电缆的测量。

同轴型 PEA 法测量技术还未形成技术标准，与平板型 PEA 相比，由于试样结构，其内部电场(无空间电荷时)是从内到外逐渐降低，而且空间电荷所产生的声波信号也会发散传播，因而采集的信号在后处理时必须考虑声波在圆柱面的传播以及电场随半径增大而减小两方面的影响。

对于低电压等级短电缆，直径不大，绝缘厚度小，其测量系统与平板型差别不大，如图 3.5 所示[6]，直流高压和高压脉冲用电容隔离并直接施加到电缆的中间导芯上，信号在电缆外层测取。

但高压电缆绝缘厚度更厚，PEA 信号十分微弱，而且高电压等级的隔离电容器的高频特性较差，加之长电缆形成的传输线也会使脉冲在其中不断折反射，影响信号的测取。针对高压长电缆的空间电荷测量，有两种主要的技术方案。一种是截断部分外屏蔽层，将脉冲接在电缆外，如图 3.6(a)[7]所示。这种方法实际上是将测量段外的电缆本体作为隔离电容使用。另一种方法是直接将整套测量系统悬空，将高压脉冲直接注入外屏蔽层，如图 3.6(b)所示[8]。这种方法测量仪器都

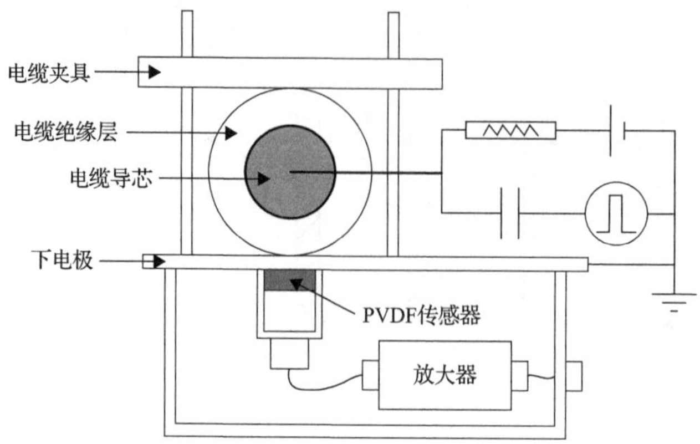

图 3.5　同轴型 PEA 法空间电荷测量系统[6]

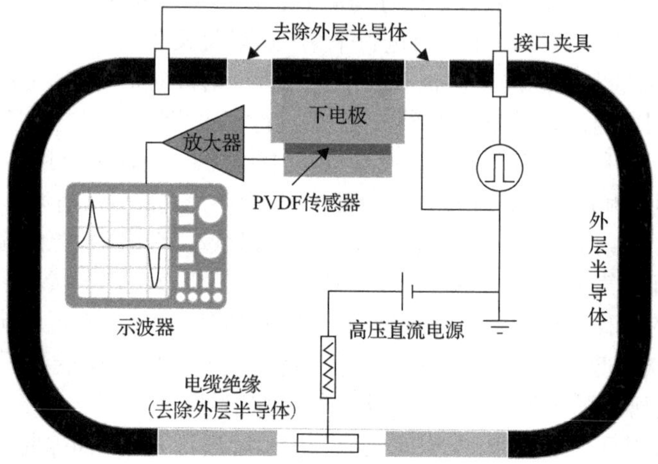

(a) 截断外屏蔽层[7]

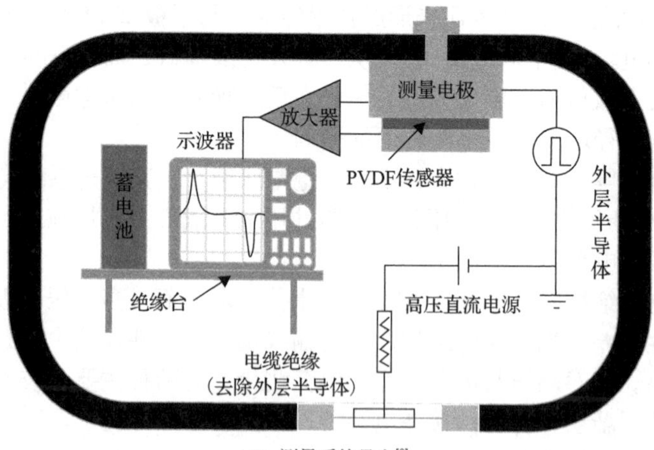

(b) 测量系统悬空[8]

图 3.6　高压长电缆 PEA 法空间电荷测量技术方案

处于悬空电位条件，因而供电和数据传输都需要做出相应的改变，优点是可以避免过多改动电缆结构。

3.1.3　PEA 法关键参数

1. 测量系统的分辨率

PEA 法空间电荷测量获得的是空间电荷沿厚度方向的分布，而其对厚度的分辨率是空间电荷测量的重要参数。测量得到的波形中，表面感应电荷的波形不可能是理想的零宽度冲激，而是一个有一定宽度的信号，由于这个信号是系统冲激响应的主要部分，所以绝对分辨率可以用表面感应电荷波形的宽度来衡量。

基于电极直径的尺度远大于薄膜试样厚度这一事实，平板型 PEA 法空间电荷测量系统通常将空间电荷在垂直试样厚度方向的分布视作均匀的，测试得到试样厚度方向一维空间电荷分布信息，如图 3.7(a)所示。当试样内部存在空间电荷分布时，会在两个电极表面产生感应电荷。电极表面的感应电荷 $\sigma(0)$ 和 $\sigma(d)$ 的厚度为零，而试样内部的空间电荷分布是有厚度的，如图 3.7(b)所示。实测得到的电

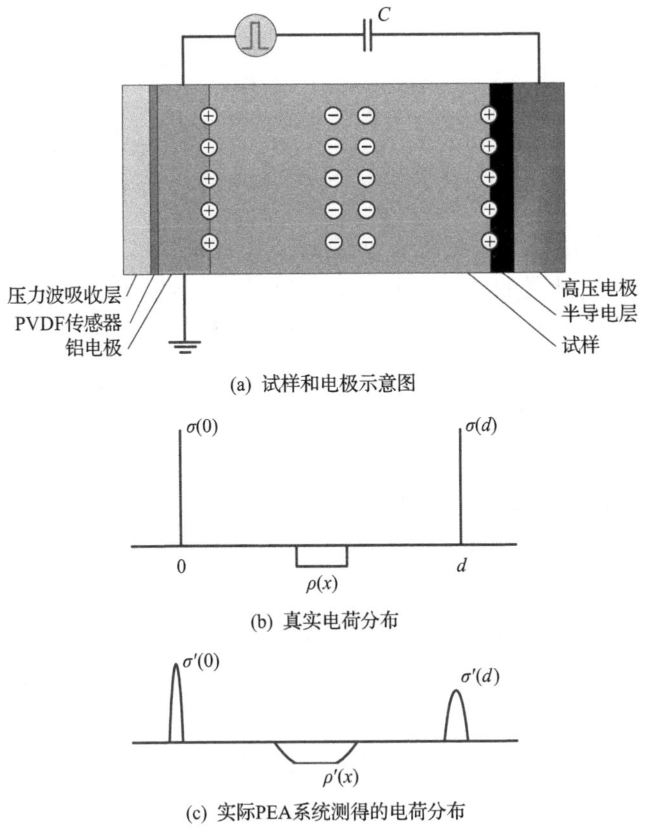

(a) 试样和电极示意图

(b) 真实电荷分布

(c) 实际PEA系统测得的电荷分布

图 3.7　试样内部和电极表面电荷分布

极表面感应电荷的波形却是有宽度的，如图 3.7(c)所示。该厚度主要取决于高压脉冲的宽度、PVDF 压电传感器厚度，以及压力波传播过程的衰减和色散作用。

提高绝对分辨率即减小表面感应电荷波形的宽度有利于提高系统性能，但是一味提高绝对分辨率，PEA 的信噪比会降低，因而一般需要获得最适合的相对分辨率，根据不同需求，与试品厚度结合考虑。图 3.8 为相对分辨率定义的示意图。

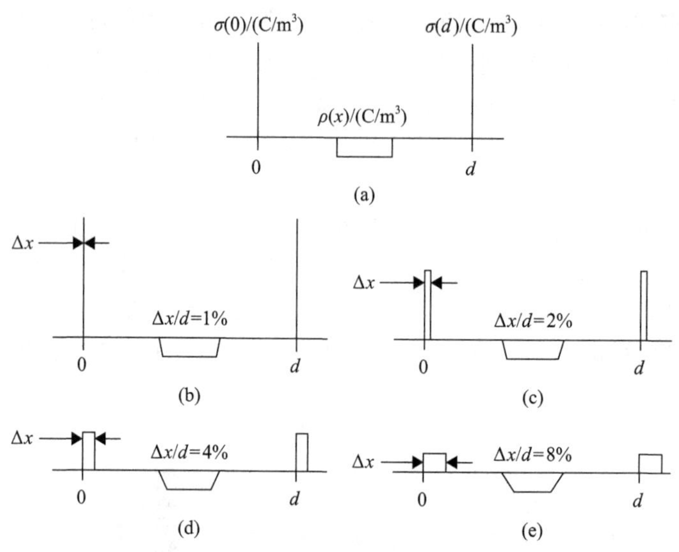

图 3.8　空间电荷测量相对分辨率定义的示意图

假设试品中有矩形空间电荷分布 $\rho(x)$，则在试品的表面将感应出表面电荷 $\sigma(0)$和 $\sigma(d)$，理想状况如图 3.8(a)所示。而图 3.8(b)～(e)则分别给出相对分辨率 $\Delta x/d$ 为 1%、2%、4%和 8%的情况。其中的电荷分布为符合式(3-15)的矩形脉冲与矩形冲激响应的卷积结果，即信号不是理想状态下的矩形，而是梯形，同时试品表面的电荷是一个有限宽度的矩形而不是理想状态下的零宽度冲激。试品体内和表面的总电荷量应为 0，即图中三部分面积和应为 0。

比较以上所述四种情况的相对分辨率。在图 3.8(b)的情况中，$\Delta x/d$=1%，空间电荷信号幅值相对表面电荷来说非常小，如果表面电荷和空间电荷信号显示在同一张图中，空间电荷将较难分辨。在图 3.8(e)中，$\Delta x/d$=8%，表面电荷的信号宽度稍大，空间电荷信号的形状变为更明显的梯形，与空间电荷的实际分布形状矩形有更大差别。因此，确定相对分辨率是非常有必要的。一般认为，较优的相对分辨率是 2%～5%[9]，但应根据具体情况进行平衡选择。

假设试品厚度为 d，测量中施加在试品上的电脉冲脉宽为 ΔT_{p}，则相对分辨率 η 为

$$\eta=\frac{\Delta T_{\mathrm{p}}}{d/u_{\mathrm{sa}}}\times 100\% \tag{3.20}$$

式中，u_{sa}为样品材料中的声速；d/u_{sa}为声波在试品内的传播时间。表 3.1 给出了一些相关材料的声速和声阻抗等物理参数。

表 3.1　部分相关材料的物理特性[10]

	密度 ρ/(kg/m^3)	声速 u/(m/s^1)	声阻抗 $Z(=\rho u)$ /(kg·m^{-2}·s^{-1})	相对介电常数 ε_r
PVDF-α	1780	2260	4.0×10^6	13
PE	930	1950	1.8×10^6	2.3
铝	2690	6420	17.3×10^6	—
半导电层	990	1950	1.9×10^6	—

例如假设要求测量 100μm 厚的 PE 试品，相对分辨率为 5%，可按式(3.21)计算要求的脉冲源脉宽

$$\Delta T_{\mathrm{p}}=\eta\times\frac{d}{u_{\mathrm{sa}}}=0.05\times\frac{100\times10^{-6}}{1950}=2.6\times10^{-9}=2.6\mathrm{ns} \tag{3.21}$$

即所用脉冲源的脉宽应不大于 2.6ns。

2. 压电传感器的选型

图 3.9 是 PEA 法空间电荷测量中声信号在压电传感器传递的原理图。压电材料在两电极间，厚度为 b，声速为 u_p。当声脉冲通过地电极传递到压电材料上，压电材料表面产生电荷 $q(t)$，$q(t)$与压电传感器冲激响应 $h(\tau=z/u_p)$和声脉冲 $p(t)$相关，如式(3.16)和式(3.17)。

图 3.9(a)～(d)给出声脉冲通过冲激响应不同的压电传感器时产生的电信号波形。图 3.9(a)和(b)的情况下($\Delta T_p\leqslant b/u_p$，PVDF 膜较厚)，信号 $q(t)$的波形与脉冲波形 $p(t)$相差较大；而在图 3.9(c)和(d)的情况下($\Delta T_p\geqslant b/u_p$，PVDF 膜较薄)，信号 $q(t)$的波形比较接近声脉冲 $p(t)$的波形。

在 PEA 法空间电荷测量中，最小声脉冲脉宽等于电脉冲脉宽。由图 3.9 可知，为获得较不失真的波形，压电传感器的延迟 b/u_p应当小于电脉冲脉宽 ΔT_p，即

$$b/u_{\mathrm{p}}\leqslant\Delta T_{\mathrm{p}} \tag{3.22}$$

因此，为获得较高的分辨率，首先必须选择脉宽较窄的电脉冲，其次必须选择较薄的压电传感器薄膜。

例如，PEA 法空间电荷测量系统采用的高压脉冲源半幅脉宽 5ns，脉冲幅值 1kV，压电传感器 PVDF 膜厚度为 9μm，满足式(3.22)。对于 PE 类材料，分辨率为

$$5\times10^{-9}\times1950=10\times10^{-6}\,\mathrm{m}=10\mu\mathrm{m} \tag{3.23}$$

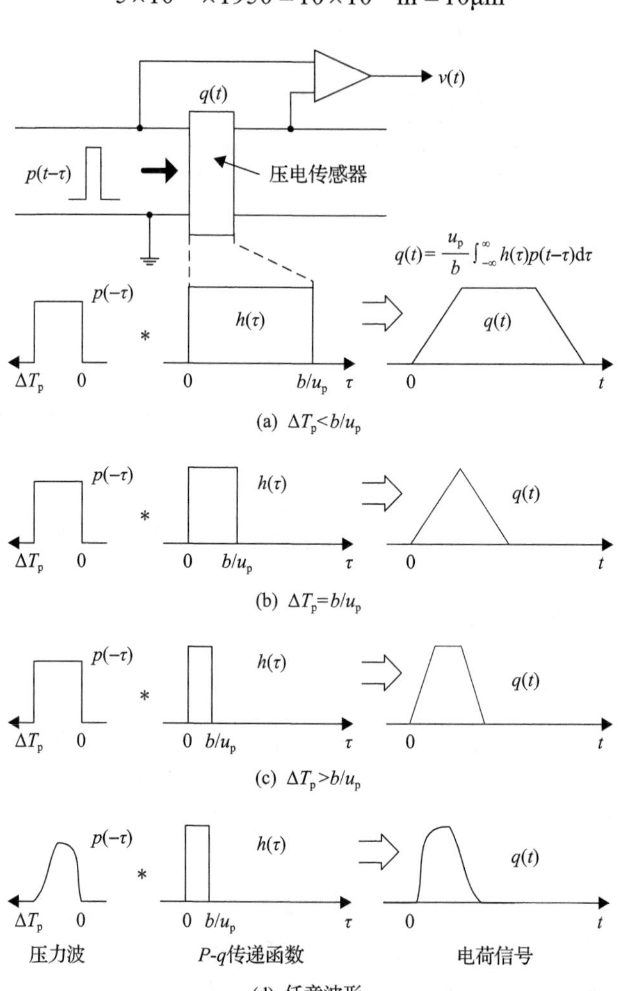

(a) $\Delta T_p<b/u_p$

(b) $\Delta T_p=b/u_p$

(c) $\Delta T_p>b/u_p$

(d) 任意波形

图 3.9　PEA 法空间电荷测量中声信号在压电传感器传递的原理图

3.2　PEA 法空间电荷测量信号的恢复处理

在 PEA 法中，脉冲电压激发空间电荷产生压力波，压力波在传播到压电传感器后又转化为电信号进入信号处理电路中。此过程中，测量信号的物理形式经历了电-声-电的转换，需要对最终的 PEA 信号进行恢复处理才能得到介质中的空间

电荷分布情况。在 PEA 法的测量过程中，在压力波的传播过程中还存在衰减、色散、折反射等诸多会使测量信号发生畸变的因素，这也是对 PEA 测量信号进行恢复处理的必要性之所在。本节将首先对理想空间电荷测量信号进行分析与处理；然后对实际信号的畸变做分析，给出一些对信号畸变的求解方法；最后建立考虑畸变的信号恢复反卷积方程并给出一种迭代求解方法。

3.2.1　理想空间电荷测量信号的处理

PEA 法测量空间电荷得到的信号是一个电压信号，称为 PEA 信号，由示波器和计算机进行采集和记录。为得到具体的空间电荷密度值，需要对这个电压信号进行一定的数学处理。在 PEA 法中一般采取测量参考信号获得系统传递函数的办法来对 PEA 信号进行标定。标定时，首先施加一个较低的电压到试品上，这个电压必须不足以引起空间电荷在电极处的注入或在试品内的积累，此时进行 PEA 信号的检测，获得的信号即参考信号。由于这时试品内没有空间电荷，仅在试品与电极的界面上存在厚度极小的电荷薄层，所以参考信号中地电极一侧电荷层对应的信号可认为是系统的冲激响应。考虑此感应电荷 $\sigma_0(t)$ 产生的信号 $v_0(t)$，进行傅里叶变换可得其频域函数 $V_0(f)$。

重写式(3.14)和式(3.15)为

$$p(t)=\frac{Z_{\mathrm{Al}}}{Z_{\mathrm{sa}}+Z_{\mathrm{Al}}}\left[\sigma(0)e_{\mathrm{p}}(t)+u_{\mathrm{sa}}\int_{-\infty}^{\infty}\rho(\tau)e_{\mathrm{p}}(t-\tau)\mathrm{d}\tau+\sigma(d)e_{\mathrm{p}}\left(t-\frac{d}{u_{\mathrm{sa}}}\right)\right] \tag{3.24}$$

$$q(t)=\frac{2Z_{\mathrm{p}}}{Z_{\mathrm{Al}}+Z_{\mathrm{p}}}\frac{u_{\mathrm{p}}}{b}\int_{-\infty}^{\infty}h(\tau)p(t-\tau)\mathrm{d}\tau \tag{3.25}$$

对等式两端作傅里叶变换得

$$P(f)=\frac{Z_{\mathrm{Al}}}{Z_{\mathrm{sa}}+Z_{\mathrm{Al}}}u_{\mathrm{sa}}\Delta\tau\cdot E(f)\left[\frac{\sigma(0)}{u_{\mathrm{sa}}\Delta\tau}+R(f)+\frac{\sigma(d)}{u_{\mathrm{sa}}\Delta\tau}\exp\left(-\mathrm{j}2\pi f\frac{d}{u_{\mathrm{sa}}}\right)\right] \tag{3.26}$$

$$Q(f)=\frac{2Z_{\mathrm{p}}}{Z_{\mathrm{Al}}+Z_{\mathrm{p}}}\frac{u_{\mathrm{p}}\Delta\tau}{b}H(f)P(f) \tag{3.27}$$

式中，Z_{Al}、Z_{sa} 和 Z_{p} 分别为地电极、试样和 PVDF 薄膜的声阻抗。则 PEA 信号为

$$V(f)=S(f)\left[\frac{\sigma(0)}{u_{\mathrm{sa}}\Delta\tau}+R(f)+\frac{\sigma(d)}{u_{\mathrm{sa}}\Delta\tau}\exp\left(-\mathrm{j}2\pi f\frac{d}{u_{\mathrm{sa}}}\right)\right] \tag{3.28}$$

式中，$S(f)$ 称为系统函数，可由式(3.19)及式(3.26)、式(3.27)推出

$$S(f)=\frac{A(f)W(f)H(f)}{C_{\mathrm{p}}}\frac{2Z_{\mathrm{p}}}{Z_{\mathrm{Al}}+Z_{\mathrm{p}}}\frac{Z_{\mathrm{Al}}}{Z_{\mathrm{sa}}+Z_{\mathrm{Al}}}\frac{u_{\mathrm{sa}}u_{\mathrm{p}}\Delta\tau^{2}}{b}E(f) \tag{3.29}$$

对于 $v_0(t)$ 的傅里叶变换 $V_0(f)$，由式(3.27)可得到

$$V_0(f)=S(f)\frac{\sigma_0(0)}{u_{\mathrm{sa}}\Delta\tau} \tag{3.30}$$

理想状态下，由 Poisson 方程，$\sigma_0(0)$ 可用式(3.31)表示。

$$\sigma_0(0)=\varepsilon_0\varepsilon_{\mathrm{r}}\frac{V_{\mathrm{dc}}}{d} \tag{3.31}$$

于是，由 $\sigma_0(t)$ 和 $V_0(f)$ 可以计算 $S(f)$ 如式(3.32)：

$$S(f)=V_0(f)\frac{u_{\mathrm{sa}}\Delta\tau}{\sigma_0(0)} \tag{3.32}$$

由式(3.28)、式(3.29)、式(3.32)可得

$$\begin{aligned}&\left[\frac{\sigma(0)}{u_{\mathrm{sa}}\Delta\tau}+R(f)+\frac{\sigma(d)}{u_{\mathrm{sa}}\Delta\tau}\exp\left(-\mathrm{j}2\pi f\frac{d}{u_{\mathrm{sa}}}\right)\right]\\&=\frac{V(f)}{S(f)}=\varepsilon_0\varepsilon_{\mathrm{r}}\frac{V_{\mathrm{dc}}}{d}\frac{1}{u_{\mathrm{sa}}\Delta\tau}\frac{V(f)}{V_0(f)}\end{aligned} \tag{3.33}$$

这是空间电荷分布信号在频域的表达式，通过傅里叶逆变换，即可得到时域表达式。

同时需指出的是，参考信号除了用于标定空间电荷测量信号幅值，还用于标定测量信号中电极与试品界面的位置。如前所述，进行参考信号的测量时，试品内部尚无空间电荷注入，仅在试品与电极的界面上存在电荷薄层，参考信号即为这一电荷薄层对应的 PEA 信号。因此，参考信号的峰位可用来确定试品与两电极界面的位置。只要保持试验和参考信号测量时的电极-试品系统紧密固定且位置没有变动，那么该信号确定的界面位置就是试验时的电极-试品界面位置。

3.2.2 PEA 法测量信号的畸变现象

上一节的分析是在理想状态下进行的，然而对于实际 PEA 测量系统而言，压力波信号在电介质中传播时由于各种原因会产生畸变。如图 3.10 所示，压力波在电介质中传播时发生畸变，导致 PVDF 压电传感器接收到的声波与空间电荷产生的初始声波信号相比幅值减小、波形展宽。

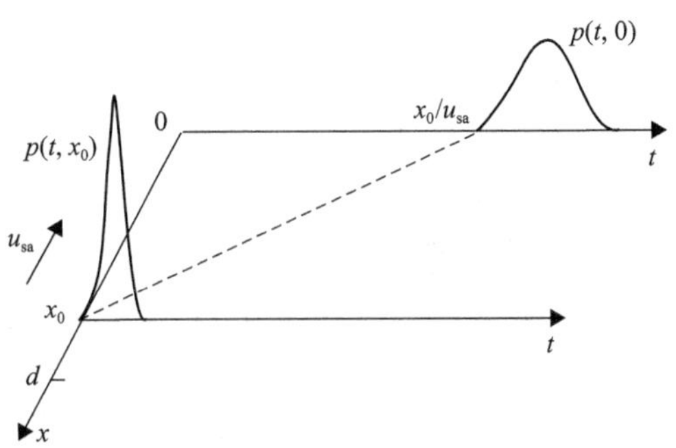

图 3.10　声波在时间轴和路径轴上的传播过程[13]

总的来说，PEA 测量装置对压力波信号的畸变作用可分为四个方面：①压力波在介质中传播时的衰减与色散；②PEA 测量装置分辨率有限，压力波具有一定宽度，从而造成相邻电荷产生的压力波混叠；③界面电荷产生较大幅值的 PEA 信号，可能淹没介质内体电荷产生的信号，导致无法得到极板附近真实的空间电荷分布；④压电传感器与外部信号处理电路的带宽有限，对信号的滤波作用使其发生畸变。

在对畸变问题的处理中，Li 等提出了由参考信号直接得到各频率下的衰减因子与色散因子的方法[11]。Tanaka 等采用类似的思路，提出了近似的解析公式求得衰减因子，但忽略了压力波的色散[12]。这些近似方法都从压力波在介质中的衰减与色散出发，但一般都忽略了上述因素②～④的影响。

3.2.3　压力波衰减因子和色散因子

PEA 测量系统中的压力波在介质中传播会产生衰减和色散，导致压电装置接收到的压力波与空间电荷产生的初始压力波信号相比幅值减小、波形展宽。为了定量描述介质对压力波产生的畸变作用，需要分别确定出其衰减与色散因子。

1. 衰减因子的确定

以平面单色波 $\overline{p}(t,x_0)=P_0\mathrm{e}^{\mathrm{j}\omega t}$ 为例说明衰减与色散，初始时该平面波位于 x_0，当该平面波到达 $x=0$ 时，其波形畸变[14]为

$$\overline{p}(t,0)=\overline{p}(t,x_0)\mathrm{e}^{-\mathrm{j}kx_0}=P_0\mathrm{e}^{\mathrm{j}(\omega t-kx_0)}=P_0\mathrm{e}^{-\alpha x_0}\mathrm{e}^{\mathrm{j}(\omega t-\beta x_0)},\quad k=\beta-\mathrm{j}\alpha \tag{3.34}$$

式中，k 为复波数。由此与位置 x 相关的介质系统传递函数即可确定如下：

$$H(\omega,x)=\frac{P(\omega,0)}{P(\omega,x)}=\mathrm{e}^{-\alpha x}\mathrm{e}^{\mathrm{j}(\omega t-\beta x)} \tag{3.35}$$

若采用 Li 的方法可以由 PEA 参考信号直接求得衰减因子 α[11]：

$$\alpha(f) = -\frac{1}{d}\ln\left(\frac{|\mathcal{F}[p(t,d)]|}{|\mathcal{F}[p(t,0)]|}\right) \tag{3.36}$$

然而，由于信号处理电路的低通滤波作用，PEA 实验数据的高频分量不可靠，由该式得到的较高频域内的衰减因子也不可靠，所以此方法要求待恢复处理的 PEA 测量信号最高频率不能超过 60MHz，否则会产生数值振荡现象，导致信号恢复结果发散。

基于衰减因子与频率在较宽频率范围内满足幂函数规律的事实[15]，可利用式(3.36)得到的衰减因子的低频数据来拟合出较宽频率范围内的衰减因子，从而得到更为可靠的衰减因子数据，使得算法能够处理 1GHz 频率范围内的 PEA 测量信号而不产生数值发散。衰减因子与频率满足的幂函数规律如下：

$$\alpha = \alpha_0 |\omega|^y \tag{3.37}$$

对于某一厚度为 118μm、相对介电常数为 2.25 的 LDPE 试品，由幂函数规律和 Li 的方法得到的各频率下衰减因子 α 如图 3.11 所示。由图示结果可以看出，直接由 Li 公式得到的衰减因子在大于 40MHz 以后就开始产生不规则的振荡，故需要采用衰减因子满足的幂函数规律来更精确地描述压力波高频信号的衰减性质。

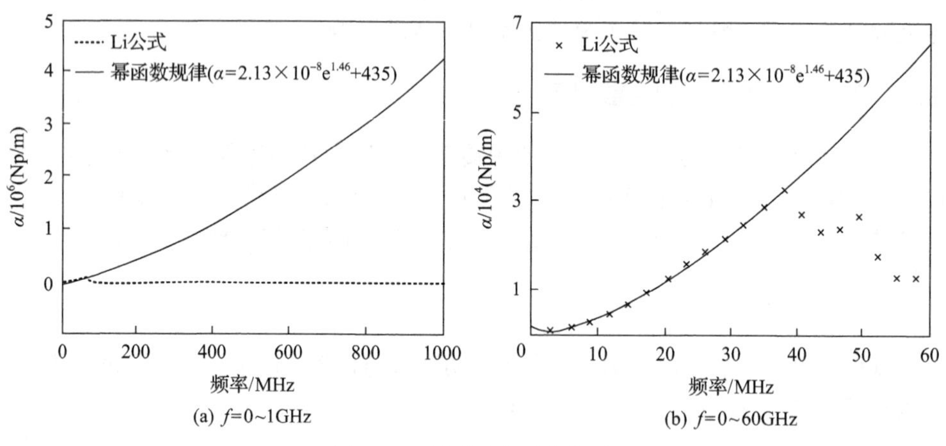

(a) f=0~1GHz (b) f=0~60GHz

图 3.11 衰减因子频率关系

2. 色散因子的确定

与衰减因子的确定类似，由 PEA 参考信号也可以直接得到色散因子[14]：

$$\beta(f) = -\frac{1}{d}[\phi(f,d) - \phi(f,0)] \tag{3.38}$$

但与由式(3.36)确定的衰减因子类似，由式(3.38)计算得到的色散因子同样存在高频数据不可靠的问题。为此可以根据线性因果系统满足的时间因果理论来确定介质的色散因子[16,17]。

设压力波的复波数 k 为

$$\begin{aligned}&k(\omega)=-\mathrm{j}\alpha(\omega)+\beta(\omega)=-\mathrm{j}\alpha(\omega)+[\beta_0+\beta'(\omega)]\\&\beta_0=\omega/c_0\end{aligned}\tag{3.39}$$

式中，c_0 为频率为零时压力波的波速；$\beta'(\omega)$ 为相对色散因子，由下式确定：

$$\beta'(\omega)=\begin{cases}0, & y=0\text{ 或偶数}\\-2\alpha_0\omega^y[\ln|\omega|]/\pi, & y\text{ 为奇数}\\-\alpha_0\cot[(y+1)\pi/2]\omega|\omega|^{y-1}, & y\text{ 为非整数}\end{cases}\tag{3.40}$$

式(3.40)中的 y 是幂函数规律中的幂指数(见式(3.37))。对聚乙烯材料而言，由实验得到的衰减因子幂函数的指数为非整数，因而压力波在其中的色散不可忽略。

采用衰减因子确定过程中 LDPE 的实验数据，根据时间因果理论和 Li 公式分别计算色散因子，并与 Tanaka 采用的无色散时的 β 值一同绘于图 3.12 中。可以看出，当频率大于 5MHz 时，由 Li 公式得到的色散因子就出现了不规则的振荡，从而无法用于 PEA 测量信号的恢复，而采用时间因果理论计算得到的色散因子频率关系则不存在此问题。在低频范围内，结果与 Tanaka 无色散结果相近。但由于色散导致高频声波的波速大于低频波速，所以在高频范围内由时间因果理论得到的色散因子比无色散 β 值小。

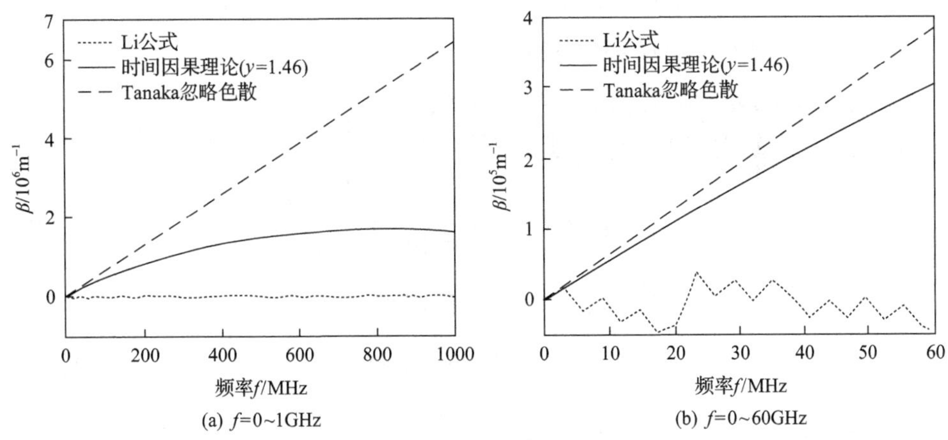

(a) f=0~1GHz　　(b) f=0~60GHz

图 3.12　色散因子频率关系

3.2.4 PEA 系统冲激响应函数与反卷积方程

除了衰减与色散外，要得到精确的信号恢复结果，还必须在 PEA 系统的冲激响应函数中考虑具有一定宽度压力波的混叠、极板-介质界面处的面电荷对体电荷信号的淹没作用以及压电传感器和外部信号处理电路的滤波作用。在此基础上，借助静电场边界积分方程，可以建立联系 PEA 装置输出信号与介质体电荷分布的反卷积方程。

1. PEA 系统冲激响应函数的一般形式

设有薄层电荷位于坐标 x 处，层厚度为 Δx，电荷体密度为 ρ，可将其近似看成密度为 $\rho\Delta x$ 的面电荷。设在脉冲电压信号 $e_{\mathrm{p}}(t)$ 激励下，由单位面电荷产生的压力波为 $p_0(t)$，则由上述薄层电荷产生的压力波为

$$p(t,x)=\rho\Delta x p_0(t) \tag{3.41}$$

该压力波传播至 $x=0$ 处时，由于声波的衰减和色散，波形变为

$$p(t,0)=p(t,x)*G(t,x) \tag{3.42}$$

式中，$G(t,x)$ 为介质系统函数 $H(\omega,x)$ 的傅里叶逆变换（见式(3.35)）。若将压电传感器和外部信号处理电路看成一个系统，并设该系统的冲激响应函数为 $L(t)$，则由上述位于 x 处的薄层电荷最终产生的 PEA 输出信号为

$$r(t,x)=p(t,0)*L(t)=\rho\Delta x p_0(t)*G(t,x)*L(t) \tag{3.43}$$

对于两个极板上的面电荷 σ_0 和 σ_d，其产生的 PEA 信号为

$$\begin{aligned} r(t,0)&=\sigma_0 p_0(t)*G(t,0)*L(t)=\sigma_0 p_0(t)*L(t),\ [G(t,0)=\delta(t)] \\ r(t,d)&=\sigma_d p_0(t)*G(t,d)*L(t) \end{aligned} \tag{3.44}$$

上述 $r(t,0)$ 和 $r(t,d)$ 可直接由参考信号得到，此时极板上的面电荷 $\sigma_0(0)$ 可由式(3.31)确定，然后即可确定 $p_0(t)$ 与 $L(t)$ 的卷积 $T(t)$ 为

$$T(t)=p_0(t)*L(t)=\frac{r(t,0)}{\sigma_0(0)}=\frac{r(t,0)d}{\varepsilon_0\varepsilon_{\mathrm{r}}V} \tag{3.45}$$

$G(t,x)$ 与 $T(t)$ 均已确定，则可以得到 PEA 系统冲激响应函数一般形式：

$$A(t,x)=T(t)*G(t,x) \tag{3.46}$$

2. 用于 PEA 信号恢复的反卷积方程

如图 3.13 所示，对介质做一维剖分，剖分单元长度为 Δx，得到介质内部体电

荷分布为 $\{\rho_i\}_{i=1}^{N}$。该体电荷分布与外加电压 V 共同在极板-介质界面处产生面电荷 σ_0 和 σ_d。根据上节的推导，由体电荷和面电荷产生 PEA 输出信号为

$$\begin{aligned} R(t) &= r(t,0) + \sum_{i=1}^{N} r(t,x_i) + r(t,d) \\ &= A(t,0)\sigma_0 + \sum_{i=1}^{N} A(t,x_i)\rho_i \Delta x + A(t,d)\sigma_d \end{aligned} \tag{3.47}$$

写成矩阵的形式为

$$\begin{aligned} R(t) &= \tilde{\boldsymbol{A}} \cdot \tilde{\boldsymbol{\rho}} \\ &= \left[A(t,0), A(t,x_1), \cdots, A(t,x_N), A(t,d) \right] \begin{pmatrix} \sigma_0 \\ \rho_1 \Delta x \\ \vdots \\ \rho_N \Delta x \\ \sigma_d \end{pmatrix} \end{aligned} \tag{3.48}$$

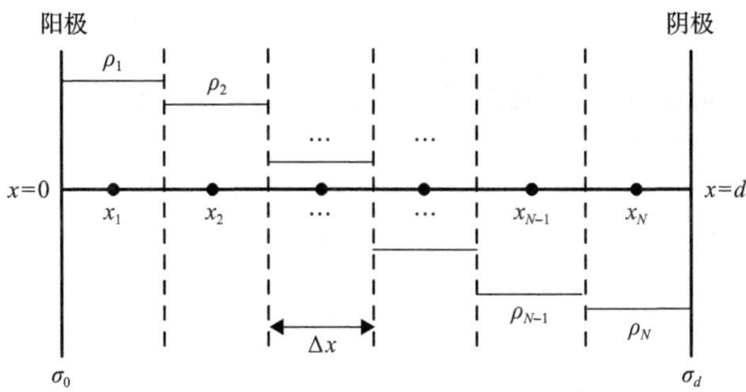

图 3.13　介质内部体电荷剖分与极板面电荷分布

在式(3.48)中，极板-介质界面处的面电荷密度 σ_0 和 σ_d 实际上可由外加电压和介质内部电荷的分布给出，因而该方程中的独立变量仅有 $\{\rho_i\}_{i=1}^{N}$。为了从表达式(3.48)中消去面电荷的作用，可借助于静电场边界积分方程，具体步骤见下。

定义于域 Ω 上、边界为 Γ 的静电场 Poisson 方程为

$$\begin{aligned} \nabla^2 \varphi &= -\frac{\rho}{\varepsilon_0 \varepsilon_{\mathrm{r}}} \\ \varphi \big|_{\Gamma} &= \tilde{\varphi}(\boldsymbol{x}) \end{aligned} \tag{3.49}$$

其对应的 Green 函数 u^* 满足

$$\nabla^2 u^*(\boldsymbol{x},\boldsymbol{x}') = -\delta(\boldsymbol{x},\boldsymbol{x}') \tag{3.50}$$

对于定义于[0,d]上的一维问题则有

$$u^*(x,x') = -\frac{|x-x'|}{2} \tag{3.51}$$

从而边界点 $x=0$ 与 $x=d$ 对应的边界积分方程为

$$\begin{aligned}&\varphi(0)+\varphi(x)\frac{\mathrm{d}u^*(x,0)}{\mathrm{d}x}\bigg|_{x=d}-\varphi(x)\frac{\mathrm{d}u^*(x,0)}{\mathrm{d}x}\bigg|_{x=0^-}\\&=u^*(x,0)\frac{\mathrm{d}\varphi}{\mathrm{d}x}\bigg|_{x=d}-u^*(x,0)\frac{\mathrm{d}\varphi}{\mathrm{d}x}\bigg|_{x=0}+\int_0^d\frac{\rho}{\varepsilon_0\varepsilon_\mathrm{r}}u^*(x,0)\mathrm{d}x\end{aligned} \tag{3.52}$$

$$\begin{aligned}&\varphi(x)\frac{\mathrm{d}u^*(x,d)}{\mathrm{d}x}\bigg|_{x=d^-}-\varphi(x)\frac{\mathrm{d}u^*(x,d)}{\mathrm{d}x}\bigg|_{x=0}\\&=u^*(x,d)\frac{\mathrm{d}\varphi}{\mathrm{d}x}\bigg|_{x=d}-u^*(x,d)\frac{\mathrm{d}\varphi}{\mathrm{d}x}\bigg|_{x=0}+\int_0^d\frac{\rho}{\varepsilon_0\varepsilon_\mathrm{r}}u^*(x,d)\mathrm{d}x\end{aligned} \tag{3.53}$$

设 $\varphi(0)=V$、$\varphi(d)=0$，可以得到极板上的电场强度为

$$\begin{aligned}&\begin{pmatrix}E(0)\\E(d)\end{pmatrix}=\begin{pmatrix}-\dfrac{\mathrm{d}\varphi}{\mathrm{d}x}\bigg|_{x=0}\\\dfrac{\mathrm{d}\varphi}{\mathrm{d}x}\bigg|_{x=d}\end{pmatrix}=\begin{pmatrix}0&-\dfrac{2}{d}\\-\dfrac{2}{d}&0\end{pmatrix}\left\{\begin{pmatrix}\dfrac{1}{2}&-\dfrac{1}{2}\\-\dfrac{1}{2}&\dfrac{1}{2}\end{pmatrix}\begin{pmatrix}V\\0\end{pmatrix}-\tilde{\boldsymbol{B}}\right\}\\&\tilde{\boldsymbol{B}}=\begin{bmatrix}-\dfrac{1}{2\varepsilon_0\varepsilon_\mathrm{r}}\displaystyle\sum_{i=1}^{N}\rho_i x_i\Delta x\\-\dfrac{1}{2\varepsilon_0\varepsilon_\mathrm{r}}\displaystyle\sum_{i=1}^{N}\rho_i(d-x_i)\Delta x\end{bmatrix}\end{aligned} \tag{3.54}$$

于是可由介质内部的体电荷分布及外加电压来表示极板上的面电荷如下：

$$\begin{pmatrix}\sigma_0\\\sigma_d\end{pmatrix}=\varepsilon_0\varepsilon_\mathrm{r}\begin{pmatrix}E(0)\\E(d)\end{pmatrix}=\begin{bmatrix}\dfrac{\varepsilon_0\varepsilon_\mathrm{r}V}{d}+\displaystyle\sum_{i=1}^{N}\rho_i\Delta x\left(\dfrac{x_i}{d}-1\right)\\-\dfrac{\varepsilon_0\varepsilon_\mathrm{r}V}{d}-\displaystyle\sum_{i=1}^{N}\rho_i\Delta x\dfrac{x_i}{d}\end{bmatrix} \tag{3.55}$$

结合式(3.48)与式(3.55)，可得 PEA 输出信号与介质内部体电荷分布的关系为

$$R(t)=\left[A(t,0),A(t,x_1),\cdots,A(t,x_N),A(t,d)\right]\begin{bmatrix}\dfrac{\varepsilon_0\varepsilon_{\mathrm{r}}V}{d}+\sum\limits_{i=1}^{N}\rho_i\Delta x\left(\dfrac{x_i}{d}-1\right)\\ \rho_1\Delta x\\ \vdots\\ \rho_N\Delta x\\ -\dfrac{\varepsilon_0\varepsilon_{\mathrm{r}}V}{d}-\sum\limits_{i=1}^{N}\rho_i\Delta x\dfrac{x_i}{d}\end{bmatrix} \tag{3.56}$$

整理可得用于 PEA 信号恢复的反卷积方程如下：

$$\tilde{\boldsymbol{A}}'\cdot\boldsymbol{\rho}=R'(t) \tag{3.57}$$

式中，矩阵 $\tilde{\boldsymbol{A}}'$ 第 i 列为

$$A(t,x_i)\Delta x+A(t,0)\Delta x\left(\frac{x_i}{d}-1\right)-A(t,d)\Delta x\frac{x_i}{d} \tag{3.58}$$

$$\boldsymbol{\rho}=\begin{pmatrix}\rho_1\\ \vdots\\ \rho_N\end{pmatrix},R'(t)=R(t)-A(t,0)\frac{\varepsilon_0\varepsilon_{\mathrm{r}}V}{d}+A(t,d)\frac{\varepsilon_0\varepsilon_{\mathrm{r}}V}{d} \tag{3.59}$$

可见式(3.59)中 $R'(t)$ 实际上是从 PEA 输出信号 $R(t)$ 中除去了由电极-介质界面处的面电荷产生的 PEA 信号。这部分由面电荷产生的 PEA 信号幅值相对于介质内体电荷产生的信号较大，可能淹没体电荷产生的信号。通过消除这部分信号来建立信号恢复的反卷积方程，就可以避免淹没作用。

由测量得到的 PEA 信号 $R(t)$、外加电压 V、介质厚度 d、介质两端的系统冲激响应函数 $A(t,0)$ 与 $A(t,d)$ 等参数可确定 $R'(t)$，由介质相关参数可确定出 $\tilde{\boldsymbol{A}}'$，再通过正则化反演算法求解线性式(3.57)即得到介质内部的体电荷分布 $\boldsymbol{\rho}$。然后可以用边界元法计算出介质内部的电场分布，也可以由 $\boldsymbol{\rho}$ 得到除去压力波衰减和色散的 PEA 输出信号如下：

$$R^*(t)=\sigma_0T(t)+\sum_{i=1}^{N}\rho_i\Delta xT\left[t-(i-1/2)\frac{\Delta x}{u_{\mathrm{sa}}}\right]+\sigma_dT\left(t-\frac{d}{u_{\mathrm{sa}}}\right) \tag{3.60}$$

式中，u_{sa} 为压力波在介质中的平均波速。

3.2.5 PEA 法测量信号恢复的反卷积算法

信号恢复的反卷积问题通常可以表述为第一类 Fredholm 方程：

$$y(t)=\int_a^b h(t,\tau)x(\tau)\,\mathrm{d}\tau \tag{3.61}$$

式中，$x(\tau)$为原输入信号；$y(t)$为系统$h(t,\tau)$的输出信号。根据黎曼-勒贝格定理，若$h(t,\tau)$为可积函数，则有

$$\lim_{\omega\to\infty}\int_a^b h(t,\tau)[x(\tau)+A\sin\omega\tau]\,\mathrm{d}\tau=\int_a^b h(t,\tau)x(\tau)\,\mathrm{d}\tau \tag{3.62}$$

式(3.62)表明，若在原输入信号 $x(t)$上叠加有限幅值高频噪声，经由系统 $h(t,\tau)$输出得到的信号与$y(t)$基本相同。因此，输出信号所含的高频噪声会在信号恢复过程中以$1/H(\omega)$的倍数放大，严重情况下甚至导致恢复的$x(t)$完全失真[18]。

由上述分析可看出，信号恢复反卷积问题的解具有不唯一性和不连续性，即输出信号的微小变化可导致反卷积得到的原信号 $x(t)$产生巨大变化。因此，PEA信号恢复的反卷积问题是一个典型的病态问题，需采用正则化方法处理以保证数值算法的稳定性。

常用的正则化方法有 Tikhonov 正则化方法和迭代正则化方法[19,20]。Tikhonov方法通过添加阻尼因子来修改原线性算符$\tilde{\boldsymbol{A}}'$，从而得到原问题的近似解，目的是在一定求解精度的前提下保证反卷积算法的数值稳定性。迭代正则化方法处理反卷积问题的思路更为直观，算法的迭代步数起到了正则化因子的作用。该步数的确定依赖于对余量误差和解范数(或半范数)的估计。第 k 步迭代结果 $\boldsymbol{\rho}_k$与真解 $\boldsymbol{\rho}$之间的误差满足如下不等式[21]：

$$\left\|\boldsymbol{\rho}_k-\boldsymbol{\rho}\right\|\leqslant\left\|\tilde{\boldsymbol{A}}'\boldsymbol{\rho}_k-R'(t)\right\|+\left\|\boldsymbol{\rho}_k\right\| \tag{3.63}$$

随着迭代步数增加，解的余量范数$\left\|\tilde{\boldsymbol{A}}'\boldsymbol{\rho}_k-R'(t)\right\|$逐步减小，而解范数(或半范数)$\left\|\boldsymbol{\rho}_k\right\|$逐渐增大。在迭代进行的初期，余量范数大幅下降而解范数小幅上升，因而起主导作用的是余量范数，解误差将随迭代步数的增加而减小。从某一迭代步数 k_0之后，解范数的大幅增加开始起主导作用，因而此时随着迭代步数的增加，解误差会急剧增大。因此，迭代正则化算法的关键在于对迭代停止步数k_0的判断和选取。k_0起到了正则化因子的作用，对一般的迭代方法而言，其依赖于对系统先验知识的了解，如波形的光滑程度、系统噪声水平等[22]。

采用 Hanke 提出的迭代正则化 $\boldsymbol{\nu}$ 方法则可以不依赖于对测量系统先验知识的了解而基于后验停止规则来判断 k_0的取值。该方法通过迭代中间结果定义比较序列(comparison sequence) $\{\varphi_k\}$，对解误差$\left\|\boldsymbol{\rho}_k-\boldsymbol{\rho}\right\|$进行估计。当比较序列$\{\varphi_k\}$达到全局最小时，$\boldsymbol{\nu}$ 方法即停止迭代。该正则化方法适用于中等病态程度的反卷积问题[23, 24]。

$\boldsymbol{v}$ 方法的基本步骤如下[25]。

对病态问题 $\boldsymbol{Ax}=\boldsymbol{b}$，首先需对 $\boldsymbol{A}$ 归一化，使 $\|\boldsymbol{A}\|_2$ 略小于 1，然后按式(3.64)迭代计算。

$$\begin{aligned}&\boldsymbol{x}_k=\mu_k\boldsymbol{x}_{k-1}+(1-\mu_k)\boldsymbol{x}_{k-2}+\omega_k\boldsymbol{A}^*(\boldsymbol{b}-\boldsymbol{A}\boldsymbol{x}_{k-1}),\qquad k\geqslant 1\\&\boldsymbol{x}_{-1}=\boldsymbol{x}_0=\boldsymbol{0}\end{aligned}\tag{3.64}$$

式中，$\boldsymbol{A}^*$ 为 $\boldsymbol{A}$ 的自伴算符。其余参数定义为

$$\begin{aligned}&\mu_k=1+\frac{(k-1)(2k-3)(2k+2\nu-1)}{(k+2\nu-1)(2k+4\nu-1)(2k+2\nu-3)}\\&\omega_k=4\frac{(2k+2\nu-1)(k+\nu-1)}{(k+2\nu-1)(2k+4\nu-1)}\\&\mu_1=1,\ \ \omega_1=\frac{4\nu+2}{4\nu+1}\end{aligned}\tag{3.65}$$

上式中 $\boldsymbol{v}$ 参数取值对迭代正则化算法恢复结果的余量误差、解范数影响较小，但对迭代次数影响相对较大，可以取 $\boldsymbol{v}=1$ 以保证不同信噪比条件下算法的精度与稳定性，同时保证相对较少的迭代次数。

$\boldsymbol{v}$ 方法迭代停止步数需要借助非负比较序列 $\{\varphi_k\}$ 来确定。利用该序列近似 $\boldsymbol{v}$ 方法迭代求解的误差，使得

$$\min\varphi_k^2\approx\|\boldsymbol{x}-\boldsymbol{x}_k\|^2\tag{3.66}$$

$\{\varphi_k\}$ 的定义需借助辅助序列 $\{z_k\}$，该序列满足与式(3.64)类似的迭代公式：

$$\begin{aligned}&\boldsymbol{z}_k=\mu_k\boldsymbol{z}_{k-1}+(1-\mu_k)\boldsymbol{z}_{k-2}+\omega_k(\boldsymbol{b}-\boldsymbol{A}\boldsymbol{x}_{k-1}),\qquad k=1,2,3,\cdots\\&\boldsymbol{z}_0=0\end{aligned}\tag{3.67}$$

进而序列 $\{\varphi_k\}$ 可定义为

$$\begin{aligned}&\varphi_0^2=\frac{4\nu+1}{4\nu+2}\|z_1\|^2\\&\varphi_k^2=\alpha_k\varphi_{k-1}^2+\beta_k\|\boldsymbol{z}_{k+1}-\boldsymbol{z}_k\|^2,\ \ k=1,2,\cdots\\&\alpha_k=\frac{(k-1/2)k^2(k+\nu-1)}{(k+1)(k+2\nu-1)(k+2\nu-1/2)(k+\nu)}\\&\beta_k=\frac{(k+2\nu)(k+2\nu+1/2)}{4(k+1)(k+\nu)(k+\nu+1/2)}\end{aligned}\tag{3.68}$$

当$\{\varphi_k\}$序列达到全局最小时，迭代停止。

ν 方法的优点在于不依赖有关系统噪声水平等先验知识，只需通过寻找比较序列的全局最小值就可以确定迭代步数，即 **ν** 方法是一种后验方法。对于实际的 PEA 装置，其系统噪声水平、实验仪器及操作过程中引入的附加噪声难以准确估计，因而基于比较序列确定迭代步数的 **ν** 方法适宜于 PEA 测试的信号恢复。

3.3　带孔隙的油纸绝缘 PEA 测量信号校正处理

油纸是绝缘纸的孔隙中充满绝缘油形成的一种复合绝缘材料，声波在其中的传播方式与单一固体中有所不同。PEA 法的原理是基于声波在固体中的传播并且假设各个接触面是理想的[26]，但是在测量油纸中的空间电荷时这两个条件不完全满足。如果接触面是非线性的，声波在通过接触面时在折射和反射信号中将产生随压力变化的基波和谐波分量，甚至包括零频率分量，从而导致折射系数和反射系数不同于完美接触的界面[27]。

对于油纸材料而言，一方面表面总是不可避免存在粗糙度，如图 3.14(a) 中绝缘纸表面的 AFM 三维扫描结果所示；另一方面，它是一种多孔材料，孔隙遍布其中。如图 3.14(b) 中的电脑断层扫描(computed tomography，CT)结果所示，声波在其中的传播必然不同于在固体中的传播。因此，有必要考虑表面粗糙度和孔隙的影响[28]。

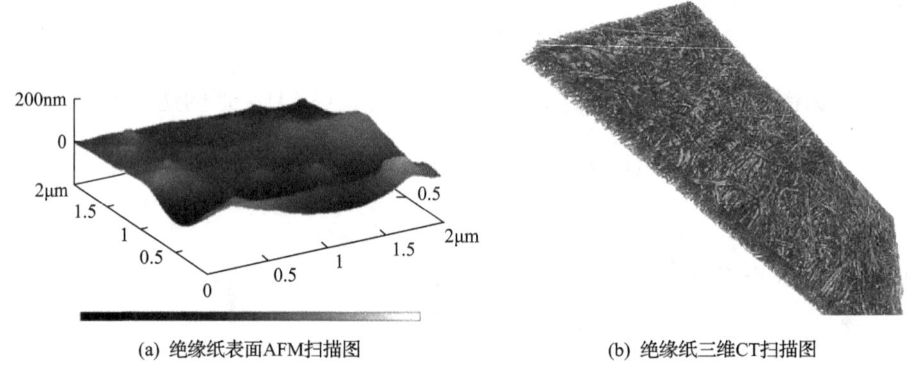

(a) 绝缘纸表面AFM扫描图　　(b) 绝缘纸三维CT扫描图

图 3.14　绝缘纸表面 AFM 扫描图和三维 CT 扫描图

3.3.1　绝缘纸表面粗糙度的影响

1. 模型建立

仅考虑一维纵波在图 3.15 所示结构中沿 x 方向传播的情形，并假定两种不同的材料分别占据区间 $x<X_-$(密度 ρ_1，弹性模量 E_1) 和 $x>X_+$(密度 ρ_2，弹性模量 E_2)，

其中 $x = X_-$ 和 $x = X_+$ 分别是两个表面的基准参考面，即两个表面的平均高度，并且有 $X_- < X_+$，两个基准面之间的间隙距离为 $(X_+ - X_-)$[27]。假设外施压力为 p_0，当没有弹性波传播时，两种固体均处于平衡态，此时间隙距离为 h_0。当有入射波沿 $+x$ 方向传播时，介质中的运动和压力-位移方程可以用式(3.69)表示：

$$\rho_i \frac{\partial^2 u_i}{\partial t^2} = \frac{\partial \sigma_i}{\partial x}, \quad \sigma_i + p_0 = E_i \frac{\partial u_i}{\partial x} \tag{3.69}$$

式中，$u(x,t)$ 为沿 x 方向的位移；$\sigma(x,t)$ 为压力；t 为时间，下标 i 可以为 1 或 2，分别指代两种不同的介质。式(3.69)的解可以表示为

$$u(x,t) = f^{\text{inc}}(x - c_1 t) + f^{\text{ref}}(x + c_1 t), \qquad x < X_- \tag{3.70a}$$

$$u(x,t) = f^{\text{tra}}(x - c_2 t), \qquad x > X_+ \tag{3.70b}$$

式中，f^{inc}、f^{ref} 和 f^{tra} 分别为入射、反射和折射波；$c_i = (E_i/\rho_i)^{1/2}$ 为声速。

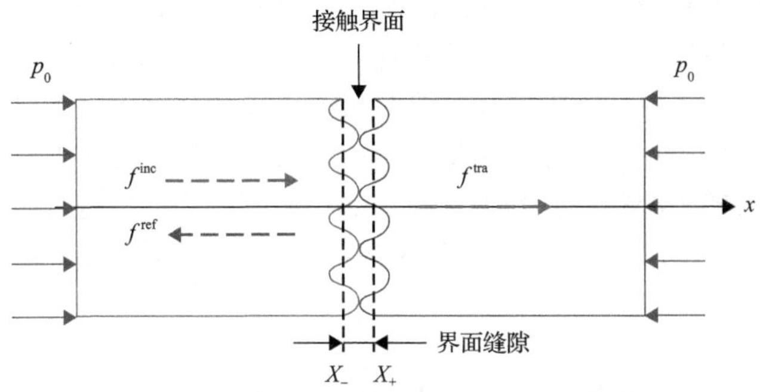

图 3.15　一维纵波通过非线性接触面示意图

当弹性波到达接触面，与两种介质相互作用，界面处的间隙距离也会随时间变化。

$$h(t) = h_0 + u(X_+, t) - u(X_-, t) \tag{3.71}$$

至于界面处的边界条件，Biwa 认为压力在接触面处连续，并且与间隙距离 h 和接触压力 $p(h)$ 之间存在非线性关系[27]。

$$\sigma(X_-, t) = \sigma(X_+, t) = -p(h(t)), p(h_0) = p_0 \tag{3.72}$$

为了便于分析，引入两个变量 $X(t)$ 和 $Y(t)$。

$$X(t) = \{u(X_-, t) + u(X_+, t)\} / 2 \tag{3.73a}$$

$$Y(t) = u(X_+, t) - u(X_-, t) = h(t) - h_0 \tag{3.73b}$$

从而控制方程可以简化为

$$\dot{X} = -c_1 f^{\text{inc}'}\left(X_- - c_1 t\right) - \frac{1}{2}\left(\frac{1}{\rho_1 c_1} - \frac{1}{\rho_2 c_2}\right)\left\{p[h(t)] - p_0\right\} \tag{3.74a}$$

$$\dot{Y} = 2c_1 f^{\text{inc}'}\left(X_- - c_1 t\right) + \left(\frac{1}{\rho_1 c_1} + \frac{1}{\rho_2 c_2}\right)\left\{p[h(t)] - p_0\right\} \tag{3.74b}$$

由于在 PEA 法中只考虑折射波，根据式(3.70)和式(3.74)，折射波可以表示为

$$f^{\text{tra}}\left(x - c_2 t\right) = X\left[t - \left(x - X_+\right)/c_2\right] + \frac{1}{2}Y\left[t - \left(x - X_+\right)/c_2\right] \tag{3.75}$$

因此，问题简化为求解非线性方程组(3.74)，但是不易得到它的解析解，一般需借助计算机进行数值求解。

在 PEA 法中脉冲电压的波形通常是一个高斯波，如图 3.16 所示，因而在下述算例中以高斯波作为入射波，它的脉宽为 5ns、幅值为 10nm。当其经过非线性和线性接触面时，入射波和折射波的波形如图 3.17 所示，可以看出，入射波通过非线性接触面后的折射波发生了畸变。其中，为了清楚地显示接触面的影响，在算例中将高斯波的中心频率调制到 1GHz，这将在后续内容中进行阐述；压力 $p(h)$ 和间隙距离 h 之间的非线性关系如式(3.76)所示[27]；算例中各参数的意义及其数值如表 3.2 所示。

$$p(h) = \left\{p_0^{1-m} - (1-m)C\left(h - h_0\right)\right\}^{1/(1-m)} \tag{3.76}$$

式中，p、m 和 C 的定义详细请见参考文献[27]。

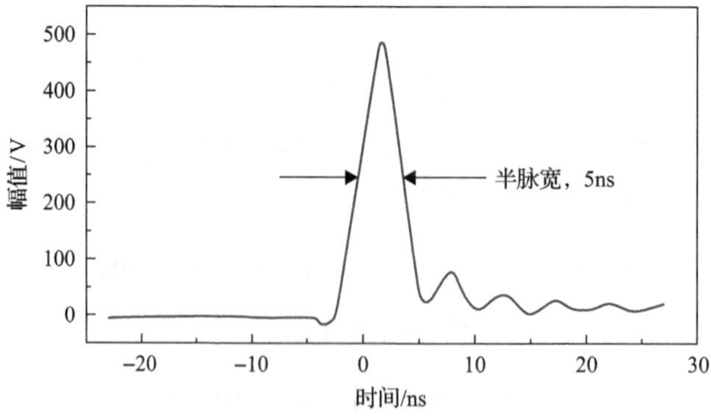

图 3.16　PEA 法中实际脉冲电压波形

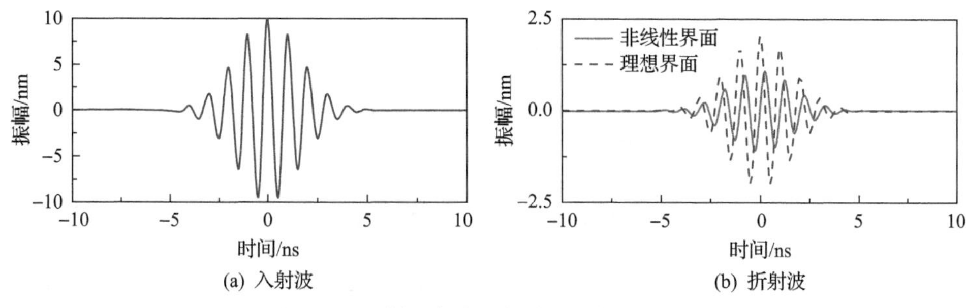

(a) 入射波　　(b) 折射波

图 3.17　调制后高斯入射波及折射波的波形

表 3.2　数值计算中各参数的意义及数值

参数	数值
油纸的密度 ρ_1/(kg/m^3)	1250
油纸中的声速 c_1/(m/s)	1600
铝的密度 ρ_2/(kg/m^3)	2700
铝中的声速 c_2/(m/s)	6420
m	0.5
P_0/MPa	1.0×10^4
C/(Pa$^{0.5}$/m)	6.0×10^{10}

图 3.18 所示是与图 3.17 相对应的频谱分析，频谱的幅值以入射波在 1GHz 处的分量的幅值为基准进行归一化处理。可以看到，入射波到达两种接触面后所形成的折射波在幅值上有所区别，并且经过非线性接触面后所形成的折射波在 0GHz 和 2GHz 附近有新的分量产生，这也是为什么需要对入射波进行调制。

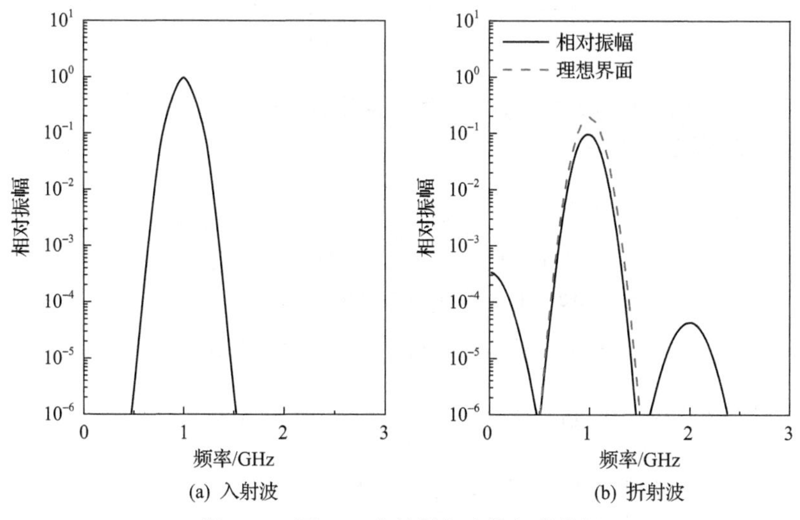

(a) 入射波　　(b) 折射波

图 3.18　图 3.17 中结果相应的频谱分析

2. 电极表面电荷产生的声波分析

下电极处的表面电荷 σ_0 对应的声波由于直接在接触界面处产生，因而和试样中体电荷产生声波的过程有所不同。此时，边界条件式(3.72)变为

$$\sigma_2(X_+,t)+\sigma_0 e_{\mathrm{p}}(t)=\sigma_1(X_-,t) \tag{3.77a}$$

$$\sigma_1(X_-,t)=-p[h(t)],\quad p(h_0)=p_0 \tag{3.77b}$$

式中，$e_{\mathrm{p}}(t)$ 为脉冲电场的时域表示形式。类似地，可以得到

$$\dot{X}=\frac{1}{2}\frac{1}{\rho_2 c_2}\sigma_0 e_{\mathrm{p}}(t)-\frac{1}{2}\left(\frac{1}{\rho_1 c_1}-\frac{1}{\rho_2 c_2}\right)\{p[h(t)]-p_0\} \tag{3.78a}$$

$$\dot{Y}=\frac{1}{\rho_2 c_2}\sigma_0 e_{\mathrm{p}}(t)+\left(\frac{1}{\rho_1 c_1}+\frac{1}{\rho_2 c_2}\right)\{p[h(t)]-p_0\} \tag{3.78b}$$

不妨假设脉冲电场是一个余弦函数，即

$$\sigma_0 e_{\mathrm{p}}(t)/(\rho_2 c_2)=A\cos\omega t \tag{3.79}$$

那么容易得到下电极处的单位表面电荷所对应的声波：

$$\begin{aligned} f^{\mathrm{tra}}(x-c_2 t)=&\frac{A\sqrt{(a+2b)^2+4\omega^2}}{2\sqrt{a^2+\omega^2}}\cos(\omega t-\delta_3)\\ &+\frac{C_2 A^2\omega(2b-a)}{2C_1\left(a^2+\omega^2\right)\sqrt{a^2+4\omega^2}}\times\sin(2\omega t-2\delta_1-\delta_2) \end{aligned} \tag{3.80}$$

式中，C_1、C_2 分别为 $p(h)$ 在 h_0 附近泰勒展开的一阶和二阶系数，可视为线性弹性模量和二阶模量，而

$$\begin{aligned} &a=\left(\frac{1}{\rho_1 c_1}+\frac{1}{\rho_2 c_2}\right)C_1, b=\left(\frac{1}{\rho_1 c_1}-\frac{1}{\rho_2 c_2}\right)\frac{C_1}{2}\\ &\delta_1=\arctan(\omega/a), \delta_2=\arctan(a/2\omega)\\ &\delta_3=\arctan\left[(2b-a)\omega/\left(a^2+2\omega^2+2ab\right)\right] \end{aligned} \tag{3.81}$$

考虑信号在传播中的折反射现象，式(3.33)可改写为

$$V(f)=V_0(f)\frac{du_{\mathrm{sa}}\Delta\tau}{\varepsilon_0\varepsilon_{\mathrm{r}}V_{\mathrm{dc}}}\left[\frac{\sigma(0)}{u_{\mathrm{sa}}\Delta\tau}+\frac{0.5K_3}{K_1}R(f)+\frac{K_2K_3}{K_1}\frac{\sigma(d)}{u_{\mathrm{sa}}\Delta\tau}\exp\left(-\mathrm{j}2\pi f\frac{d}{u_{\mathrm{sa}}}\right)\right] \tag{3.82}$$

式中，K_1、K_2 分别为上下两个电极处的表面电荷产生的声波往压电传感器方向传播分量的系数；K_3 为声波由试品进入下电极时的折射系数。

进而得到式(3.82)中系数 $0.5K_3/K_1$ 随频率的变化：

$$0.5K_3/K_1 = \rho_2 c_2 (a-2b) \Big/ \left(\rho_1 c_1 \sqrt{(a+2b)^2 + 4\omega^2} \right) \tag{3.83}$$

值得注意的是，在式(3.83)中忽略了频率为 2ω 的分量的影响。图 3.19 所示是系数 $0.5K_3/K_1$ 随频率和压力的变化，它随频率和压力的变化趋势与之前所述的折射系数随频率和压力的变化趋势一致，也即系数 $0.5K_3/K_1$ 不再恒为 1，这对空间电荷密度的求取造成了不便。而且由于 $0.5K_3/K_1$ 小于 1，导致 PEA 法测量得到的体电荷密度小于它的实际值。

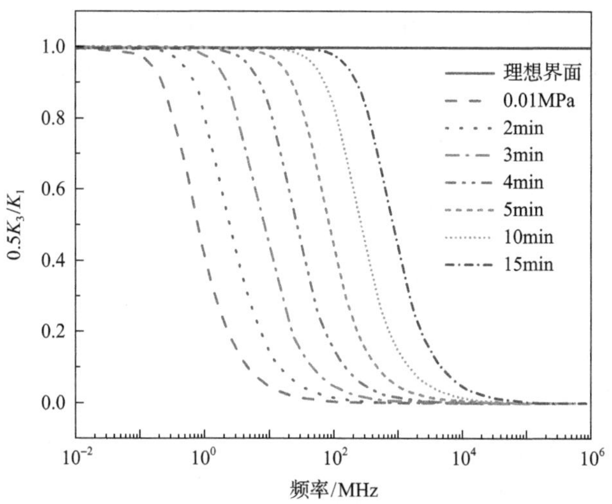

图 3.19　系数 $0.5K_3/K_1$ 随频率和压力的变化

3.3.2　绝缘纸孔隙的影响

1. 模型建立

只考虑一维纵波沿 x 方向传播的情形，多孔介质和固体介质分别占据区间 $x<0$ 和 $x>0$ 部分。由于表面粗糙度的影响已经在前面讨论过了，此处将它们的接触界面视为理想界面。对于 $x>0$ 区域，式(3.69)依然有效，重写得到

$$\rho \frac{\partial^2 u}{\partial t^2} = E \frac{\partial^2 u}{\partial x^2} \tag{3.84}$$

多孔介质中的波动方程相对复杂一些[30]，为

$$(\lambda+2\mu)\frac{\partial^2 u}{\partial x^2}+Q\frac{\partial^2 U}{\partial x^2}=\frac{\partial^2}{\partial t^2}(\rho_{11}u+\rho_{12}U) \tag{3.85a}$$

$$Q\frac{\partial^2 u}{\partial x^2}+R\frac{\partial^2 U}{\partial x^2}=\frac{\partial^2}{\partial t^2}(\rho_{12}u+\rho_{22}U) \tag{3.85b}$$

式中，U 为流体平均位移；λ 为 Lame 系数；μ 为剪切模量；R 和 Q 为孔隙介质的两个独立弹性常数。ρ_{11}、ρ_{12} 和 ρ_{22} 可通过下式求出：

$$\rho_{11}=\rho_{\mathrm{p1}}+\rho_{\mathrm{a}},\quad \rho_{12}=-\rho_{\mathrm{a}},\quad \rho_{22}=\rho_{\mathrm{p2}}+\rho_{\mathrm{a}} \tag{3.86a}$$

$$\rho_{\mathrm{p1}}=(1-\Phi)\rho_{\mathrm{s}},\quad \rho_{\mathrm{p2}}=\Phi\rho_{\mathrm{f}},\quad \rho_{\mathrm{a}}=(\alpha_\infty-1)\Phi\rho_{\mathrm{f}} \tag{3.86b}$$

式中，Φ 为孔隙率；ρ_{s} 和 ρ_{f} 分别为固体骨架和流体的密度；ρ_{a} 为附加密度；α_∞ 为质量耦合系数。由式(3.86)可知，多孔介质的密度可以表示为

$$\rho=\rho_{\mathrm{p1}}+\rho_{\mathrm{p2}}=\rho_{\mathrm{s}}+\Phi(\rho_{\mathrm{f}}-\rho_{\mathrm{s}}) \tag{3.87}$$

在接触面处的边界条件可以表示为[31]

$$u^{\mathrm{s}}\big|_{x=0}=u^{\mathrm{p}}\big|_{x=0},\quad u^{\mathrm{p}}\big|_{x=0}-U^{\mathrm{p}}\big|_{x=0}=0 \tag{3.88a}$$

$$\sigma_{\mathrm{n}}^{\mathrm{s}}\big|_{x=0}=\sigma_{\mathrm{n}}^{\mathrm{p}}\big|_{x=0}-\phi p_{\mathrm{f}}^{\mathrm{p}}\big|_{x=0} \tag{3.88b}$$

式中，上标 s 和 p 分别为固体和多孔介质；σ_{n} 和 p_{f} 分别为作用在固体和流体上的压力。多孔介质中的声速可以通过式(3.89)计算[29]。

$$\left(l^2Q-\rho_{12}\omega^2\right)^2-\left(l^2R-\rho_{22}\omega^2\right)\left(l^2M-\rho_{11}\omega^2\right)=0 \tag{3.89}$$

式中，$l=\omega/c$；$M=\lambda+2\mu$。显然，方程(3.89)存在两个不同的正根，也即多孔介质中同时存在两种不同速度的声波，分别称为快波和慢波。

表 3.3 所示是关于油纸的一些参数，其中固体介质铝的参数如表 3.2 所示。根据式(3.89)可以求出油纸中快波和慢波的声速分别为 c_{pf}=1784m/s、c_{ps}=482m/s。

图 3.20 所示是基于表 3.3 中的参数对油纸中 PEA 信号的传播过程的仿真结果，其中各信号幅值均以传播至 12μm 处信号的最大值为基准进行归一化处理。结果表明多孔介质中 PEA 信号同时存在快波和慢波，并且随着传播距离的增大，快波和慢波分开的距离越大。

表 3.3　数值计算中与油纸相关的参数

参数	数值
流体密度 ρ_f/(kg/m^3)	895
骨架密度 ρ_s/(kg/m^3)	1402
孔隙率 ϕ	0.3
骨架的 Lame 常数 λ/MPa	1600
骨架的剪切模量 μ/MPa	800
质量耦合系数 α_∞	3.67
Q/MPa	224.8
R/MPa	283.7

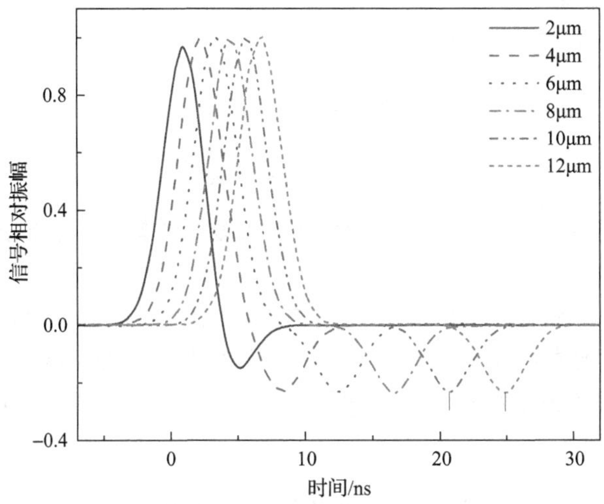

图 3.20　多孔介质中的快波和慢波

2. 电极表面电荷产生的声波分析

当下电极的表面电荷密度为 σ_0 时，边界条件方程(3.88b)变为

$$\sigma_{\mathrm{n}}^{\mathrm{s}}\Big|_{x=0}+\sigma_0 e_{\mathrm{p}}(t)=\sigma_{\mathrm{n}}^{\mathrm{p}}\Big|_{x=0}-\phi p_{\mathrm{f}}^{\mathrm{p}}\Big|_{x=0} \tag{3.90}$$

此时，式(3.84)和式(3.85)的解将满足下列形式：

$$u_1(x,t)=f_1\left(x+c_{\mathrm{pf}}t\right)+f_2\left(x+c_{\mathrm{ps}}t\right),\quad x<0 \tag{3.91a}$$

$$U_1(x,t)=B_1 f_1\left(x+c_{\mathrm{pf}}t\right)+B_2 f_2\left(x+c_{\mathrm{ps}}t\right),\quad x<0 \tag{3.91b}$$

$$u_2(x,t)=g\left(x-c_s t\right),\qquad x>0 \tag{3.91c}$$

式中，B_1 和 B_2 为常数，可由式(3.85)求出。结合边界条件，折射信号满足下列条件：

$$\left(Z_{\text{seq}}+Z_s\right)\left[-c_s g'\left(-c_s t\right)\right]=\sigma_0 e_p(t) \tag{3.92a}$$

$$Z_{\text{seq}}=\frac{(M+Q)+B_1(Q+R)}{c_{pf}}\frac{1-B_2}{B_1-B_2}+\frac{(M+Q)+B_2(Q+R)}{c_{ps}}\frac{B_1-1}{B_1-B_2} \tag{3.92b}$$

式中，Z_s 为固体介质(铝)的声阻抗；Z_{seq} 为多孔介质的等效阻抗，根据表 3.2 和表 3.3 中的参数可以很容易求得 $Z_{\text{seq}}=2.21\times10^6\text{kg}/(\text{m}^2\cdot\text{s})$。从式(3.92a)可以看出，下电极表面电荷所对应的 PEA 信号中不包含慢波分量。由式(3.92)可以求出相应于快波和慢波的系数 $0.5K_3/K_1$ 分别为

$$(0.5K_3/K_1)_{\text{pf}}=A_f T_{\text{pf}}(Z_{\text{seq}}+Z_{\text{Al}}) \tag{3.93a}$$

$$(0.5K_3/K_1)_{\text{ps}}=A_s T_{\text{ps}}(Z_{\text{seq}}+Z_{\text{Al}}) \tag{3.93b}$$

式中，A_f 和 A_s 为由单位体电荷产生的快波和慢波的幅值，它们的值由式(3.85)决定。

表 3.4 所示是根据表 3.2 和表 3.3 中的参数求出声波从油纸向铝电极传播时快波和慢波的折射系数及系数 $0.5K_3/K_1$，可以发现快波的系数 $0.5K_3/K_1$ 大于 1，而慢波的系数 $0.5K_3/K_1$ 远小于 1，因而慢波的影响可以忽略，但是快波的影响不容忽略。

表 3.4　快波和慢波的折射系数及系数 $0.5K_3/K_1$

	折射系数	系数 $0.5K_3/K_1$
快波	0.222	1.907
慢波	0.046	0.093

3.3.3　油纸绝缘 PEA 信号的校正结果

上述结果表明，接触面粗糙度和孔隙的影响同时存在，将其简化成一个串联结构，用 $G(f)$ 来表示它们的共同影响，如果忽略频率为 2ω 的分量的影响，则 $G(f)$ 可以表示为

$$G(f)=\frac{A_{\text{rp}}}{\sqrt{1+\left(\omega/\omega_0\right)^2}} \tag{3.94}$$

式中，A_{rp} 为快波的系数 $0.5K_3/K_1$；ω_0 为式(3.83)中的转折角频率。

因此，在没有粗糙度和孔隙的影响下得到的 PEA 信号 $S_1(f)$ 以及在有粗糙度和孔隙的影响下得到的 PEA 信号 $S_2(f)$ 可以分别表示为

$$S_1(f)=\frac{\sigma(0)}{u_{\mathrm{sa}}\Delta\tau}+R(f)+\frac{\sigma(d)\exp\left(-2\pi\mathrm{j}fd/u_{\mathrm{sa}}\right)}{u_{\mathrm{sa}}\Delta\tau} \tag{3.95a}$$

$$S_2(f)=\frac{\sigma(0)}{u_{\mathrm{sa}}\Delta\tau}+G(f)\left[R(f)+\frac{\sigma(d)\exp\left(-2\pi\mathrm{j}fd/u_{\mathrm{sa}}\right)}{u_{\mathrm{sa}}\Delta\tau}\right] \tag{3.95b}$$

将式(3.95b)代入式(3.95a)可以得到

$$S_1(f)=\frac{\sigma(0)}{u_{\mathrm{sa}}\Delta\tau}\left[1-\frac{1}{G(f)}\right]+\frac{S_2(f)}{G(f)} \tag{3.96}$$

由式(3.96)可知，如果已知下电极处的表面电荷密度 $\sigma(0)$ 及接触面粗糙度和孔隙的影响 $G(f)$，就可以对 PEA 信号进行校正处理。其中，$G(f)$ 可以由试样本身的材料特性求取，但是 $\sigma(0)$ 的值比较难以获取。下电极处的表面电荷由两部分构成，一部分来自外施电场 E_0 引起的感应电荷，另一部分来自试样中的体电荷 $\rho(x)$ 引起的感应电荷。根据式(3.52)与式(3.55)，下电极处的表面电荷密度可以表示为

$$\sigma(0)=\varepsilon_0\varepsilon_r E_0-\int_0^d\frac{d-x}{d}\rho(x)\mathrm{d}x \tag{3.97}$$

由于实际的 PEA 系统中所采用的脉冲总是不可避免有一定宽度，限制了 PEA 系统的分辨率，电极-试样界面处电荷密度的测量结果中包含了临近区域内体电荷密度的贡献，因而不能直接从测量结果中获取 $\sigma(0)/u_{\mathrm{sa}}\Delta\tau$ 的信息。下面通过对 $\sigma(0)/u_{\mathrm{sa}}\Delta\tau$ 进行最优估计来校正 PEA 信号。

值得一提的是，由于电极表面的电荷密度与介电常数有关，所以有必要考虑介电常数随时间的变化情况。图 3.21 所示是不同频率下油纸和 LDPE 的相对介电常数的比较。从图 3.21 可以看到，在 10^{-3}～10^{6}Hz 频率范围内，LDPE 的相对介电常数几乎保持不变，而油纸的相对介电常数在逐渐增大，说明油纸中存在慢极化过程[32]。由于慢极化过程的存在，在直流电压下，油纸的介电常数会逐渐增大，从而导致电极表面电荷中与外施电场相对应的感应电荷增大，这在校正中也需要予以考虑。

图 3.22 所示是由 PEA 法测得的油纸中几种典型的空间电荷分布曲线及相应的电场分布曲线。其中，曲线 1 和曲线 2 所对应的油纸均是未经过老化处理的，

但是它们的含水量不同，曲线 1 对应油纸的含水量为 5%，曲线 2 对应油纸的含水量小于 0.1%。将含水量小于 0.1%的油纸热老化处理 7 天后得到曲线 3 所对应的油纸试样。

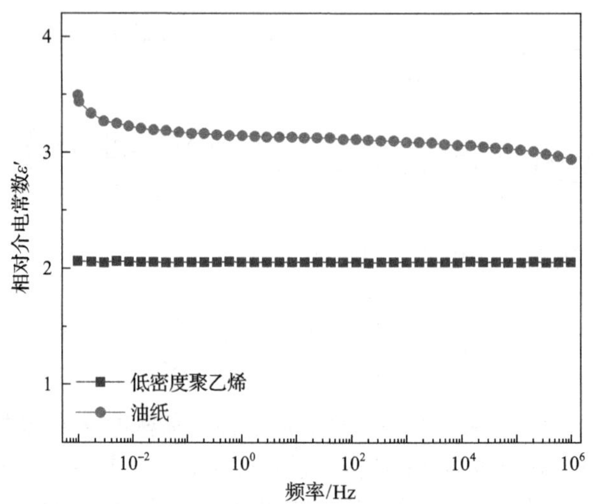

图 3.21　油纸和 LDPE 的相对介电常数随频率的变化

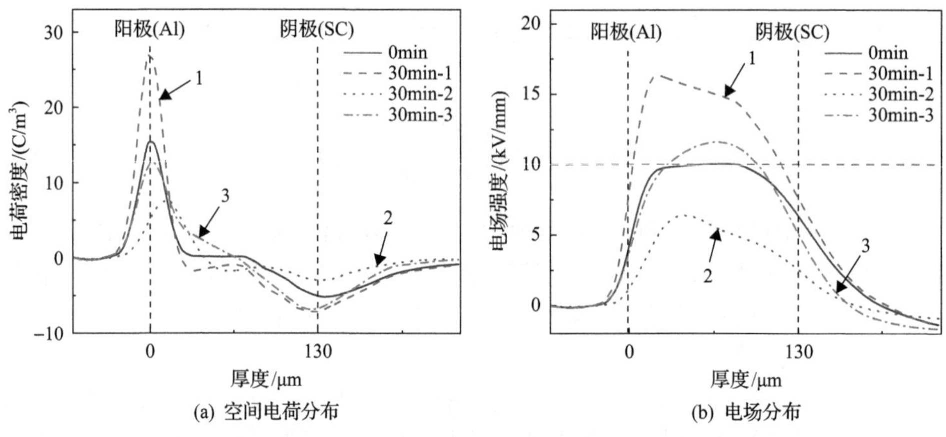

图 3.22　油纸中的空间电荷和电场分布

在曲线 1 中，阳极附近的电场得到增强，阴极附近的电场得到削弱，但是整体均大于外施的 10kV/mm 场强，使外施电压看起来变大。在曲线 2 中，试样中部的电场得到增强，两个电极附近的电场得到削弱，但是均小于外施电场。曲线 3 的空间电荷分布与曲线 2 非常类似，但是电场大于外施电场，与曲线 2 中的电场完全相反。

图 3.23 所示是将图 3.22 中的结果校正处理后的空间电荷和电场分布。由于声

波的衰减和色散不会引起明显的电场误差，并且固体介质和多孔介质中的衰减与色散有所不同[29]，所以本书的校正处理中没有考虑衰减和色散的影响，而是仅考虑了介电常数的变化、接触面粗糙度和孔隙的影响。校正后，曲线 1 中阳极处的电荷密度变小，但是体电荷密度增大；曲线 2 中，阳极处电荷密度和试样中的体电荷密度均变大；曲线 3 中，体电荷密度变化不大，但是阳极附近的正电荷幅值减小。在图 3.22 中，根据空间电荷分布求出的施加在试样两侧的电压随着空间电荷分布的变化而变化，意味着在测量过程中施加在试样两侧的电压是变化的，有悖于实际情况。经过校正处理后，试样中的局部电场或增强、或削弱，但是沿厚度方向的积分保持不变，与在测量过程中施加在试样两侧的电压恒定的事实相符，证明该校正方法是合理的。但是，由于多孔介质中的衰减和色散没有考虑，并且忽略了阴极附近试样和半导体层之间接触界面的影响，所以阴极附近的电场并没有完全校正。

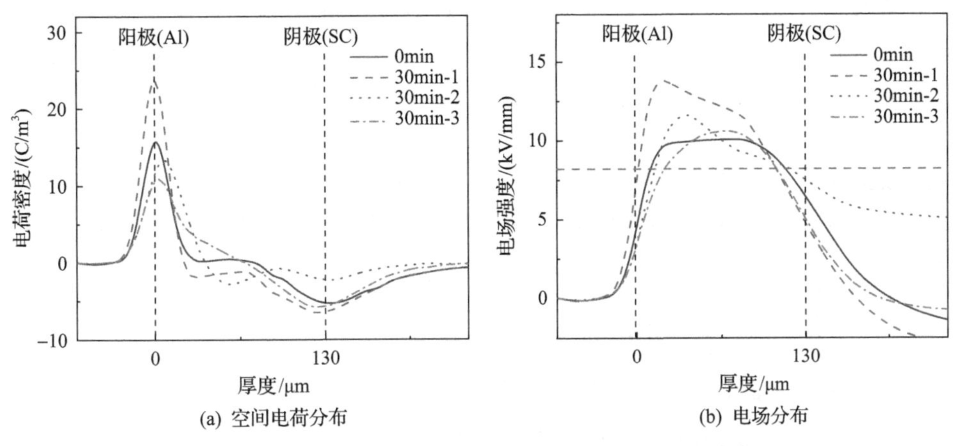

(a) 空间电荷分布　(b) 电场分布

图 3.23　图 3.22 中结果校正后的空间电荷和电场分布

3.4　PEA 法空间电荷测量系统的改进

空间电荷测量技术的主要发展方向是高分辨率、高速、多功能以及小型化。PEA 法空间电荷测量系统的分辨率主要受限于电脉冲源的脉宽和 PVDF 传感器的厚度，目前最高分辨率达到 1.6μm[33]。

在测量速度方面，如 3.1 节中所述数据传输所需的死区时间 T_2 限制了测量间隔的缩短，即数据传输和存储手段的限制使得高速测量与长时测量之间存在一定矛盾。Fukuaga[34]和 Matsui[35]等学者设计了脉冲间隔 10～20μs 的动态 PEA 系统。

在多功能化方面，除了用于电缆测量的同轴型 PEA 系统，由于温度是绝缘特性的重要因素，高温下性能依然良好的铌酸锂($LiNbO_3$)晶体代替传统的 PVDF 用于搭建适用于高温下空间电荷测量的 PEA 系统[36]。此外，PEA 方法也被用于与电导电流、热刺激电流、局部放电的联合测量当中[37-39]。关于三维 PEA 测量技术，由于受限于方法本身，目前无法有效实现，本章不做介绍。

上述的 PEA 系统，得到的都是沿厚度方向分布的一维信息，显然实际电介质中的电荷分布是三维的。为此，通过缩小电极面积[40]、应用声透镜[41]、传感器阵列[42]等手段，学者们在 PEA 法空间电荷三维测量方面进行探索。

PEA 空间电荷测量系统也已经被推广到周期电压下空间电荷测量中，改变触发系统和数据采集模式是最直接的办法[43,44]，而另一种方法则在不改变现有 PEA 系统硬件结构的前提下通过 Hilbert 变换实现了交流下空间电荷的测量[45,46]，两种方法有异曲同工之妙。

国内几乎在同一时期开展了空间电荷测量技术的研究，屠德民和张冶文等最早开展了 PEA 法测量技术的研究并应用于电介质的研究[47]。此后，学者们对 PEA 法测量装置进行了大量改进，使其能够测量不同温度[48]以及温度梯度下的空间电荷分布[49]，并且实现了高耐压、快速动态和击穿过程中空间电荷的测量[5]。此外，通过数据处理技术改进，实现高相位分辨率的周期电压下空间电荷的测量，并形成了相应的协会标准[50]。本节将对一些改进型的 PEA 空间电荷测量系统实例进行介绍。

3.4.1 小型化、高耐压测量系统

空间电荷测量技术的一个重要发展方向就是小型化、高耐压。随着被测聚合物试样厚度的增加，为研究直流高场强下的空间电荷特性，需要不断提高外施电压的幅值。然而受限于空间电荷电极装置的固定外型尺寸，高压电极与接地金属屏蔽罩之间，以及高压电极与被测试样表面发生沿面闪络放电的可能，厚试样的测试存在困难。

目前空间电荷测量用高耐压电极装置提高沿面闪络电压的方案及其存在的问题如下。①扩大接地金属屏蔽罩的尺寸。但沿面闪络特性具有非线性特征，为了提高一倍的闪络电压，将导致接地金属屏蔽罩尺寸大幅扩大，模具加工难度和制作成本大幅提高。②扩大试样的直径。可以较好解决高压电极绕过试样表面对下电极发生闪络，但不能解决高压电极与接地金属屏蔽罩之间的放电问题，并且大直径且厚度均匀的试样的制备往往困难。③在试样与树脂间增加绝缘屏障。该方案的核心问题在于上屏障盘与固化绝缘树脂之间存在的界面，一方面如果上屏障盘为活动式，则其与固化树脂为物理接触，气密效果不佳，另

一方面如果上屏障盘直接固化在绝缘树脂里，浇注时会在屏障盘背后、即树脂一侧的气泡难以通过抽真空等方式消除，这些气泡在高电场下易发生局部放电，提前引发绝缘破坏。

图 3.24 给出了改进的 PEA 法空间电荷高耐压电极结构，与改进前相比较，主要变化在于具有凹凸结构的上屏障盘，下屏障盘具有与上屏障盘凹凸结构相适配的凸凹结构，以使上屏障盘和下屏障盘相互咬合。该设计可以使基于该电极结构的空间电荷测试装置的耐压水平大幅提高，在不改变装置紧凑结构的情况下适应小试样、厚试样的测试需求，有效地拓展了空间电荷测量技术的使用范围。

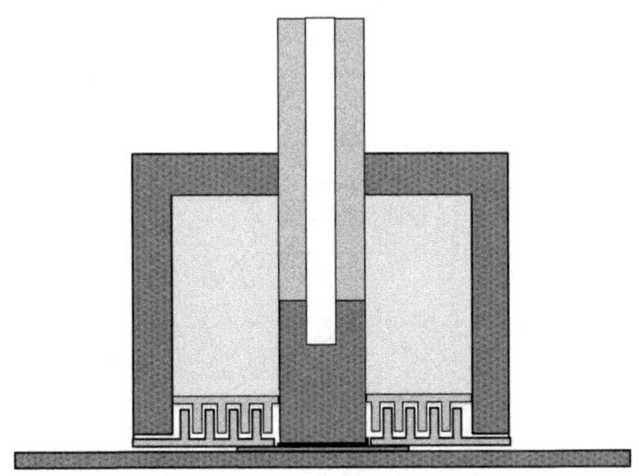

图 3.24　改进的 PEA 法空间电荷高耐压电极结构

3.4.2　高速动态空间电荷测量系统

为了开展 ms 级和 μs 级空间电荷高速动态测试，除了采用具有非常短触发间隔和大容量存储深度的高端数字示波器以外，另一个关键模块就是高频高压脉冲电源。采用 AVMH-5-C 脉冲电源作为高速动态测试时的脉冲激励，其主要参数如表 3.5 所示。

表 3.5　AVMH-5-C 脉冲电源的主要参数

主要参数	数值
电压幅值/V	0～100
脉冲宽度/ns	2～4
电压极性	正极性
脉冲重复频率/Hz	100～1M
工作温度/℃	10～40

图 3.25 展示了数字示波器启动采集后，其数据采集、停止、判断等过程与上位机之间的互动查询。由于高速动态采集会在短时间内获得大容量的数据，而数据在后续处理中又面临着硬盘空间的限制和传输时间的需求。通过采用数据压缩方法，将采集过程中的数据进行初步加工和压缩，最后实际获得的数据包容量约为处理前的十分之一。

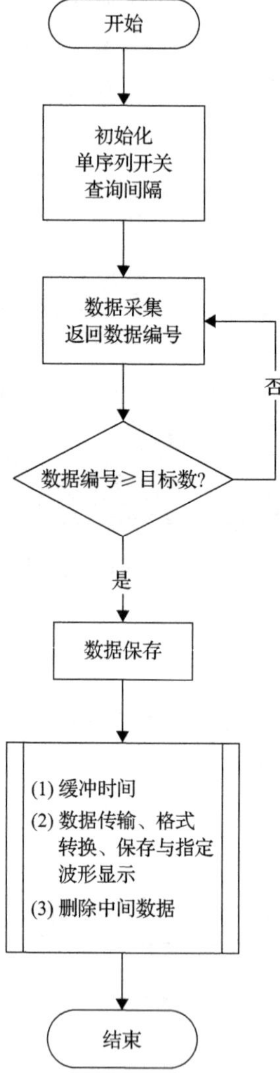

图 3.25　信号传输与保存部分的程序流程图

3.4.3　温控型空间电荷测量系统

为了适应高温条件下空间电荷测试需求，采用了一种新型压电薄膜材料

P(VDF-TrFE)，其主要参数与 PVDF 对比如表 3.6 所示。可以看到，压电系数和介质损耗角正切值基本保持不变，相对介电常数略有下降，厚度差别也很小。主要差异体现在居里点温度，P(VDF-TrFE)为 135℃附近，而 PVDF 仅为 70℃。

表 3.6 P(VDF-TrFE)和 PVDF 压电薄膜的主要参数对比

主要参数	P(VDF-TrFE)	PVDF
厚度/μm	10±5%	9±5%
g_{33} / (V·m·N^{-1}) @1kHz	0.15±20%	0.15±20%
ε_r @0.1kHz	9.4±10%	11.5±10%
tanδ @0.1kHz	0.014±10%	0.010±10%
直流击穿电压/V	575±30%	750±30%
居里温度/℃	135±5%	70±5%

图 3.26 给出了高温 PEA 单元结构原理图，可以看到高压电极和地电极处被分别加热。常规 PEA 法空间电荷系统(见图 3.2)中，匹配电阻和耦合电容集成在高压电极当中，而在温控型空间电荷测量系统中为了避免精密电阻和电容值在高温下(例如高于 100℃)的温漂，二者被独立于高压电极，使得高压直流电压和高压脉冲均先进入到屏蔽盒中叠加，然后再施加到试样的上电极。

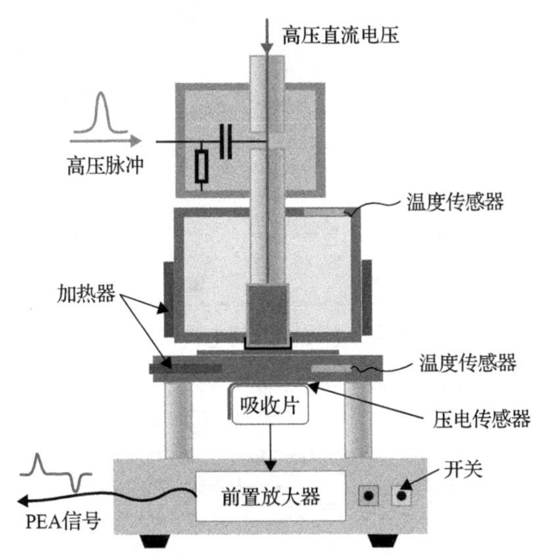

图 3.26 高温 PEA 单元结构原理图

3.4.4 传导电流和空间电荷联合测量系统

电导电流能够反映载流子输运过程的许多微观特性，如载流子注入、电荷入陷和脱陷、电导机制、陷阱载流子密度、电老化阈值等，被广泛用于研究半导体和电介质材料的电荷输运过程。相较于空间电荷理论，电导理论发展更早，理论体系更成熟，在半导体和聚合物绝缘材料等多领域已得到更为广泛的应用与发展。电导电流与空间电荷的联合测量，有助于阐明空间电荷研究中诸多尚不清楚的重要问题，如空间电荷包迁移对材料电导率的影响、陷阱特性与空间电荷的相互关联性、空间电荷抑制与电导率调控的相互平衡性等。

可测传导电流的空间电荷测量系统原理图如图 3.27 所示。与常规的 PEA 法空间电荷测试系统相比，不同之处为：①下电极采用三电极结构，中心电极与皮安表相连，并使用正反接的瞬态抑制二极管保护皮安表；②PVDF 压电薄膜的上表面同时连接中心电极与地电极。此外，通过选用与中心金属电极的声阻抗相匹配的绝缘片，实现电导电流信号和空间电荷信号的有效剥离，可同步开展电导电流信号和空间电荷信号的测量，并且电导电流信号和空间电荷信号均来源于试样同一区域(包括表面与体内)，消除了表面电流的干扰。

图 3.28 给出了–100kV/mm 外施电场下 LDPE 薄膜试样电导电流–空间电荷测

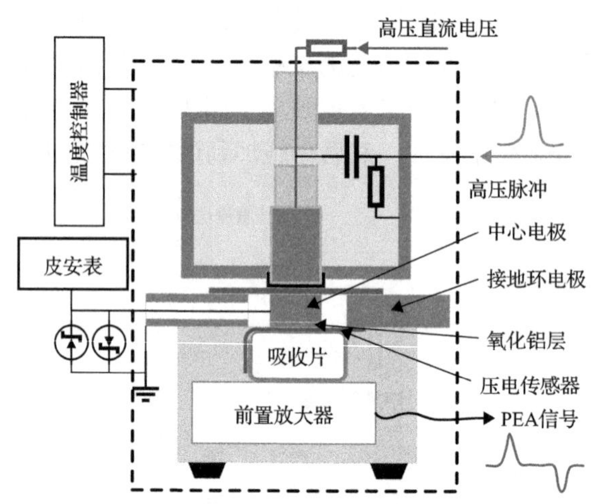

图 3.27　可测传导电流的空间电荷测量系统原理图

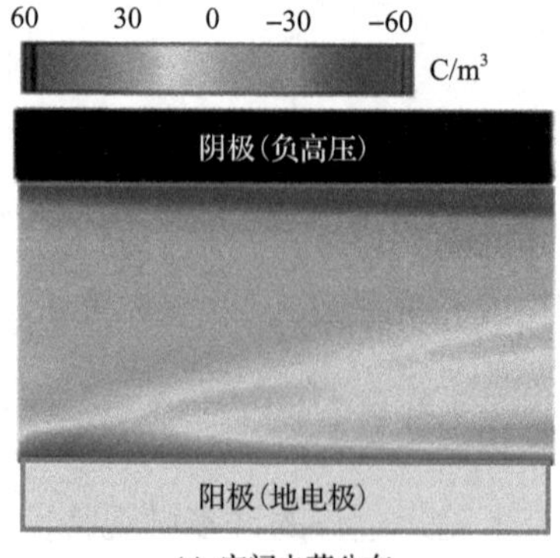

(a) 空间电荷分布

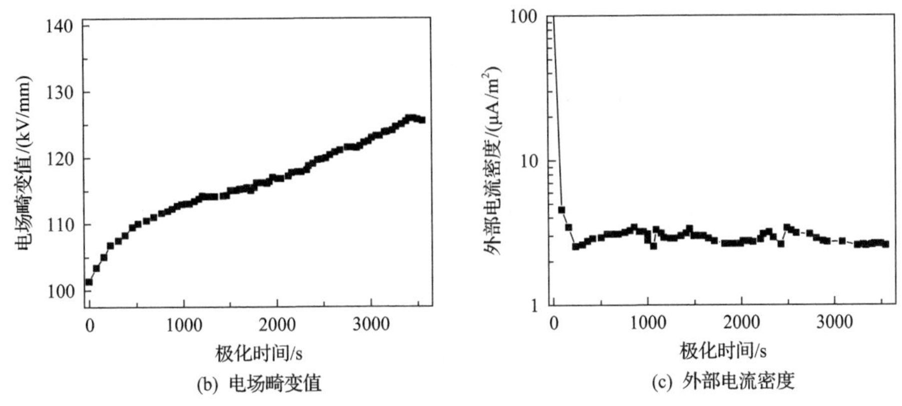

(b) 电场畸变值　　(c) 外部电流密度

图 3.28　LDPE 薄膜试样电导电流–空间电荷联合测量结果

量结果，可以看到空间电荷包的形成和迁移现象。图 3.28(c) 中可以看到电导电流密度可以分成两个部分，其一是极化初始阶段的电容电流，其二是此后的泄漏电流。随着电荷包的不断迁移，泄漏电流并未出现与低电场时一致的逐步下降，反而略有上升并趋于稳定。

参 考 文 献

[1] Takada T, Sakai T. Measurement of electric fields at a dielectric/electrode interface using an acoustic transducer technique[J]. IEEE Transactions on Electrical Insulation, 1983, 18(6): 619～628.

[2] IEC. IEC/TS 62758～2012 Calibration of space charge measuring equipment based on the pulsed electro-acoustic (PEA) measurement principle[S]. IEC, 2012.

[3] 中华人民共和国工业和信息化部. JB/T12927—2016 固体绝缘材料中空间电荷分布的电声脉冲测试方法[S]. 北京: 机械工业出版社, 2016.

[4] Li Y, Takada T. Progress in space charge measurement of solid insulating materials in Japan[J]. IEEE Electrical Insulation Magazine, 1994, 10(5): 16～28.

[5] 王宁华. 形态对低密度聚乙烯空间电荷特性的影响研究[D]. 北京: 清华大学, 2007.

[6] Liu R S, Takada T, Takasu N. Pulsed electro-acoustic method for measurement of space charge distribution in power cables under both DC and AC electric fields[J]. Journal of Physics D Applied Physics, 1993, 26(6): 986～993.

[7] Vissouvanadin B, Vu T T N, Berquez L, et al. Deconvolution techniques for space charge recovery using pulsed electroacoustic method in coaxial geometry[J]. IEEE Transactions on Dielectrics and Electrical Insulation, 2014, 21(2): 821～828.

[8] 王霞, 陈驰, 熊锦州, 等. 基于外半导电层注入的全尺寸电缆用脉冲电声法空间电荷测量技术[J]. 高电压技术, 2017, 43(5): 1677～1683.

[9] Tanaka Y, Takada T. Good Practice Guide for Space Charge Measurement in Dielectrics and Insulating Materials[M]. Tokyo: Electronic Measurement Laboratory of Musashi Institute of Technology, 2002.

[10] 诱电绝缘材料的空间电荷分布计测法标准化调查专门委员会. 诱电·绝缘材料的空间电荷分布计测法标准化[M]. 日本电气学会技术报告第 834 号. 东京: 丸井工文社, 2001.

[11] Li Y, Aihara M, Murata K, et al. Space charge measurement in thick dielectric materials by pulsed electroacoustic

method[J]. Review of Scientific Instruments, 1995, 66(7): 3909～3916.

[12] Tanaka Y, Hanawa K, Suzuki K, et al. Attenuation recovery technique for acoustic wave propagation in PEA method[C]. Proceedings of International Symposium on Electrical Insulating Materials. Himeji: 2001, 407～410.

[13] 王云杉. 聚乙烯长期交直流老化条件下的空间电荷特性研究[D]. 北京: 清华大学, 2011.

[14] Riechert U, Eberhardt M, Kindersberger J, et al. Breakdown behavior of polyethylene at DC voltage stress[C]. Proceedings of 1998 IEEE 6th International Conference on Conduction and Breakdown in Solid Dielectrics, Västerås, 1998: 510～513.

[15] He P. Simulation of ultrasound pulse propagation in lossy media obeying a frequency power law[J]. IEEE Transactions on Ultrasonics, Ferroelectrics and Frequency Control, 1998, 45(1): 114～125.

[16] Szabo T. Time domain wave equations for lossy media obeying a frequency power law[J]. The Journal of the Acoustical Society of America, 1994, 96(1): 491～500.

[17] Szabo T. Causal theories and data for acoustic attenuation obeying a frequency power law[J]. The Journal of the Acoustical Society of America, 1995, 97(1): 14～24.

[18] 邹谋严. 反卷积和信号复原[M]. 北京: 国防工业出版社, 2001.

[19] Hansen P C. Rank-deficient and Discrete Ill-posed Problems: Numerical Aspects of Linear Inversion[M]. Philadelphia: Society for Industrial Mathematics, 1998.

[20] Kirsch A. An Introduction to the Mathematical Theory of Inverse Problems[M]. New York: Springer, 1996.

[21] Engl H, Hanke M, Neubauer A. Regularization of Inverse Problems[M]. Dordrecht, Boston: Kluwer Academic Publishers, 1996.

[22] Neumaier A. Solving ill-conditioned and singular linear systems: a tutorial on regularization[J]. SIAM Review, 1998, 40(3): 636～666.

[23] Hanke M. An ε-free a posteriori stopping rule for certain iterative regularization methods[J]. SIAM Journal on Numerical Analysis, 1993, 30(4): 1208～1228.

[24] Hanke M. Accelerated landweber iterations for the solution of ill-posed equations[J]. Numerische Mathematik, 1991, 60(1): 341～373.

[25] 田冀焕. 强电场条件下绝缘材料空间电荷输运过程仿真计算[D]. 北京: 清华大学, 2009.

[26] Li Y, Yasuda M, Takada T. Pulsed electroacoustic method for measurement of charge accumulation in solid dielectrics[J]. IEEE Transactions of Dielectric and Electrical Insulation, 1994, 1(2): 188～195.

[27] Biwa S, Nakajima S, Ohno N. On the acoustic nonlinearity of solid-solid contact with pressure-dependent interface stiffness[J]. Journal of Applied Mechanics, 2004, 71(4): 508～515.

[28] Huang M, Zhou Y X, Chen W J, et al. Calibration of pulsed electroacoustic method considering electrode-dielectric interface status and porosity[J]. Japanese Journal of Applied Physics, 2014, 53(10): 106601(1～8).

[29] Biot M. Theory of the propagation of elastic waves in a fluid-saturated porous solid: 1. Low-frequency range[J]. The Journal of the Acoustical Society of America, 1956, 28(2): 168～178.

[30] 张冶文, 潘佳萍, 郑飞虎, 等. 固体绝缘介质中空间电荷分布测量技术及其在电气工业中的应用[J]. 高电压技术, 2019, 45(8): 2603～2618.

[31] Chen W Y, Xia T D, Chen W, et al. Propagation of plane P-waves at interface between elastic solid and unsaturated poroelastic medium[J]. Applied Mathematics and Mechanics, 2012, 33(7): 829～844.

[32] Wei J L, Zhang G J, Xu H, et al. Novel characteristic parameters for oil-paper insulation assessment from differential time-domain spectroscopy based on polarization and depolarization current measurement[J]. IEEE Transactions on Dielectrics and Electrical Insulation, 2011, 18(6): 1918～1928.

[33] Kumaoka K, Kato T, Miyake H, et al. Development of space charge measurement system with high positionalal resolution using pulsed electro acoustic method[C]//International Symposium on Electrical Insulating Materials. Niigata, 2014: 389～392.

[34] Fukunaga K, Maeno T, Okamoto K. Three-dimensional space charge observation of ion migration in a metal-base printed circuit board[J]. IEEE Transactions on Dielectrics and Electrical Insulation, 2003, 10(3): 458～462.

[35] Matsui K, Tanaka Y, Takada T, et al. Space charge behavior in low-density polyethylene ate pre-breakdown[J]. IEEE Transactions on Dielectrics and Electrical Insulation, 2005, 12(3): 406～415.

[36] Kitajima H, Tanaka Y, Takada T. Measurement of space charge distribution at high temperature using the pulsed electro-acoustic（PEA）method[C]//The 7th ICDMMA, London, 1996: 8～11.

[37] 郑煜, 吴建东, 王俏华, 等. 空间电荷与直流电导联合测试技术用于纳米 MgO 抑制 XLPE 中空间电荷的研究[J]. 电工技术学报, 2012, 27(5): 126～131.

[38] Tanaka Y, Kitajima H, Kodaka M, et al. Analysis and discussion on conduction current based on simultaneous measurement of TSC and space charge distribution[J]. IEEE Transactions on Dielectrics and Electrical Insulation, 1998, 5(6): 952～956.

[39] Imburgia A, Romano P, Viola F, et al. Space charges and partial discharges simultaneous measurements under DC stress[C]. IEEE Conference on Electrical Insulation and Dielectric Phenomena, Toronto: 2016, 514～517.

[40] Imaizumi Y, Suzuki K, Tanaka Y, et al. Three-dimensional space charge distribution measurement in electron beam irradiated PMMA[J]. Transactions of the Institute of Electrical Engineers of Japan A, 2008, 116(8): 684～689.

[41] Fukunaga K, Maeno T, Okamoto K. Three-dimensional space charge observation of ion migration in a metal-base printed circuit board[J]. IEEE Transactions on Dielectrics and Electrical Insulation, 2003, 10(3): 458～462.

[42] Fukuma M. Space Charge Measurement System Using Sensor Array and Semiconductor Analog Switch[J]. IEEJ Transactions on Fundamentals and Materials, 2012, 132(2): 152～153.

[43] He D X, Wang W, Lu J, et al. Space charge characteristics of power cables under ac stress and temperature gradients[J]. IEEE Transactions on Dielectrics and Electrical Insulation, 2016, 23(4): 2404～2412.

[44] Xu Z Q, Zhao J W, Chen G. An improved pulsed electroacoutic system for space charge measurement under AC conditions[C]. International Conference on Solid Dielectrics, New York, 2010: 1～4.

[45] Thomas C, Teyssedre G, Laurent C. A new method for space charge measurements under periodic stress of arbitrary waveform by the pulsed electro-acoustic method[J]. IEEE Transactions on Dielectrics and Electrical Insulation, 2008, 15(2): 554～559.

[46] Wu J D, Yin Y. Space charge observation under periodic stresses — Part 1: The simplest system and corresponding phase identification[J]. IEEE Transactions on Dielectrics and Electrical Insulation, 2017, 24(4): 2579～2588.

[47] 张冶文, 屠德民, 刘耀南. 固体介质中空间电荷分布的测量方法[J]. 物理, 1987, 16(3): 165～169.

[48] 张宗鑫. 温度对电声脉冲法聚合物空间电荷测量的影响[D]. 北京: 华北电力大学, 2011.

[49] Chen X, Wang X, Wu K, et al. Effect of voltage reversal on space charge and transient field in LDPE films under temperature gradient[J]. IEEE Transactions on Dielectrics and Electrical Insulation, 2012, 19(1): 140～149.

[50] 中国电器工业协会. T/CEEIA 293—2017 周期电场下绝缘材料内部空间电荷的测量方法[S]. 2017.

第 4 章　凝聚态结构对空间电荷特性的影响

高分子聚合物材料由于分子链排列的不同，会形成非晶态、结晶态等不同的凝聚态结构。即使是同一种聚合物，由于分子运动形式、分子间作用力形式及相态间相互转变规律的不同，也会展现出不同的性能。在电介质材料中，不同的链段、自由空间、微孔等的形式和分布会影响电场作用下空间电荷的产生、输运、积聚等特性，从而改变内部电场分布，影响聚合物材料的电导、击穿、老化等绝缘性能。因此，研究凝聚态结构的影响对工程中绝缘材料的结构设计和状态评价具有重要意义。

本章首先介绍了凝聚态结构及其表征方法，并进一步简要介绍了凝聚态结构与电介质电气性能之间的关系，最后，重点叙述聚乙烯在生产和应用过程中较为重要的形态结构和表面形貌特性，及其在电场和温度场耦合作用下对空间电荷和空间电荷包特性的影响。

4.1　凝聚态结构及其对电介质电气性能的影响

4.1.1　物质的凝聚态结构

1. 物质的基本化学结构

材料是由原子和分子构成的，在地球上共有 100 多种元素，由这些元素可构成无数种类的材料。材料根据电磁特性分为导体、半导体、绝缘体、电介质和磁介质等。根据材料的性质，电介质材料主要分为有机、无机陶瓷电介质以及结晶和非晶电介质。无机电介质是指金属氧化物、硅酸盐和玻璃等陶瓷介质，有机材料一般是指高分子聚合物、油脂及由这些材料构成的复合材料等物质。本书主要涉及的是高分子聚合物在绝缘领域的相关研究。

高分子聚合物(简称高聚物)是指分子量较一般有机化合物高得多的有机材料。一般分子量超过 10000 的物质称之为高分子物质，分子量越大，则高分子物质的特性越显著。通常有机材料的分子量为几十到几百，而合成高分子的分子量从近万甚至到上百万，故称为高聚物。

高分子物质是由结构比较简单的小分子多次重复地用化学键结合起来的物质，其中作为基础的小分子称为单体。根据结合的方式不同，高分子可大致分为聚合物、共聚物和缩聚物等三类。①聚合物由一种单体分子多次重复键合而成，如乙烯 CH_2═CH_2 打开双键聚合而成的物质称为聚乙烯(…—CH_2—CH_2—CH_2—CH_2—…，省略重复单位一般写成—[CH_2—CH_2]$_n$—)。②共聚物由两种或两种以上不同单体分子聚合而成，如氯乙烯 CH_2═CHCl 与偏二氯乙烯 CH_2═CCl_2 反应生成氯乙烯-偏二氯乙烯共聚物(…—CH_2—CHCl—CH_2—CCl_2—…)。③缩聚物由两种或两种以上的单体分子化合，且结合部位的原子或原子团形成低分子物质析出而余下部分反复键合。如顺丁烯二酸 HOOC—CH═CH—COOH 和乙二醇 HO—CH_2—CH_2—OH 反应，前者两端的“OH”基与后者两端的“H”化合，分离出一个 H_2O(在缩聚反应中常常析出水这样的低分子物质，这是缩聚反应与聚合反应的基本区别)，留下的部分键合得到称为不饱和聚酯的缩聚物(…OC—CH═CH—CO—O—CH_2—CH_2—O—…)。

从分子形态来看，高分子物质又可大致分为线型链状结构和体型网状结构两类，前者称链状高分子物质，后者称网状高分子物质。沿键合方向伸展的分子链称为主链，沿主链两侧伸出的分子链称为侧链。

1)链状高分子

聚合物或共聚物通常都是链状高分子物质。组成分子链主干的碳原子与相邻的原子形成四个共价键，当与碳原子所联的四个原子(或基团)不对称时，则形成立体异构。因此链状高分子物质即使结构式相同，还可以有以下三种不同的立体结构形式。为表示清楚起见，将 C—C 链拉伸放在一平面上，使 H 和取代基 R 分别处于平面的上下两侧。当取代基全处于主链平面的一侧时，称全同立构，如图 4.1(a)；若取代基相间地分布于平面的两边，称为间同立构，如图 4.1(b)；当取代基在平面两侧作完全无规则分布时，称为无规立构，如图 4.1(c)。这些都是简化后的表示，实际上在晶体中这种分子的主链呈螺旋状，取代基也呈螺旋状规则地分布于主链的周围。

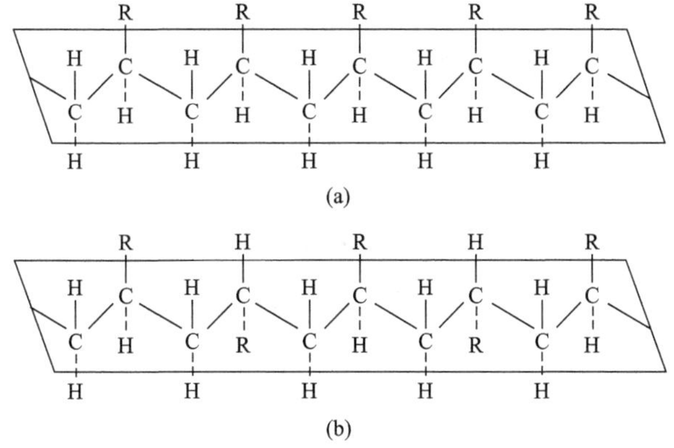

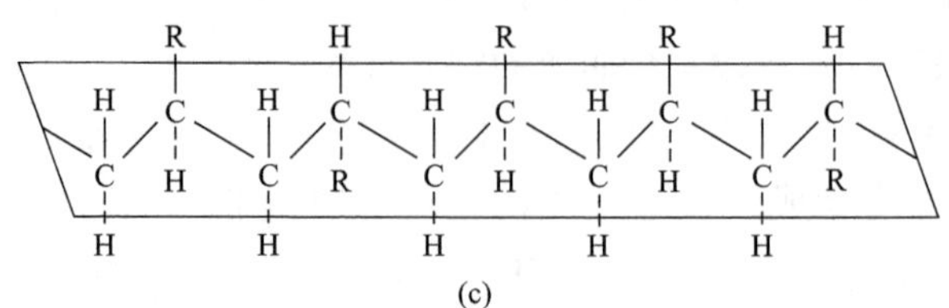

(c)

图 4.1　链状高分子物质的三种立体结构

由于全同或间同立构中，取代基在空间的排列均是有规则的，所以分子的规整性好，能紧密集聚，容易结晶，有较高的熔点且不易溶解。无规高聚物则往往不易结晶，软化温度也较低。由催化剂的种类和聚合条件等的不同，可以得到立体规则性不同的高分子。

2) 网状高分子

在含有双键的链状高分子物质中，当加入适当的交联剂时，由于双键打开后交联剂在分子间架桥，或者当含有多官能团的分子进行缩聚反应时，都能生成体型的网状高分子物质。

橡胶是交联高分子物质的代表，例如天然橡胶是生胶的硫化产物，生胶结构为聚顺异戊二烯：

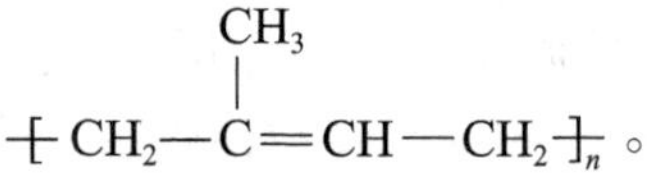

$$\left[CH_2-\overset{\displaystyle CH_3}{\overset{|}{C}}=CH-CH_2 \right]_n 。$$

在其中加入适量的硫(S)并在加热作用下进行反应，硫在分子链间就架起了“硫架”，如图 4.2 所示。这样经过硫化后的橡胶，分子发生交联而形成网状结构，成为一个整体。

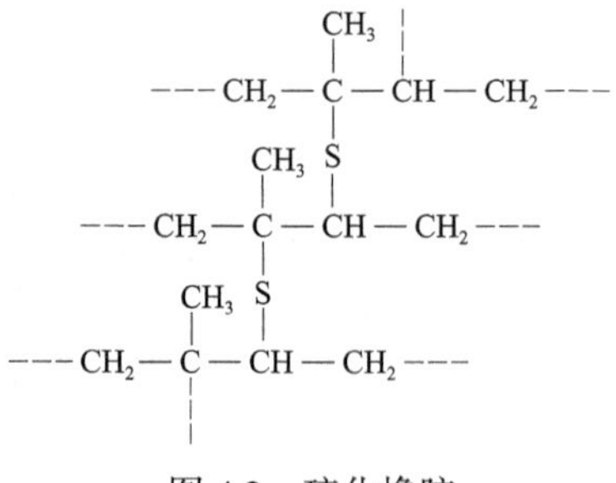

$$\begin{array}{l}
\qquad\qquad\quad CH_3 \;\; | \\
\text{---}\,CH_2-\overset{|}{C}-\overset{|}{CH}-CH_2\,\text{---} \\
\qquad\qquad\quad\; | \\
\qquad\quad CH_3 \;\; S \\
\text{---}\,CH_2-\overset{|}{C}-\overset{|}{CH}-CH_2\,\text{---} \\
\qquad\qquad\; | \\
\qquad CH_3 \;\; S \\
\text{---}\,CH_2-\overset{|}{C}-\overset{|}{CH}-CH_2\,\text{---} \\
\qquad\qquad | \\
\qquad\qquad |
\end{array}$$

图 4.2　硫化橡胶

缩聚反应形成网状高分子的例子，有酚醛树脂和硅有机树脂等。酚醛树脂是由多元羟甲基苯酚：

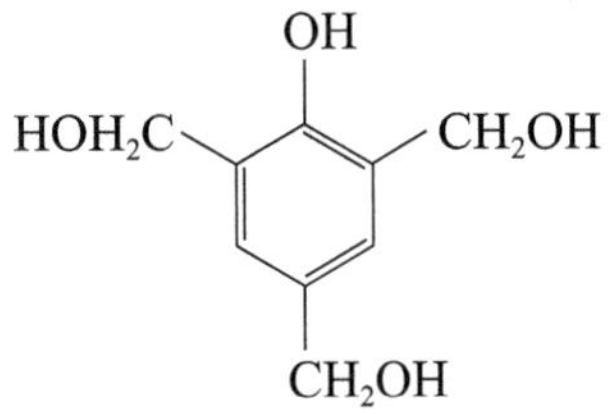

OH
HOH_2C　　CH_2OH
CH_2OH

通过缩聚反应生成，如图 4.3 所示。

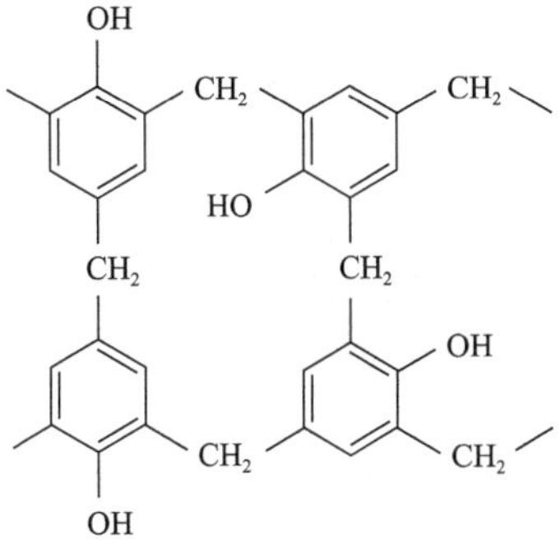

图 4.3　酚醛树脂

链状和网状高分子物质最重要的性能差别表现为链状高分子是可溶和可熔的，因其分子是自由的，而网状高分子则不溶和不熔，除非将交链键破坏。因此，链状高分子易于加工，可以反复应用，具有“热塑性”；网状高分子具有较高的强度、硬度，并且耐热、耐溶。成型加工只能在高分子形成网状结构之前进行，一经形成网状结构，就不能再改变形状，即具有所谓“热固性”。

2. 物质的凝聚态结构

高分子凝聚态结构也称超分子结构，其尺度大于分子链的尺度。分子链的单键内旋转和(或)环境条件(温度、受力情况)会引起分子链构象的变化和聚集状态的改变。在不同外部条件下，大分子链可能呈无规线团构象，也可能排列整齐，呈现伸展链、折叠链及螺旋链等构象，由此形成非晶态(包括玻璃态、高弹态)、结晶态(包括不同晶型及液晶态)和黏流态等聚集状态。这些状态下，因分子运动形式、分子间作用力形式及相态间相互转变规律均与小分子物质不同，结构、形态有其独自的特点。这些特点也是决定高分子材料性能的重要因素。

所谓结晶指的是原子及其集合体在三维空间上成规则的几何分布。由于高分子物质的分子体积庞大，分子结构不规整，大分子体系黏度又大，不利于质点的运动，要想得到像低分子物质那样完整的单晶体是不容易的。一般情况下，聚合物的结晶都是不够规整完善的，结晶对称性差，缺乏很好的物理界面，基本上属于微晶或多晶物质。通常高分子聚合物都是结晶相和无定形相共存的，如图 4.4

所示。结晶相占聚合物全部重量的百分率称为结晶度。结晶度愈高，则密度、屈服度、抗张强度、弹性等性能也愈高。如低密度聚乙烯结晶度为 40%～53%，而高密度聚乙烯结晶度为 60%～80%。

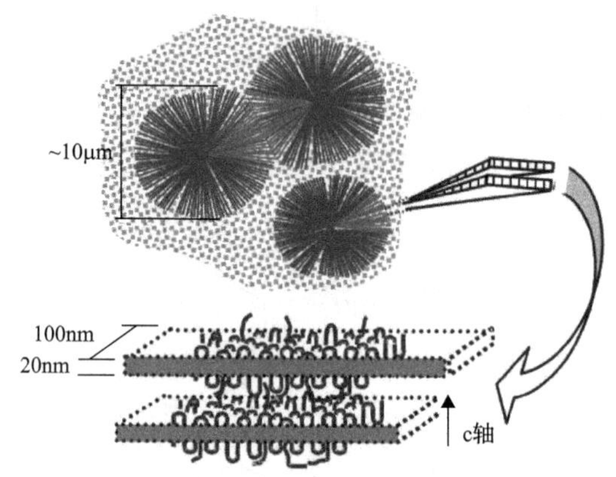

图 4.4　聚乙烯材料的半结晶形态结构

3. 物质的凝聚态结构分析

虽然物质凝聚态的尺度大于分子链的尺度，但仍然无法用肉眼直接观测。为了分析和表征物质凝聚态结构，引入了各种仪器分析技术，从而获得物质结晶度、结晶形态、表面形貌等关键特性。以下介绍一些近代物理分析方法在物质凝聚态分析方面的应用。

1) 红外光谱

红外光谱研究波长为 0.7～1000μm 的红外光与物质的相互作用。它是分子振动光谱，是表征高聚物的化学结构和物理性质的一种重要工具，可以对以下一些方面提供定性和定量的信息。

(1) 化学：结构单元、支化类型、支化度、端基、添加剂、杂质。

(2) 立构：顺反异构、立构规整度。

(3) 物态：晶态、介晶态、非晶态、晶胞内链的数目、分子间作用力、晶片厚度。

(4) 构象：高分子链的物理构象、平面锯齿形或螺旋形。

(5) 取向：高分子链和侧基在各向异性材料中排列的方式和规整度。

2) X 射线衍射

X 射线衍射(X-ray diffraction，XRD)研究晶体结构主要依据布拉格公式，即在等同周期的原子面，入射线以一定角度射入原子面，从原子面散射出来的 X 射线产生衍射的条件是相邻的衍射 X 射线间的光程差等于波长的整数倍。实际上用单色的 X 射线，对于不动的单晶，满足上述条件的情况是不存在的，因而必须采用粉末照相法及单晶转动法。

高聚物晶胞的对称性不高，一般是三斜或单斜晶系。衍射点不多，而且有些还重叠在一起，又与非晶态的弥散图混在一起。因此，晶胞参数不是很易求得。可以根据已知的键长键角间的关系作出模型，然后按设想的分子模型计算各衍射点的强度，检查是不是与实验符合，从而确定晶体中高分子链上的各个原子的相对排列方式(晶态结构)。

X 射线衍射法除了测定晶体结构的晶胞参数外，还可以测定结晶性高聚物的结晶度。测定结晶度的原理是利用结晶的和非晶的两种结构对 X 射线衍射的贡献不同，把衍射照片上测得的衍射峰通过分峰拟合分解为结晶的和非晶的两部分，结晶峰面积与总的峰面积之比就是结晶度。

3) 扫描电子显微镜

扫描电子显微镜(scanning electron microscope，SEM)利用窄聚焦的高能电子束来扫描样品，通过电子束与物质间的相互作用，来激发各种物理信息，对这些信息收集、放大、再成像以达到对物质微观形貌表征的目的。扫描电镜的分辨率可以达到 1nm，放大倍数可以到 30 万倍，可以观察到在普通光学显微镜下看不见的微小东西，在高聚物结构概念的发展和完善过程中提供了直接可靠的实验证据。

在物质凝聚态结构的观测中，样品的制备是一个极其重要的环节。由于电子的穿透能力较弱，大约只有 X 射线穿透能力的万分之一，即电子只能穿透几百到一千 Å 厚度的薄膜，因此一般物体都不能直接进行观察，而必须经过一定的程序，制备专用的样品。例如，在观察结晶聚合物的晶体形态时，通常采用刻蚀的方法将非晶区刻掉保留晶区，再通过 SEM 来观察。

4) 原子力显微镜

原子力显微镜(atomic force microscope，AFM)利用原子之间的范德华力作用来呈现物质的表面形貌、表面微结构等表面特性。AFM 有三种不同的工作模式：接触模式(contact mode)、非接触模式(noncontact mode)和共振模式或轻敲模式(tapping mode)。三种模式各有优缺点，其中轻敲模式由于既不损坏样品表面又有较高的分辨率，因而在聚合物结构研究中应用最为广泛。通过对聚合物薄膜表面形貌的观测，原子力显微镜能够在纳米尺度下获得结晶形态(包括片晶表面分子链折叠)、结晶过程等关键结构信息。

5) 光学显微镜

光波在各向异性介质中传播时，其传播速度随振动方向的不同而变化，折射率值也随之改变，一般都发生双折射，分解成振动方向相互垂直、传播速度不同、折射率不同的两束偏振光。而这两束偏振光通过第二个偏振片时，只有在与第二偏振轴平行方向的光线可以通过，而通过的两束光由于光程差会发生干涉现象。在正交偏光显微镜下观察，非晶体聚合物因为其各向同性，不会发生双折射现象，光线被正交的偏振镜阻碍，视场黑暗。球晶会呈现出特有的黑十字消光现象，黑十字的两臂分别平行于两偏振轴的方向。除偏振片的振动方向外，其余部分会出现因折射而产生的光亮。

聚合物在不同条件下形成不同的结晶，如单晶、球晶、纤维晶等。聚合物从熔融状态冷却或从浓溶液结晶时主要生成球晶，这是聚合物结晶时最常见的一种形式。球晶具有光学各向异性，对光线有折射作用，因而可以用偏光显微镜进行观察。同样，样品制备也是球晶观测一个重要环节，配合熔点仪的使用能够同时观测球晶的熔融、生长等动态过程。

6) 差示扫描量热仪法

差示扫描量热法(differential scanning calorimetry，DSC)的基本过程是在程序控制温度下，测量输入到试样和参比物的功率差(如以热的形式)与温度的关系。差示扫描量热仪记录到的曲线称 DSC 曲线，它以样品吸热或放热的速率，即热流率 dH/dt(单位 mJ/s)为纵坐标，以温度 T 或时间 t 为横坐标，可以测定多种热力学和动力学参数，例如玻璃化转变温度、冷结晶、相转变、熔融、结晶等。该法使用温度范围宽(–175～725℃)，分辨率高，试样用量少。

4.1.2　凝聚态结构对电气性能的影响

1. 凝聚态结构与分子热运动

高分子固体的机械性能、热性能及电性能等与它的分子结构和热运动有着密切的关系。和气体、液体分子一样，固体高分子在受热时也进行着热运动，但其热运动的方式与低分子物质不一样。

1) 无定形高分子物质的分子运动

如图 4.5 所示，对于链状高分子物质来说，其分子间相互缠结，分子无秩序配置。在足够高的温度下，固态变成黏稠状液体(黏流态)，然后随着温度的下降，变成具有弹性的柔软固体状态(高弹态)，最后变成弹性模量(表征产生单位应变所需的力)很大的坚硬固体(玻璃态)，无定形链状高分子物质的这三态与分子热运动密切相关。

黏流态：在高温下，由于分子链的热运动激烈，使得分子缠结点的链松动，导致大分子整体移动(分子重心发生移动)，这种分子链的运动称为大布朗运动。由于大布朗运动，高分子不能再保持固体状态，而成为黏稠的液体状态，这时如有外力作用，它极易变形，并且当外力除去后，其形变并不恢复。这一性质对链状高分子物质的成型、加工极为有利。

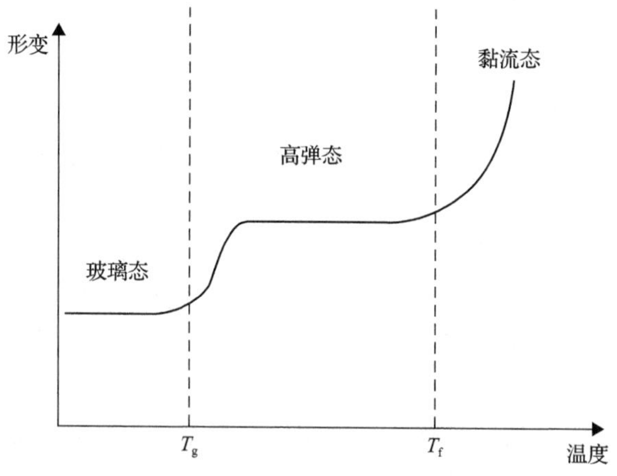

图 4.5　无定形链状高分子物质的三态

高弹态：当温度逐渐下降时，分子热运动逐渐减弱，分子缠结点不再脱开，高分子物质保持团体状态，这时聚合物中发生的链段运动，称为微布朗运动。所谓链段，即是大分子中含有几个或几十个链节的区段。因为链段间相互作用较强，所以运动所需要的能量(活化能)比较大，并且运动也比较缓慢。在无外力作用时，分子卷曲，处于平衡状态，若加上一适当的外力(此力不致使缠结点脱开)，则结点间的分子链将被拉长，除去外力后，分子链又恢复到初始的平衡状态，这时团体的变形是可逆的，属于弹性变形，但在时间上有滞后。这一性质与橡胶的弹性相似，所以常把微布朗运动起主导作用的状态称为橡胶态(即高弹态)。高弹态是高分子固体所特有的状态，高弹态的高分子材料既柔韧又坚固，富有弹性，具有广泛的用途。

玻璃态：从高弹态进一步降温，微布朗运动冻结，仅保留着主链上微小段落或侧链的运动，在这种状态下，即使有外力的作用，聚合物也只有极其微小的变形，也就是说，这时聚合物是一种弹性模量很大的坚硬固体。因为很像玻璃，所以这种状态称为玻璃态。从高弹态过渡到玻璃态的现象称为玻璃化转变，发生玻璃化转变的温度及温度范围分别称为玻璃化转变点或玻化温度(以 T_g 表示)及玻璃化转变范围。高分子聚合物的许多性能均以玻璃化转变点为界限发生显著的转变。高弹态与黏流态之间的转变温度称为“黏流温度”，以 T_f 表示(参见图 4.5)。对于网状高分子来说，由于分子链之间发生交联，在交联点上的键是化学键，键的强度十分强，从而在很高温度下都能保持高弹性，在较低温度时则为玻璃态。在交联键较稀的情况下，网状高分子交联点之间的分子链与链状高分子相同，因而在高弹态时，具有和橡胶相同的特性。交联键密度升高时，网状高分子在外力作用下的形变减小，同时由于微布朗运动受到强烈束缚，故只有在更高的温度下，它才具有高弹性，玻璃化转变点移向高温。

2) 结晶高分子物质的分子运动

结晶高分子物质的主要转变是结晶的熔化。结晶熔化的温度称为熔点，通常用 T_m 表示。在结晶中分子链紧密聚集在一起，妨碍链段的运动。完全结晶的高分子，在结晶熔化前，一直保持没有链段运动的状态，即在熔点 T_m 以下它总处于硬性的固体状态，不出现玻璃化转变和高弹态。但是普通结晶高分子一般只是部分结晶，其中仍含有相当量的无定形相，后一部分仍具有链段运动，因而仍有玻璃化转变和高弹态。玻璃化转变点随着结晶度的增加而升高。结晶相与无定形相相比，结晶相中的分子受到的束缚更大，运动更为困难，只有在更高的温度下，分子才可能发生运动。虽然结晶高分子物质的高弹态能保持到较高的温度，但结晶一旦熔化，就和无定形高分子物质一样进入黏流态。

2. 凝聚态结构对电介质电气性能的影响

聚合物内部会产生局部的自由空间、微孔及裂纹等缺陷。在电、机械、热等应力的作用下，这些缺陷的发展促使电介质材料的老化。在半结晶聚合物中，这些缺陷通常在晶区和非晶区界面区域。凝聚态结构的不同会影响缺陷的发生发展过程，从而使材料展现出不同的击穿和老化特性。

聚合物的劣化是非常复杂的过程，受多种因素控制，而关于结晶度与击穿强度关系的研究给出的结论不尽相同。一些文献认为，结晶度越高，击穿强度越低[1-4]。Ieda[1]引用 Frohlich 无定形击穿理论进行解释，Hong 等[2]认为这是低结晶度试品中球晶密度较大导致的结果，而 Tanaka 等[4]则认为是高结晶度试品的平均自由程较长导致击穿强度的下降，另一些文献则持相反观点。Niwa 等[5]发现两种 HDPE 电缆试品的击穿强度随结晶度的增加而增加，Greenway 等[6]引用电机械击穿模型解释了高结晶度导致高击穿强度的试验结果，Suzuki 等[7]和 Yoshifuji 等[8]也发现了提高结晶度可以提高击穿强度。此外，形态结构对聚乙烯的树枝状放电老化击穿[9-12]也有显著影响。

电荷输运行为是电介质材料在电场作用下各项性能更加微观的表现。在电场作用下，空间电荷的演变行为会畸变电介质材料内部的局部电场，而凝聚态结构会影响电介质材料内部陷阱的分布特性，从而影响空间电荷的演变行为。结合电导特性进行空间电荷研究也是重要的研究方向，空间电荷积聚和由此产生的电场变化，都会对电导电流产生影响[13-17]，进而可能导致老化与击穿。因此，研究形态结构对空间电荷特性的影响机制，从而研究形态结构和空间电荷对介质电特性的影响，是一个重要的研究方向。

4.2　聚乙烯材料的凝聚态结构与表面形貌

4.2.1　聚乙烯材料的冷却方式与形态结构

熔融低密度聚乙烯材料(LDPE)的冷却速率对试品的形态结构有显著的影响。作为半结晶聚合物，LDPE 在偏光显微图像处理系统中显示黑十字消光现象，同时可以显示其内部球晶结构。如图 4.6 所示，冷却速率越高，LDPE 的球晶尺寸越小，反之则越大。

(a) 冰水冷却试品　(b) 空气冷却试品　(c) 缓慢冷却试品

图 4.6　不同冷却方式的低密度聚乙烯试品的偏光显微图像

通常，冷却速率越快，LDPE 的结晶度越低。表 4.1 列出了由傅里叶红外光谱(Fourier transform infrared，FTIR)、差示扫描量热仪和 X 射线衍射方法获得的不同冷却方式的聚乙烯结晶度结果。

表 4.1　不同冷却方式下 LDPE 试品的结晶度

冷却方式	冰水冷却	空气冷却	缓慢冷却
FTIR	43.1%	46.2%	48.8%
DSC	36.9%	39.0%	40.0%
XRD	45.9%	46.9%	47.9%

聚合物的结晶过程由晶核形成和晶粒生长两个部分组成[18]。晶核形成在较低的温度下。聚合物晶粒生长的行为处于玻璃化转变温度和熔点之间，退火速率越快，LDPE 在结晶初期形成的晶核越多，其晶粒尺寸越小，并且由于结晶时间短，形成的晶体相对不够完善，晶粒之间存在较多的非晶区。因此冷却速率越快，材料的结晶度越小。而冷却速率越慢，结晶初期晶核少，随后结晶时间充分，因而材料具有晶粒尺寸大、结晶度高、晶粒尺寸分布均匀等特点。

4.2.2　聚乙烯材料的基底材料与表面形貌

事实上，聚乙烯在热压过程中，其表面会由于不同的基底材料，而形成不同的附生结晶层。图 4.7 给出了 LDPE 材料在不同基底材料作用下的表面附生结晶示意图。由于玻璃对于 LDPE 无附生诱导作用，所以 LDPE 在冷却结晶后形成杂乱的片晶排列方式。这种无序的片晶排列关系使得片晶之间存在非均匀分布的无定形区。聚乙烯与聚四氟乙烯(PTFE)的附生结晶被解释为聚乙烯(100)面的分子链间距(0.492nm)与聚四氟乙烯(100)或(010)面的链间距(0.566nm)之间不甚完美的一维匹配(失配率 12%)。LDPE 与等规聚丙烯(iPP)是非平行链附生结晶，LDPE 片晶 C 轴(LDPE 分子链方向)和 iPP 片晶 C 轴之间形成约 50°夹角，使得附生结晶区域存在如图 4.8 所示片晶垂直堆叠排列、无定形区通过晶区连接的结构[19]。

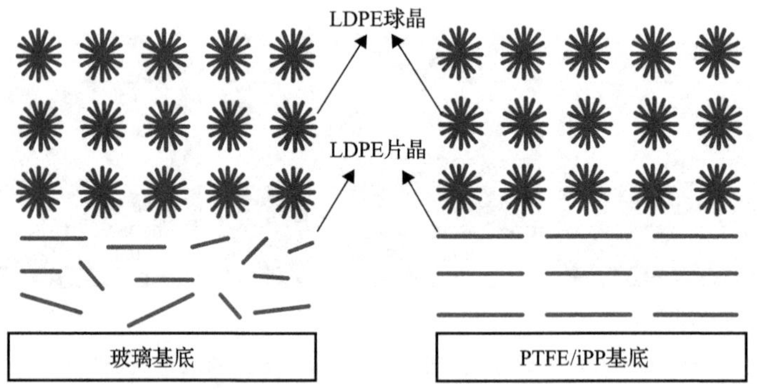

图 4.7　LDPE 在基底材料表面附生结晶示意图

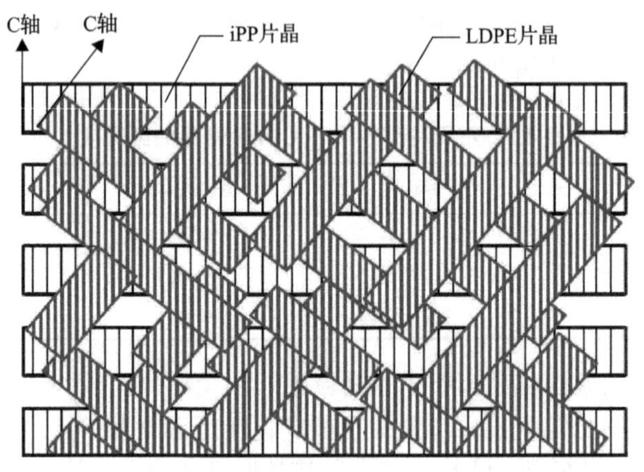

图 4.8　LDPE 在等规聚丙烯基底上附生结晶情况

通过对比以玻璃和 PTFE 为附生基底材料的 LDPE-G 和 LDPE-F 两种试品可知，冷却速率对 LDPE-G 试品球晶大小的影响与 4.2.1 节中给出的 LDPE-F 试品的结果相同，即冷却速率越高，球晶尺寸越小，反之则越大，即不同的基底材料对试品的球晶大小和形态并没有显著的影响。与此同时，附生结晶不改变材料整体的结晶度和分子结构。

图 4.9 分别给出了 LDPE-F 和 LDPE-G 试品在不同附生基底材料上结晶时放大 1000 倍的 SEM 表面形貌照片。以玻璃和 PTFE 为附生基底材料结晶的试品表面形貌有着明显不同，使用玻璃为基底材料制作的试品表面比较“光滑”，而使用 PTFE 为基底材料制作的试品表面比较“粗糙”，且存在一些直线型的条纹。这是由于聚乙烯在 PTFE 基底材料上结晶时形成了附生结晶层。

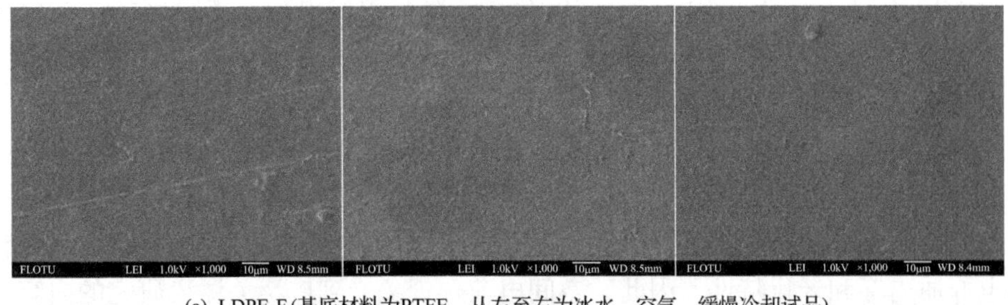

(a) LDPE-F (基底材料为PTFE，从左至右为冰水、空气、缓慢冷却试品)

(b) LDPE-G (基底材料为玻璃，从左至右为冰水、空气、缓慢冷却试品)

图 4.9　LDPE 试品以不同附生基底材料结晶时的 SEM 照片

图 4.10(a)～(c) 分别是通过原子力显微镜观测的 LDPE-G、LDPE-iPP 和 LDPE-F 试样的表面微观形貌。由图可知，LDPE-G 表面杂乱无章，而 LDPE-F 存在互相平行的片晶排列方式。

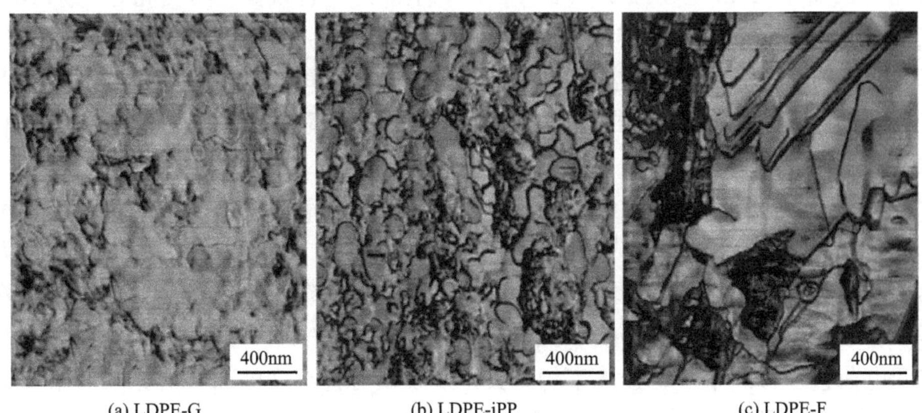

(a) LDPE-G　(b) LDPE-iPP　(c) LDPE-F

图 4.10　LDPE 试样的表面微观形貌

4.3 空间电荷与空间电荷包现象

空间电荷的存在、转移和消失会直接导致电介质内部电场分布的改变，对介质内部的局部电场起到削弱或加强的作用。目前国际上已经公认，由于空间电荷对电场的这种畸变作用，空间电荷对绝缘材料的电导、击穿破坏、老化等各方面的电特性都有明显的影响[13,20,22]，空间电荷研究是电介质理论研究的重要前沿方向。

空间电荷包现象是指空间电荷在一定高电场下以相对孤立的包的形式进行迁移的动态行为。空间电荷包的起始、运动和消散过程会严重影响介质内部的电场分布，使电导电流产生震荡[23]，同时也可造成介质内部的物理化学变化，从而影响电介质击穿和老化特性。因此，空间电荷包现象受到广泛关注，研究的内容主要集中于空间电荷包的起源机制、起始电场强度阈值、极性、速率、迁移方式、对电导和击穿的影响等。

空间电荷包的几种可能来源分别是电极注入[24,25]、试品内部场致电离[25]以及场致发射引起的电子、空穴从电极共同注入和相互作用的结果[26,27]。空间电荷包的出现需要一定的电场强度。目前空间电荷包研究的主要对象，基本还局限于聚乙烯材料。而关于聚乙烯中空间电荷包出现的起始电场强度阈值，不同文献给出了不同的结果。Hozumi 等[24]发现电场强度超过 100kV/mm 时，XLPE 电缆中出现正空间电荷包现象。之后，Hozumi 等[23]还报道，外加直流电场超过 70kV/mm 时 XLPE 和 LDPE 薄膜试品中出现空间电荷包现象。Kon 等[27]指出外加直流电场超过 120kV/mm 时，在 LDPE 试品中观察到负空间电荷包现象。See 等[28]认为 XLPE 中正空间电荷包起始阈值起始电场强度阈值为 140kV/mm。Doi 等[29]研究了在 65kV/mm 电场强度下 LDPE 内的空间电荷包现象。郑飞虎等[25]则认为在 LDPE 中，在 50kV/mm 的电场强度下就可以产生空间电荷包。刘鸿斌[30]研究了 50～110kV/mm 负直流电场下 LDPE 试品中的空间电荷包的出现概率。深入研究空间电荷包起始电场强度阈值，对研究空间电荷包的起源和控制有重要的意义。

空间电荷包运动速率的研究主要集中在运动速率和电场强度的关系，以及用此速率来评估载流子迁移率[31,34]。一些试验结果表明，空间电荷包的运动速率可随局部电场的增大而减小，即出现所谓的负微分迁移率[35,36]。Jones 等[37]和夏俊峰等[36]都引用半导体 GaAs 中的耿氏效应(Gunn effect)来解释这种负微分迁移率。空间电荷包迁移的本质、迁移率的意义以及负微分迁移率的深层次原因的阐释仍然需要更多的研究。

4.4　不同形态结构LDPE的空间电荷及空间电荷包特性

4.4.1　不同形态结构的LDPE空间电荷特性

1. 冰水冷却试品的空间电荷特性

图4.11和图4.12分别给出了冰水冷却LDPE-F(以聚四氟乙烯材料为基底)试品在50kV/mm负直流电场极化10min和去极化的10min过程中的空间电荷和内部电场强度的典型分布。图中的横坐标为沿试品厚度方向的位置坐标，阳极(地电

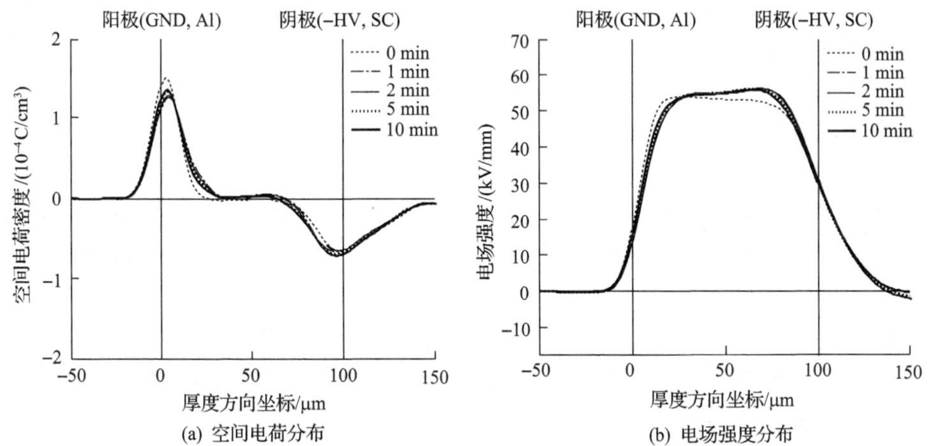

图4.11　冰水冷却LDPE-F试品在50kV/mm负直流电场下极化10min过程中的空间电荷和内部电场强度分布

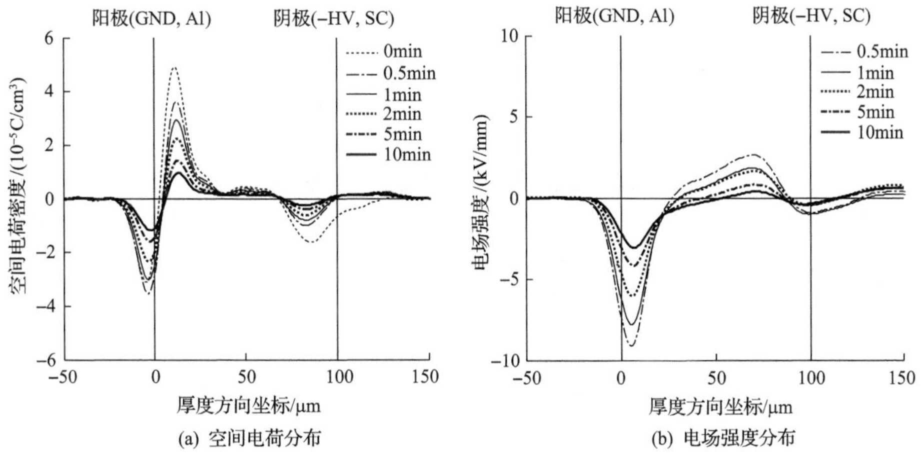

图4.12　冰水冷却LDPE-F试品在50kV/mm负直流电场下极化10min后去极化10min过程中的空间电荷和内部电场强度分布

极)与试品的界面位于横坐标 0μm 处，由于试品的厚度均被折算至 100μm，因而阴极(高压极)位于横坐标 100μm 处；纵坐标为空间电荷的体密度。试品与电极界面上的空间电荷峰主要是界面上的感应电荷，其峰宽、高度的变化，可以反映空间电荷在电极附近的试品内积聚的程度。由 Poisson 方程对图 4.11(a)的空间电荷分布积分，得到试品内部电场分布如图 4.11(b)所示。以下的电场分布图均是如此得到，不再另作说明。在去极化后的分布特性图中，“0sec”和“0min”指撤压时刻。

由图 4.11(a)可知，极化开始后，界面感应电荷峰出现展宽，且幅值下降，说明在试品内部电极的附近出现了与电极极性相同的空间电荷，这种空间电荷称为同极性空间电荷(homo-charge)。相应地，在电极附近的试品内部，如果出现与电极极性相反的空间电荷，则称为异极性空间电荷(hetero-charge)。同极性空间电荷对应信号与感应电荷峰叠加，出现了感应电荷峰的展宽；同时，同极性电荷积聚削弱了界面附近的电场，因而导致了界面感应电荷峰幅值的下降。图 4.11(b)表明，在这种电场强度下，空间电荷对电场的畸变并不显著。

去极化开始后，可以更清楚地看到空间电荷的积聚情况，如图 4.12 所示。在试品中出现了较为典型的同极性电荷分布，且阳极附近的正电荷比阴极附近的负电荷相对更多。在去极化 10min 后，试品内的空间电荷仍然可造成 2kV/mm 的局部电场。

图 4.13 给出了冰水冷却试品在 50kV/mm 负直流电场下极化不同时间后去极化 10min 时的空间电荷分布。在极化 10min 后，空间电荷随极化时间延长而趋于衰减。这说明在一段时间以后，由电极注入和抽出的电荷已经趋于动态平衡，而试品内积聚的电荷则与异号电荷发生中和，导致积聚电荷的数量减小。

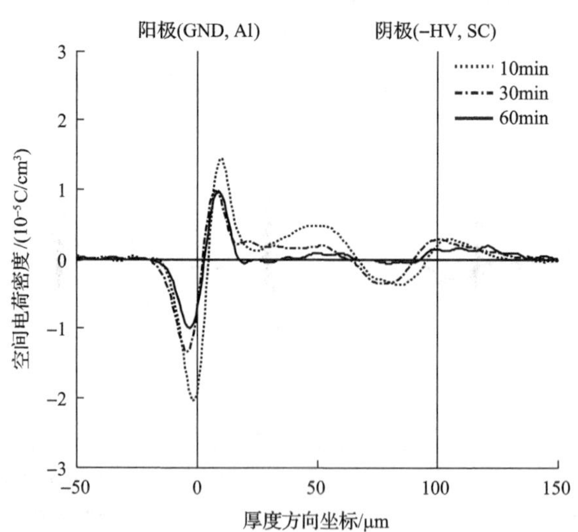

图 4.13　冰水冷却 LDPE-F 试品在 50kV/mm 负直流电场下极化 10min、30min 和 60min 后去极化 10min 时的空间电荷分布

图 4.14 和图 4.15 分别给出冰水冷却 LDPE-F 试品在 100kV/mm 负直流电场下极化 10min 和去极化 10min 过程中的空间电荷和电场强度的典型分布。此时，与 50kV/mm 外施电场时不同，在加压时，出现了空间电荷包的现象，从阳极附近生成的正空间电荷包向阴极运动并消失在阴极附近。此过程中，空间电荷造成显著的电场畸变，使得局部电场达到了 120kV/mm 以上。正空间电荷包向阴极移动过程中，在后方留下负空间电荷，因而在试品中部出现了一定的负空间电荷积聚。关于这一现象以及空间电荷包的其他现象，本节在之后将进行进一步的研究。撤压后的空间电荷分布仍以同极性分布为主，由于空间电荷包的存在，积聚的部分空间电荷以空间电荷包的形式进行迁移扩散，所以在撤压后积聚的同极性空间电荷反而比 50kV/mm 时的积聚量小。

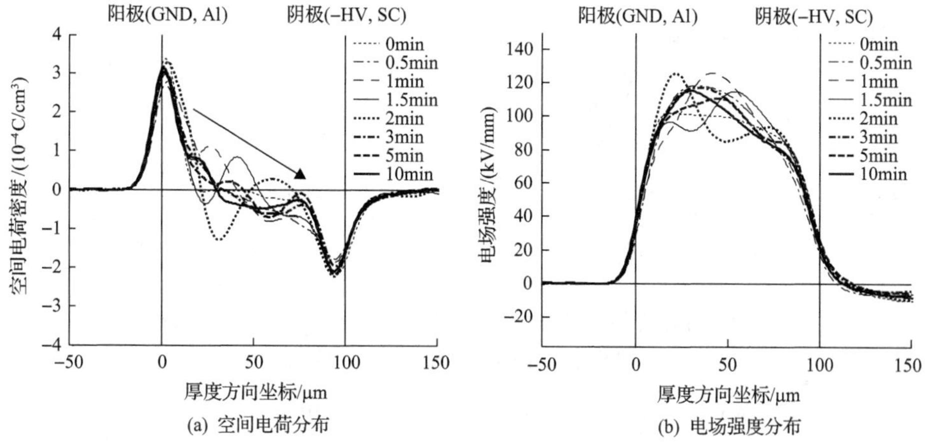

图 4.14　冰水冷却 LDPE-F 试品在 100kV/mm 负直流电场下极化 10min 过程中的空间电荷和内部电场强度分布

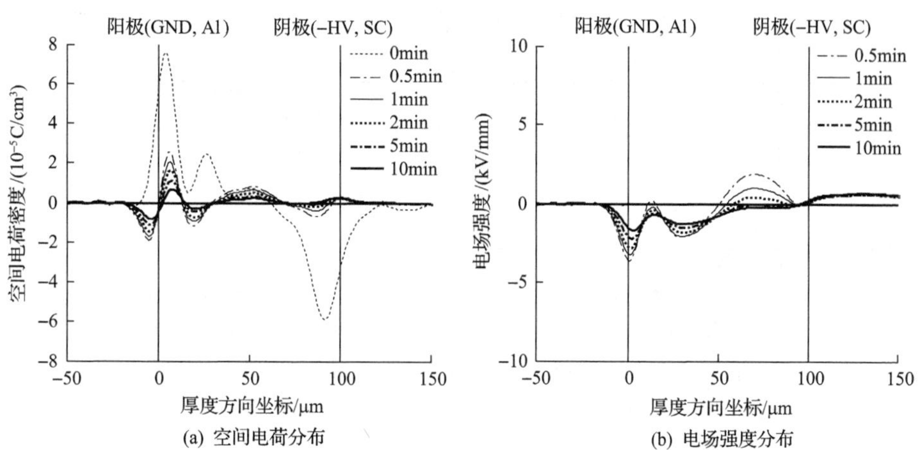

图 4.15　冰水冷却 LDPE-F 试品在 100kV/mm 负直流电场下极化 10min 后去极化 10min 过程中的空间电荷和内部电场强度分布

图 4.16 和图 4.17 分别给出冰水冷却 LDPE-F 试品在 150kV/mm 负直流电场下极化 10min 和去极化 10min 过程中的内部空间电荷和电场强度的典型分布。此时，有更多的正空间电荷以空间电荷包的形式从阳极出发向阴极运动，造成局部电场的明显畸高，局部最高电场强度可达 190kV/mm。撤压后的空间电荷分布情况则与 100kV/mm 负直流电场极化下的情况相似，仍以同极性分布的空间电荷为主，积聚量比 50kV/mm 时少。

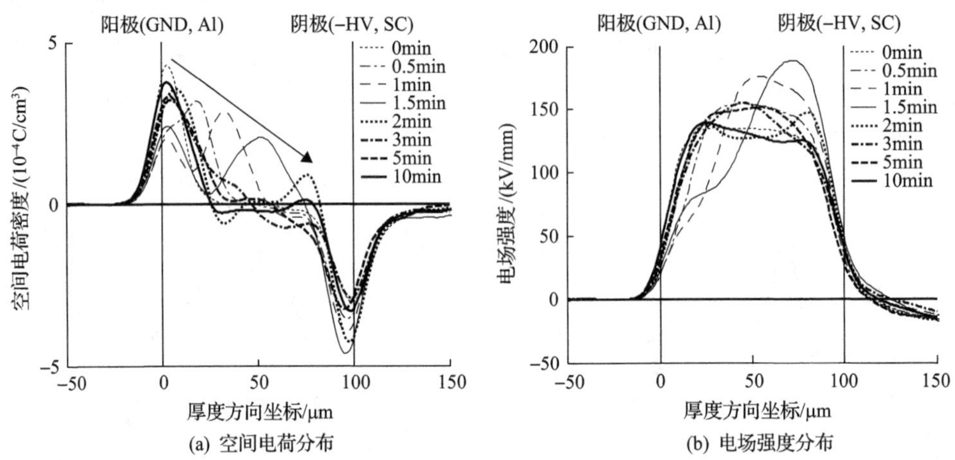

图 4.16　冰水冷却 LDPE-F 试品在 150kV/mm 负直流电场下极化 10min 过程中的空间电荷和内部电场强度分布

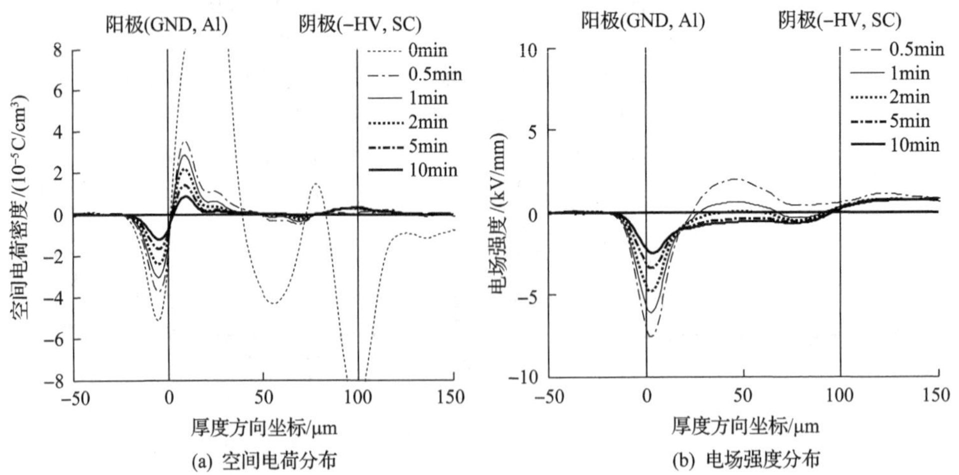

图 4.17　冰水冷却 LDPE-F 试品在 150kV/mm 负直流电场下极化 10min 后去极化 10min 过程中的空间电荷和内部电场强度分布

图 4.18 给出了冰水冷却 LDPE-F 试品在三种电场强度下极化 10min 后去极化 10min 时的空间电荷分布情况。可见，在三种场强作用后，阳极附近的试品内部

都有正空间电荷积聚，而阴极附近，在 50kV/mm 下为负电荷，在 100kV/mm 和 150kV/mm 下由于空间电荷包的出现而显得不确定。总体来说，100kV/mm 和 150kV/mm 下电荷的积聚要少于 50kV/mm 下的积聚。

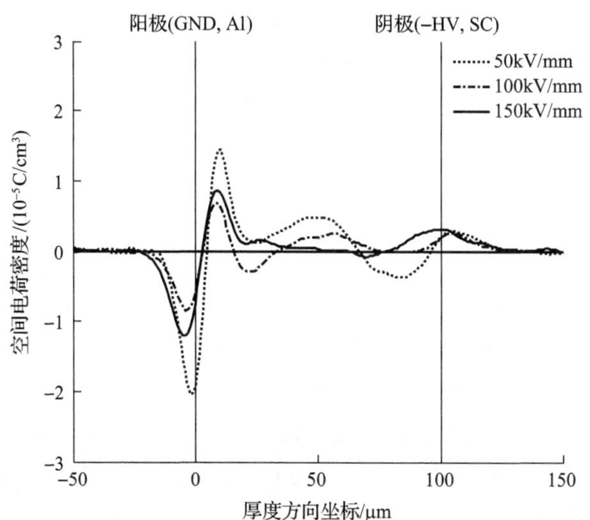

图 4.18　冰水冷却 LDPE-F 试品在 50kV/mm、100kV/mm、150kV/mm 负直流电场下极化 10min 后去极化 10min 时空间电荷分布

2. 空气冷却试品的空间电荷特性

图 4.19 和图 4.20 分别给出了空气冷却 LDPE-F 试品在 50kV/mm 负直流电场极化 10min 和去极化 10min 过程中，试品内部空间电荷和电场强度的典型分布。

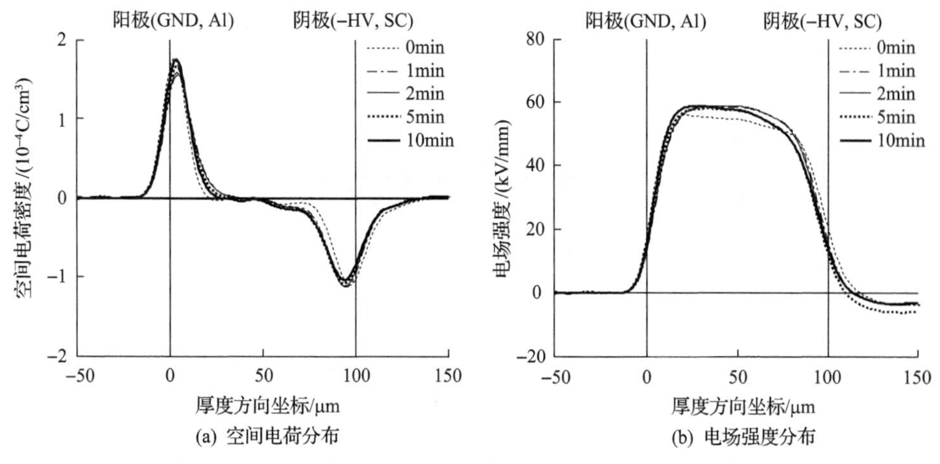

图 4.19　空气冷却 LDPE-F 试品在 50kV/mm 负直流电场下极化 10min 过程中的空间电荷和内部电场强度分布

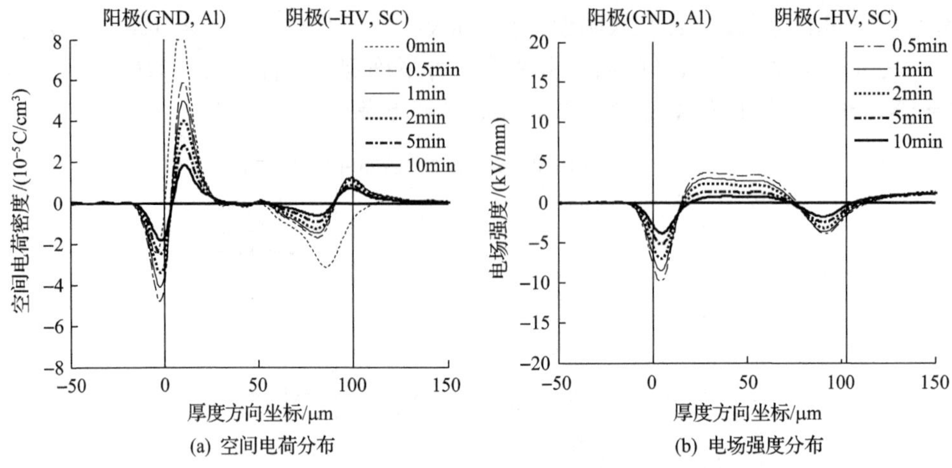

图 4.20 空气冷却 LDPE-F 试品在 50kV/mm 负直流电场下极化 10min 后去极化 10min 过程中的空间电荷和内部电场强度分布

空气冷却试品在 50kV/mm 电场下的特性与冰水冷却试品相近，感应电荷峰略有展宽，说明同极性积聚的空间电荷在增加，此时空间电荷对局部电场的畸变并不严重。去极化的结果中可清楚地观测到在试品两极均积聚了同极性空间电荷。

图 4.21 给出了空间冷却试品在 50kV/mm 负直流电场作用下，极化不同时间后去极化 10min 时的空间电荷分布，同冰水冷却试品相似，随着极化时间从 10min、30min 到 60min，试品内积聚的空间电荷趋于衰减。也就是说，在极化 10min 后，试品内部积聚的空间电荷随极化时间的延长趋于衰减。

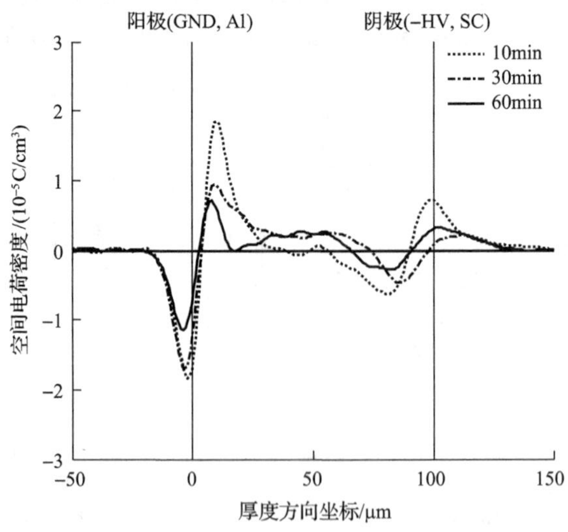

图 4.21 空气冷却 LDPE-F 试品在 50kV/mm 负直流电场下极化 10min、30min 和 60min 后去极化 10min 时的空间电荷分布

图 4.22 和图 4.23 分别给出了空气冷却 LDPE-F 试品在 100kV/mm 负直流电场极化 10min 和去极化 10min 过程中的内部空间电荷和电场强度的典型分布。在这一外施电场下，空气冷却试品中也出现了空间电荷包现象，使得试品内部的局部电场达到了 130kV/mm 以上，而去极化过程中的空间电荷积聚也比 50kV/mm 负外施直流电场的情况下略少。

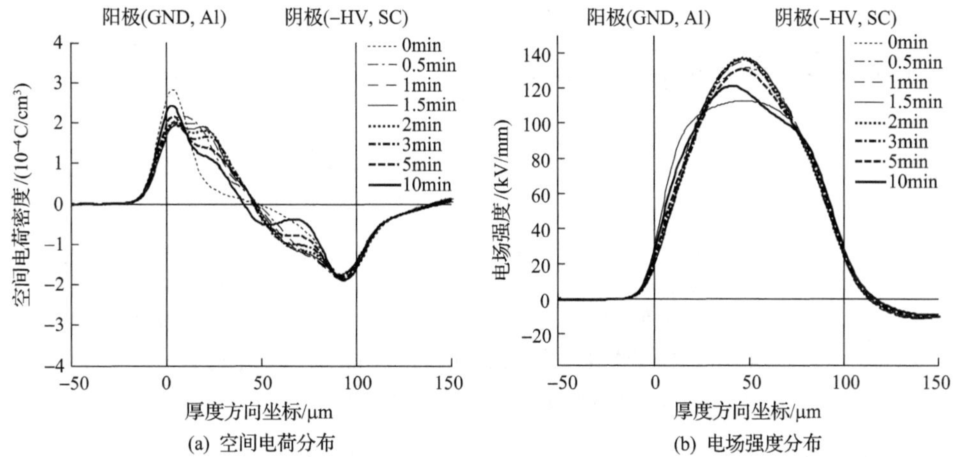

图 4.22 空气冷却 LDPE-F 试品在 100kV/mm 负直流电场下极化 10min 过程中的空间电荷和内部电场强度分布

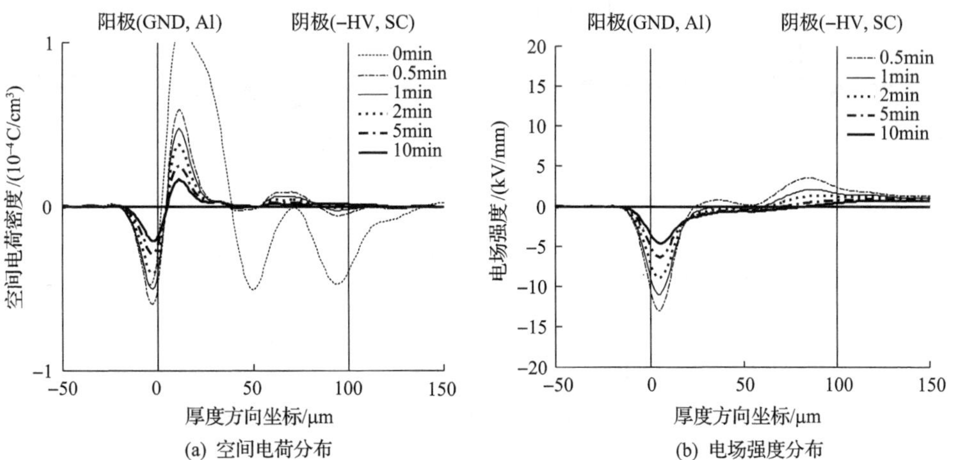

图 4.23 空气冷却 LDPE-F 试品在 100kV/mm 负直流电场下极化 10min 后去极化 10min 过程中的空间电荷和内部电场强度分布

图 4.24 和图 4.25 分别给出了空气冷却 LDPE-F 试品在 150kV/mm 负直流电场极化 10min 和去极化 10min 过程中的内部空间电荷和电场强度的典型分布。在这

一电场下，出现了更大的空间电荷包，随空间电荷包的运动，局部电场发生变化，最高局部电场超过 210kV/mm。

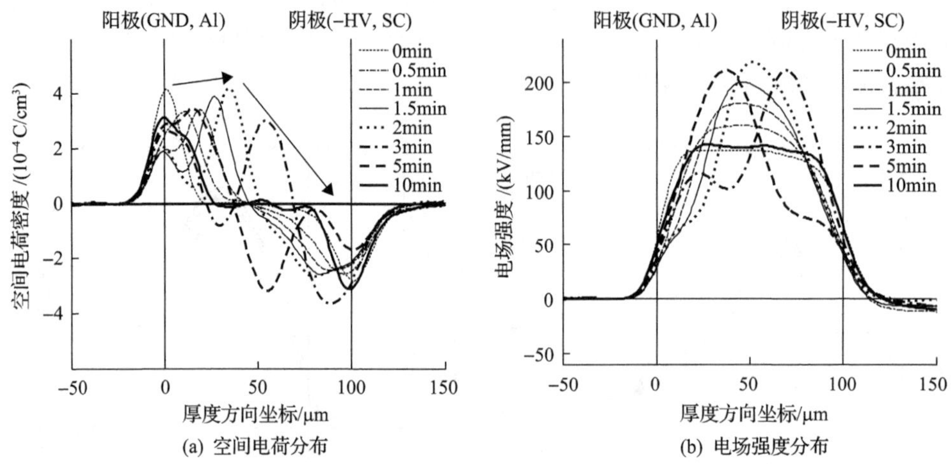

图 4.24　空气冷却 LDPE-F 试品在 150kV/mm 负直流电场下极化 10min 过程中的空间电荷和内部电场强度分布

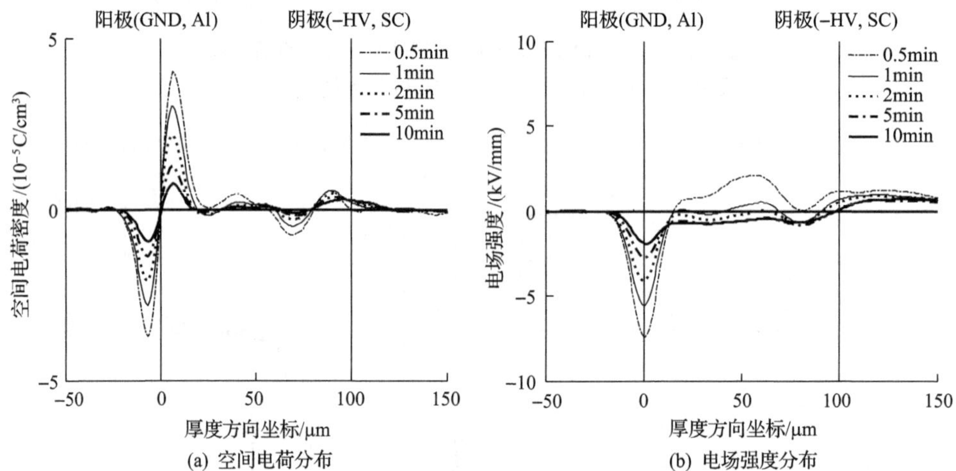

图 4.25　空气冷却 LDPE-F 试品在 150kV/mm 负直流电场下极化 10min 后去极化 10min 过程中的空间电荷和内部电场强度分布

图 4.26 给出了空气冷却试品在 3 种负直流电场下极化 10min 后去极化 10min 时的空间电荷分布。与冰水冷却试品有类似结论，在阳极都有正电荷积聚，而阴极附近，在 50kV/mm 下为负电荷，在 100kV/mm 和 150kV/mm 下由于空间电荷包的出现而显得不确定。总的来说，100kV/mm 和 150kV/mm 下电荷的积聚要少于 50kV/mm 下的积聚。

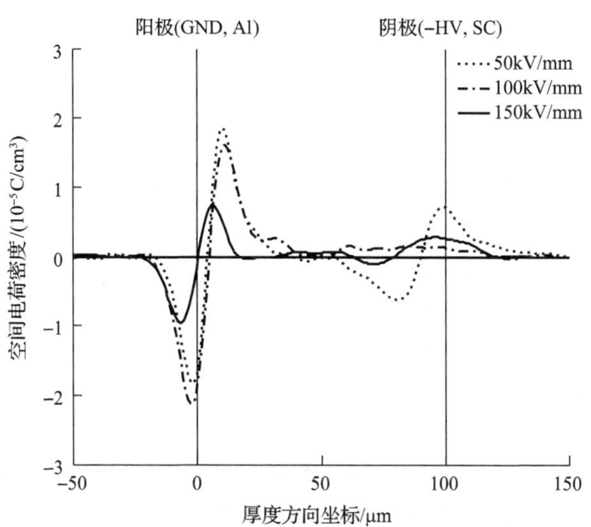

图 4.26　空气冷却 LDPE-F 试品在 50kV/mm、100kV/mm、150kV/mm 负直流电场下分别极化 10min 后去极化 10min 时空间电荷分布

3. 缓慢冷却试品的空间电荷特性

图 4.27 和图 4.28 分别给出了缓慢冷却 LDPE-F 试品在 50kV/mm 负直流电场极化 10min 和去极化 10min 过程中空间电荷和内部电场强度的典型分布，其积聚特性仍为同极性积聚，但是电荷积聚位置更深。

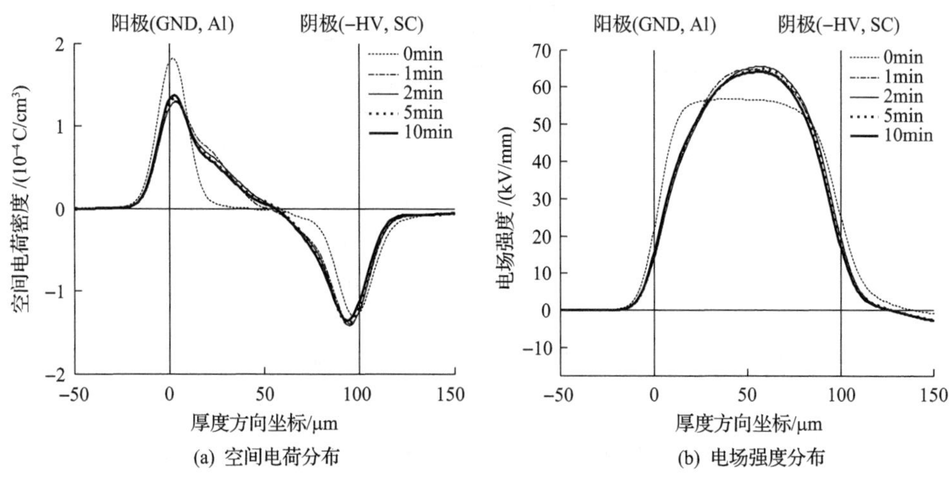

图 4.27　缓慢冷却 LDPE-F 试品在 50kV/mm 负直流电场下极化 10min 过程中的空间电荷和内部电场强度分布

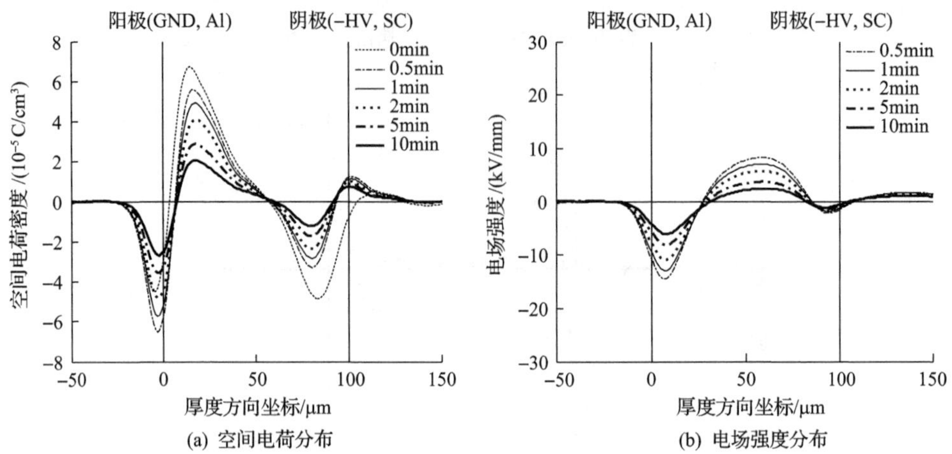

(a) 空间电荷分布　(b) 电场强度分布

图 4.28　缓慢冷却 LDPE-F 试品在 50kV/mm 负直流电场下极化 10min 后去极化 10min 过程中的空间电荷和内部电场强度分布

图 4.29 给出了试品在 50kV/mm 外施电场下极化不同时间后，去极化 10min 时的空间电荷分布。同冰水冷却和空气冷却试品相似，在极化 10min 以后，试品内的电荷随着加压时间的延长而趋于衰减。

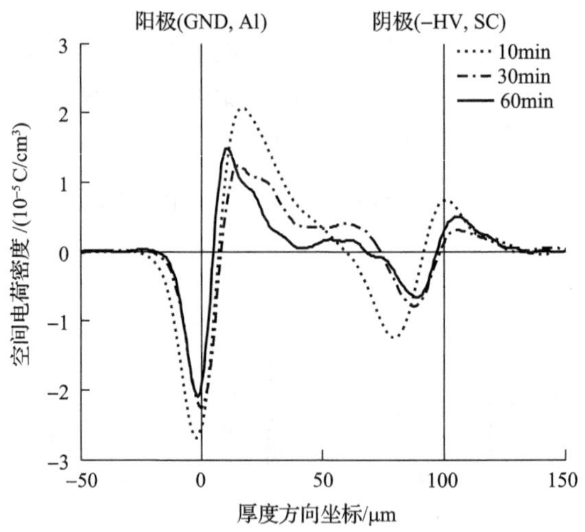

图 4.29　缓慢冷却 LDPE-F 试品在 50kV/mm 负直流电场下极化 10min、30min 和 60min 后去极化 10min 时的空间电荷分布

图 4.30 和图 4.31 分别给出了缓慢冷却 LDPE-F 试品在 100kV/mm 负直流电场极化 10min 和去极化 10min 过程中的空间电荷和内部电场强度的典型分布。在这一电场下，空间电荷包现象出现并造成了局部电场的明显畸变。

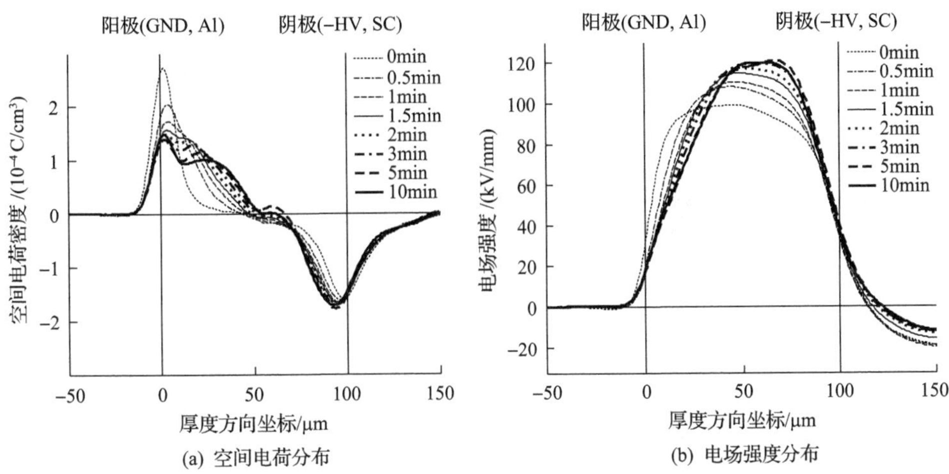

图 4.30　缓慢冷却 LDPE-F 试品在 100kV/mm 负直流电场下极化 10min 过程中的空间电荷和内部电场强度分布

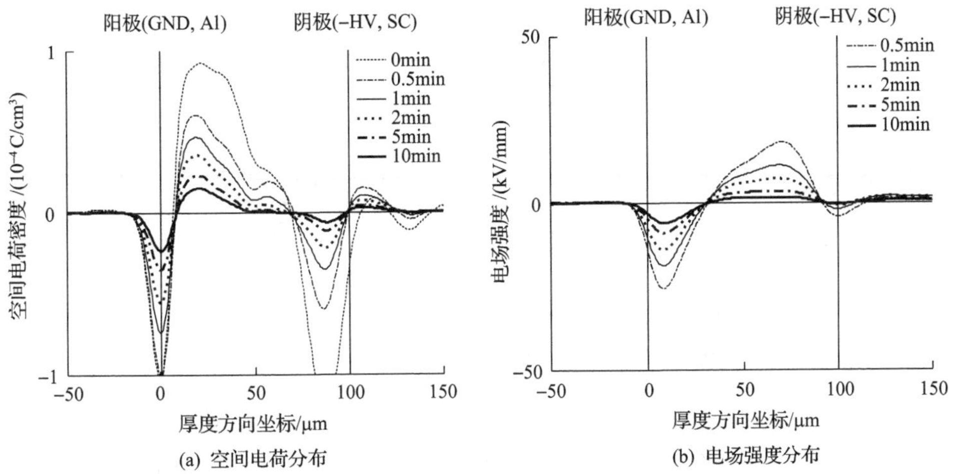

图 4.31　缓慢冷却 LDPE-F 试品在 100kV/mm 负直流电场下极化 10min 后去极化 10min 过程中的空间电荷和内部电场强度分布

图 4.32 和图 4.33 分别给出了缓慢冷却 LDPE-F 试品在 150kV/mm 负直流电场极化 10min 和去极化 10min 过程中的空间电荷和内部电场强度的典型分布。空间电荷包的出现使得试品中部局部电场可达 180kV/mm。

图 4.34 给出了缓慢冷却试品在 3 种负直流电场下极化 10min 后去极化 10min 时的空间电荷分布。可以看到，去极化过程中空间电荷的积聚情况为同极性分布，且 100kV/mm 和 150kV/mm 电场下空间电荷的积聚要少于 50kV/mm 电场下的空间电荷积聚。

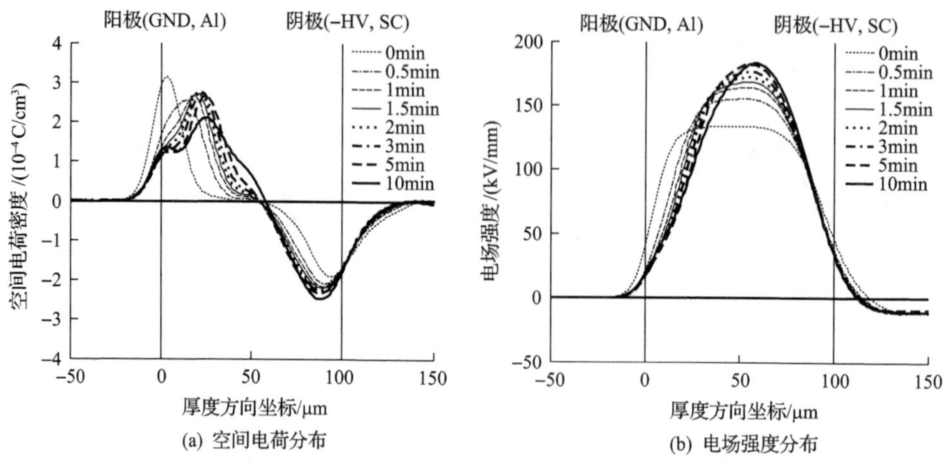

图 4.32　缓慢冷却 LDPE-F 试品在 150kV/mm 负直流电场下极化 10min 过程中的空间电荷和内部电场强度分布

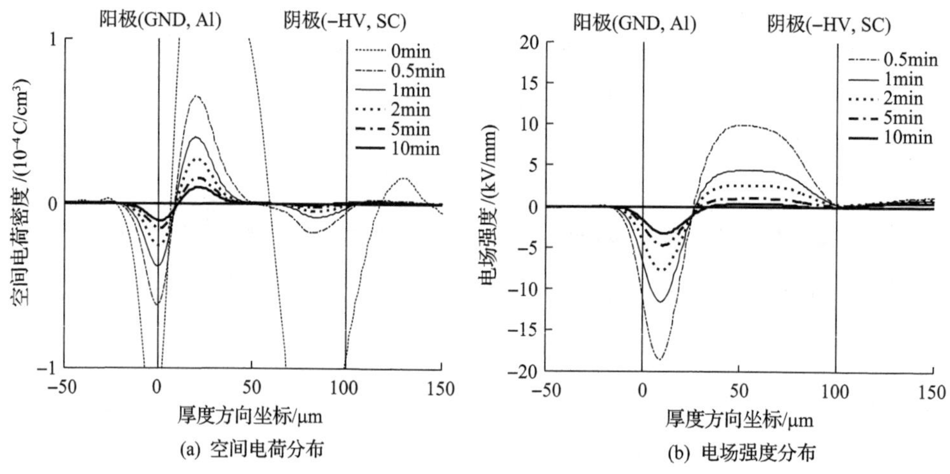

图 4.33　缓慢冷却 LDPE-F 试品在 150kV/mm 负直流电场下极化 10min 后去极化 10min 过程中的空间电荷和内部电场强度分布

4. 不同形态结构的聚乙烯材料的空间电荷分布

如图 4.35(a)及(b)所示，在较低外施电场作用下(50kV/mm)，以聚四氟乙烯材料为基底的聚乙烯材料中没有空间电荷包产生，介质内积聚的空间电荷呈现较典型的同极性分布，且结晶度越大，电荷积聚越多，电荷注入的深度越深。如图 4.35(c)及(d)所示，在 100kV/mm 和 150kV/mm 电场作用下，介质内部观测到空间电荷包现象，此时在阳极附近仍出现同极性空间电荷积聚，结晶度对电荷的积聚量和深度的影响与低场强下一致；由于受到正空间电荷包运动的影响，阴极附近电荷积聚情况不确定，电荷密度比阳极附近正电荷的密度小得多。

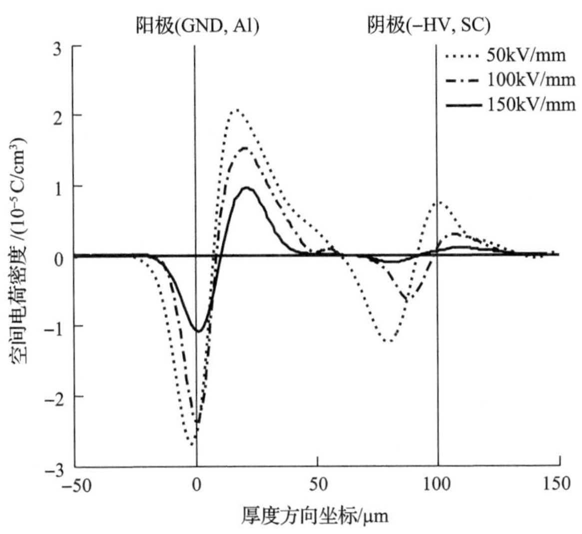

图 4.34　缓慢冷却 LDPE-F 试品在 50kV/mm、100kV/mm、150kV/mm 负直流电场下极化 10min 后去极化 10min 时空间电荷分布

当极化温度上升时，空间电荷及电荷包的迁移速率加快。高温下空间电荷测量结果如图 4.36 所示。40℃温度下，3 组试样中仅冰水冷却组别出现了空间电荷包的注入和迁移行为。空气冷却组别存在正负空间电荷，并在材料的中部位置相遇。缓慢冷却组别主要积聚负空间电荷。60℃温度下，在冰水冷却试样内部出现了快速形成与迁移的正空间电荷包。随后，正空间电荷包在阴极附近由于复合作用，其幅值明显减小，并促进了负电荷的注入，使得试样内部出现大量的正负空间电荷。空气冷却和缓慢冷却试样内部以少量的负空间电荷积聚为主，没有出现空间电荷包现象，这是因为在高温下空间电荷包的快速演变行为超出了该测试模式下 PEA 系统的捕捉能力。

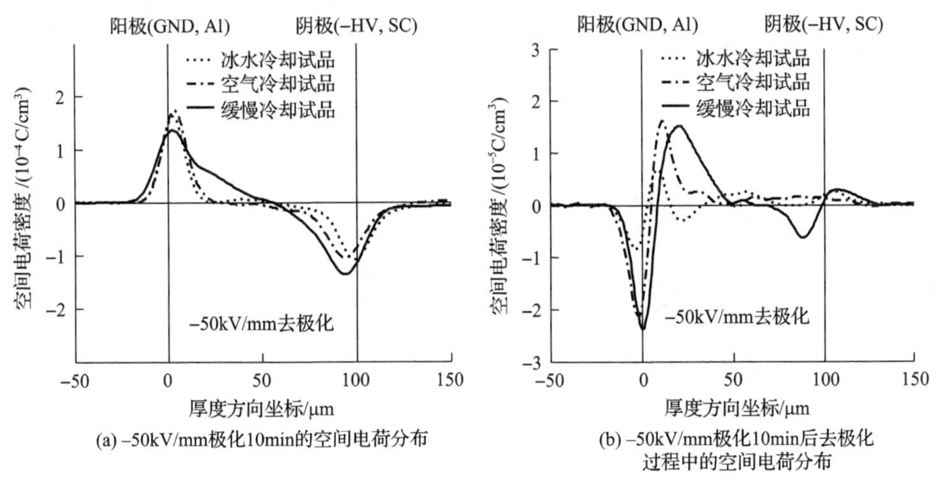

(a) −50kV/mm极化10min的空间电荷分布

(b) −50kV/mm极化10min后去极化过程中的空间电荷分布

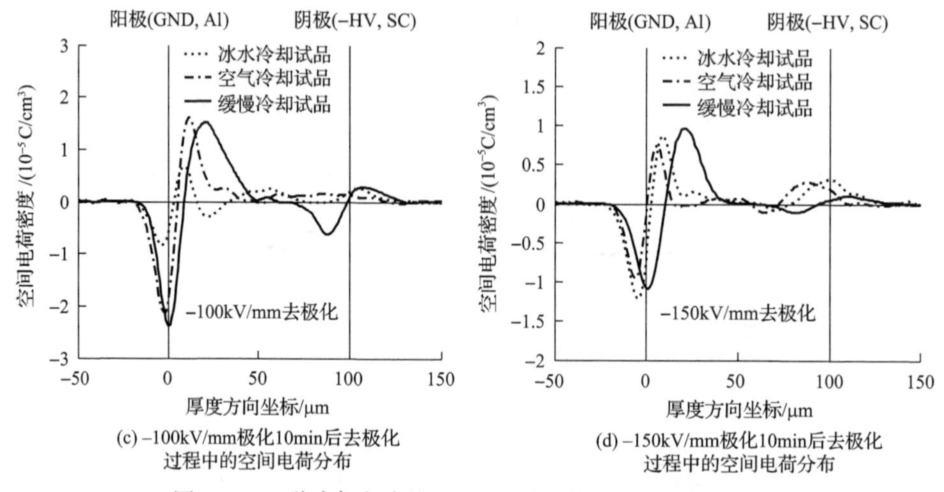

(c) −100kV/mm极化10min后去极化过程中的空间电荷分布

(d) −150kV/mm极化10min后去极化过程中的空间电荷分布

图 4.35　三种冷却方式的 LDPE-F 试品的空间电荷测量结果

5. 不同形态结构的聚乙烯材料的迁移率和陷阱深度

迁移率和陷阱深度是入陷和脱陷空间电荷的重要参数。在去极化过程中，试品内入陷的空间电荷会不断地脱陷衰减。空间电荷的这一衰减过程，反映了陷阱中的空间电荷脱陷过程。空间电荷衰减的速率与陷阱深度和电荷迁移率相关，浅陷阱中的电荷衰减较快。如图 4.37 所示，形态结构对迁移率有所影响，随着冷却速率的下降、结晶度的提高，迁移率减小。从阱深数值来看，形态结构影响陷阱

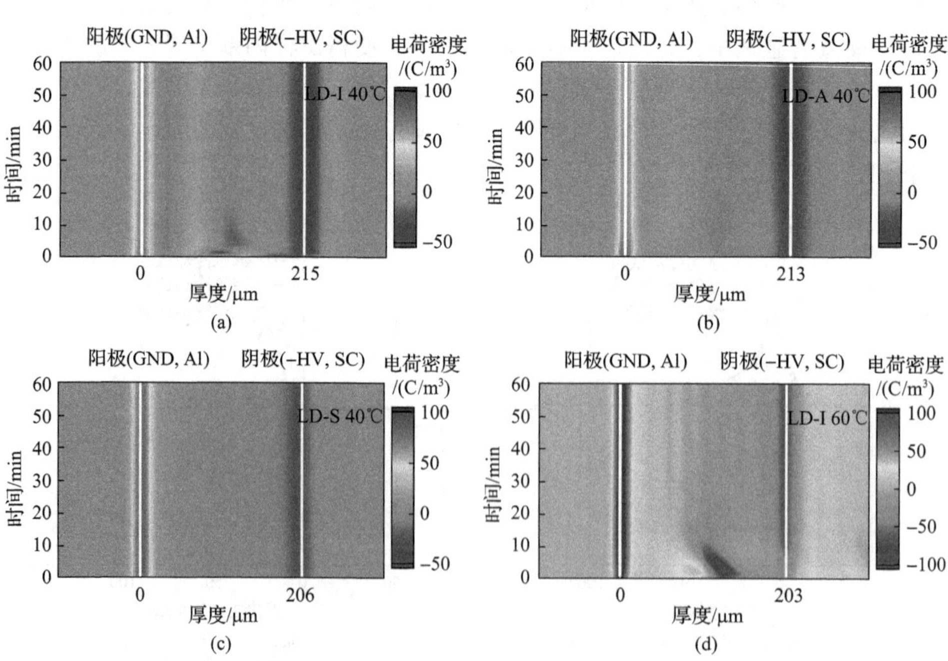

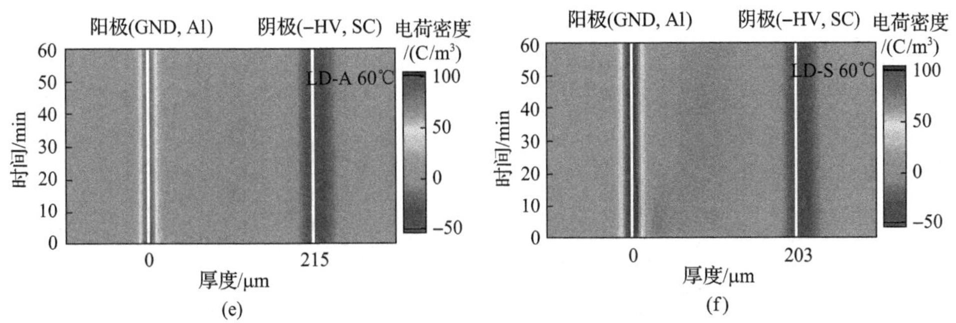

图 4.36　−100kV/mm 下非等温结晶 LDPE 试样在不同温度场下空间电荷演变过程

(-I 冰水冷却，-A 空气冷却，-S 缓慢冷却)

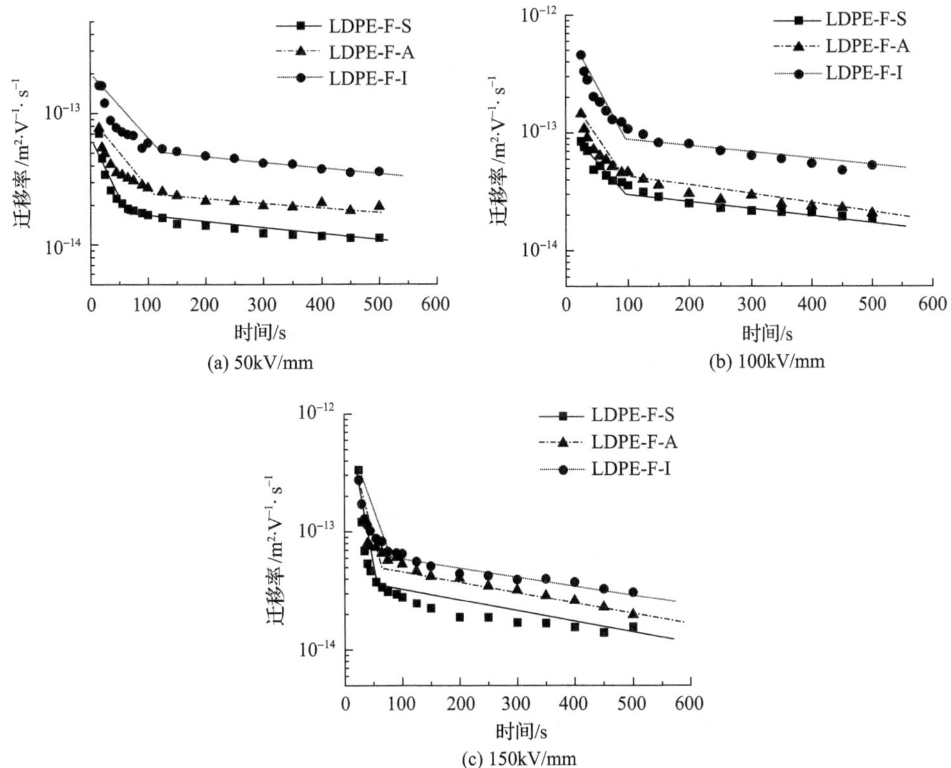

图 4.37　不同冷却方式的 LDPE-F 试品在负直流电场极化 10min 后去极化过程中，脱陷空间电荷迁移率

深度。随着试品冷却速率的下降、结晶度的提高，陷阱深度增大，这与冷却速率低、结晶度高的试品结晶相对完美有关(1.1eV 以上的陷阱为深陷阱，反之为浅陷阱)，如图 4.38 所示。

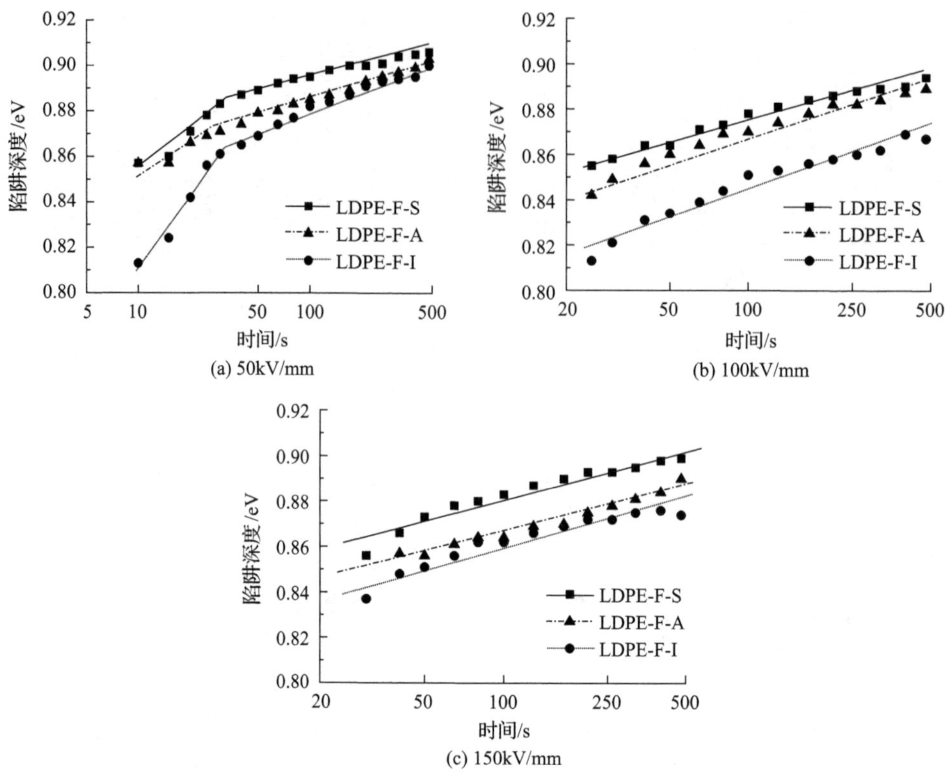

图 4.38　不同冷却方式的 LDPE-F 试品在负直流电场极化 10min 后去极化过程中，脱陷空间电荷对应的陷阱深度

由于结晶度高的试品迁移率较低、体电导较小，在同极性电荷分布下，体内发生中和的电荷较少，且结晶度高的试品浅陷阱的深度较深，脱陷相对困难，导致结晶度高的试品积聚电荷较多的前述试验现象。

4.4.2　不同形态结构的 LDPE 空间电荷包特性

1. 空间电荷包现象

图 4.39 给出了不同冷却速率的 LDPE-F 试品在施加 100kV/mm 负直流电场时的典型空间电荷包现象。在加压以后，三种材料内均产生了空间电荷包。空间电荷包的移动会增强前方的局部电场，同时减弱后方的局部电场。空间电荷包引起的空间电荷迁移、中和与衰减，也会导致内部空间电荷积聚总量的减少。在正空间电荷包后侧又出现未中和的负电荷的积聚，使阳极附近的电场强度加剧，会产生新的正空间电荷包。

冰水冷却的材料内部很快即从阳极产生一正空间电荷包向阴极侧运动，阴极附近产生一负空间电荷积聚。此时，阴极向阳极方向迁移的电子在较高场强

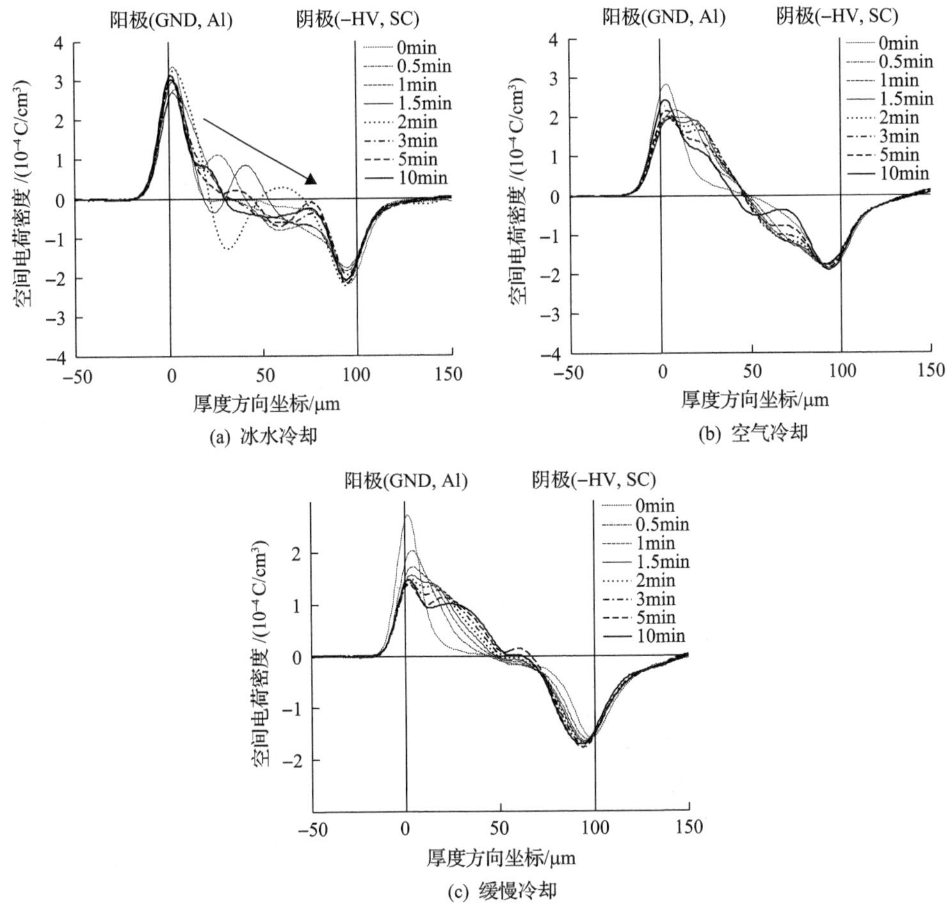

(a) 冰水冷却

(b) 空气冷却

(c) 缓慢冷却

图4.39　不同冷却速率的LDPE-F在100kV/mm负直流电场下极化10min过程中的空间电荷分布

下向正空间电荷包运动，与空间电荷包发生一定程度的中和，从而使正空间电荷包向前运动的同时衰减，一些未被中和的电子继续向前运动，越过正空间电荷后场强减弱很多，从而在正空间电荷包后方出现负空间电荷积聚，这一负空间电荷积聚与阳极之间的场强加大。正空间电荷包到达阴极前已经衰减殆尽，其后方跟随的负空间电荷积聚也随之衰减。此后又多次产生幅值较小的空间电荷包。在空气冷却的材料中，阴阳两极分别出现了正负空间电荷包，并在试品中部相遇发生中和。此过程导致试品中部的场强畸变最为严重。缓慢冷却的材料中正负电荷包分别在阳极和阴极同时产生。正空间电荷包开始迁移后，阳极仍然留有部分感应电荷，感应电荷峰和空间电荷包峰可以分峰，而阴极的感应电荷峰则是整体移动，且非常缓慢，负空间电荷包较难从感应电荷峰中分出。正负电荷包的运动都比较缓慢，尤其是整体运动的负空间电荷包。试品内部特别是偏阴极侧的场强获得一定程度的增强。正空间电荷包仍然在运动中衰减，而整体运动的负空间电荷包则没有衰减。

图 4.40 给出了不同冷却速率的 LDPE-F 试品在施加 150kV/mm 负直流场强时的典型空间电荷包现象。其中冰水冷却和缓慢冷却材料与 100kV/mm 时基本类似，但是空间电荷包的幅值更大，因而空间电荷包前方的场强畸变更加严重。

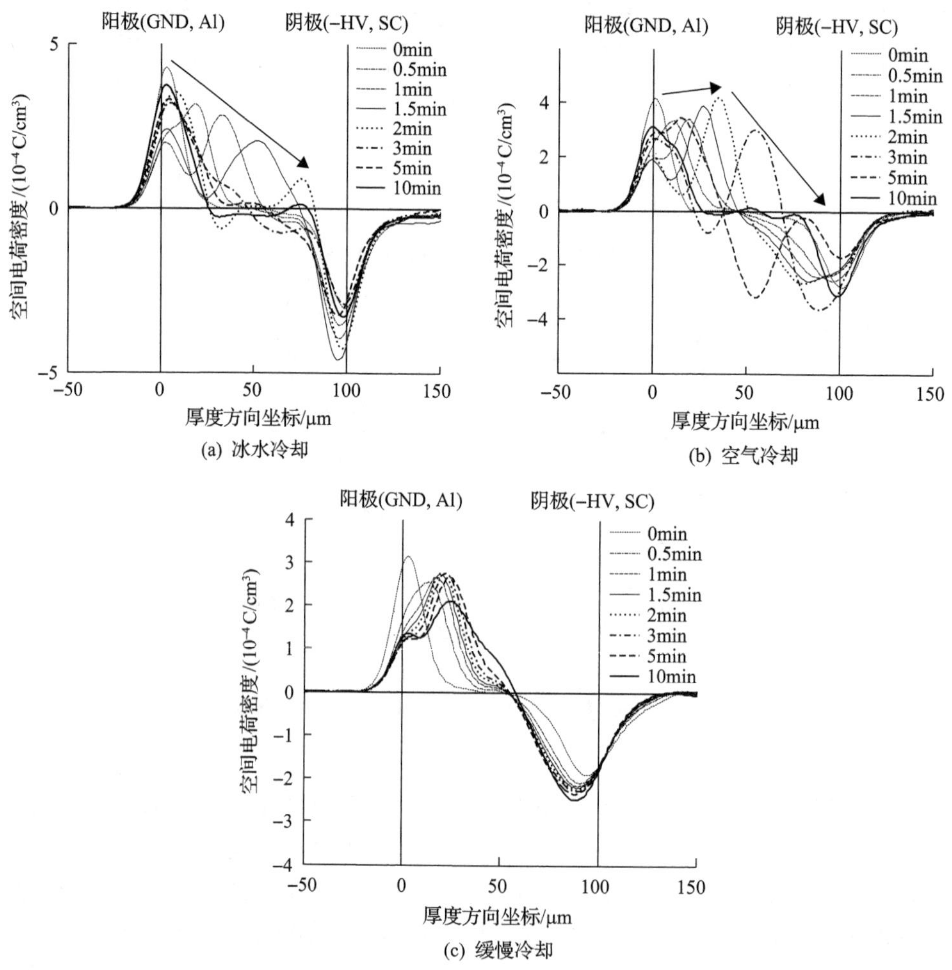

图 4.40　不同冷却速率的 LDPE-F 试品在 150kV/mm 负直流电场下极化 10min 过程中的空间电荷分布

空气冷却材料中的正负空间电荷包幅值比 100kV/mm 时更大。正负电荷包分别向对侧电极运动，引起试品中部场强明显增大，甚至达到 210kV/mm，比外施平均场强高 60kV/mm，高出 40%，已经接近试品的击穿场强范围。正电荷包的运动速度快于负电荷包的速度，两电荷包在试品中部偏阴极侧相遇发生中和，在正空间电荷包后侧又出现未中和的负电荷的积聚，使阳极附近的场强加剧，因而又产生新的正空间电荷包。新的正空间电荷包与积聚的负电荷再次发生中和，最后导致试品内部积聚的电荷大量减少，电场强度的分布也回到近似均匀分布。虽然空间电荷包的运动造成局部场强的大幅畸变，但是空间电荷包引起的空间电荷迁移、中和和衰减，也会导致内部空间电荷积聚总量的减少。

当温度上升至 60℃时，3 组材料在 1s 以内均出现了正负空间电荷的注入和明显的空间电荷包现象，空间电荷包的迁移速率大幅加快，如图 4.41 所示。对空间电荷包的已有研究主要集中于起源机制[38]、起始场强阈值[39]、极性、迁移速率[40]、对电导的影响[41]等，而关于空间电荷包动态过程的研究则只见于聚乙烯击穿前后空间电荷包的快速演变过程[42]。近年来 Dissado 等[43]在较低电场下(30～50kV/mm)还观察到了一种高迁移率、高重复频率、幅值小于 0.1C/m^3 的空间电荷包。但是，目前对高温下极化瞬间空间电荷包暂态行为的定量研究仍旧匮乏。本节针对表面形貌对高温下快速迁移电荷包做了相关探讨[44]。其中冰水冷却材料中的空间电荷包为正极性，缓慢冷却中的为负极性，而空气冷却中则正负极性均有。极化 10s 内，冰水冷却材料中正空间包向阴极迁移，促进负空间电荷的注入；空气冷却中的正负空间电荷包则互相穿越了对方，这个过程中复合作用使得幅值减小；缓慢冷却中负电荷包逐渐接近阳极，复合了部分正空间电荷，使得试样内部以负极性空间电荷为主。

极化 1min 以后，冰水冷却材料中的正空间电荷包被阴极注入的负电荷复合，幅值下降，最终以负极性电荷为主，空气冷却和缓慢冷却材料中也以负极性电荷为主。观测图 4.41(c)、(f)及(i)可知，在 1min 极化时间内仅空气冷却组别出现了重复的空间电荷包迁移行为。虽然三组试样内部空间电荷均以负电荷为主，但是可以发现在外施电场极化过程中，缓慢冷却和空气冷却试样内部的负空间电荷主要由电极注入，而冰水冷却中的负极性电荷则主要是因为正空间电荷包到达阴极附近后，造成电荷包波包前沿和阴极之间的电场畸变，从而促进了负电荷的注入。

在冰水冷却材料中负电荷的注入场强阈值高于空气冷却和缓慢冷却。根据已有的研究，材料表面的陷阱密度远远多于材料内部。从 TSC 结果中可以知道，冰水冷却中大于 1eV 陷阱的含量明显高于其他两个组别，而 LDPE 中负电荷往往被深陷阱(1eV)所捕获。电荷从电极发射进入试样表面，被陷阱捕获在冰水冷却试样表面附近，这些电荷的脱陷需要更多的能量激发，因而当其附近电场加强后，大量的负电荷进入冰水冷却试样内部。

在极化初期 1s 内，所有试样表现出快速的空间电荷包注入，其中空气冷却组别具有最大的注入量(正负极性均有)。冰水冷却中的空间电荷包为正极性(见图 4.40(a))，而缓慢冷却中的电荷包为负极性(见图 4.40(g))，但是两者的注入速

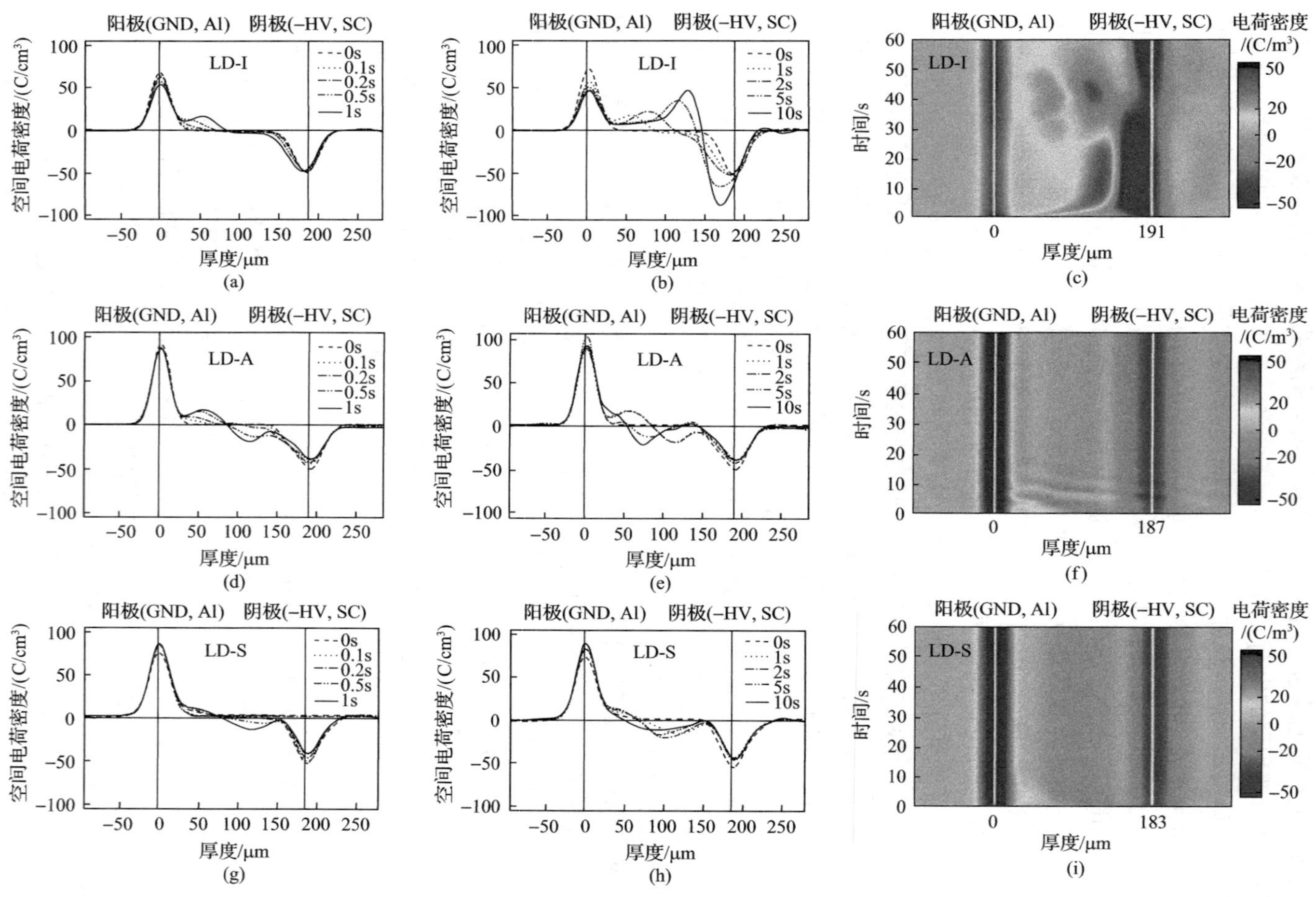

图 4.41　在60℃和−100kV/mm下不同结晶形态LDPE空间电荷暂态过程

率在初始 1s 阶段相近。此外，空气冷却和缓慢冷却试样中的正空间电荷包在与负电荷包相遇复合后出现了幅值衰减现象，然而冰水冷却组别中的空间电荷包迁移速度缓慢并且在 2s 后基本维持不变，积聚在阴极附近。

LDPE-F 试品中的正空间电荷包的幅值大小与场强和形态结构有关。图 4.42 给出了不同电场强度下，不同形态结构试品的正空间电荷包的幅值。可见，场强越大，正空间电荷包的幅值越大；冷却速率越慢即结晶度越高的试品，正空间电荷包的幅值越大。

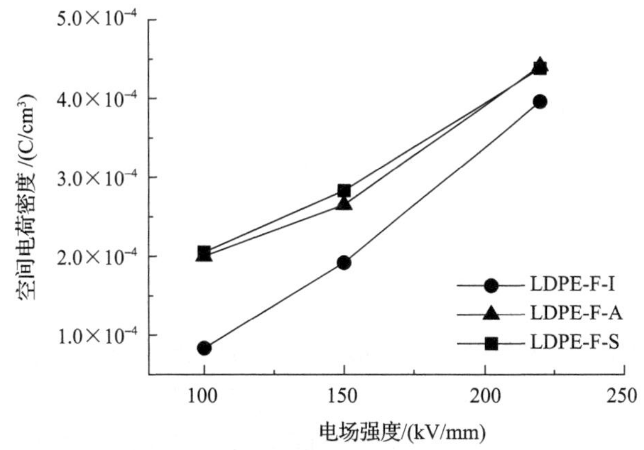

图 4.42　正空间电荷包的平均幅值与场强和形态结构的关系

空间电荷包的运动，使试品内的场强发生严重畸变，甚至可在外加平均场强远低于击穿场强时，使试品内部的局部场强接近击穿场强，这对试品耐压不利。但是同时，空间电荷包的运动导致试品内部一系列的电荷迁移、中和与衰减，结果使试品内部的电荷总量变小，这就是 4.4.1 节中–100kV/mm 和–150kV/mm 极化后空间电荷积聚量比–50kV/mm 极化后的空间电荷积聚量小的原因。

2. 空间电荷包运动行为

空间电荷包在试品内部以整包形式迁移，迁移的速率是空间电荷包运动的重要参数之一。在进行空间电荷包的动态测量后，可做出空间电荷包峰位与时间的关系曲线，然后求出空间电荷包的运动速率。实际上，试品中空间电荷包的运动并不是严格的匀速，而是存在着变化，有些是大体上匀速，有些是随着运动逐渐变慢。

图 4.43 分别给出了试品中空间电荷包的平均运动速率和平均迁移率。这里的平均迁移率，是使用平均运动速率除以外施平均场强得到的结果。可见，随着场强的提高，平均迁移率呈下降趋势。另一方面，冷却速率越慢、结晶度越高的试品，平均速率和迁移率越低，反之则越高，与迁移率随结晶度的变化趋势相同。

这一趋势与高结晶度试品的电导率较低、空间电荷能量深度较深有关。

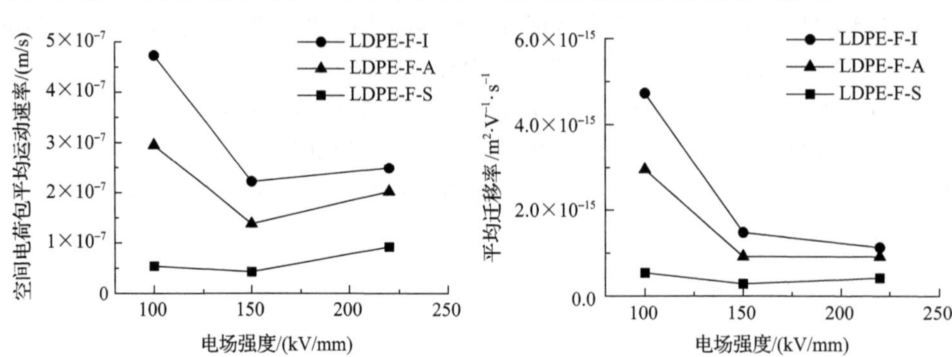

图 4.43　LDPE-F 试品中的空间电荷包平均运动速率和平均迁移率

3. 空间电荷包起始场强阈值

由前述结果可知，空间电荷包的产生需要一定的电场强度。国际上不同学者对于聚乙烯的空间电荷包起始场强阈值给出了范围跨度较大的不同结果，最低的仅为 50kV/mm[43]。事实上，空间电荷包特性包括起始场强阈值受到试品内部、外部多种因素影响，本节深入讨论形态对空间电荷包的起始场强阈值的影响。

在 LDPE 试品中以正空间电荷包为主，图 4.44 给出了三种冷却方式的 LDPE 试品在不同场强下的正空间电荷包出现概率。可以看到，缓慢冷却试品在 70kV/mm 场强下开始有正空间电荷包现象出现，在 90kV/mm 场强下稳定出现空间电荷包；空气冷却试品和冰水冷却试品在 90kV/mm 下才出现空间电荷包现象，分别在 100kV/mm 和 110kV/mm 下稳定出现空间电荷包。事实上，在更高电场强

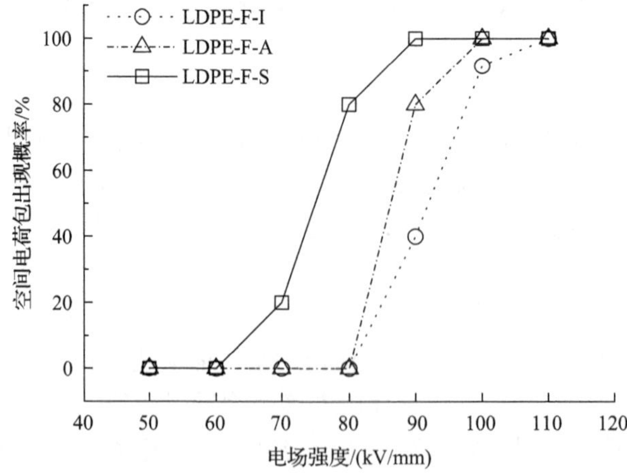

图 4.44　不同形态结构的 LDPE-F 试品在不同场强下的正空间电荷包出现概率

度下，三种试品均稳定出现空间电荷包现象。这表明形态结构影响 LDPE 试品中的空间电荷包起始场强阈值，冷却速率越慢，即结晶度越高，正空间电荷包的起始场强阈值越低。

基于前述试验结果，正空间电荷包从阳极附近生成并运动的过程可归纳成图 4.45 所示的模型，文献[29]及[37]曾给出了类似的过程。

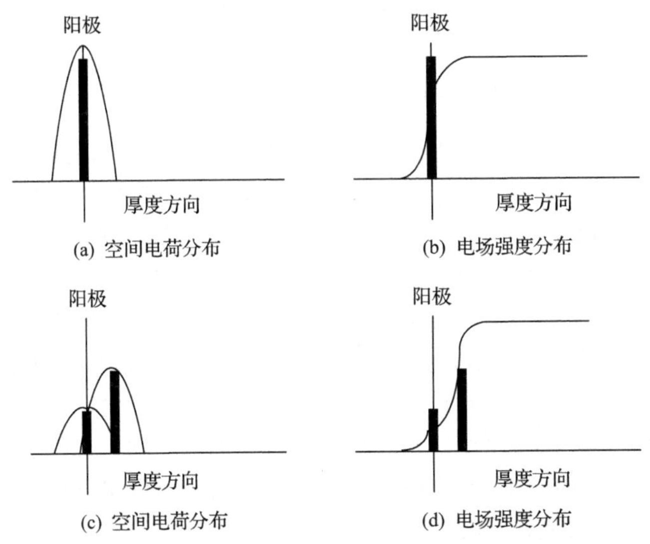

图 4.45　正空间电荷包的产生与运动模型(右侧的阴极未绘出)

图 4.45(a)给出的是刚施加电场、没有空间电荷时阳极的感应电荷，纵坐标是电荷密度，横坐标为厚度方向位置坐标，黑色长条为感应电荷薄层，而实线峰则为发生了展宽的测量结果。图 4.44(b)中的实线曲线是此时的电场分布情况。施加电场后，试品靠近阳极的薄层内发生电离，电子被抽出进入阳极，而并没有足够的来自阴极的电子可以填充因此造成的空穴，于是出现了正空间电荷的积聚，即图 4.44(c)和(d)的情况。在阳极持续的抽出作用下，正空间电荷层有加宽向试品中扩展的趋势。正空间电荷的积聚使阳极与试品界面的场强减小，感应出的电荷相应减小。事实上，在正空间电荷薄层非常接近阳极与试品界面时，正空间电荷与感应电荷之和应约等于原来未产生正空间电荷时的感应电荷。界面附近场强的减小，使从试品向阳极抽出电子的过程减弱，界面附近的电场减弱至不能再从试品内部抽出电子时，积聚的正空间电荷层就得不到新的补充，并与感应电荷分离开来，而成为一个相对孤立的不动的“包”。这个“包”幅值越大，其前方(指正空间电荷向阴极的方向)紧邻处的场强越强，当这个“包”足够大以致它前方的电场足够大时，前方的电子可以跳跃到正空间电荷包所在位置，于是就实现了正空间电荷包向前的移动。

由前述相关内容可知，LDPE-F 试品在 50kV/mm 下，结晶度高的试品积聚的空间电荷多。因此，在相对低的外加电场下，结晶度高有利于实现空间电荷包从感应电荷峰中的分离和运动，这与高结晶度试品中空间电荷包的幅值较大的现象相符。

4.5 不同表面形貌聚乙烯的空间电荷及空间电荷包特性

4.5.1 不同表面形貌的 LDPE 的空间电荷特性

图 4.46 分别给出了使用聚四氟乙烯(PTFE)和玻璃(G)基底材料热压的 LDPE 试品在 50kV/mm 负直流场强作用后去极化 10min 时的空间电荷分布。在没有空间电荷包出现的 50kV/mm 的场强作用后，以 PTFE 为基底热压制成的 LDPE-F 试品中积聚的空间电荷为同极性分布为主；而以玻璃为基底材料热压制成的 LDPE-G 试品中，阴阳两极附近均积聚正电荷，即在阳极为同极性积聚，在阴极为异极性积聚。因此，在不足以导致空间电荷包现象的 50kV/mm 场强下，以 PTFE 为基底材料热压而成的 LDPE 试品更易形成同极性积聚，而以玻璃为基底材料热压而成的 LDPE 试品则更易在阴极形成异极性正电荷积聚，且以玻璃为基底材料热压而成的 LDPE 试品内部积聚的空间电荷量相对少于以 PTFE 为基底材料热压而成的 LDPE 试品内部积聚的空间电荷量。

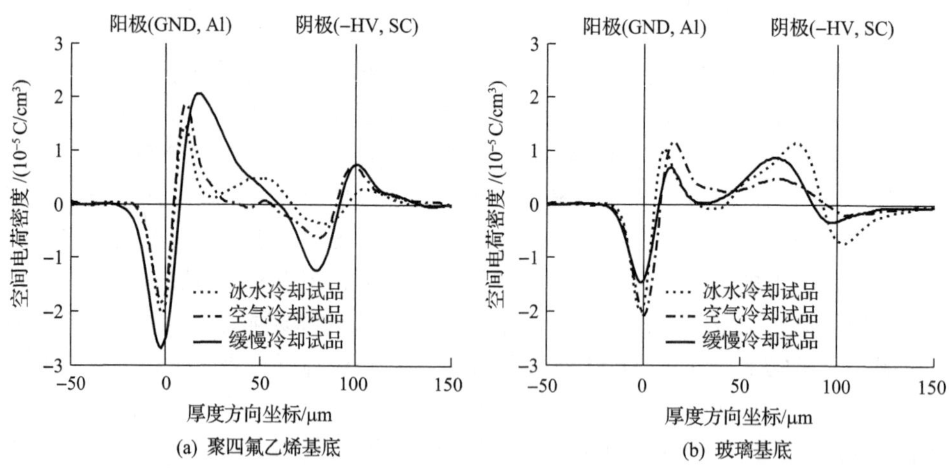

图 4.46 三种冷却方式的聚四氟乙烯基底和玻璃基底试品在 50kV/mm 负直流场强下极化 10min 后去极化 10min 时的空间电荷分布

同时，两种基底材料热压成的试品，形态结构的影响也不尽相同，在 PTFE 为基底材料热压的试品中，冷却速率慢结晶度高的试品，积聚电荷较多；而在玻璃为基底材料热压的试品中，形态结构的影响较不明显。

4.4.1 节已经说明，两种基底材料热压而成的试品，如果冷却方式相同，则内部形态结构相差不大，而表面形貌有很大的差别，在 PTFE 为基底热压的试品中存在附生结晶层。因此，其空间电荷特性上的差异应由此表面形貌的差异导致。

图 4.47 给出了空气冷却 LDPE-G 试品在 50kV/mm 负直流场强极化 10min 及去极化 10min 过程中的空间电荷分布。可以看到，阴极附近的异极性正空间电荷积聚应来自试品内部邻近阴极附近位置的电离，电离出的电子向阳极运动，与那里的正空间电荷部分发生了中和，或者说填补了一些空穴，导致阳极附近曲线下降。上述分析说明，以玻璃为基底热压的 LDPE 更易发生阴极附近的电离。

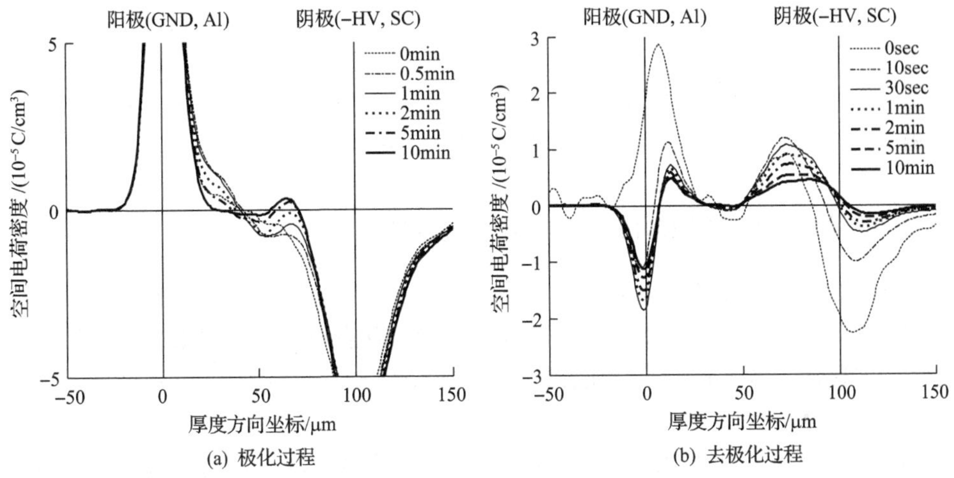

图 4.47　空气冷却 LDPE-G 试品在 50kV/mm 负直流场强下极化 10min 和去极化 10min 过程中的空间电荷分布

作为对比，图 4.48 给出了空气冷却 LDPE-F 试品在 50kV/mm 负直流场强下极化 10min 及去极化 10min 过程中的空间电荷分布。从阴极注入并扩散至试品内部的电子，扩散至阳极附近的正空间电荷处时，部分发生中和，导致阳极正空间电荷的减少，从而感应电荷峰收窄。

以聚四氟乙烯材料为基底热压的 LDPE 试品形成同极性空间电荷分布，只有同极性积聚的电荷迁移至相遇时发生中和使积聚量变小；以玻璃为基底热压的 LDPE 试品更易发生阴极附近的电离，电离导致的异极性电荷积聚与电极注入和抽出形成的同极性电荷积聚会出现中和及抵消。两种中和，前者需要入陷的空间电荷脱陷迁移，而后者则是电离出现的电子以载流子形式迁移。结果表明，后者的迁移较为容易，中和量较大，因而以玻璃为基底材料热压而成的试品内部积聚的空间电荷量相比以聚四氟乙烯材料为基底材料热压而成的试品内部积聚的空间电荷量更小。

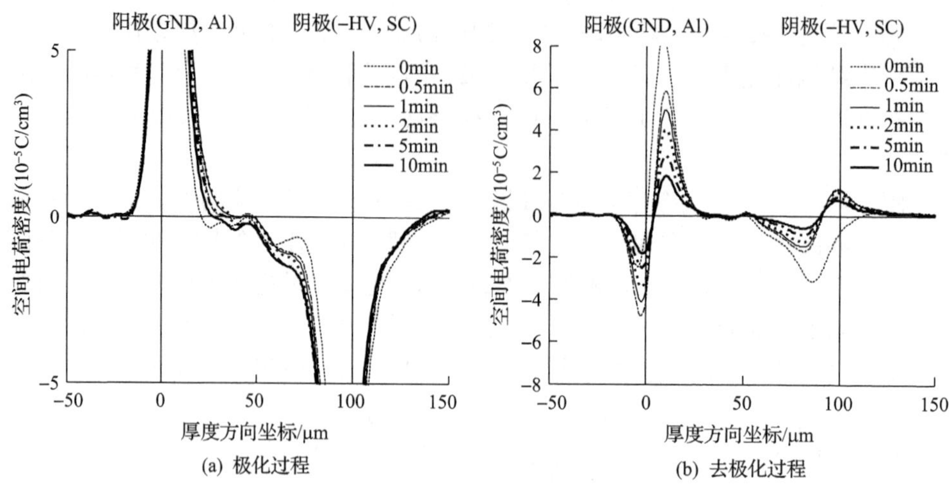

(a) 极化过程

(b) 去极化过程

图 4.48 空气冷却 LDPE-F 试品在 50kV/mm 负直流场强下极化 10min 和去极化 10min 过程中的空间电荷分布

4.5.2 不同表面形貌的 LDPE 的空间电荷包特性

LDPE-G 试品和 LDPE-iPP 试品是以玻璃和等规聚丙烯为基底材料热压制成的 LDPE 试品。本节研究以玻璃和等规聚丙烯为基底材料热压的 LDPE 试品的空间电荷包特性，与 4.4.2 节给出的以 PTFE 为基底材料热压的 LDPE-F 试品的空间电荷包特性进行对比分析。

图 4.49(a)给出了冰水冷却 LDPE-G 试品在施加 100kV/mm 负直流电场时的典型空间电荷包现象。正负空间电荷包分别从阳极和阴极生成，两电荷包的量近似，在试品中部相遇而大部分中和，使得试品内部的空间电荷量减少，电场趋于均匀。当冷却速率减缓至空气冷却时，正负电荷包分别从阳极和试品中部阴极侧生成，向对侧电极运动。与 LDPE-F 试品中的正空间电荷包随着运动衰减不同，LDPE-G 试品中的负空间电荷包可在未遇到正空间电荷包前逐渐加强。在遇到正空间电荷包后，负电荷包与正空间电荷包发生一定的中和，在负空间电荷包的后侧留下了正空间电荷的积聚，这与前述正空间电荷包后侧的负电荷积聚类似，是由于负空间电荷包前方电场加强而使得负空间电荷包前方发生一定程度的电离，一些电子向阳极运动，留下了正空间电荷，由于能量和陷阱深度的不匹配，负空间电荷包从正空间电荷积聚区域经过时，未能完全中和这部分正空间电荷，因而在负电荷包后方出现了正空间电荷的积聚。冷却速率进一步降至缓慢冷却时，可见正负电荷包同时从阳极和阴极产生，并向对侧电极迁移，在试品中部相遇发生中和，使试品内部电荷量减少，场强分布趋于平均。

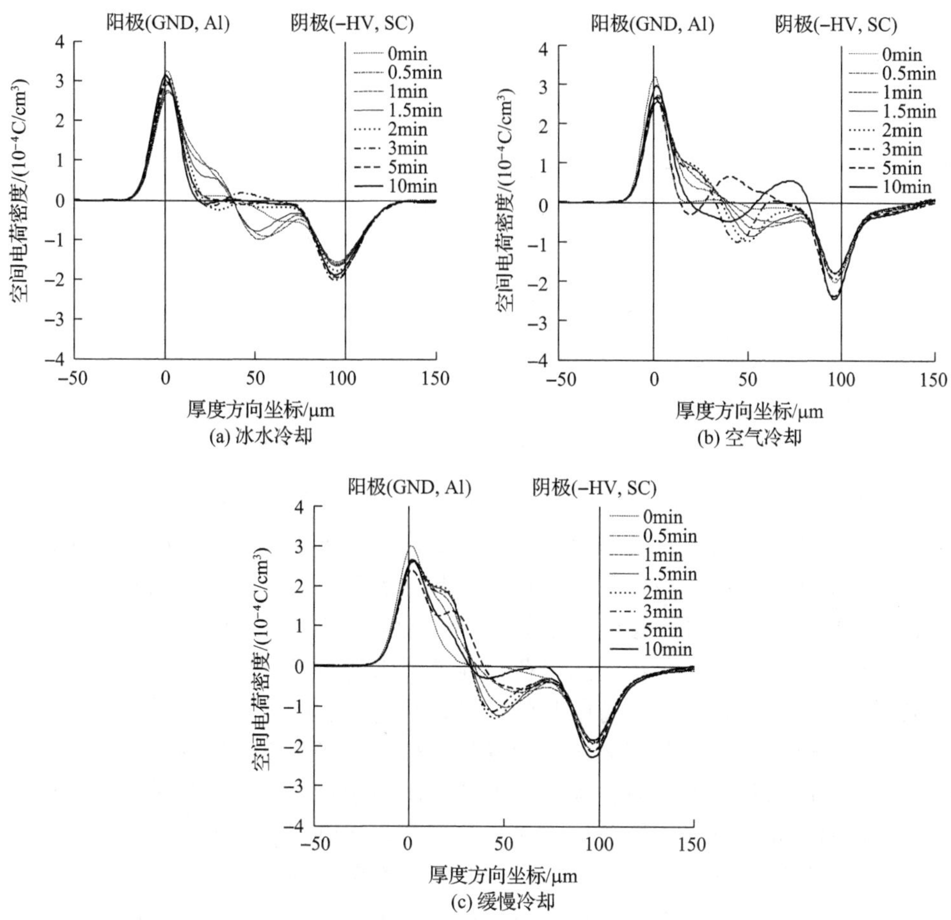

图 4.49　不同冷却速率的 LDPE-G 试品在 100kV/mm 负直流电场下极化 10min 过程中的空间电荷分布

除了上述的聚四氟乙烯和玻璃基底材料，聚丙烯也是典型的基底材料，能够形成片晶交叉排列的附生结晶结构。图 4.50 给出了空气冷却的 LDPE-iPP 试品在 100kV/mm 负直流电场下极化 30min 过程中的空间电荷和内部电场强度分布。LDPE-iPP 中空间电荷在初始阶段先在阴极和阳极附近形成异极性空间电荷积聚；随后，正极性空间电荷包在阳极形成并向阴极迁移；在迁移过程中正电荷包与由阴极注入的负电荷相遇，其幅值逐渐减小，并有部分电荷迁移至阴极形成积聚；由于 LDPE-iPP 材料中阴极电荷注入量大于阳极，所以在 1 个正空间电荷包形成后，试样内部空间电荷以负电荷为主，并在阳极附近形成明显的异极性积聚，畸变该处电场，极化 30min 内最大畸变场强值达到 162kV/mm，此时电场强度畸变率为 62%。

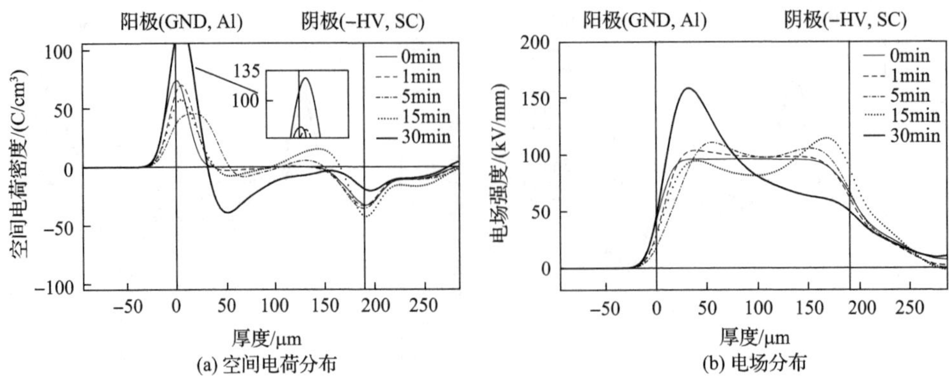

(a) 空间电荷分布　　(b) 电场分布

图 4.50　空气冷却速率的 LDPE-iPP 试品在 100kV/mm 负直流电场下极化 30min 过程中的空间电荷和内部电场强度分布

图 4.51(a)给出了冰水冷却 LDPE-G 试品在施加 150kV/mm 负直流电场时的典型空间电荷包现象。正负电荷包分别从阳极和阴极生成，正空间电荷包最初保持基本不变的幅值，后受到负电荷的中和开始衰减。正空间电荷包运动至阴极附近时衰减殆尽，而负电荷包受到正空间电荷包的影响，未能向前继续发展，而是有所衰减。同时，受正空间电荷包前方增大的电场强度影响，向正空间电荷包运动但未能与正空间电荷中和的电子，越过正空间电荷包区域后，在正空间电荷包后侧电场强度急剧减弱，而发生积聚。由于正空间电荷包向前运动，所以此负电荷的积聚的区域也跟随正电荷包向前运动。当正空间电荷包消失在阴极的时候，此负电荷积聚留下来成为一个负空间电荷包，可向阳极运动。当冷却速率降低至空气冷却时，可以发现此时只有负空间电荷，并且在前行过程中逐渐增大，在阳极附近形成负电荷积聚，使阳极与负电荷积聚之间的局部电场严重畸变至高达 220kV/mm 以上。当冷却速率进一步降至缓慢冷却时，仅有负空间电荷包从试品内部阴极附近产生并向阳极运动，且负空间电荷包在运动

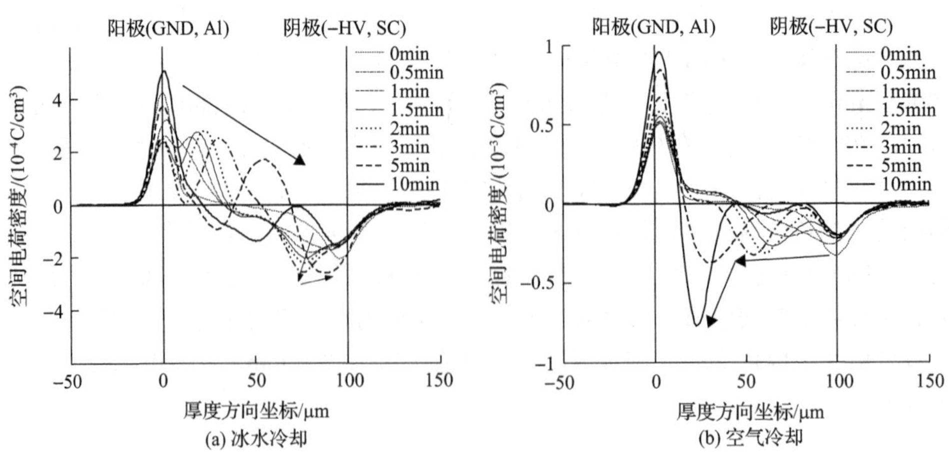

(a) 冰水冷却　　(b) 空气冷却

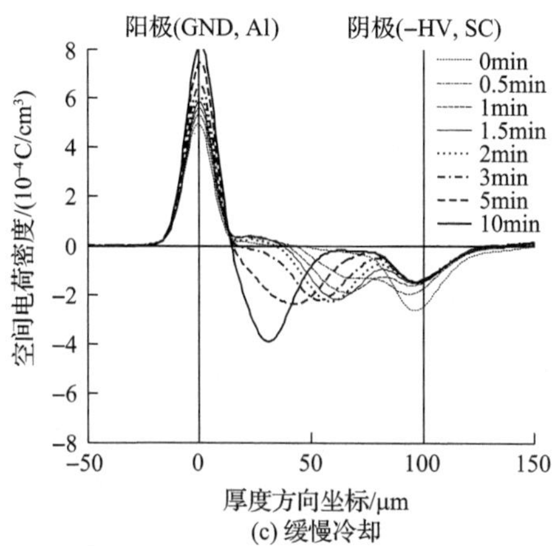

(c) 缓慢冷却

图 4.51　不同冷却速率的 LDPE-G 试品在 150kV/mm 负直流电场下极化 10min 过程中的空间电荷分布

中不断加强，在阳极附近停留积聚，使阳极与负电荷积聚间的电场严重畸变至高达 220kV/mm 以上。

图 4.52 是 LDPE-G、LDPE-iPP 和 LDPE-PTFE 试样在 60℃、−125kV/mm 作用下，空间电荷演变的一维曲线分布和二维彩图分布。由图可知，三组试样中均存在正负电荷快速注入现象，且在 1s 内形成空间电荷包向异极性电极移动，波包前沿在该过程中发生相遇。从图 4.52(a-1)可知，极化 1s 内 LDPE-G 中负空间电荷包的幅值和迁移距离大于正空间电荷包。图 4.52(a-2)则表明，正负空间电荷包相遇后，正电荷包在复合作用下，其幅值明显减小，部分正电荷穿过负空间电荷包后在阴极形成异极性积聚。而负电荷包则保持波包的形态迁移至阳极形成异极性电荷积聚。从图 4.52(a-3)可知，当负电荷包接近阳极后，正电荷注入加强，使得前者幅值逐渐减小。最终，空间电荷在材料内部以正极性电荷积聚为主，中部位置积聚少量负空间电荷。

从图 4.52(b-1)可知，极化 1s 内 LDPE-iPP 正空间电荷包形成速率是三组试样中最慢的。由图 4.52(b-2)看出，LDPE-iPP 负空间电荷包迁移速率较 LDPE-G 慢，因而在 10s 时刻出现了负空间电荷包在试样中部附近积聚的现象，这加强了阳极附近电场，使得未从感应峰中分离的正空间电荷包幅值不断增加。而此时 LDPE-G 中的负电荷包已经位于阳极附近。部分正空间电荷穿过负电荷包到达阴极，加强了该处电场，使得负空间电荷包幅值在迁移过程中逐渐增加。从图 4.52(b-3)可知，随着极化时间增加，负空间电荷包不断靠近阳极，加剧阳极电荷注入，造成其自身幅值减小。最终 LDPE-iPP 在阳极附近积聚同极性电荷，阴极附近积聚异极性电荷，其内部则积聚负空间电荷。

从图 4.52(c-1)可知，极化 1s 内 LDPE-PTFE 的正空间电荷包的形成速度和幅

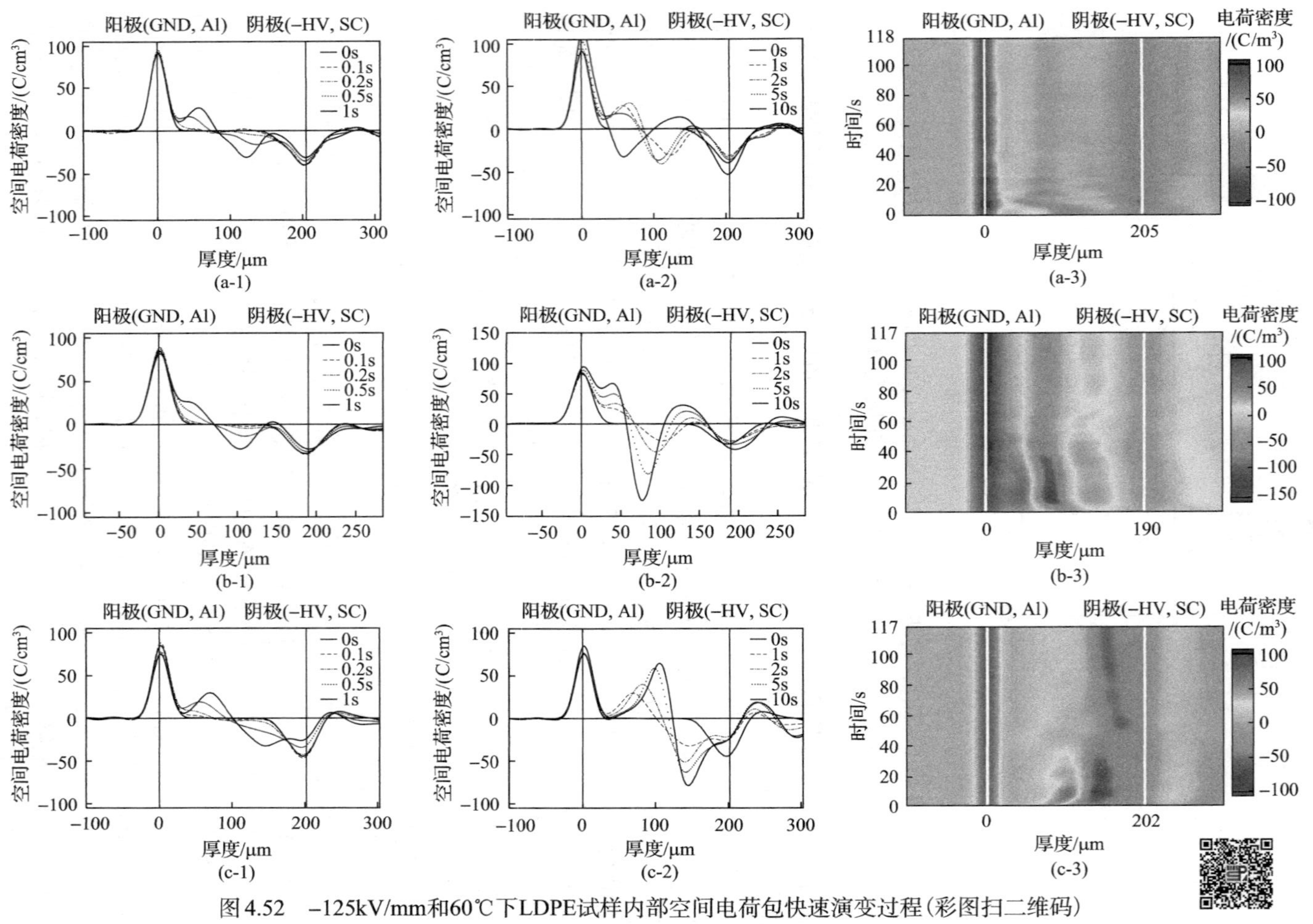

图 4.52　−125kV/mm和60℃下LDPE试样内部空间电荷包快速演变过程(彩图扫二维码)

值是三组试样中最大的。从图 4.52(c-2)看出，10s 时 LDPE-G 和 LDPE-iPP 中正电荷已在阴极形成积聚，而 LDPE-PTFE 中正电荷包还在试样中部。正电荷包在向阴极迁移的过程中与相遇的负电荷发生复合，与此同时负电荷包幅值逐渐增大。图 4.52(c-3)则表明，由于正电荷包靠近阴极时促进负电荷的注入，增强了空间电荷复合作用，造成 LDPE-PTFE 内部空间电荷幅值减小。最终出现在阳极和阴极附近同极性积聚，试样中部正电荷积聚的现象。

LDPE-G 试品中，空间电荷包的极性与电场强度和形态结构有关。在 100kV/mm 下，三种冷却方式的试品均可同时出现正负电荷包。在 150kV/mm 电场极化下，冷却速率慢即结晶度高的试品，包括缓慢冷却和空气冷却试品中，均以负空间电荷包为主，正空间电荷包较弱甚至没有；冰水冷却试品中则以正空间电荷包为主，负空间电荷包较弱。这与 LDPE-F 试品中以正空间电荷包为主的现象明显不同。这表明以玻璃为基底材料的试品，更易发生负电荷从阴极的注入，而以 PTFE 为基底材料的试品，更易发生负电荷从阳极的抽出。

与 LDPE-F 试品中正空间电荷包随着运动衰减不同，LDPE-G 试品中的负空间电荷包可在遇到正空间电荷包前逐渐增大。与 LDPE-F 试品类似，电场强度越大，LDPE-G 试品中空间电荷包幅值越大。

空间电荷包的出现，使得试品内的电场发生了严重的畸变，尤其是较高结晶度的缓慢冷却和空气冷却试品，负空间电荷包可迁移至阳极附近形成异极性积聚，且数量较大，造成阳极附近电场的严重畸高，对试品耐压非常不利。

参 考 文 献

[1] Ieda M. Dielectric breakdown process of polymers[J]. IEEE Transactions on Electrical Insulation, 1980, 15(3): 206～224.

[2] Hong N P, Im P G, Kim D J, et al. The electrical breakdown properties of low-density polyethylene film due to morphological change[C]//IEEE Dielectrics and Electrical Insulation Society. 1996 IEEE Annual Report of Conference on Electrical Insulation and Dielectric Phenomena. Canada: Prency Print & Litho Inc., 1996: 692～696.

[3] Uchida K, Kawashima T, Uozumi T, et al. Effects of morphology on space charge distribution in polyethylene[C]// IEEE Dielectrics and Electrical Insulation Society. 1995 International Symposium on Electrical Insulating Materials. Tokyo: The Institute of Electrical Engineers of Japan, 1995: 231～234.

[4] Tanaka Y, Ohnuma N, Katsunami K, et al. Effects of crystallinity and electron meanfree-path on dielectric strength of low-density polyethylene[J]. IEEE Transactions on Electrical Insulation, 1991, 26(2): 258～265.

[5] Niwa T,hatada M, Miyatah H, et al. Studies on the improvement of breakdown strength of polyolefins[J]. IEEE Transactions on Electrical Insulation, 1993, 28(1): 30～34.

[6] Greenway G R, Vaughan A S, Moody S M. Morphology and the electro-mechanical breakdown model in polyethylene[C]//IEEE Dielectrics and Insulation Society. 1999 Annual Report Conference on Electrical Insulation and Dielectric Phenomena, Austin, 1999: 666～669.

[7] Suzuki T, Niwa T, Yoshida S, et al. New insulating materials for HV DC cables[C]//IEEE. Proceedings of the 3rd International Conference on Conduction and Breakdown in Solid Dielectrics. New York, 1989:442～447.

[8] Yoshifuji N, Niwa T, Takahashi T, et al. Development of the New Polymer Insulating Materials for HVDC Cable[J]. IEEE Transactions on Power Delivery, 1992, 7(3):1053～1059.

[9] Yan P. Electrical conduction treeing phenomena and morphology in semi-crystalline polymers[D]. Akita: Akita University, 2000.

[10] 罗晓光. 聚乙烯微观形态与树枝老化特性研究[D]. 北京: 清华大学, 2002.

[11] 王一男. 频率及温度对聚乙烯电树枝老化特性的影响研究[D]. 北京: 清华大学, 2006.

[12] Wang N H, Zhou Y X, Wang Y N, et al. Annealing effects on the tree initiation voltage of polyethylene at high temperature//IEEE Dielectrics and Electrical Insulation Society[C]. Conference Record of the 2004 IEEE International Symposium on Electrical Insulation, Wisconsin, 2004: 276～279.

[13] Fukuma M, Nagao M, Kosaki M, et al. Measurements of conduction current and electric field distribution up to electrical breakdown in two-layer polymer film[C]//IEEE Dielectrics and Insulation Society. 2000 Annual Report Conference on Electrical Insulation and Dielectric Phenomena, Victoria, 2000: 721～724.

[14] Seung H B, Yun D H, Yi D Y, et al. The effect of space charges on conduction current in polymer by modified PEA method//IEEE Dielectrics and Electrical Insulation Society[C]. Conference Record of the 1996 IEEE International Symposium on Electrical Insulation, Montreal, 1996: 678～681.

[15] Alison J M. Ahigh field pulsed electro-acoustic apparatus for space charge and external circuit current measurement within solid insulators[J]. Measurement Science Technology, 1998, 9: 1737～1750.

[16] Fukuma M, Nagao M, Kosaki M, et al. Simultaneous measurements of space charge distribution and external circuit current up to electrical breakdown in LDPE film[C]//IEEE Dielectrics and Insulation Society. 1998 Annual Report Conference on Electrical Insulation and Dielectric Phenomena, Atlanta, 1998: 144～147.

[17] Muramoto Y, Goto H, Mitsumoto S, et al. Breakdown and space charge distribution in polyimide film//IEEE Dielectrics and Insulation Society[C]. 2002 Annual Report Conference on Electrical Insulation and Dielectric Phenomena, Cancun, 2002: 570～573.

[18] 巫松桢, 谢大荣. 电气绝缘材料科学与工程[M]. 西安: 西安交通大学出版社, 1996.

[19] Yan S, Petermann J, Yang D. Epitaxial behavior of HDPE on the boundary of highly oriented iPP substrates[J]. Colloid and Polymer Science, 1995, 273(9): 842～847.

[20] Zhang Y W, Lewiner J, Alquie C. Evidence of strong correlation between space-charge buildup and breakdown in cable insulation[J]. IEEE Transactions on Dielectrics and Electrical Insulation, 1996, 3(6): 778～783.

[21] Kao K C. Electrical conduction and breakdown in insulating polymers[C]//IEEE Dielectrics and Electrical Insulation Society. Proceedings of the 6th International Conference on Properties and Applications of Dielectric Materials, Xi'an, 2000 :1～17.

[22] Mitsumoto S, Tanaka K, Muramoto Y, et al. Space charge distribution measured with short period interval up to electrical breakdown in polyethylene[C]//IEEE Dielectrics and Insulation Society. 1999 Annual Report Conference on Electrical Insulation and Dielectric Phenomena, Austin, 1999: 634～637.

[23] Hozumi N, Takada T, Suzuki H, et al. Space charge behavior in XLPE cable insulation under 0.2～1.2 MV/cm DC fields[J]. IEEE Transactions on Dielectrics and Electrical Insulation, 1998, 5(1): 82～90.

[24] Hozumi N, Suzuki H, Okamoto T, et al. Direct observation of time-dependent space charge profiles in XLPE cable under high electric fields[J]. IEEE Transactions on Dielectrics and Electrical Insulation, 1994, 1(6):1068～1076.

[25] 郑飞虎, 张冶文, 官斌, 等. 低密度聚乙烯中空间电荷包的形成与迁移过程[J]. 材料科学, 2005, 35(7): 701～707.

[26] Kaneko K, Mizutani T, Suzuoki Y. Computer simulation on formation of space charge packets in XLPE films[J].

IEEE Transactions on Dielectrics and Electrical Insulation, 1999, 6(2): 152～158.

[27] Kon H, Suzuoki Y, Mizutan I, et al. Packet-like space charge and conduction current in polyethylene cable insulation[J]. IEEE Transactions on Dielectrics and Electrical Insulation, 1996, 3(3): 380～385.

[28] See A, Dissado A, Fothergill J C. Electric field criteria for charge packet formation and movement in XLPE[J]. IEEE Transactions on Dielectrics and Electrical Insulation, 2001, 8(6): 859～866.

[29] Doi T, Tanaka Y, Takada T. Short interval measurement of space charge distribution in acetophenone coated low-density polyethylene[C]//IEEE Dielectrics and Electrical Insulation Society. Proceedings of the 5th International Conference on Properties and Applications of Dielectric Materials, Seoul, 1997: 810～813.

[30] 刘鸿斌. 高场强下聚乙烯空间电荷特性研究[D]. 北京: 清华大学, 2006.

[31] Tanaka Y, Takada T. Good practice guide for space charge measurement in dielectrics and insulating materials[D]. Tokyo: Electronic Measurement Laboratory of Musashi Institute of Technology, 2002.7.

[32] Li Y, Aihara M, Murata K, et al. Space charge measurement in thick dielectric materials by pulsed electroacoustic method[J]. Review of Scientific Instruments, 1995, 66(7): 3909～3916.

[33] Hozumi N, Muramoto Y, Nagao M, et al. Carrier mobility in ethylene-vinyl acetate copolymer estimated by transient space charge[J]. IEEE Transactions on Dielectrics and Electrical Insulation, 2001, 8(5): 849～853.

[34] Hozumi N, Matsumura H, Murakami Y, et al. Carrier mobility in acetophenone-soaked polyethylene estimated by transient space charge[C]//IEEE Dielectrics and Electrical Insulation Society. Proceedings of the 6th International Conference on Properties and Applications of Dielectric Materials, Xi'an, 2000: 943～ 946.

[35] Matsui K, Tanaka Y, Takada T, et al. Space charge behavior in low-density polyethylene ate pre-breakdown[J]. IEEE Transactions on Dielectrics and Electrical Insulation, 2005, 12(3):406～415.

[36] 夏俊峰, 郑飞虎, 肖春, 等. 一个关于低密度聚乙烯中的电荷包注入的物理模型[J]. 四川大学学报(自然科学版), 2005, 42(增刊 2):90～93.

[37] Jones J P, Llewellyn J P, Lewis T J. The contribution of field-induced morphological change to the electrical aging and breakdown of polyethylene[J]. IEEE Transactions on Dielectrics and Electrical Insulation, 2005, 12(5): 951～966.

[38] Dissado L A. The origin and nature of 'charge packets': a short review[C]//2010 International Conference on Solid Dielectrics. Potsdam, 2010: 1～6.

[39] Zhou Y X, Wang Y S, Markus Z, et al. Morphology effects on space charge characteristics of low-density polyethylene[J]. Japanese Journal of Applied Physics, 2011, 50(1): 017101(1～8).

[40] 田冀焕, 周远翔. 聚乙烯载流子迁移率与空间电荷包形成机理[J]. 高电压技术, 2010, 36(12): 2882～2888.

[41] Mori T, Kato T, Koshimizu T, et al. Relationship between packet-like space charge behavior and external current in polyethylene under dc high electric field[C]//2012 Annual Report Conference on Electrical Insulation and Dielectric Phenomena, Montreal, 2012: 637～640.

[42] Matsui K, Tanaka Y, Takada T, et al. Space charge behavior in low density polyethylene at pre-breakdown[J]. IEEE Transactions on Dielectrics and Electrical Insulation, 2005, 12(3): 406～415.

[43] Dissado L A, Montanari G C, Fabiani D. Fast soliton-like charge pulses in insulating polymers[J]. Journal of Applied Physics, 2011, 109(6): 0641041～0641049.

[44] 滕陈源. 多物理场耦合下形态对聚乙烯空间电荷特性的影响研究[D]. 郑州: 郑州大学, 2017.

第 5 章 界面调控对纳米电介质空间电荷特性的影响

直流电缆作为高压直流输电技术的重要组成部分，其绝缘技术的发展受到空间电荷问题的极大制约。本章综合有机合成、纳米技术、高电压绝缘性能测试、理化性能测试等交叉学科技术，针对直流场下纳米颗粒表面接枝对 XLPE 空间电荷特性的影响[1]，采用小分子偶联剂接枝和聚合物刷接枝两种化学方法，对接枝工艺和参数进行定向调控，紧紧围绕纳米颗粒表面接枝对交联聚乙烯(XLPE)空间电荷特性的影响进行探讨，提出基于纳米颗粒表面接枝的界面陷阱模型，对表面接枝的纳米复合 XLPE 空间电荷特性变化的机理给予解释，为高压直流电缆用绝缘材料的研发提供材料、工艺、试验和理论的支持。

5.1 纳米电介质空间电荷的研究现状

5.1.1 纳米电介质的研究历程

20 世纪中叶，纳米复合材料开始涌现在机械、结构和生物医学等领域[2-4]，用以提高材料的性能，诸如硬度、刚度、热膨胀、抗磨损、减重等。在电气工程领域，纳米电介质工程绝缘应用在包括高压直流电缆及附件、电容器、电机和非线性电介质等，其定义是纳米尺度的填料均匀分散在传统聚合物绝缘介质中而形成的复合材料。早在 1984 年，美国一项发明专利描述了添加粒径为 5～50nm 的二氧化硅(SiO_2)或氧化镁(Al_2O_3)颗粒，可以改善聚合物的耐电晕老化性能[5]。1994 年，Lewis[6]在其发表的 *Nanometric dielectrics* 中即阐述了纳米材料在工程电介质绝缘领域中的应用前景，并从理论的角度阐述了纳米-聚合物界面尺度、相位、极化结构和能量势垒等现象，为纳米电介质的后续研究提供了重要的理论支撑。1998 年，Segal 等[7]将纳米颗粒用于提高变压器油的绝缘强度。1999 年，Henk[8]通过添加纳米 SiO_2 提高了环氧树脂绝缘的耐电强度。然而，这些早期的研究工作和成果在当时并未得到过多关注。

2002～2015 年，Nelson、Dissado、Fothergill 和 Schadler 等著名学者的研究成果中[9~11]，在固体电介质中添加纳米材料以提高其电学、热学和力学等性能才得到学术界和工业界的广泛关注。目前的研究表明，纳米复合电介质在电树枝老化[12]、空间电荷[13]、局部放电[14]、电气强度[15,16]、介质损耗[17]、直流电导[13]等多方面具有优异的性能，已逐渐成为高性能绝缘材料的主流发展方向。纳米电介质同时也是众多电气绝缘相关的国际会议的主题之一。

5.1.2　纳米粒子-聚合物界面及理论

国内外学者目前较为一致的观点是纳米颗粒具有比表面积大的特点，对聚合物基电介质材料电、热、力学性能改进的实质在于纳米颗粒-聚合物的界面[18,19]，界面对电荷的迁移、积聚和消散过程的影响机制尚不明确。Lewis[6]指出，不同属性所对应的界面厚度不同，例如电子在相与相之间的传输克服的界面厚度与机械势场并不相同。界面区域增加了纳米电介质的陷阱密度，特别是新引入的深陷阱，载流子更难脱陷，降低了载流子的平均迁移率和能量，从而提高了绝缘性能。电极附近的界面陷阱捕获了由电极注入的电荷并形成固定的空间电荷层，从而削弱其与电极间的场强，抑制电荷的进一步注入。微米电介质的界面区域相对聚合物总体积较小，却被微米复合带来的物理缺陷等效应所掩盖，因而往往导致绝缘性能劣化。

理论研究方面，O'Sullivan[20]引入介质球极化模型，用于解释正极性电压作用下纳米改性变压器油相对普通油具有较高击穿场强的实验现象。Takada[21]基于该理论，计算了外电场作用下纳米颗粒周围的场强分布，并由此提出捕获势理论用于解释纳米氧化镁(MgO)/低密度聚乙烯(LDPE)中无空间电荷积聚的实验现象。介质球极化模型采用的假设和简化较多，且仅考虑了单一介质球的极化，无法描述微观尺度下界面处的材料基体分子链结构、缺陷对局部势场和极化强度的影响。Lewis[18,22]指出纳米颗粒-聚合物界面间存在的电、机械、化学等多种力场的相互作用是纳米电介质材料性能优于普通复合材料的原因。根据电化学和胶体理论，纳米颗粒-聚合物界面是由内、外亥姆霍兹层、Gouy-Chapman 扩散层形成的双电层[23]。基于该思想，Tanaka[24]提出了多核模型，定性阐述了纳米颗粒在不同材料电气特性实验中的作用机制。同时 Lewis[25]从理论角度分析了空穴和电子在聚乙烯材料的结晶，认为空穴在聚乙烯结晶区可以自由运动，在无定形区则通过长程量子隧穿方式迁移，该机制较好地解释了正极性空间电荷包现象。纳米填料分布在聚乙烯基体中的无定形区，增大了空穴隧道穿越的难度，降低了电导率[26]。然而，多核模型只是假想的唯象模型，没有对应的数学方程，无法做到定量描述纳米界面特性和材料宏观参数的联系，该模型并不能解释所有的实验现象。

纳米电介质研究现状表明，提高纳米电介质性能的关键在于纳米颗粒-聚合物界面，而对界面的理论研究必然要求建立材料微观参数与宏观特性之间的联系，诸如纳米颗粒选型、粒径、配比、纳米粒子表面处理工艺、表面接枝选型，以及熔融共混挤出工艺参数的摸索，最终通过基础理化和空间电荷等高压测试手段共同揭示纳米颗粒-聚合物界面对纳米电介质空间电荷特性的影响规律和作用机理。

5.1.3 纳米电介质抑制空间电荷

纳米电介质用于开发高压直流电缆绝缘材料的出发点就是为了抑制直流场下空间电荷效应。欧洲和日本的学者在该研究领域先行开展了许多有益的探索。Zilg[27]研究了聚丙烯(PP)/LS 纳米复合体系的空间电荷特性，发现与纯 PP 相比，低电场下前者的空间电荷积聚量增加，高场下却减少，空间电荷注入的场强阈值下降，消散速度加快。Nelson[9,28]研究了 Epoxy/二氧化钛(TiO_2)纳米复合介质体系，认为空间电荷源于其内部，同时热刺激电流(TSC)的电流峰向高温偏移，电致发光的起始场强升高。Cao[29]发现 PI/SiO_2 纳米复合介质的空间电荷特性有所改善，TSC 和电致发光测试也提供了相关证据。但现有的研究中发现纳米复合提高了空间电荷消散速度与界面陷阱理论矛盾，有待进一步的研究成果来阐明相关机理。

纳米电介质宏观性能的关键影响因素是纳米参数，包括纳米种类、配比、粒径、形状等。Hayase[30]研究了高场下不同配比的纳米 MgO/LDPE 空间电荷行为，发现 0.2wt%的纳米 MgO 即可大幅减小电荷包幅值，达到 0.5wt%时可在 250kV/mm 极高场下抑制电荷注入。Maezawa[31]研究了温度对纳米 MgO/LDPE 空间电荷特性的影响，发现 1wt%的纳米 MgO 即可在 60℃和 150kV/mm 条件下抑制空间电荷，并认为这是由于纳米 MgO 表面偶极子捕获电极注入的电荷所致，相比之下微米 MgO 则需 5wt%的配比才能达到相似的空间电荷抑制效果。Ishimoto[32]在 65℃下同样发现纳米 MgO/LDPE 比微米 MgO/LDPE 具有更好的削弱空间电荷效应。Fleming[13]研究了纳米 $BaSrTiO_3$/LDPE 复合材料体系，发现 2wt%组别的电导和空间电荷性能比 LDPE 均有数量级提升，分析认为纳米颗粒-聚合物的界面是关键原因。Hui[33]认为水分会在纳米颗粒表面形成一层水壳层，继而使纳米二氧化硅(SiO_2)/交联聚乙烯(XLPE)的试样内部积聚大量空间电荷。2011 年，Tanaka[15]联合了十四位学者共同针对 XLPE/SiO_2 纳米复合材料，系统深入研究了包括空间电荷在内的系列电学性能，发现纯 XLPE 内部容易因为杂质电离形成异极性电荷积聚，纳米掺杂后积聚量减少。相较而言，同极性电荷更易注入 XLPE/SiO_2 纳米掺杂试样。Nagao[34]在直流高场下同时测量了纳米 MgO/LDPE 的空间电荷和电导电流特性，发现 1wt%的配比时试样出现的空间电荷包在电极上复合，电流出现极大值，但 5wt%组别无空间电荷包现象，电流幅值平稳。

近年来，国内的科研单位也陆续开展了纳米电介质空间电荷特性的相关研究。刘文辉等[35]对比了粒径对纳米 MgO/XLPE 空间电荷积聚量的影响，发现 30nm 和 80nm 粒径空间电荷性能最佳，而 500nm 粒径使空间电荷的分布复杂且积聚量大。Yang 等[36]发现纳米 MgO/LDPE 吸水后，40kV/mm 下空间电荷抑制能力消失，分析认为此时游离水分子发生电离形成自由的离子型载流子。Wang 等[37]研究了温度梯度下单层、双层及多层纳米 SiO_2/LDPE 空间电荷分布，发现电极-试样界面附近经纳米掺杂可较好抑制界面电荷的注入，但并不完全，试样内部的纳米颗粒同样在抑制电荷方面起到重要作用，作者认为温度梯度场下仅改性电极界面处的 LDPE 并不能解决空间电荷注入的问题。Li 等[38]研究了 LDPE/TiO_2 纳米复合介质的三层绝缘结构空间电荷注入过程，发现 NLN 排列的层与层界面积聚异极性电荷，而 LNL 积聚正极性电荷，结合电介质理论分析了界面电荷积聚及其总量差异的内部物理机制。吴建东[16]发现纳米 SiO_2/LDPE 空间电荷密度和直流电导对应的最佳纳米配比分别为 0.5wt%和 5wt%，建议根据需求综合考虑。

总的看来，现有的纳米电介质空间电荷特性研究在两方面还需要大量的工作。一方面，空间电荷特性作为宏观的电学性能，本质上是由纳米复合电介质材料自身属性所决定，纳米颗粒表面处理工艺和纳米电介质制备工艺显得非常关键。另一方面，目前大多数纳米电介质空间电荷特性相关的研究还停留在实验阶段，纳米电介质对电荷输运过程的影响机理还有如下的问题尚待解决：①空间电荷注入受抑制的机理；②纳米颗粒—聚合物界面陷阱的本质；③纳米电介质的电导机理。为了将纳米电介质真正应用于特高压工程绝缘场合，迫切需要对纳米电介质的各种电学性能进行研究，并对应各自的微观物理机理，从定性和定量的角度出发，揭示纳米颗粒调控聚合物空间电荷特性的内在作用机制。

5.2　纳米粒子表面接枝和纳米复合 XLPE

纳米分散性和纳米电介质的电学性能很大程度上取决于纳米颗粒的性质、纳米颗粒表面接枝物、聚合物基体的性质和纳米颗粒—聚合物界面。而纳米颗粒表面接枝物又是其中的关键，既是连接纳米颗粒与聚合物基体的“桥梁”，又直接影响了纳米颗粒—聚合物界面的微观理化参数。本节通过开展纳米颗粒表面小分子和聚合物刷两类接枝系统研究了纳米电介质的电学性能。小分子接枝是在纳米颗粒表面接枝偶联剂，属于“Grafting to”法，接枝工艺简单。聚合物刷接枝是在纳米颗粒表面接枝长链高分子聚合物，采用可逆加成-断裂链转移(RAFT)法聚合工艺，属于“Grafting from”法，接枝工艺较复杂，但可定向定量调控的参数较多。

5.2.1　小分子接枝纳米粒子

以下介绍小分子接枝纳米 SiO_2 表征的原理、过程。选取胶体和气相两种形貌的纳米 SiO_2，二者粒径相近(约 15nm)。通过改变小分子偶联剂的接枝密度和极性类型，分别得到不同接枝密度、小分子极性和微观形貌的纳米 SiO_2。使用红外光谱和热失重分析对小分子接枝的纳米 SiO_2 进行表征。此外还将介绍纳米复合

XLPE 的制备工艺和性能测试，包括差示扫描量热分析和扫描电镜观测等。

选用气相二氧化硅(fumed SiO_2，$FSiO_2$)纳米颗粒，粒径为 14nm，比表面积为(200±25)m^2/g，无定形态，sigma aldrich(CAS 112945-52-5)。胶体二氧化硅(colloidal SiO_2，$CSiO_2$)纳米颗粒，粒径为 10～15nm，球形，均匀分散在甲基乙基酮中，质量分数 30wt%～31wt%，nissan chemistry(LOT 220674)。无水四氢呋喃(tetrahydrofuran，THF)纯度在 99.5%以上。正己烷(hexanes)纯度在 99.8%以上。偶联剂选用甲氧基(二甲基)辛基硅烷[methoxy(dimethyl)octylsilane，MDOS]分子量 202.41g/mol，纯度 98%，沸点 221～223℃，密度 0.813 g/mL(25℃)，sigma aldrich(CAS 375977)。MDOS 分子结构如图 5.1 所示。

$$
\begin{array}{c}
CH_3 \\
| \\
CH_3(CH_2)_6CH_2 - Si - OCH_3 \\
| \\
CH_3
\end{array}
$$

图 5.1　MDOS 偶联剂的分子结构

接枝过程使用到的主要仪器包括磁力温度搅拌器、超声振荡器、旋转蒸发仪、0.01mg 电子分析天平、台式高速离心机、真空温度干燥箱。

纳米 $FSiO_2$ 和纳米 $CSiO_2$ 表面均含有极性羟基基团(—OH)，此外纳米 $CSiO_2$ 还含有表面活性剂，以保证长期均匀分散在甲基乙基酮溶剂中。选取 MDOS 偶联剂，因其分子主链上有 8 个碳碳相连结构，与 LDPE 分子链具有相同基本重复结构单元(—CH_2—CH_2—)。下面以纳米 $CSiO_2$ 为例(纳米 $FSiO_2$ 接枝与此相同)，MDOS 接枝纳米 $CSiO_2$ 的化学反应如图 5.2 所示，MDOS 分子上醇基与羟基发生缩合反应，从而将 MDOS 分子固定在纳米颗粒表面。通过傅里叶红外光谱的吸收峰确定接枝是否成功，通过热失重分析测试及计算确定接枝密度。

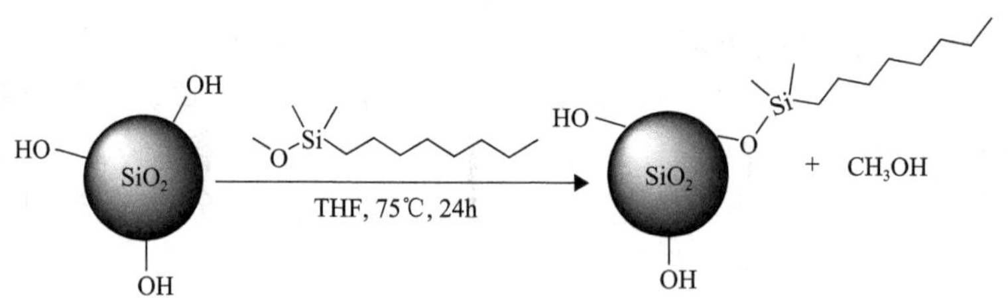

图 5.2　MDOS 接枝纳米 $CSiO_2$ 的化学反应

使用场发射扫描电子显微镜(field emission scanning electron microscopy，FESEM)对 XLPE 纳米复合介质的表面微观形貌及纳米分散性进行定性分析。FESEM 型号为 JSM-6335，测试电压为 5kV。试样制备过程为将薄膜试样在液氮中脆断，脆断面朝上，贴于 SEM 载物台四周的导电胶上，然后真空下离子溅射镀铂，以提供导电的表面。

纳米 $CSiO_2$/XLPE 的 FESEM 测试结果如图 5.3 所示。经过交联，XLPE 的脆断面形成网络连接结构，未改性的纳米 $CSiO_2$ 尺寸达到数微米（白圈处），图 5.3(c) 和(d)中，纳米 $CSiO_2$ 依然存在团聚，但尺寸小于 1μm。通过 MDOS 偶联剂表面接枝，纳米 $CSiO_2$ 和 XLPE 基体之间的相容性得到了一定的改善。

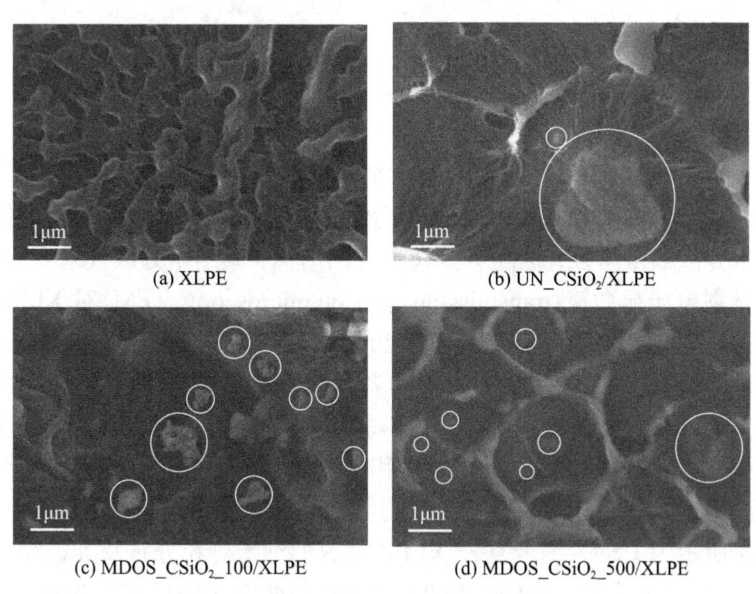

(a) XLPE　(b) UN_$CSiO_2$/XLPE

(c) MDOS_$CSiO_2$_100/XLPE　(d) MDOS_$CSiO_2$_500/XLPE

图 5.3　纳米 $CSiO_2$/XLPE 的表面微观形貌

纳米 $FSiO_2$/XLPE 的 FESEM 测试结果如图 5.4 所示。MDOS_$FSiO_2$_100/XLPE 与 UN_$CSiO_2$/XLPE 相比，除了依然存在微米量级尺寸的严重团聚现象以外，新出现了许多尺寸在 100～200nm 的小团聚体，而在 MDOS_$FSiO_2$_500/XLPE 组别中也观察到了这一现象，且分布较均匀，在该组别未观察到微米尺寸的团聚体。

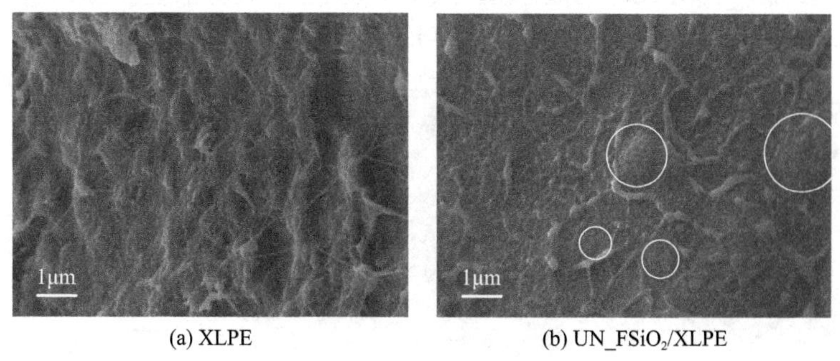

(a) XLPE　(b) UN_$FSiO_2$/XLPE

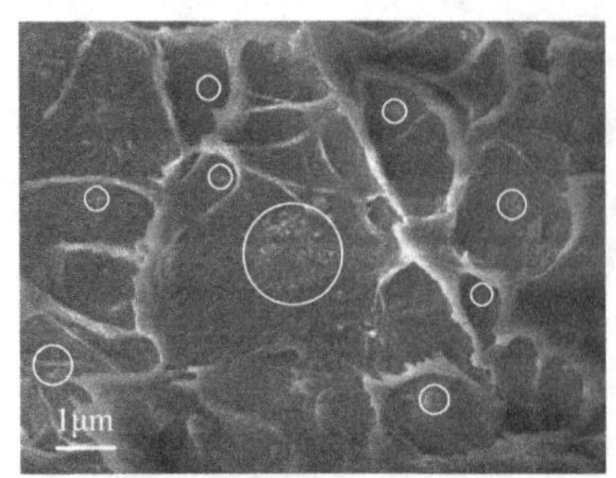

(c) MDOS_FSiO₂_100/XLPE

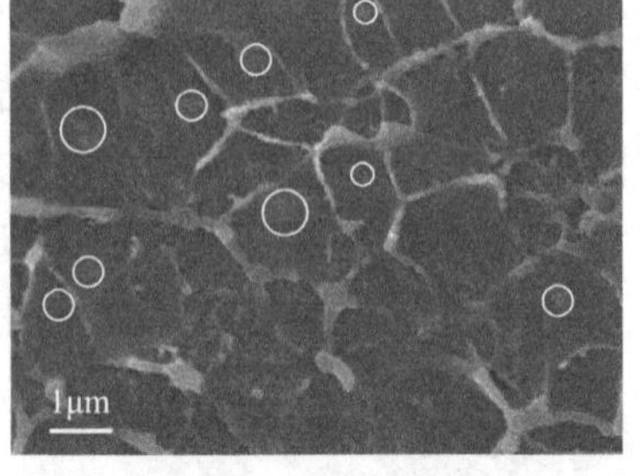

(d) MDOS_FSiO₂_500/XLPE

图 5.4　纳米 $FSiO_2$/XLPE 的表面微观形貌

经过表面接枝后，$CSiO_2$ 纳米复合材料的分散效果变化较 $FSiO_2$ 明显，且在一定范围内，随着接枝密度的增加，纳米分散效果增强。$FSiO_2$ 纳米复合材料在接枝后，纳米分散效果增强，但随着接枝密度的增加，其纳米分散效果变化不明显。

使用透射电子显微镜(transmission electron microscopy，TEM)对 XLPE 进行观测。TEM 型号为 JEM-2011，测试电压为 200kV，灯丝为 LaB6，放大倍数选取 25000 倍和 100000 倍两档，其中后者是针对前者有代表性特征区域的局部放大。

纳米复合 XLPE 材料的超薄切片试样的制备过程为使用 Leica EM KMR3 冷冻超薄切片机，对于聚乙烯类试样，本文使用液氮低温冷冻进行，切片温度设为–80℃，试样切片的厚度为 70nm，并转移到铜网上干燥 24h，随后用于 TEM 测试。

图 5.5 所示为 $CSiO_2$ 纳米复合 XLPE 材料的纳米颗粒分布及其粒径分布图。图 5.5(a)、(b)及(c)分别为 UN_$CSiO_2$/XLPE 的两个比例尺度下 TEM 图像及粒径统计分析图，图 5.5(d)、(e)及(f)分别为 MDOS_$CSiO_2$_100/XLPE 的两个比例尺度下 TEM 图像及粒径统计分析图，图 5.5(g)、(h)及(i)分别为 MDOS_$CSiO_2$_500/XLPE 的两个比例尺度下 TEM 图像及粒径统计分析图，图 5.5(j)为平均粒径图。

从图 5.5(a)～(c)可以看到，UN_$CSiO_2$/XLPE 的纳米颗粒分散不均匀，出现严重的团聚，粒径分布范围为 420～3573nm，其平均粒径大小为 1486.17nm。对于 MDOS_$CSiO_2$_100/XLPE 来说(图 5.5(d)～(f))，其分散性提升，平均粒径为 450.64nm。MDOS_$CSiO_2$_500/XLPE 的平均粒径为 251.26nm，分散性进一步增加，

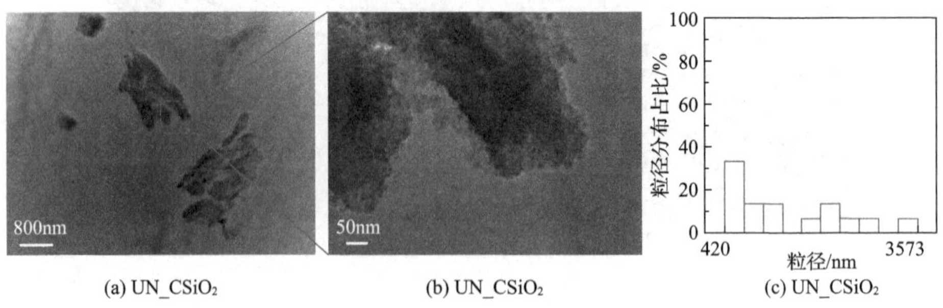

(a) UN_CSiO₂　　(b) UN_CSiO₂　　(c) UN_CSiO₂

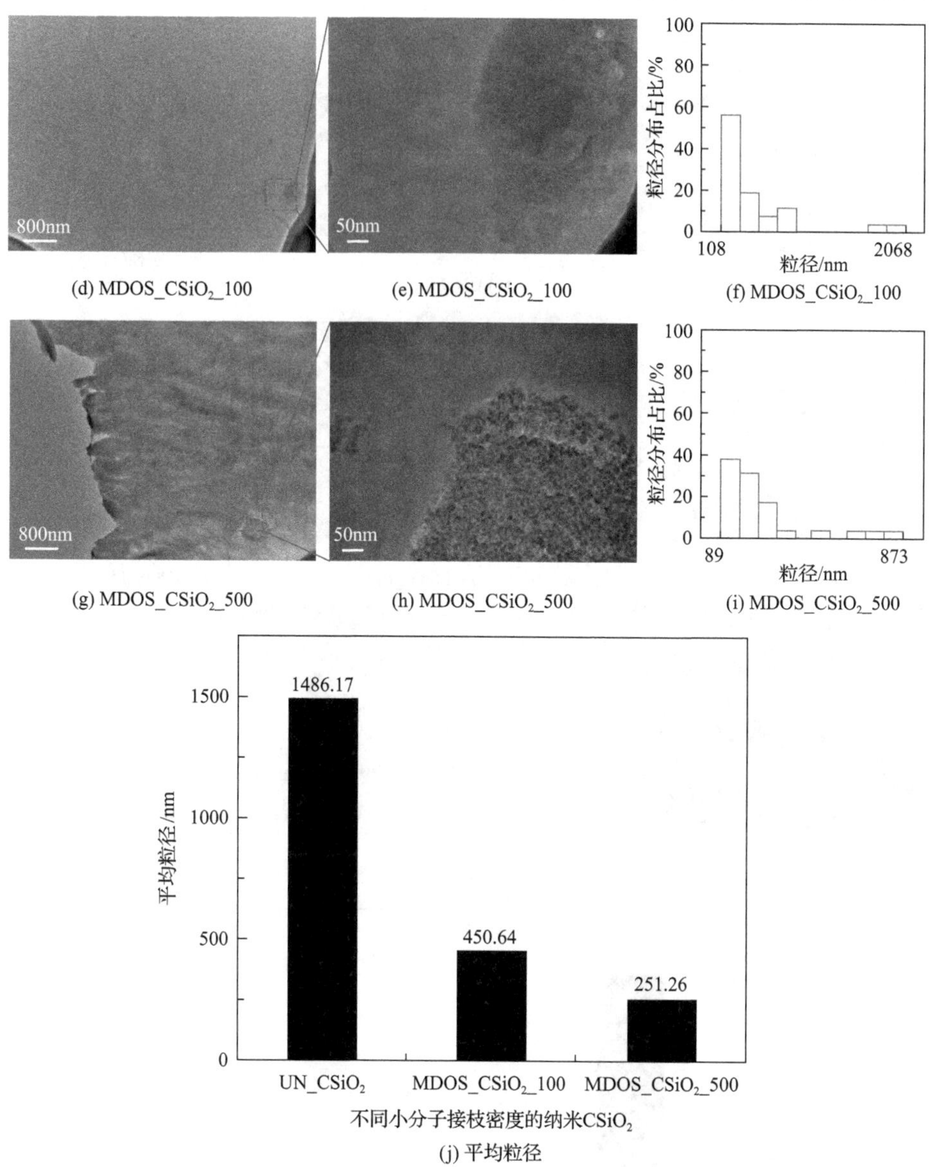

图 5.5　小分子接枝纳米 $CSiO_2$ 的 TEM 测试结果

如图 5.5(g)～(i)。可以看到对于 $CSiO_2$ 纳米颗粒来说，经过表面修饰后的纳米颗粒在 XLPE 基体中的分散效果提升了。并且随着接枝密度的增加，其分散效果更好，纳米颗粒平均粒径更小。

图 5.6 给出了 $FSiO_2$ 纳米复合 XLPE 材料的纳米颗粒分布及其粒径分布图。图 5.6(a)～(c)分别为 UN_$FSiO_2$/XLPE 的两个比例尺度下 TEM 图像及粒径统计分析图，图 5.6(d)～(f)分别为 MDOS_$FSiO_2$_100/XLPE 的两个比例尺度下 TEM

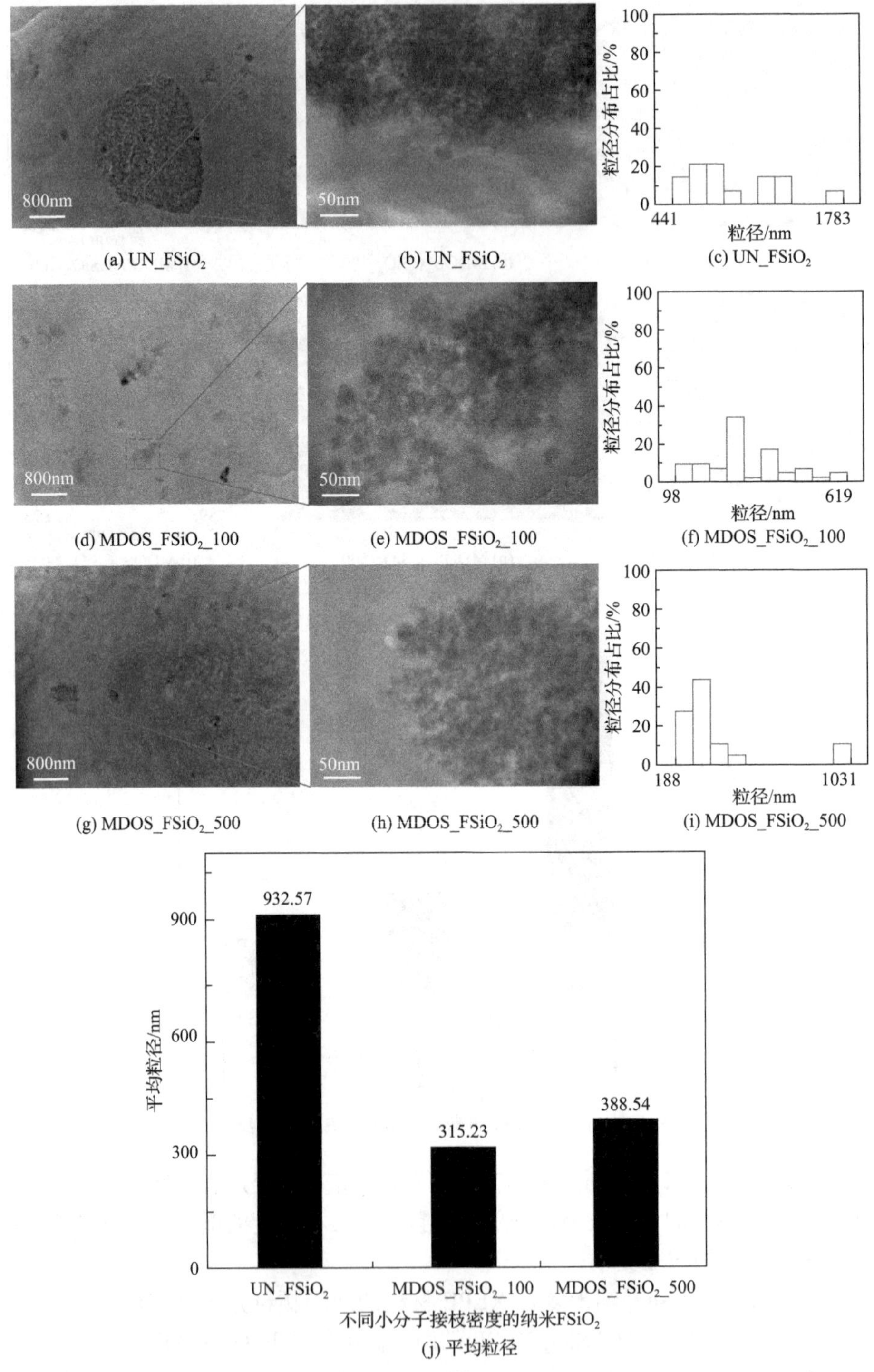

(a) UN_FSiO$_2$　(b) UN_FSiO$_2$　(c) UN_FSiO$_2$

(d) MDOS_FSiO$_2$_100　(e) MDOS_FSiO$_2$_100　(f) MDOS_FSiO$_2$_100

(g) MDOS_FSiO$_2$_500　(h) MDOS_FSiO$_2$_500　(i) MDOS_FSiO$_2$_500

(j) 平均粒径

图 5.6　小分子接枝纳米 FSiO$_2$ 的 TEM 测试结果

图像及粒径统计分析图，图 5.6(g)～(i)分别为 MDOS_FSiO$_2$_ 500/XLPE 的两个比例尺度下 TEM 图像及粒径统计分析图，图 5.6(j)为平均粒径图。

对比分析图 5.6，可以看到未经表面修饰的 UN_FSiO$_2$/XLPE 分散性很差，平均粒径为 932.57nm，FSiO$_2$_100/XLPE 和 FSiO$_2$_500/XLPE 的分散性有改善，其中 FSiO$_2$_100/XLPE 平均粒径为 315.23nm，而 FSiO$_2$_500/XLPE 的平均粒径为 388.54nm。从 TEM 图和粒径分布图中可以看到，经过纳米颗粒表面接枝后，纳米颗粒在 XLPE 基体中的分散效果加强。然而，与 CSiO$_2$ 纳米颗粒的规律不同的是，随着纳米颗粒接枝密度的增加，其分散性并未有所增加，反而略微有所下降，这一点从 FSiO$_2$_100/XLPE 粒径和 FSiO$_2$_500/XLPE 的变化规律中可以得到。

另外，对比不同纳米形貌的分散性(CSiO$_2$ 和 FSiO$_2$)，可以看到在未经修饰的 UN_CSiO$_2$/XLPE 和 UN_FSiO$_2$/XLPE 试样中，UN_FSiO$_2$/XLPE 的分散效果略微优于 UN_CSiO$_2$/XLPE。经过表面接枝后，CSiO$_2$ 纳米复合材料的分散效果变化较 FSiO$_2$ 明显，且在一定范围内，随着接枝密度的增加，纳米分散效果增强。FSiO$_2$ 纳米复合材料在接枝后，纳米分散效果增强，但随着接枝密度的增加，其纳米分散效果变化不明显。

5.2.2　聚合物刷接枝纳米粒子

选择与聚乙烯具有相同重复结构单元(—CH$_2$—CH$_2$—)的单体，经过聚合得到的长链聚合物刷可能与聚乙烯具有较好的相容性，这是本节设计聚合物刷接枝纳米颗粒的出发点。

所选取的聚合物刷单体为甲基丙烯酸十八烷基脂(stearyl methacrylate，SMA)，熔点 18～20℃，密度 0.864g/mL(25℃)，分子结构如图 5.7 所示，Sigma Aldrich(CAS 32360-05-7)。

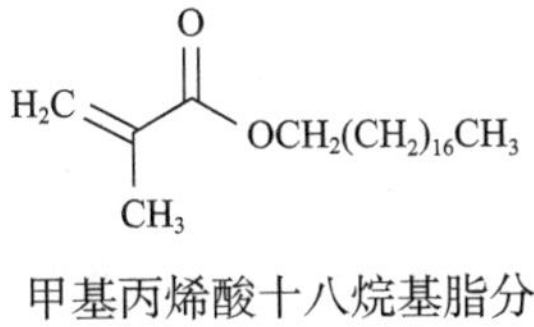

O
H_2C　$OCH_2(CH_2)_{16}CH_3$
CH_3

图 5.7　甲基丙烯酸十八烷基脂分子结构

RAFT 链转移剂为二硫代苯甲酸氰基异丙酯(4-cyanopentanoic acid dithiobenzoate，CPADB)，实验室自行合成，图 5.8 给出了制备方程。

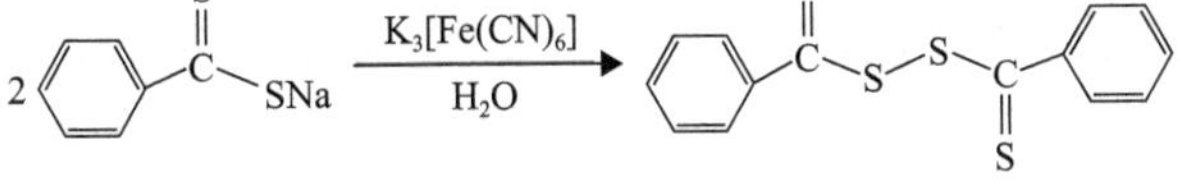

2 C(=S)SNa —$K_3[Fe(CN)_6]$ / H_2O→ C(=S)–S–S–C(=S)

图 5.8　二硫代苯甲酸氰基异丙酯的制备

RAFT 引发剂为偶氮二异丁腈(2，2'-Azoisobutyronitrile，AIBN)，纯度 99%，百灵威(CAS 78-67-1)。使用前，需在乙醇中重结晶除去杂质。

选取的纳米 $CSiO_2$ 粒径为 10～15nm，质量分数为 30wt%～31wt%，球型，均匀分散在甲基乙基酮中，Nissan Chemistry。

氢氟酸(HF)(49%，水相)，质量分数为 48wt%，纯度≥99.99%，Sigma Aldrich (CAS 7664-39-3)，其作用是溶解纳米 $CSiO_2$，以获得纳米颗粒表面接枝的聚合物刷，用于分子量的测试。

相转移剂选取甲基三辛基氯化铵(aliquat 336)，sigma aldrich。

基于文献[39]完成 RAFT 链转移剂 CPADB 的合成，具体反应如图 5.8～图 5.10 所示，最终获得活化的 CPADB。

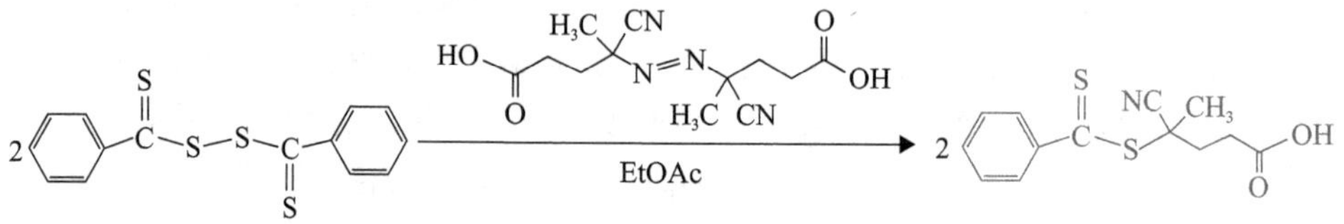

图 5.9　RAFT 链转移试剂 CPADB 的合成

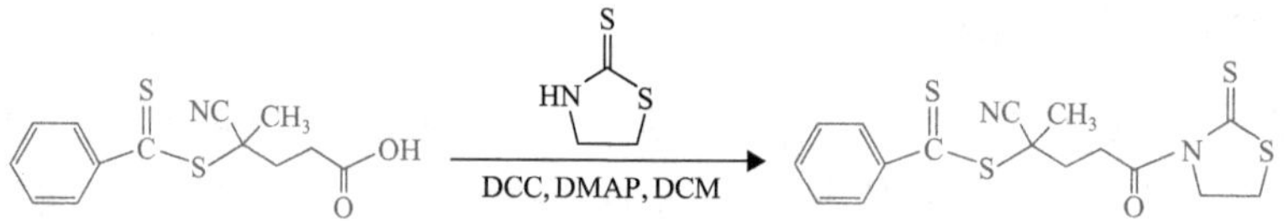

图 5.10　RAFT 链转移试剂 CPADB 的活化

采用核磁共振(NMR)氢谱(^{1}H)来表征活化的 CPADB。核磁共振仪为 Varian 500MHz 型，氘代氯仿($CDCl_3$)作为溶剂。图 5.11 给出了活化 CPADB 的核磁共振 ^{1}H 谱。

表面接枝氨基硅烷的纳米 $CSiO_2$ 的制备。氨基硅烷选择(3-氨基丙基)二甲基乙氧基硅烷，使用一个 250mL 的单口圆底烧瓶，加入表面经 MDOS 偶联剂接枝的纳米 $CSiO_2$、氨基硅烷和无水 THF。85℃下磁力搅拌回流，氮气保护、接枝过程与反应原理同 MDOS 接枝相同，如图 5.12 所示。反应结束时，使用正己烷沉降纳米颗粒。离心清洗过程重复三遍，最后表面接枝氨基硅烷的纳米 $CSiO_2$ 均匀分散在 THF 中保存。

表面接枝 CPADB 的纳米 $CSiO_2$ 的制备。使用一个 250mL 的单口圆底烧瓶，加入无水 THF 和活化 CPADB，然后逐滴加入含表面接枝氨基硅烷的纳米 $CSiO_2$ 的 THF 溶液，室温下磁力搅拌 6h。反应结束后，使用环已烷和乙酸乙脂(EtOAc)的混合液沉降纳米颗粒。离心后，超声振荡使纳米颗粒重新分散在 THF 中，再使用环已烷和 EtOAc 的混合溶液进行沉降、离心。重复上述离心-溶解-沉降过程，直至离心后的上层液体无色。最后表面接枝 CPADB 的纳米 $CSiO_2$ 分散在 THF 中保存。反应过程如图 5.13 所示。

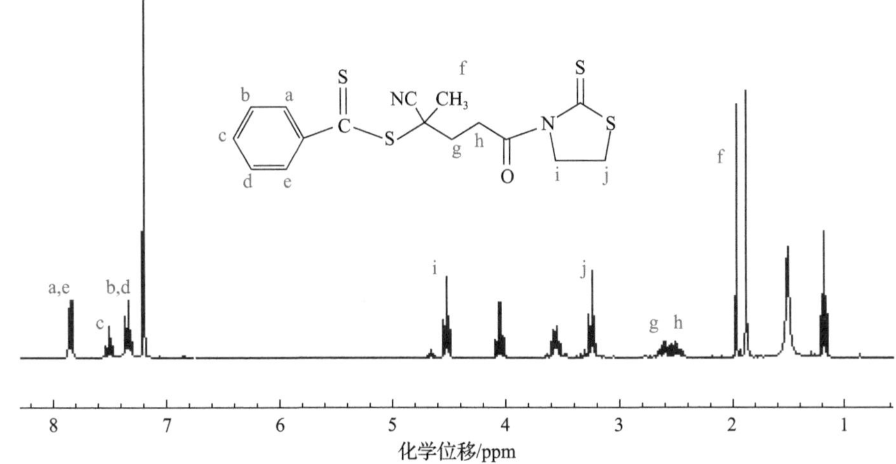

图 5.11　活化 CPADB 的 ^{1}H NMR 图谱

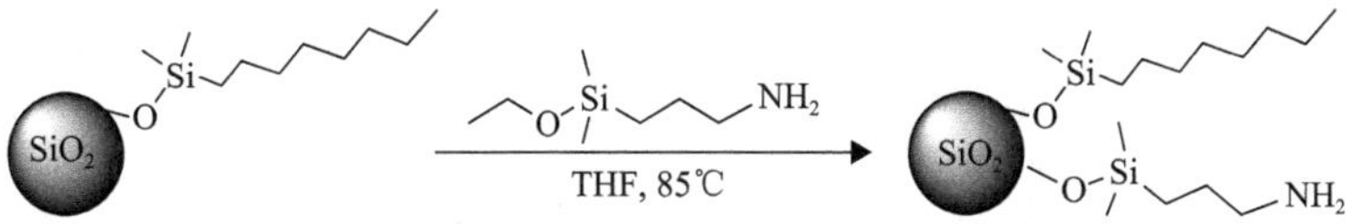

图 5.12　氨基硅烷接枝纳米 $CSiO_2$ 的反应过程

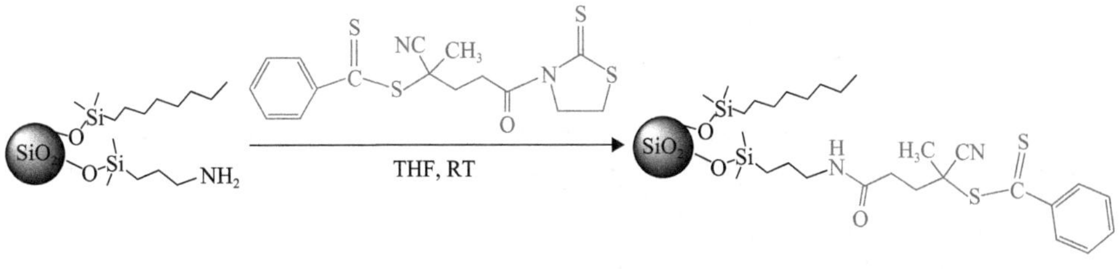

图 5.13　CPADB 接枝到纳米 $CSiO_2$ 表面的过程

纳米 $CSiO_2$ 表面 CPADB 的接枝密度通过紫外-可见光谱确定。图 5.14 给出了 CPADB 表面接枝的纳米 $CSiO_2$ 的紫外-可见光谱。

纳米颗粒表面生长聚合物刷。在舒伦瓶中加入表面接枝 CPADB 试剂的纳米 $CSiO_2$、无水 THF 和 SMA 单体。超声振荡后加入引发剂 AIBN。然后将舒伦瓶接到双排管上，经过三个循环的冷冻-抽真空-解冻操作，以充分除去氧气。随后将舒伦瓶置于 60℃油浴中，进行 RAFT 法聚合反应，反应过程如图 5.15 所示。将舒伦瓶置于冰浴中终止聚合反应，并在通风柜中挥发，然后置于真空干燥箱中过夜，除去剩余溶剂。通过 TGA 来确定聚合物刷所占质量百分比。聚合物刷聚甲基丙烯酸十八烷基脂(PSMA)分子量通过凝胶色谱法(gel permeation chromatography，GPC)来确定。纳米 $CSiO_2$ 和聚合物刷可通过红外光谱结果进行确定。

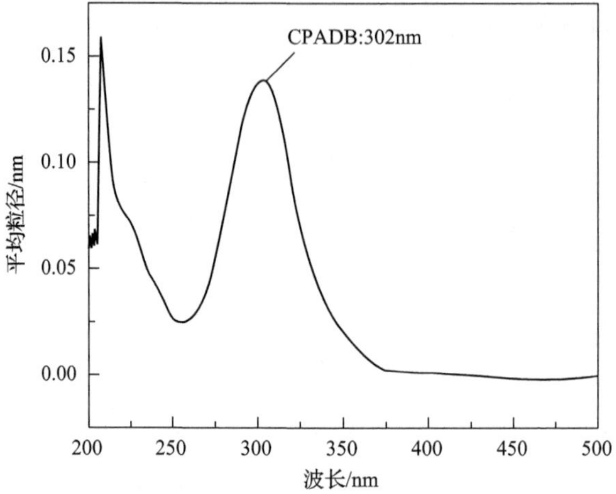

图 5.14　表面接枝 CPADB 的纳米 $CSiO_2$ 的紫外-可见光谱

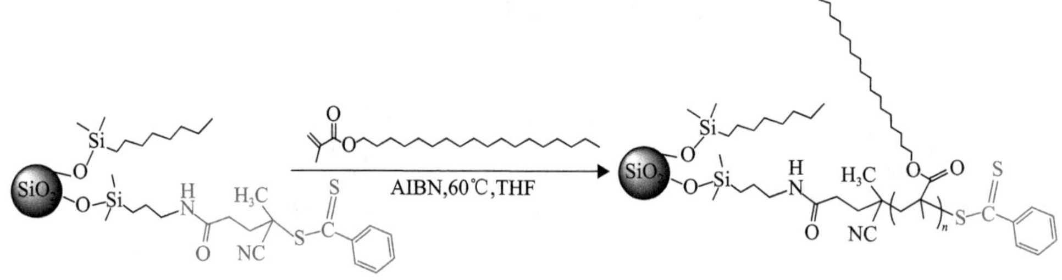

图 5.15　PSMA_$CSiO_2$ 纳米颗粒表面 RAFT 聚合反应

游离聚合物 PSMA 的制备。游离聚合物 PSMA 的合成过程采用 RAFT 法，与纳米颗粒表面接枝的聚合物刷 PSMA 的不同之处在于反应过程没有纳米 $CSiO_2$ 的参与，单体聚合反应全部在 THF 反应液中完成，反应过程如图 5.16 所示。反应物包括 SMA 单体、CPADB、AIBN，反应时间为 10h。通过 GPC、TGA、红外光谱及差示扫描量热仪(DSC)可以对游离聚合物 PSMA 的合成及理化性能进行测定。

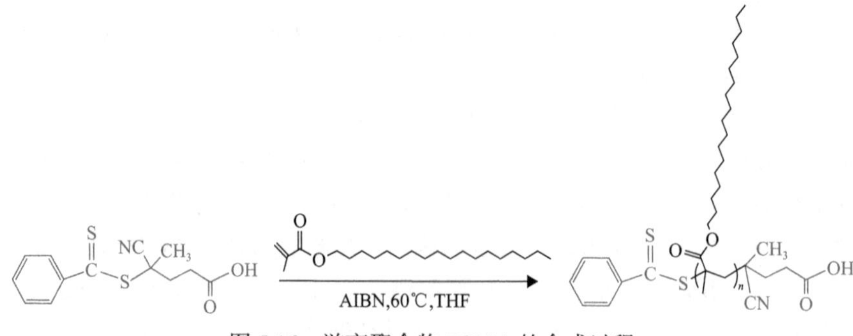

图 5.16　游离聚合物 PSMA 的合成过程

图 5.17 给出了游离聚合物 PSMA 的 GPC 测试结果，淋出时间为 21.3min，通过与聚苯乙烯标准样的对比，计算得到 PSMA 的分子量为 69kg/mol，多分散性指数(PDI)为 1.25。

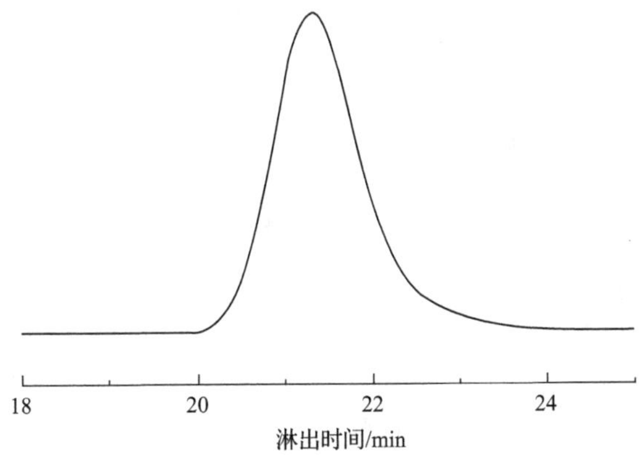

图 5.17 游离聚合物 PSMA 的 GPC 测试结果

5.2.3 纳米复合 XLPE 中聚合物刷接枝密度的调控

聚合物刷接枝密度的调控。调控聚合物刷接枝密度最关键的参数是 CPADB 链转移剂在纳米颗粒表面的接枝密度，而后者取决于氨基硅烷在纳米颗粒表面接枝密度(通常加入反应液的 CPADB 均为过量，认为所有的氨基基团均被 CPADB 替换，在合适的反应条件下认为 CPADB 与氨基硅烷的接枝密度相等)。而 RAFT 法聚合反应只能在 CPADB 上的双硫键位置进行，其聚合物刷 PSMA 的接枝密度不大于 CPADB 的接枝密度。

基于上述原理，采用 CPADB 合成的工艺参数，仅改变氨基硅烷与纳米 $CSiO_2$ 的摩尔比，再进行 CPADB 的接枝，最后进行 RAFT 法聚合反应过程。通过对 CPADB_$CSiO_2$ 纳米颗粒进行紫外-可见分光光度计(UV-vis)测试，计算得到三组 PSMA_$CSiO_2$ 纳米颗粒的接枝密度分别为 0.04ch/nm^2、0.07ch/nm^2 和 0.15ch/nm^2，为方便起见，后续以 PSMA_$CSiO_2$_0.04ch、PSMA_$CSiO_2$_0.07ch 和 PSMA_$CSiO_2$_0.15ch 来分别指代这三组不同接枝密度的 PSMA_$CSiO_2$ 纳米颗粒。

5.2.4 纳米复合 XLPE 中聚合物刷分子量的调控

聚合物刷接枝分子量调控的主要参数是聚合物单体甲基丙烯酸十八烷基脂(SMA)在反应液中的浓度。RAFT 法聚合过程的反应物包括纳米 $CSiO_2$、CPADB、AIBN、SMA。而 CPADB 试剂已经接枝在纳米 $CSiO_2$ 表面，通过 UV-vis 测试可以计算得到其接枝密度。称取一定质量的纳米 $CSiO_2$，即可得到相应质量的 CPADB 试剂，本书选取的 CPADB_$CSiO_2$ 纳米颗粒的表面 CPADB 试剂的接枝密度均为

0.04ch/nm^2。保持 CPADB 与 AIBN 的摩尔比为 1∶0.1，改变 SMA 与 CPADB 的摩尔比分别为 200∶1、1000∶1 和 10000∶1，然后 60℃下在舒伦瓶中反应 10h，其他条件与上述过程相同。GPC 测试结果如图 5.17 所示，通过与聚苯乙烯标准样对比，计算得到三组 PSMA_CSiO$_2$ 纳米颗粒表面接枝的聚合物刷 PSMA 的分子量分别为 10kg/mol、45kg/mol 和 90kg/mol，对应的淋出时间分别为 22.5min、21.4min 和 20.9min。为方便起见，后续以 PSMA_CSiO$_2$_10k、PSMA_CSiO$_2$_45k 和 PSMA_CSiO$_2$_90k 来分别指代三组不同分子量的 PSMA_CSiO$_2$ 纳米颗粒。

5.2.5　纳米复合 XLPE 中功能基团接枝的设计与实现

在纳米颗粒表面接枝功能基团的出发点是希望利用不同功能基团所具有的电学活性，从而影响纳米复合介质内部空间电荷输运、存贮过程和界面微观陷阱特性[40]。功能基团通常为小分子，显极性或非极性，具有电学活性，化学结构与一般的聚合物没有相似性，与聚乙烯材料难以相容。为研究功能基团的影响，本文采取的策略是在纳米颗粒表面接枝功能基团，然后在纳米颗粒表面继续接枝与聚乙烯本体相容的聚合物刷，后者是为了提高纳米分散性。本节对两方面工艺进行研究，一是小分子功能基团在纳米颗粒表面接枝工艺和表征方法，二是功能基团接枝的纳米颗粒表面进一步接枝聚合物刷的工艺。

选取两种小分子功能基团，一种是蒽(anthracene，下文用 An 代)基团，另一种是二茂铁(ferrocene，下文用 Fe 代)基团，以初步探究不同的功能基团分子对空间电荷特性的影响过程。已有的研究表明二者均具有电学活性[41,42]，但在工程电介质领域尚未有相关的研究，图 5.18 是这两种基团的化学结构。

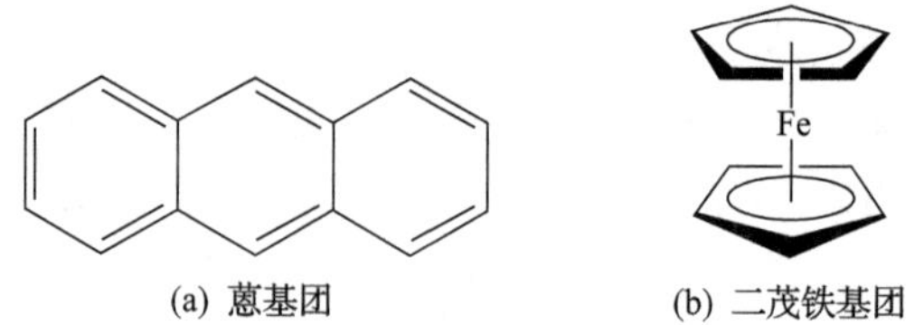

(a) 蒽基团　　(b) 二茂铁基团

图 5.18　两种具有电学活性的功能基团

为了将蒽基团接枝到纳米颗粒表面，本书选取的含蒽基团的反应物为 9-蒽甲醇(9-(hydroxymethyl) anthracene)，通过一系列反应对其进行活化，过程如图 5.19。

首先称取一定量的 9-蒽甲醇和三溴化磷，加到圆底烧瓶中，甲苯作为反应溶剂，20℃下磁力搅拌 24h，最后 9-蒽甲醇上的羟基被溴原子所取代，生成的 9-溴蒽甲醇随后与氰化钾(potassium cyanide)一同溶解于二甲基亚砜(DMSO)中，在 70℃下磁力搅拌回流 12h，反应过程中氰基(—CN)替代了溴原子，得到 9-氰化蒽甲醇。随后，将产物继续与 KOH 一起加入到有乙二醇的烧瓶中室温下回流反应 12h，9-蒽甲醇上的羟基—OH 此时已经变成羧基—COOH，随后的活化策略与

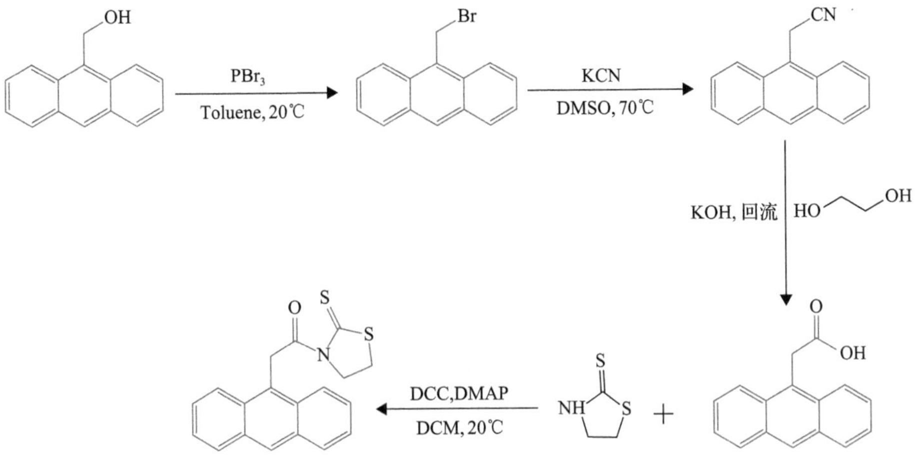

图 5.19　蒽基团的活化过程

CPADB 试剂活化过程一致，均与 2-巯基噻唑啉在加有二环己基碳二亚胺(DCC)、4-(二甲氨基)吡啶(DMAP)、二氯甲烷(DCM)的环境下反应，得到带蒽基团的活化产物。需要强调的是：第二步反应过程使用的氰化钾，容易潮解，与空气中的水和二氧化碳反应，逐渐分解并释放出剧毒的氰化氢气体，因而所有操作必须在通风柜中进行操作，反应残余物和容器均作为危险废物处理。

为了将活化后的蒽基团接枝到纳米 $CSiO_2$ 表面，首先需要在纳米颗粒表面接枝氨基硅烷，反应过程如图 5.20 所示的第一步反应。第二步反应过程中，硅烷上的氨基基团被活化的蒽基团取代，后者被接枝到纳米 $CSiO_2$ 表面。

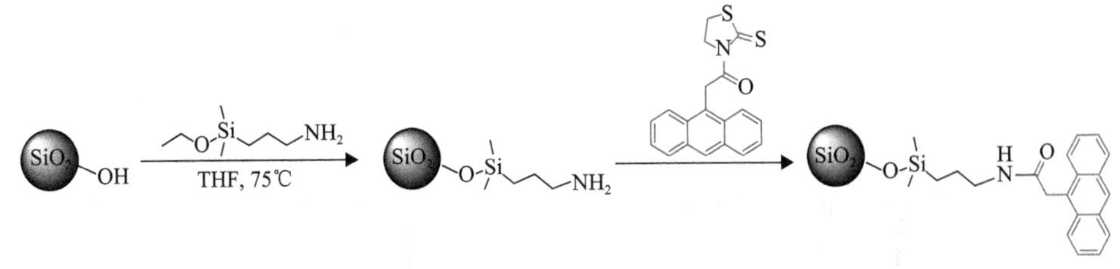

图 5.20　活化的蒽基团接枝到纳米 $CSiO_2$ 表面

图 5.21 为表面均匀接枝有蒽基团的纳米 $CSiO_2$ 的示意图，干燥的纳米固体呈浅绿色。

为了实现在 An_$CSiO_2$ 纳米颗粒表面进一步接枝聚合物刷，在上述产物中，继续接枝氨基硅烷，整个过程如图 5.22 所示。活化 CPADB 试剂替代纳米颗粒表面氨基基团，进而接枝到 An_$CSiO_2$ 纳米颗粒表面。整个反应过程中，纳米 $CSiO_2$ 均匀溶解在反应液中，蒽基团和 CPADB 均匀地接枝在纳米颗粒表面。

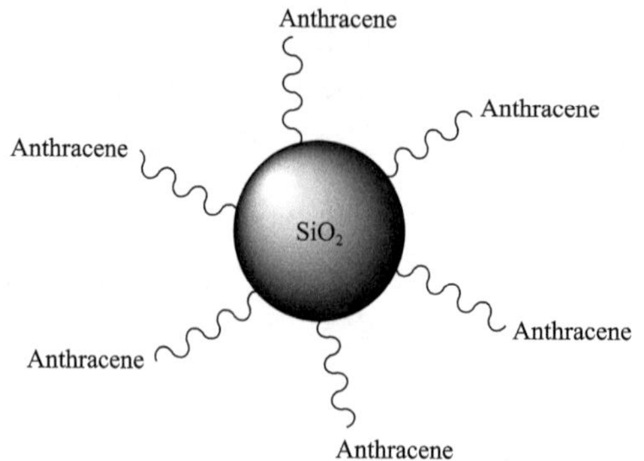

图 5.21 表面接枝蒽基团的纳米 $CSiO_2$

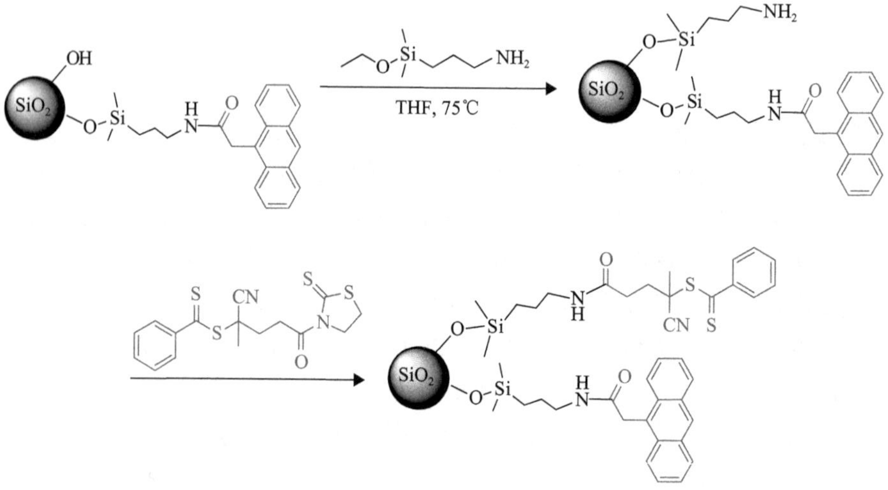

图 5.22 An_$CSiO_2$ 纳米颗粒继续接枝 CPADB 的反应过程

经过三轮离心-清洗-沉降过程后，得到纳米 $CSiO_2$，并与 SMA、AIBN 以一定的摩尔比加入到无水 THF 中，在舒伦瓶中进行三轮的冷冻-抽气-解冻操作，密闭并置于 60℃油浴中，RAFT 聚合反应持续 10h，反应过程如图 5.23 所示。反应结束后，反应液的颜色为浅粉色，经清洗离心后，得到 An_PSMA_$CSiO_2$ 纳米

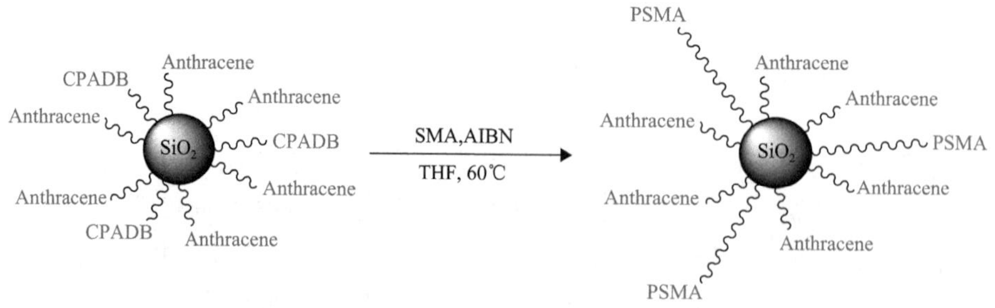

图 5.23 An_$CSiO_2$ 纳米颗粒表面聚合生长 PSMA 的过程

颗粒，取少量用于聚合物刷分子量测试，其余密闭保存在–20℃下。

二茂铁基团的反应物选取二茂铁甲酸(ferrocenecarboxylic acid)，黄色粉末，利用其基团上具有的羧基官能团，直接与 2-巯基噻唑啉、DCC、DMAP 和过氧化二异丙苯(dicumyl perxide，DCP)在 DCM 反应液中反应活化，如图 5.24 所示。

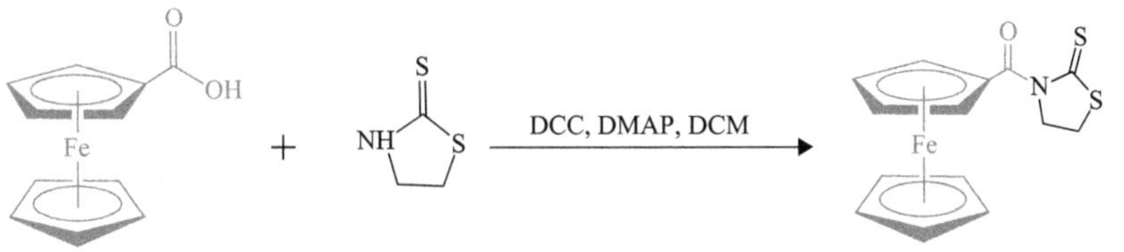

DCC, DMAP, DCM

图 5.24　二茂铁基团的活化过程

图 5.25 给出了二茂铁基团接枝到纳米 $CSiO_2$ 表面的过程，与前面蒽基团类似，首先在纳米 $CSiO_2$ 表面接枝氨基硅烷，再利用活化的二茂铁基团上的氨基具有比纳米颗粒表面氨基更强的结合力的特点，从而替代纳米 $CSiO_2$ 表面的氨基基团，完成接枝反应。继续使用氨基硅烷，在 75℃下的 THF 溶液中与 Fe_$CSiO_2$ 纳米颗粒表面的羟基结合，为下一步活化的 CPADB 试样提供氨基基团。二茂铁基团呈橘黄色，CPADB 试剂呈红色，最后经过离心-清洗-沉降操作得到的 Fe_CPADB_$CSiO_2$ 纳米颗粒呈红色。

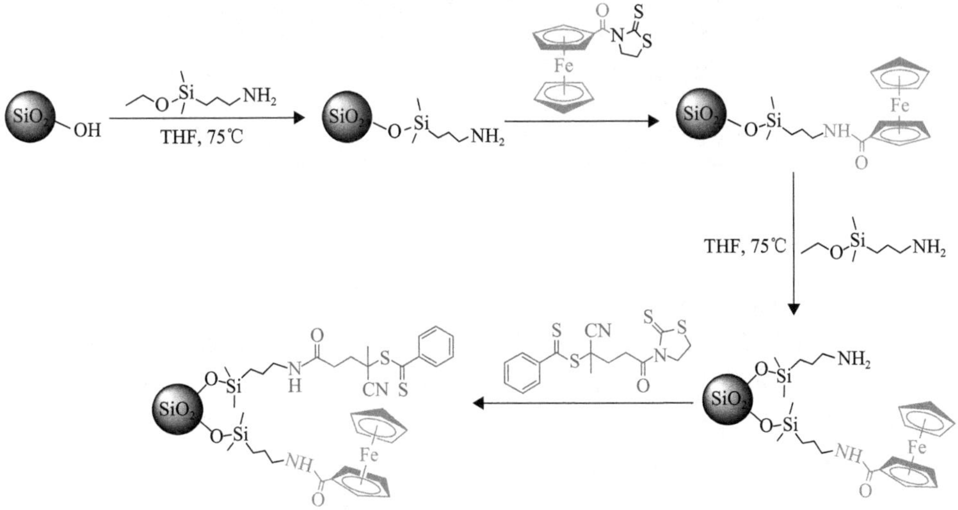

THF, 75℃

图 5.25　活化二茂铁基团和 CPADB 试剂接枝到纳米 $CSiO_2$ 表面

图 5.26 展示了利用上述的纳米 $CSiO_2$ 表面接枝 CPADB 进行 RAFT 聚合反应的过程，反应条件与蒽基团接枝组别相同。

图 5.27(a)展示的是均匀地分散在 THF 中接枝有蒽基团的 An_PSMA_$CSiO_2$ 纳米颗粒，呈浅粉色，透明。图 5.27(b)为均匀地分散在 THF 溶剂中接枝有二茂

铁基团的 Fe_PSMA_CSiO$_2$ 纳米颗粒，呈棕黄色，透明。需要说明的是，经过 RAFT 聚合后的聚合物刷 PSMA 的末端依然有链转移试剂官能团，具有光敏性，在高温（60℃）条件下，又会重新恢复活性，可进一步聚合。它暴露在光线环境下会逐渐分解，最后失活，体现在颜色上的变化为最后溶液为无色透明。

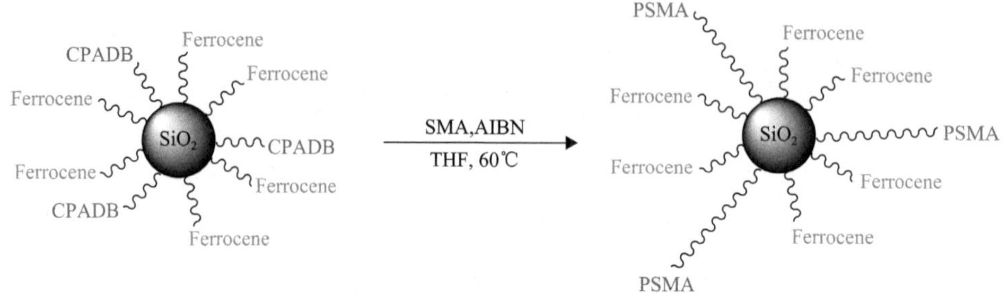

图 5.26　Fe_CSiO$_2$ 纳米颗粒表面聚合生长 PSMA 的过程

图 5.27　接枝功能基团的 PSMA_CSiO$_2$ 纳米颗粒的 THF 溶液

Fe_PSMA_CSiO$_2$ 纳米颗粒表面聚合物刷的分子量为 80kg/mol，PDI 为 1.40，图 5.28 显示淋出时间为 20.9min。An_PSMA_CSiO$_2$ 纳米颗粒表面聚合物刷的分子量为 86kg/mol，PDI 为 1.25，淋出时间为 20.7min。

图 5.29 给出了不同聚合物刷接枝密度的 PSMA_CSiO$_2$/XLPE 的 TEM 显微图像及纳米粒径统计结果，图 5.29(a)～(c) 为 0.04ch/nm^2 接枝密度的纳米 CSiO$_2$/XLPE TEM 图像及粒径统计图，图 5.29(d)～(f) 和图 5.29(g)～(i) 分别为接枝密度 0.07ch/nm^2 和 0.15ch/nm^2 组别的情况。

对比图 5.29(a)、(d) 与 (g)，0.04ch/nm^2 组别纳米颗粒团聚尺寸最小，均匀分布在整个视野范围内，而图 5.29(d) 与 (g) 中纳米团聚尺寸远远大于图 5.29(a) 中的尺寸。将图像局部放大后，同样发现 0.04ch/nm^2 接枝密度下纳米团聚尺寸远远小于另外两组接枝密度下纳米团聚尺寸。

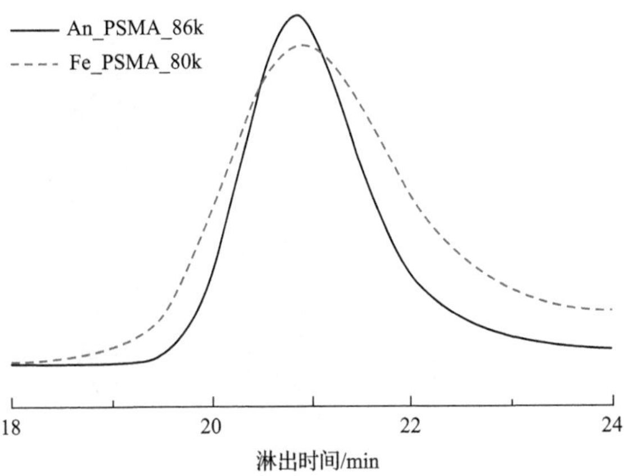

图 5.28　功能基团接枝 PSMA_CSiO$_2$ 纳米颗粒的聚合物刷的 GPC 测试结果

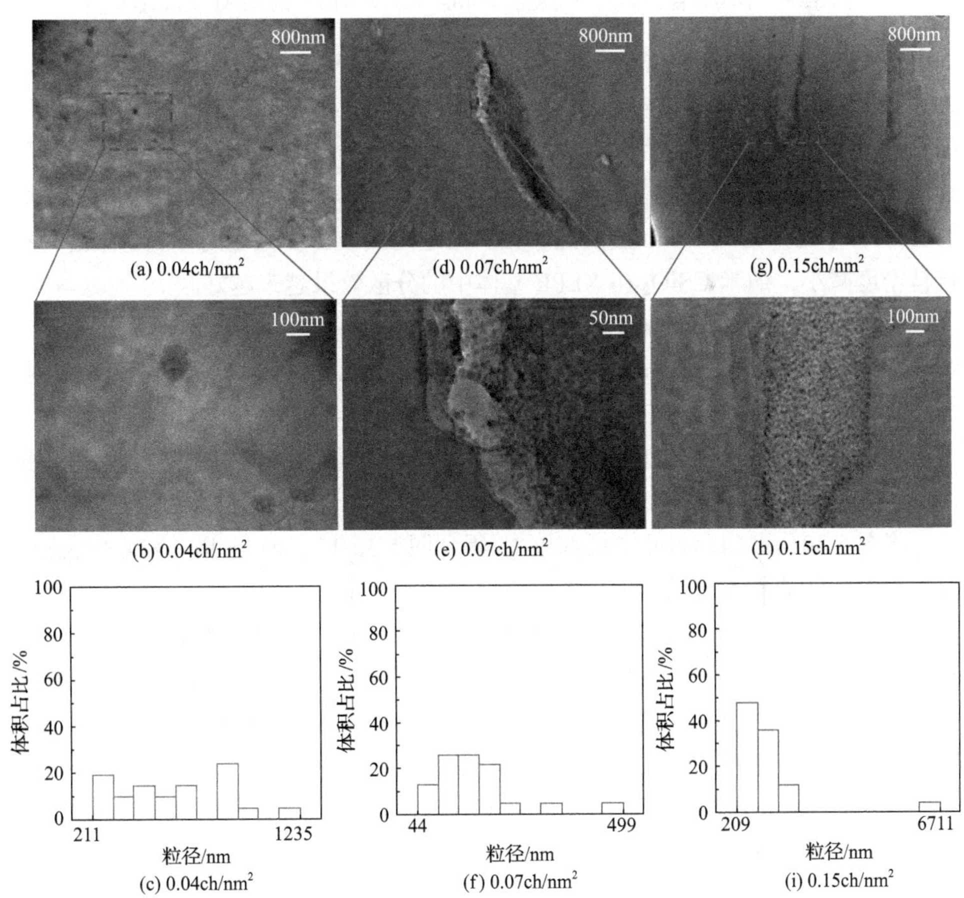

800nm
(a) 0.04ch/nm^2
800nm
(d) 0.07ch/nm^2
800nm
(g) 0.15ch/nm^2

100nm
(b) 0.04ch/nm^2
50nm
(e) 0.07ch/nm^2
100nm
(h) 0.15ch/nm^2

体积占比/%
0
20
40
60
80
100
211
1235
粒径/nm
(c) 0.04ch/nm^2

体积占比/%
0
20
40
60
80
100
44
499
粒径/nm
(f) 0.07ch/nm^2

体积占比/%
0
20
40
60
80
100
209
6711
粒径/nm
(i) 0.15ch/nm^2

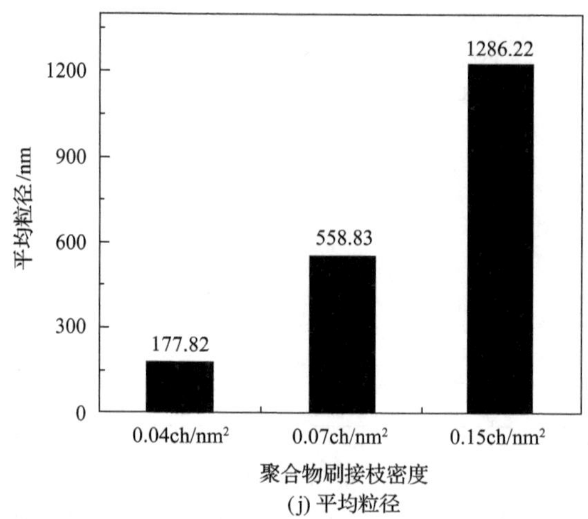

(j) 平均粒径

图 5.29　不同聚合物刷接枝密度的 PSMA_CSiO$_2$/XLPE 的 TEM 显微观测

对 TEM 图像中纳米粒径进行定量统计，得到图 5.29(c)、(f) 及 (i)。图 5.29(c) 中，90%纳米粒径分布在 44～220nm，最大粒径为 499nm，平均值为 178nm；图 5.29(f) 中，88%纳米粒径分布在 165～825nm 区间，最大粒径达到 2277nm，平均值为 559nm；图 5.29(i) 中，60%纳米粒径分布在 345～1035nm，最大粒径达到 3145nm，平均值为 1286nm。因此，在所给定的接枝密度范围内，随着聚合物刷接枝密度减小，纳米 CSiO$_2$ 在 XLPE 基体中的分散效果越来越好。

图 5.30 为不同聚合物刷分子量的 PSMA_CSiO$_2$/XLPE 的 TEM 显微图像及纳米粒径统计结果。图 5.30(a)、(d) 与 (g) 为 10kg/mol、45kg/mol 与 90kg/mol 接枝分子量 PSMA_CSiO$_2$/XLPE 的 TEM 显微图像。比较发现分子量为 45kg/mol 时，纳米团聚尺寸最小，在视野中分布最均匀。接枝分子量为 90kg/mol 时，纳米团聚尺寸最大。

将图 5.30(a)、(d) 与 (g) 中局部放大，得到图 5.30(b)、(e) 与 (h)，发现 45kg/mol 分子量的试样纳米团聚尺寸远小于另两组试样。

图 5.30(c) 中，大部分纳米粒径分布在 44～220nm，最大粒径达到 1235nm，平均值为 605nm；图 5.30(f) 中，88%纳米粒径都分布在 165～825nm，最大粒径达到了 499nm，平均值为 178nm；图 5.30(i) 中，60%纳米粒径分布在 345～1035nm 区间，最大粒径达到 6711nm，平均值为 1081nm。

同理，可以发现聚合物刷分子量在 45kg/mol 附近时，纳米 CSiO$_2$ 在 XLPE 基体中的分散性较好。

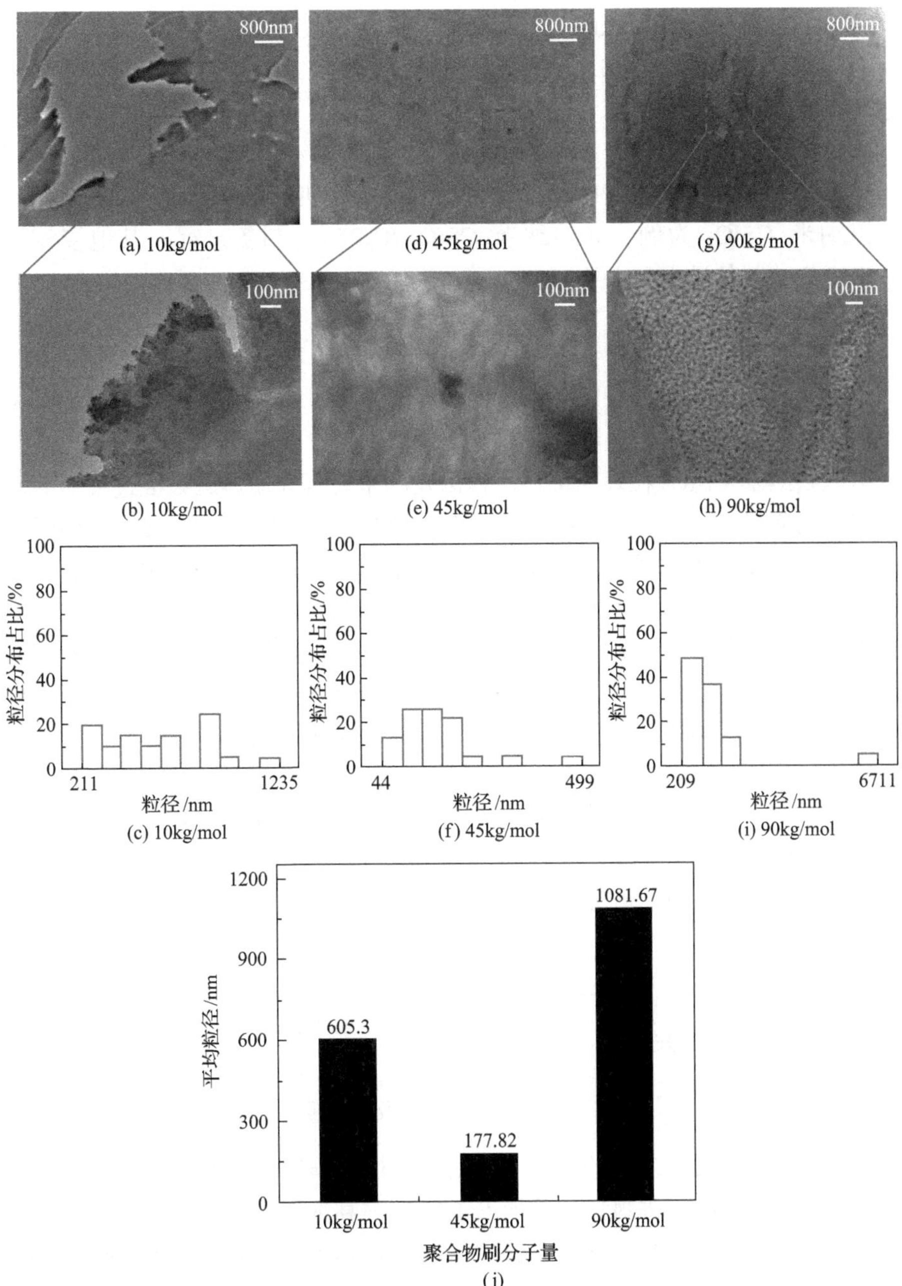

图 5.30　不同聚合物刷分子量的 PSMA_CSiO$_2$/XLPE 的 TEM 显微观测

5.2.6　纳米复合 XLPE

LDPE 的熔融指数为 25g/10min(190℃/2.16kg)，熔点为 116℃，密度为

0.925g/mL(25℃)，sigma aldrich(CAS 9002-88-4)。交联剂为过氧化二异丙苯，熔点 39～41℃，密度 1.56g/mL(25℃)，sigma aldrich(CAS 80-43-3)。纳米颗粒采用上述小分子表面接枝的纳米 $CSiO_2$。

采用混合分散剂对纳米 SiO_2 和 LDPE 母料进行物理预共混。熔融共混采用哈克转矩流变仪，热压交联制备薄膜使用 Carver 压片机和特别设计的热压模具。

以纳米 $CSiO_2$ 为例，介绍纳米 $CSiO_2$/XLPE 的制备过程，其他接枝纳米 SiO_2/XLPE 的制备过程与之类似。

1. 熔融共混过程

XLPE 及其纳米复合介质采用熔融共混法制备，各组别母料制备过程采用相同参数，包括共混时间、温度和转速等。

考虑到纳米 $CSiO_2$ 在表面接枝过程以及纳米复合介质熔融共混过程均会发生不同程度的质量损失，为制备质量分数为 2wt%的纳米 $CSiO_2$/XLPE，采用母料稀释法。先按照 10∶1 的质量比，将 LDPE 与纳米 $CSiO_2$ 进行物理预共混，此时纳米 $CSiO_2$ 溶解分散在甲基乙基酮中，置于通风柜中挥发干燥 12h，再在 70℃下真空干燥 12h。使用转矩流变仪在 145℃和 60rpm 下熔融共混 10min，用 TGA 准确测定母料中纳米颗粒的质量分数。依据 2wt%的质量分数，将纯 LDPE 与上述母料按比例混合，再在转矩流变仪中熔融共混，该过程如图 5.31 所示。

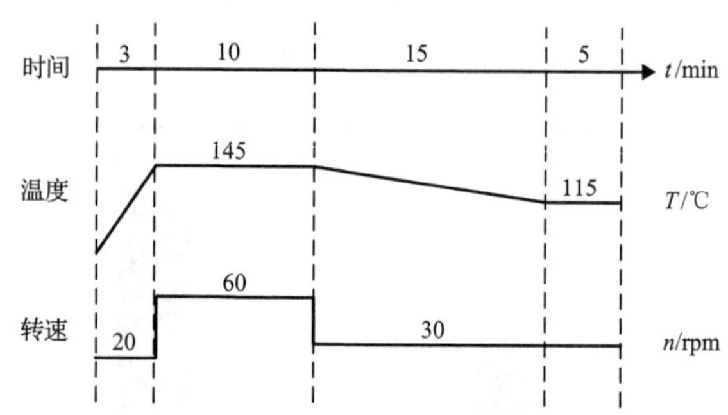

图 5.31　熔融共混参数及相互匹配

转矩流变仪三段控温区均设为 145℃，确保共混腔内各处温度基本一致。预热过程转速为 20rpm，进料口匀速加入 LDPE 与高浓度母料组成的混合料，较低的转速有利于混合料受热熔融，并保护螺杆。3min 后，转速增至 60rpm，保持温度不变，共混 10min。

综合考虑 LDPE 熔点(约 110℃)和交联剂 DCP 的分解温度(约 120℃)，将转矩流变仪的温度降至 115℃，转速调为 30rpm。加入 2.0wt%DCP 交联剂共混 5min。

整个过程转矩流变仪内部持续通入干燥氮气，一方面控制温度，另一方面提供惰性气体环境，抑制聚合物高温氧化。

2. 试样的制备及后处理

使用热压法制备 XLPE 及其纳米复合介质的薄膜试样。将预热至 180℃的不锈钢模具连同试样母料放至 Carver 压片机中预热 1min。待母料熔融，施加 15MPa 的压强，热压交联时间为 15min。热压结束后，试样在空气中冷却，最后得到厚度均匀、直径约 70mm 的薄膜试样，用于后续测试。依据实际测试的需求，薄膜试样厚度范围为 50～300μm，如图 5.32 所示。

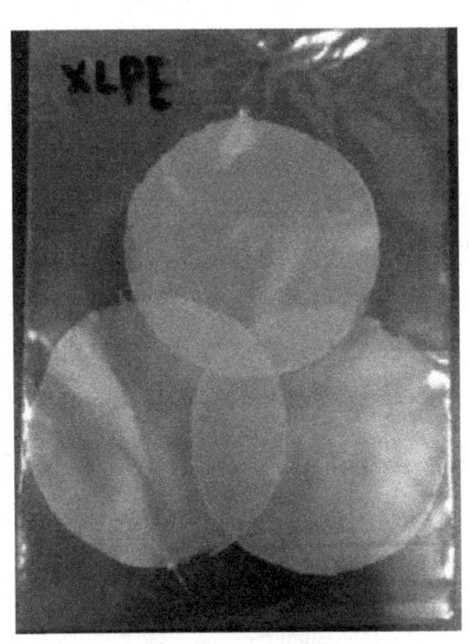

图 5.32　XLPE 薄膜试样

热压交联过程同时生成交联副产物包括 0.08wt%甲烷、0.6wt%苯乙酮和 1.2wt%二甲基苄醇，交联副产物可占总重的 1.9wt%。此外，薄膜试样在热压前后不可避免会含有水分，为消除薄膜试样绝大部分交联副产物和水分的影响，采取后处理方法是在 80℃下真空干燥 24h，然后存放于干燥箱中。

一共制备 4 组 XLPE 及其纳米复合介质试样，依次命名为①XLPE；②UN_$CSiO_2$/XLPE；③MDOS_$CSiO_2$_100/XLPE；④MDOS_$CSiO_2$_500/XLPE。其中，第①组为 XLPE 试样，第②组为表面未接枝的纳米 $CSiO_2$/XLPE，第③～④组为经过不同体积的 MDOS 偶联剂(100μL 和 500μL)表面接枝的纳米 $CSiO_2$/XLPE。其他接枝纳米 SiO_2/XLPE 的命名方式与此类似。

5.3　小分子接枝纳米复合 XLPE 的空间电荷特性

无机纳米颗粒与聚乙烯由于表面能的巨大差异，往往难以相容，导致纳米颗粒团聚现象。通过在纳米颗粒表面接枝小分子偶联剂改变纳米颗粒表面能，改变纳米颗粒在聚乙烯本体中的分散性，从而影响纳米复合 XLPE 的微观陷阱特性和电荷输运、积聚、迁移和消散过程。深入研究纳米颗粒表面不同的小分子接枝参数，有利于建立宏观电学特性与微观理化参数的一一对应关系。

5.3.1 小分子接枝密度的影响

1. 小分子接枝密度对空间电荷特性的影响

使用第 3 章的电声脉冲法(PEA)空间电荷测量系统，XLPE 和纳米 $CSiO_2$/XLPE 复合介质薄膜试样的厚度为 300μm 左右，外施直流电压均为负极性，电场强度选择–30kV/mm、–50kV/mm、–75kV/mm 和–100kV/mm 四个幅值，电场的选取一方面依据 PEA 测试单元的最高耐压(±35kV)，另一方面针对低电场下的空间电荷特性和高电场下的空间电荷包现象。

示波器的采样率为 2.5GS/s，测试过程如下：①–10kV/mm 电场下快速采集参考信号；②施加外电场，开始极化过程，示波器对 200 组波形取平均以滤波，每隔 5s 向计算器发送 PEA 信号，极化 60min；③极化结束时撤去外电场，每隔 2s 向计算机发送经平均滤波的 PEA 信号，去极化 30min。

图 5.33 和图 5.34 分别给出了不同小分子接枝密度的纳米 $CSiO_2$/XLPE 试样在

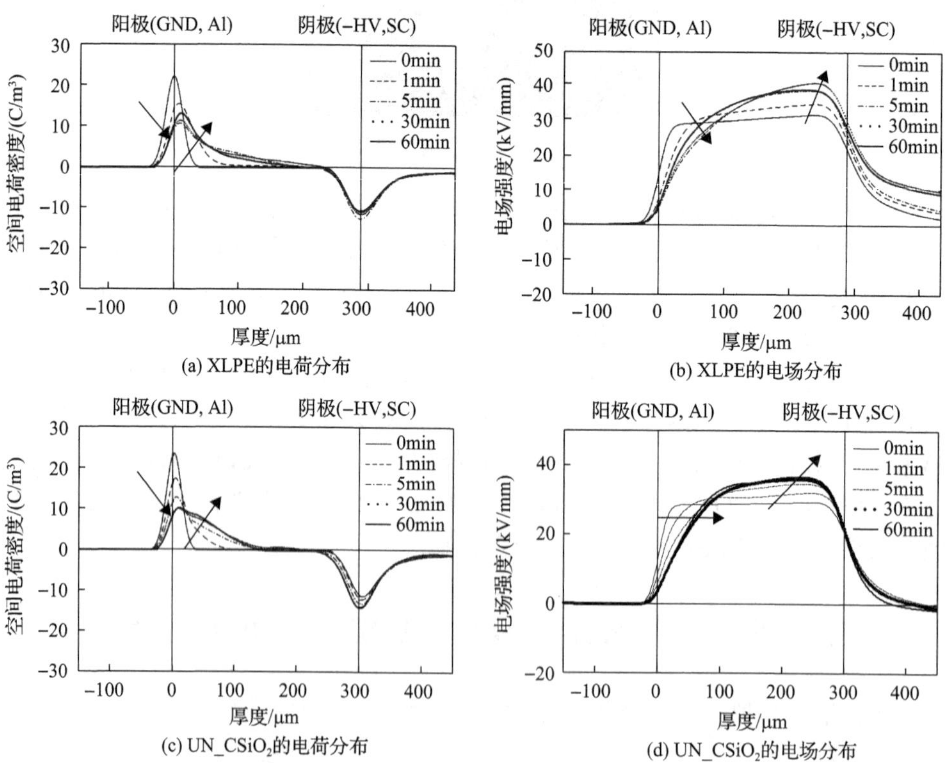

(a) XLPE的电荷分布
(b) XLPE的电场分布
(c) UN_$CSiO_2$的电荷分布
(d) UN_$CSiO_2$的电场分布

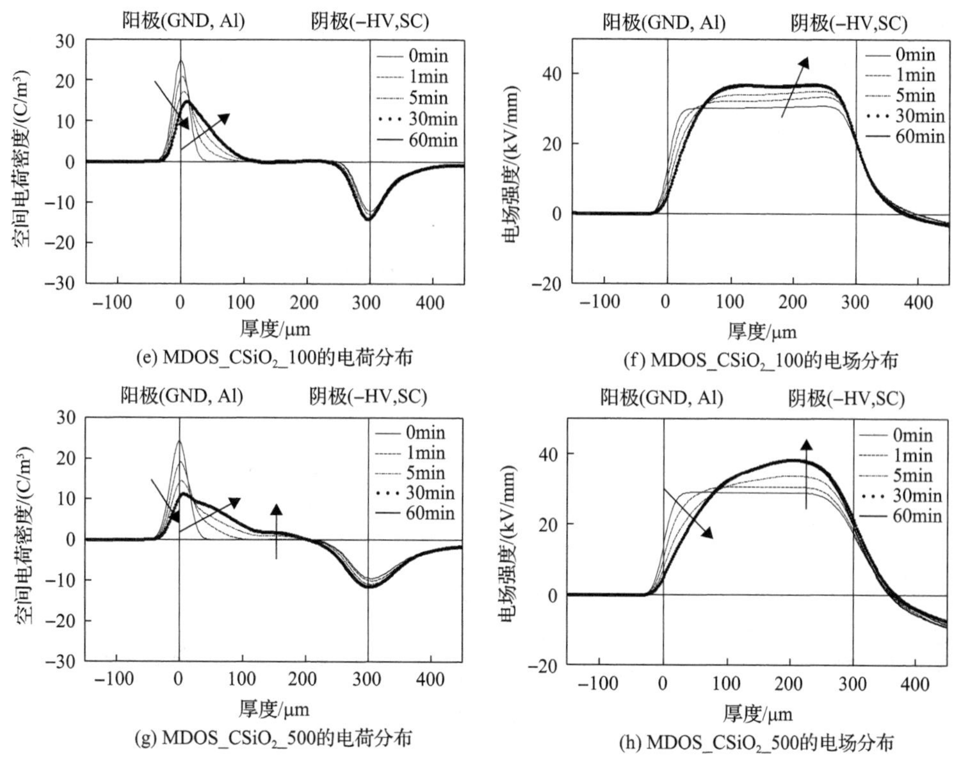

(e) MDOS_CSiO$_2$_100的电荷分布

(f) MDOS_CSiO$_2$_100的电场分布

(g) MDOS_CSiO$_2$_500的电荷分布

(h) MDOS_CSiO$_2$_500的电场分布

图 5.33　−30kV/mm 下纳米 CSiO$_2$/XLPE 60min 内的空间电荷和内部电场分布

−30kV/mm 直流电场作用 60min 和去极化 30min 的空间电荷特性和内部电场强度分布。试样组别共 4 种。

图 5.33 中的横坐标为沿试样厚度方向的位置坐标，阳极与试样的界面位于横坐标 0μm 处，阴极位于 300μm 附近；纵坐标为空间电荷的体密度。可以看到纯 XLPE 试样在 60min 加压极化过程中存在电荷注入的过程，UN_CSiO$_2$/XLPE 的电荷注入深度与 XLPE 并无太大区别，MDOS_CSiO$_2$_100/XLPE 的电荷注入深度有减少，说明经过 MDOS 接枝后的纳米颗粒对空间电荷注入有一定抑制作用。而 MDOS_CSiO$_2$_500/XLPE 的电荷注入深度较 MDOS_CSiO$_2$_100/XLPE 略有增加。比较相应的电场强度分布(图 5.33(b)、(d)、(f)和(h))可以看到，随着空间电荷的注入，阳极附近电场强度下降，试样内部和阴极附近电场强度有所上升。UN_CSiO$_2$/XLPE 试样较纯 XLPE 试样的电场畸变情况有所改善。与空间电荷规律相对应，MDOS_CSiO$_2$_100/XLPE 试样的电场分布是 4 组试样畸变最小的一组，而更高密度接枝的 MDOS_CSiO$_2$_500/XLPE 电场反而出现了更高的电场畸变。

图 5.34 给出了撤压过程中的空间电荷变化规律。对比图 5.34(a)和(d)，纯 XLPE 的空间电荷消散速度最快，添加了纳米 CSiO$_2$ 的 XLPE 试样的消散速度较慢(图 5.34(b)～(d))。图 5.34(d)中 MDOS_CSiO$_2$_500/XLPE 的空间电荷在撤压

过程中分布在试片内部，且空间电荷量相对较大。$MDOS\_CSiO_2\_100$/XLPE 试样的空间电荷主要分布在阴极和阳极，注入深度较浅且空间电荷量较小。

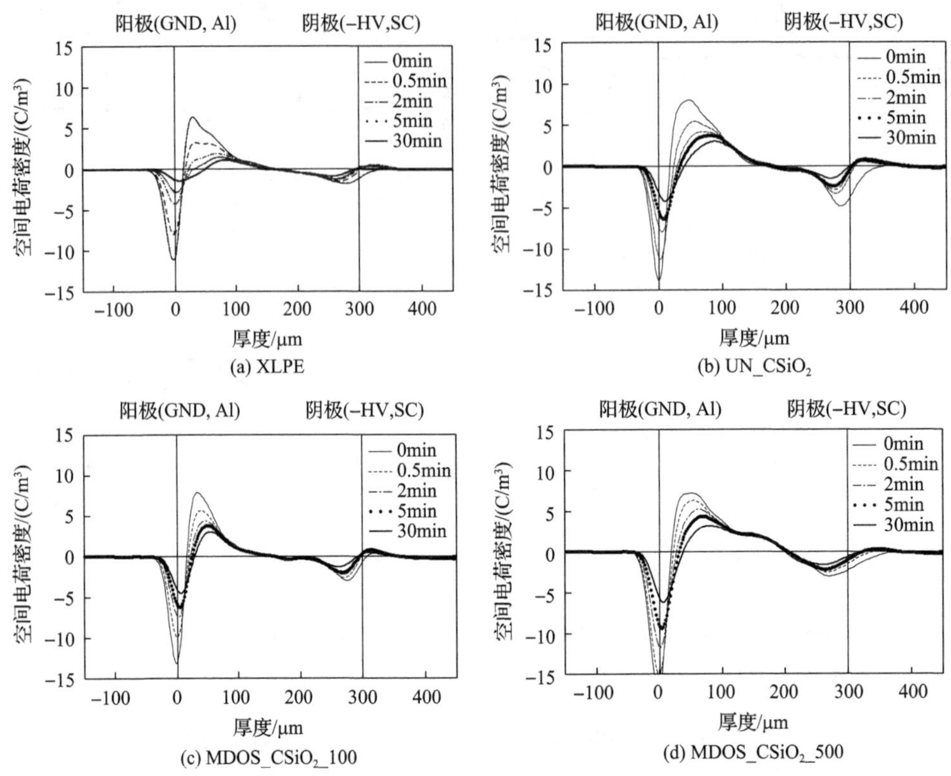

(a) XLPE　(b) UN_CSiO$_2$　(c) MDOS_CSiO$_2$_100　(d) MDOS_CSiO$_2$_500

图 5.34　−30kV/mm 电场去极化 30min 内纳米 $CSiO_2$/XLPE 空间电荷消散过程

图 5.35 和图 5.36 分别给出了小分子接枝纳米 MDOS_$CSiO_2$/XLPE 在−50kV/mm 直流电场极化 60min 和去极化 30min 内的空间电荷和内部电场强度分布。从图 5.35(a)、(c)、(e)和(g)中看到，XLPE 试样在−50kV/mm 直流电场下出现了空间电荷包注入。UN_$CSiO_2$/XLPE 试样未产生空间电荷包，但空间电荷注入量较大。MDOS_$CSiO_2$_100/XLPE 和 MDOS_$CSiO_2$_500/XLPE 的空间电荷注入深度较前面两种试样有所下降。比较其撤压后空间电荷的分布特性可以看出，在 UN_$CSiO_2$/XLPE 试样中，空间电荷量较大，且空间电荷注入内部较深。MDOS_$CSiO_2$_100/XLPE 和 MDOS_$CSiO_2$_500/XLPE 的空间电荷量主要分布在两极，且量较小，消散速率也较 UN_$CSiO_2$/XLPE 小。比较相应的电场强度分布[图 5.35(b)、(d)、(f)和(h)]可以看到，UN_$CSiO_2$/XLPE 试样和 XLPE 的电场畸变较大，随着极化时间的增加，阳极附近的电场强度下降，内部电场增加。MDOS_$CSiO_2$_100/XLPE 和 MDOS_$CSiO_2$_500/XLPE 的电场畸变率则较小，极化时间对其影响较小，主要是由于其空间电荷注入量和注入深度小。

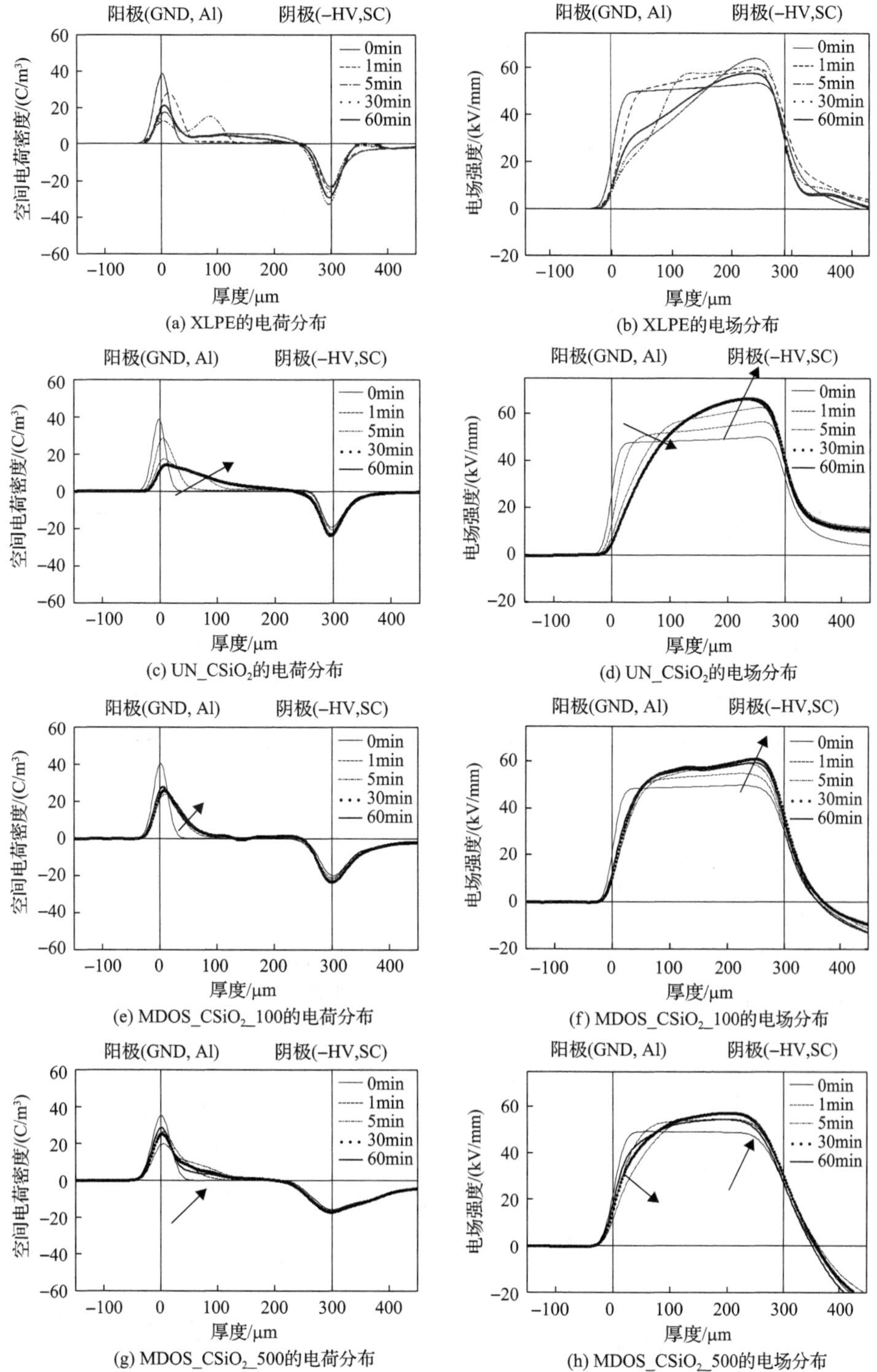

图 5.35　–50kV/mm 电场极化 60min 内纳米 $CSiO_2$/XLPE 的空间电荷和内部电场分布

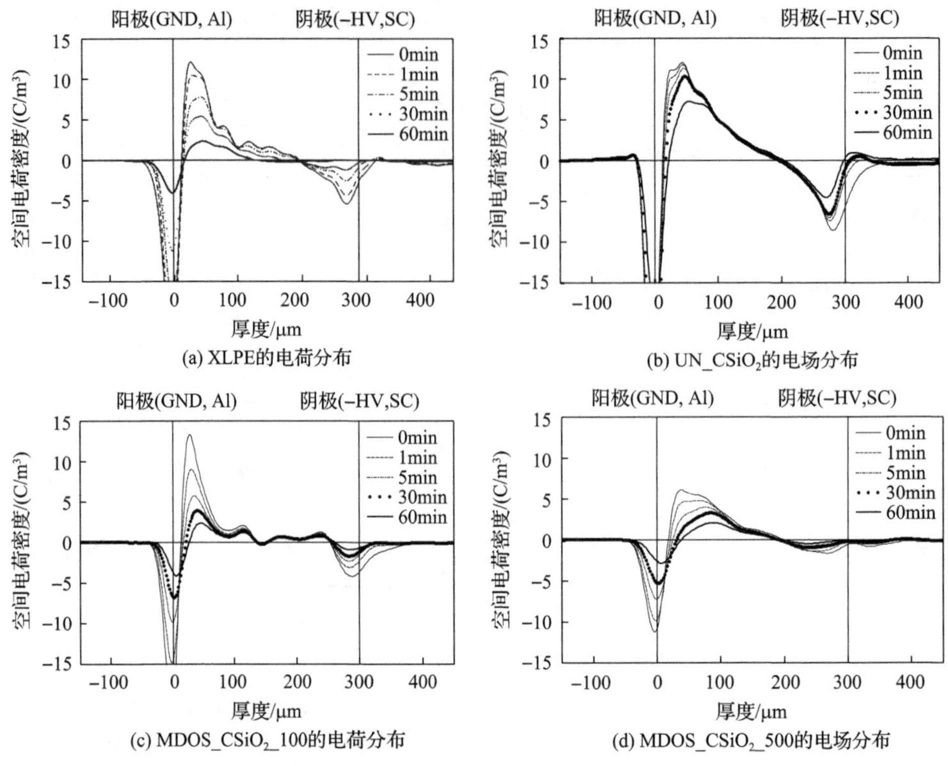

(a) XLPE的电荷分布

(b) UN_CSiO$_2$的电场分布

(c) MDOS_CSiO$_2$_100的电荷分布

(d) MDOS_CSiO$_2$_500的电场分布

图 5.36　−50kV/mm 电场撤去 30min 内纳米 CSiO$_2$/XLPE 试样空间电荷消散过程

2. 小分子接枝密度对空间电荷包特性的影响

图 5.37 为不同小分子接枝密度的 XLPE 试样在−75kV/mm 直流电场下 60min 内空间电荷和电场分布。

从图 5.37(a)、(c)和(e)中可以看到，在−75kV/mm 场强作用下，纯 XLPE 试样出现了空间电荷包注入的现象，其电场畸变较严重。在 UN_CSiO$_2$/XLPE 试样

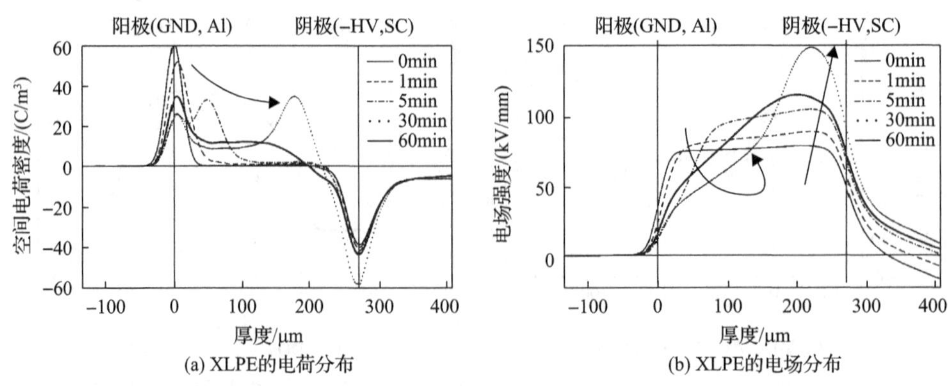

(a) XLPE的电荷分布

(b) XLPE的电场分布

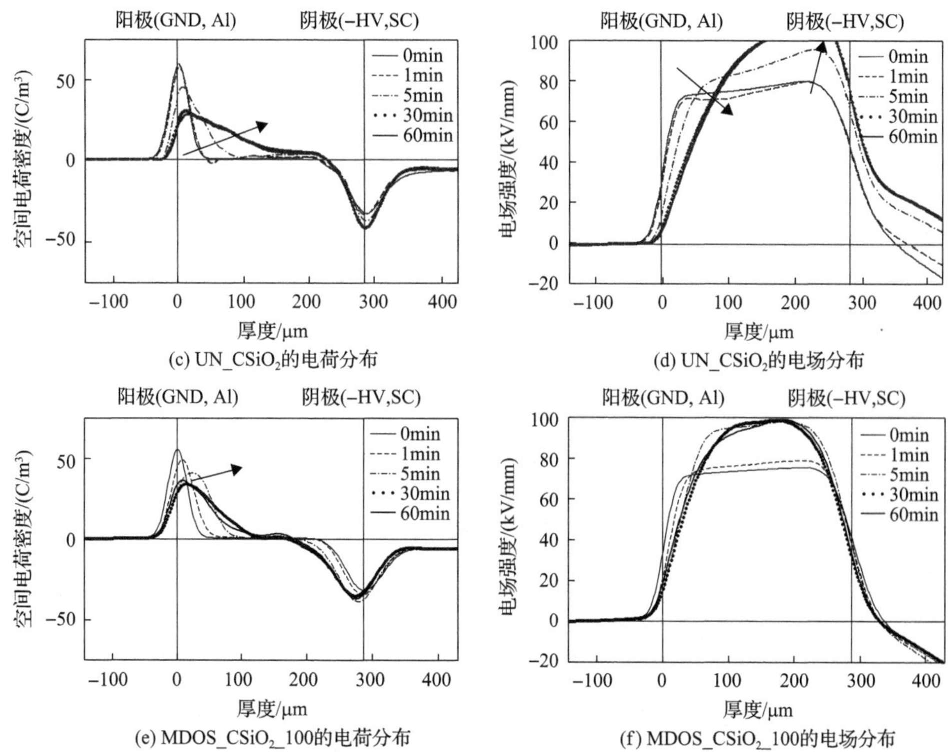

图 5.37　−75kV/mm 电场下极化 60min 内纳米 $CSiO_2$/XLPE 的空间电荷和电场分布

中可以看到，虽然不存在空间电荷包注入的情况，但是空间电荷仍然注入试样内部，且其深度较深。MDOS_$CSiO_2$_100/XLPE 试样较为理想，空间电荷注入深度较浅，因而其较好地抑制了空间电荷的注入。比较相应的电场强度分布(图 5.37(b)、(d)和(f))可以看到，UN_$CSiO_2$/XLPE 试样和 XLPE 的电场畸变较大。MDOS_$CSiO_2$_100/XLPE 的电场畸变率较小，与空间电荷的分布规律一致。

同样地，在−100kV/mm 直流电场下，纯 XLPE 产生空间电荷包注入现象，$CSiO_2$_100/XLPE 试样的空间电荷注入深度最浅，抑制了空间电荷的注入，如图 5.38(a)、(c)和(e)。相应的电场强度分布[图 5.38(b)、(d)和(f)]可以看到，UN_$CSiO_2$/XLPE 试样和 XLPE 的电场畸变较大。MDOS_$CSiO_2$_100/XLPE 的电场畸变率则较小，与空间电荷的分布规律一致。

5.3.2　小分子极性的影响

XLPE 和纳米 $FSiO_2$/XLPE 薄膜试样厚度为 300μm 左右，直流电压为负极性，电场范围在−220～−270kV/mm，进行一系列击穿前后空间电荷特性的测试。

XLPE 击穿前后的空间电荷特性如图 5.39 所示，其中(a-1)、(b-1)、(c-1)和(d-1)是通过 Labview 软件绘制的空间电荷动态图，横坐标表示试样所在的位置，

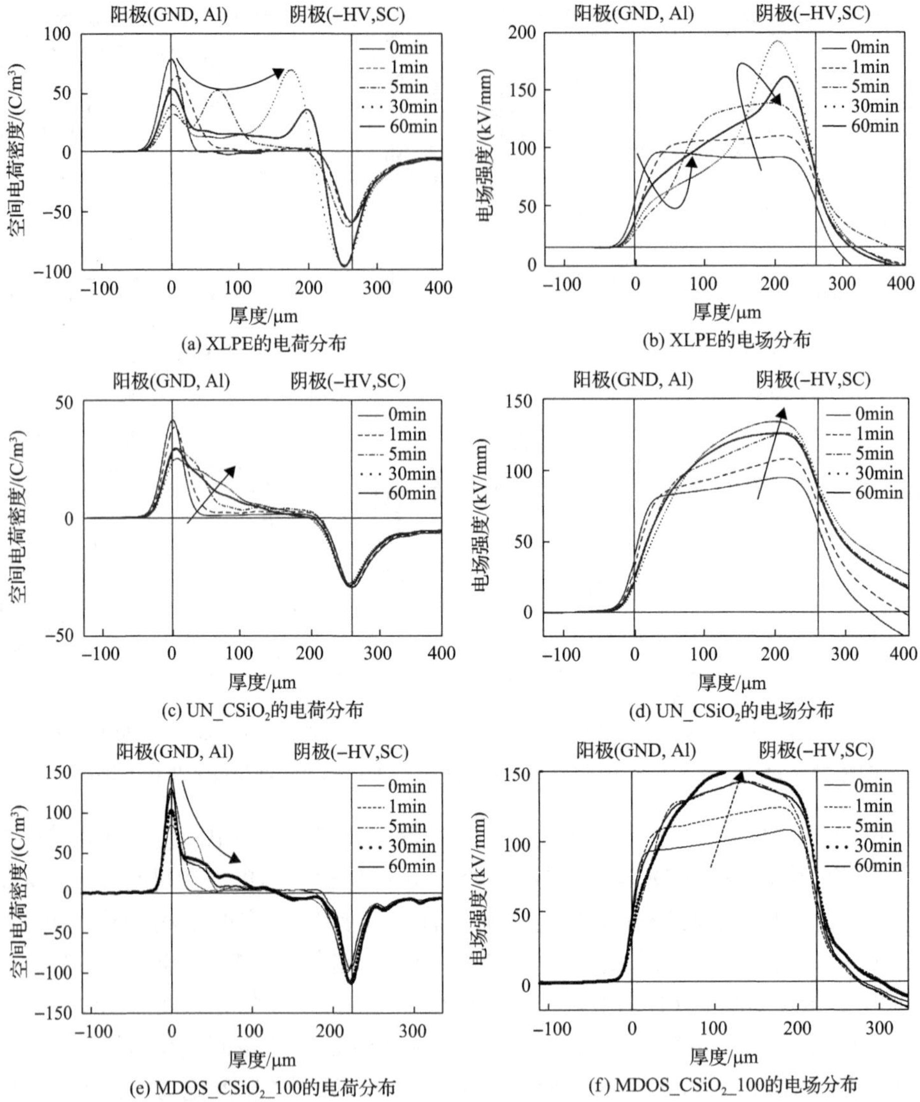

(a) XLPE的电荷分布　　(b) XLPE的电场分布

(c) UN_CSiO$_2$的电荷分布　　(d) UN_CSiO$_2$的电场分布

(e) MDOS_CSiO$_2$_100的电荷分布　　(f) MDOS_CSiO$_2$_100的电场分布

图 5.38　–100kV/mm 电场下极化 60min 内纳米 CSiO$_2$/XLPE 的空间电荷和电场分布

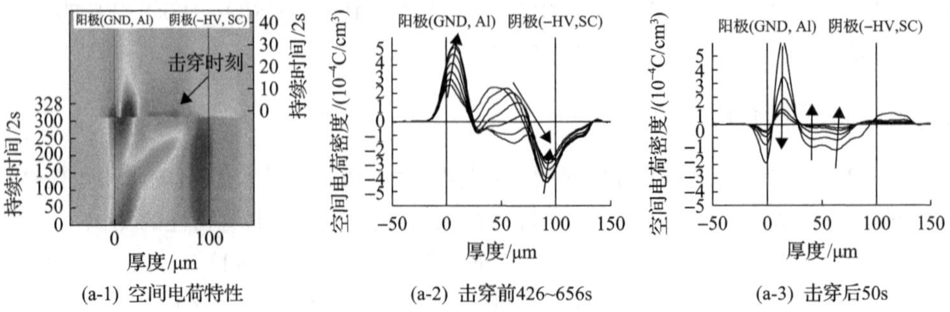

(a-1) 空间电荷特性　　(a-2) 击穿前426~656s　　(a-3) 击穿后50s

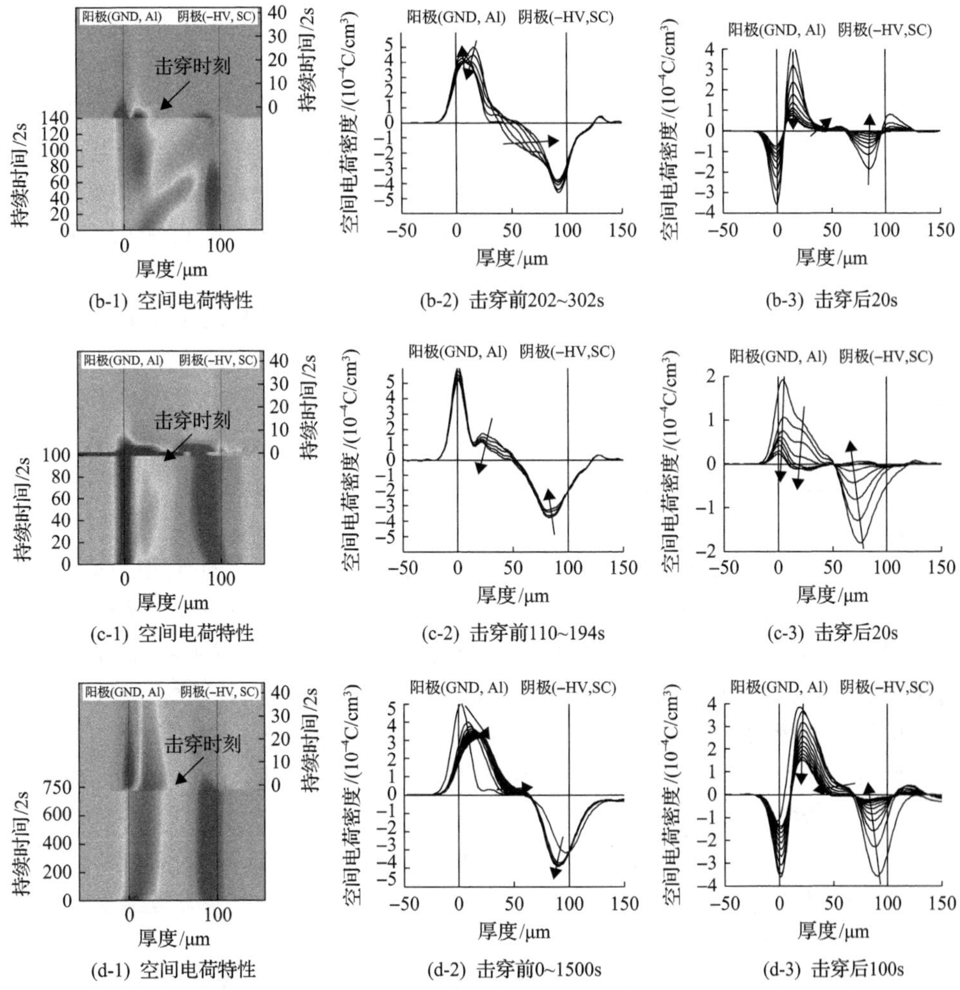

(b-1) 空间电荷特性　(b-2) 击穿前202~302s　(b-3) 击穿后20s

(c-1) 空间电荷特性　(c-2) 击穿前110~194s　(c-3) 击穿后20s

(d-1) 空间电荷特性　(d-2) 击穿前0~1500s　(d-3) 击穿后100s

图 5.39　不同纳米小分子类型的 XLPE 击穿前和击穿后的空间电荷特性

两电极中的部分为试样位置，纵坐标为时间轴，其中击穿前的时间轴为左边的纵坐标，击穿后的时间轴为右边的纵坐标。色彩的深浅表示该处电荷量的浓度和极性。图 5.39(a-1)为−220kV/mm 直流电场下 XLPE 试样的空间电荷注入和移动特性的图像，图 5.39(a-2)和图 5.39(a-3)为击穿前 426～656s 的空间电荷特性及击穿后的 50s 的空间电荷特性。图中，有一个正极性空间电荷包从阳极向阴极注入，其增强了电荷包的前方电场，削弱了后方的电场。与此同时，负极性的空间电荷逐渐转向阳极。随着阴极附近正极性的空间电荷包的削弱，加上负极性电荷的不断积聚，阳极附近的电场逐渐增强，并达到最大的畸变值。与此同时，击穿过程产生了。

图 5.39(b-1)为−230kV/mm 直流电场下 XLPE/UN-SiO_2试样的空间电荷注入和

移动特性的图像，图 5.39(b-2) 和 (b-3) 为击穿前 202～302s 的空间电荷特性以及击穿后的 20s 的空间电荷特性。同图 5.39(a-1) 中类似，正极性的空间电荷包注入后移动至阴极。与此同时，负极性缓慢移动至阳极附近。与图 5.39(a-1) 不同的是，当电场强度达到最大值时，试样内部负极性电荷不断减少，正极性空间电荷包处于阴极处。从这个过程中可以看出，一些负极性的空间电荷被浅陷阱所捕获，并且和正极性电荷中和。因此，电荷积聚量下降，电场畸变程度下降。图 5.39(b-3) 表明了在击穿后 XLPE/UN-SiO_2 试样内部的电荷积聚量，与图 5.39(b-2) 相对应。

图 5.39(c-1) 为–250kV/mm 直流电场下 XLPE/TC-SiO_2 试样的空间电荷注入和移动特性的图像，图 5.39(c-2) 和 (c-3) 为击穿前 110～194s 的空间电荷特性及击穿后的 20s 的空间电荷特性。负极性的空间电荷包注入试样内部，并且开始移动。正极性的空间电荷开始出现并在阳极附近积聚，这导致阴极附近的电场发生畸变。之后，负极性电荷包注入缓慢，开始变宽衰减，导致内部的电场强度下降，最终导致击穿。

图 5.39(d-1) 为–270kV/mm 直流电场下 XLPE/VI-SiO_2 试样的空间电荷注入和移动特性的图像，图 5.39(d-2) 和 (d-3) 为击穿前 0～1500s 的空间电荷特性以及击穿后 100s 的空间电荷特性。极化后，正的负的空间电荷包同时发生注入，在 1000s 内缓慢地进入试样内部。正极性电荷注入较快，且在内部均匀扩散，导致试样内部电场强度持续增加。1000s 后，在相对均匀的内部电场下，击穿发生了。根据相关报道[43]，由 TC-或者 VI-修饰的 SiO_2 纳米颗粒极易产生大量的陷阱，捕获并阻止空间电荷的注入和移动。

未经修饰的纳米 FSiO_2 掺杂进入 XLPE 并未有很好的改善空间电荷特性的作用，这主要是因为未经修饰的纳米 FSiO_2 在 XLPE 分散性较差，导致纳米级微粒和微米级微粒共存。

经过纳米颗粒表面修饰后，XLPE/TC-FSiO_2 和 XLPE/VI-FSiO_2 试样具有更好的纳米分散性和界面疏水性，大大增加了界面的面积，提高了纳米颗粒和 XLPE 基体间的界面作用。从文献[44]、[45]中可以看到，高场强下无机纳米颗粒的陷阱深度为 1～5eV，足够捕获空间电荷载流子。这些陷阱能够捕获从电极注入的同极性的电荷，使得电极周围形成难以移动的空间电荷，降低了周围的电场强度。因此，这个过程会进一步阻碍空间电荷在电极处的注入，使得纳米复合的 XLPE 的直流耐压性能得到提升。

直流试验击穿过程总是发生在最高局部场强产生之后。XLPE/UN-FSiO_2 试样击穿前 202～302s 的空间电荷特性和电场强度分布如图 5.40 所示。从图 5.40(a) 中可以看到，正极性和负极性空间电荷在内部都出现了一定的衰减，导致周围电场强度也出现一定的减弱。图 5.40(b) 清晰地表明在最高场强产生后才发生击穿。因此，直流电压下的击穿产生与空间电荷注入和移动有着很大的关系。空间电荷在试样内部的产生、移动、积聚和消散会导致材料发生一定的老化作用，因而击穿现象会在最高电场出现后的相对低的电场下发生。

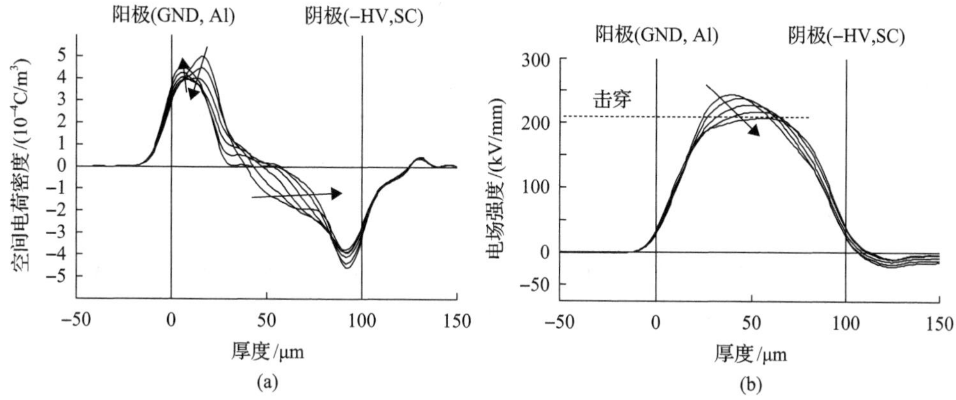

图 5.40　XLPE/UN_FSiO$_2$ 试样击穿前 202～302s 的空间电荷和电场分布

5.3.3　纳米粒子形貌的影响

使用 PEA 法空间电荷测量系统，XLPE 和纳米 SiO$_2$/XLPE 薄膜试样的厚度为 300μm 左右，外施负极性直流电压，场强为−30kV/mm 和−70kV/mm。比较两种纳米形貌复合介质试样空间电荷特性，选 MDOS_CSiO$_2$_100/XLPE 和 MDOS_FSiO$_2$_100/XLPE 两种。

图 5.41 和图 5.42 分别给出了纳米形貌的 XLPE 试样在−30kV/mm 直流电场作用 60min 和撤压 30min 的空间电荷特性和内部电场强度分布。

图 5.41 中，对比 CSiO$_2$_100/XLPE 和 FSiO$_2$_100/XLPE 的空间电荷特性可以看到，CSiO$_2$_100/XLPE 阳极的正极性空间电荷的注入比 FSiO$_2$_100/XLPE 明显，并且其空间电荷量较大。对比二者的电场强度分布，CSiO$_2$_100/XLPE 内部的电场强度较为平均，而 FSiO$_2$_100/XLPE 的电场强度出现两极附近电场强度小，

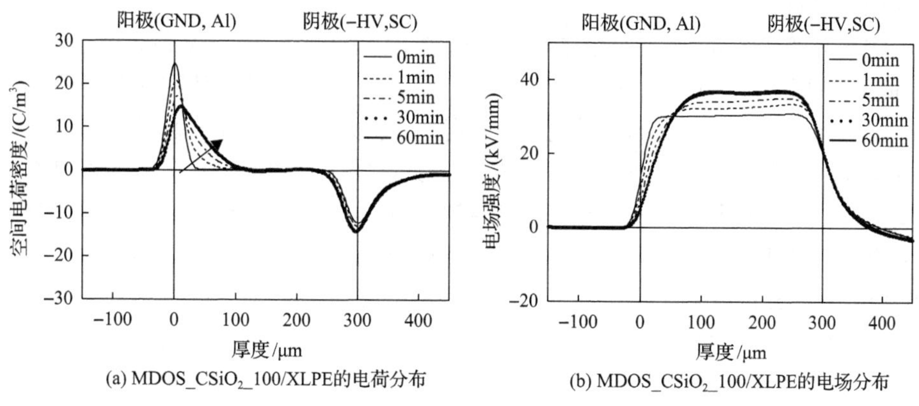

(a) MDOS_CSiO$_2$_100/XLPE的电荷分布

(b) MDOS_CSiO$_2$_100/XLPE的电场分布

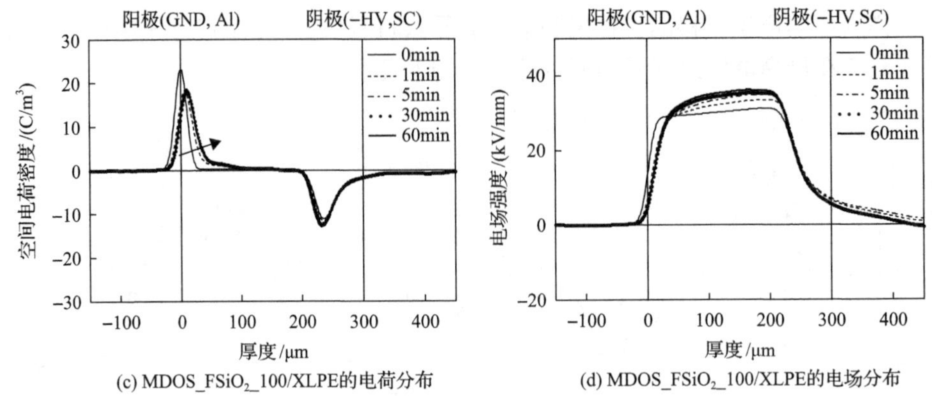

(c) MDOS_FSiO$_2$_100/XLPE的电荷分布　(d) MDOS_FSiO$_2$_100/XLPE的电场分布

图 5.41　−30kV/mm 电场极化 60min 内不同纳米形貌纳米 SiO_2/XLPE 的空间电荷特性和内部电场强度分布

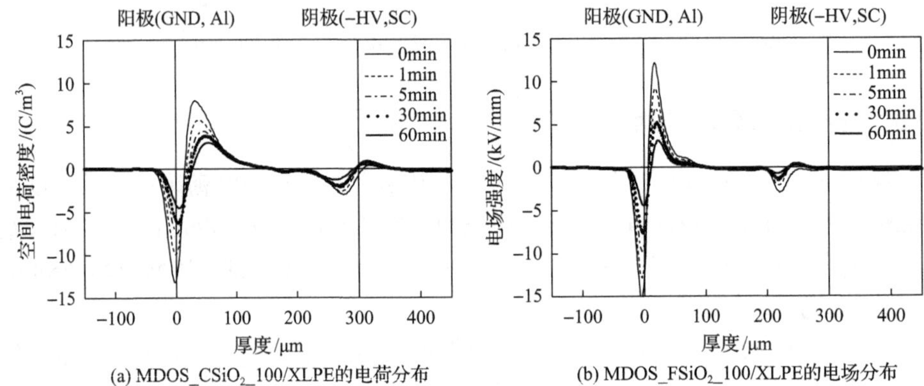

(a) MDOS_CSiO$_2$_100/XLPE的电荷分布　(b) MDOS_FSiO$_2$_100/XLPE的电场分布

图 5.42　−30kV/mm 电场撤压 30min 内不同纳米形貌纳米 SiO_2/XLPE 的空间电荷特性和内部电场强度分布

中间大的趋势。图 5.42 为二者撤压时的空间电荷表现，可以看到 CSiO$_2$_ 100/XLPE 的空间电荷在试样内部分布较多，而 FSiO$_2$_100/XLPE 试样中，空间电荷主要集中在两极附近。

图 5.43 和图 5.44 分别给出了纳米形貌的 XLPE 试样在−75kV/mm 直流电场作用 60min 和撤压 30min 的空间电荷特性和内部电场强度分布。从图 5.43 中可以看出，MDOS_FSiO$_2$_100/XLPE 的空间电荷注入深度浅，并且电荷注入量较少。从对应的电场强度分布图 5.43(b)可以看出，随着极化时间的增加，其电场变化较图 5.43(d)小，并且试样内部电场较为均匀。与−30kV/mm 相似，在−75kV/mm 电场作用下，MDOS_FSiO$_2$_100/XLPE 的空间电荷特性明显优于 MDOS_CSiO$_2$_100/XLPE。另外从其撤压后的去极化特性中同样可以看到，在去极化过程中，MDOS_CSiO$_2$_100/XLPE 的空间电荷分布在试样内部，且空间电荷量较大；而对于 MDOS_FSiO$_2$_100/XLPE 试样，其空间电荷分布主要在两极，且空间电荷量较小。

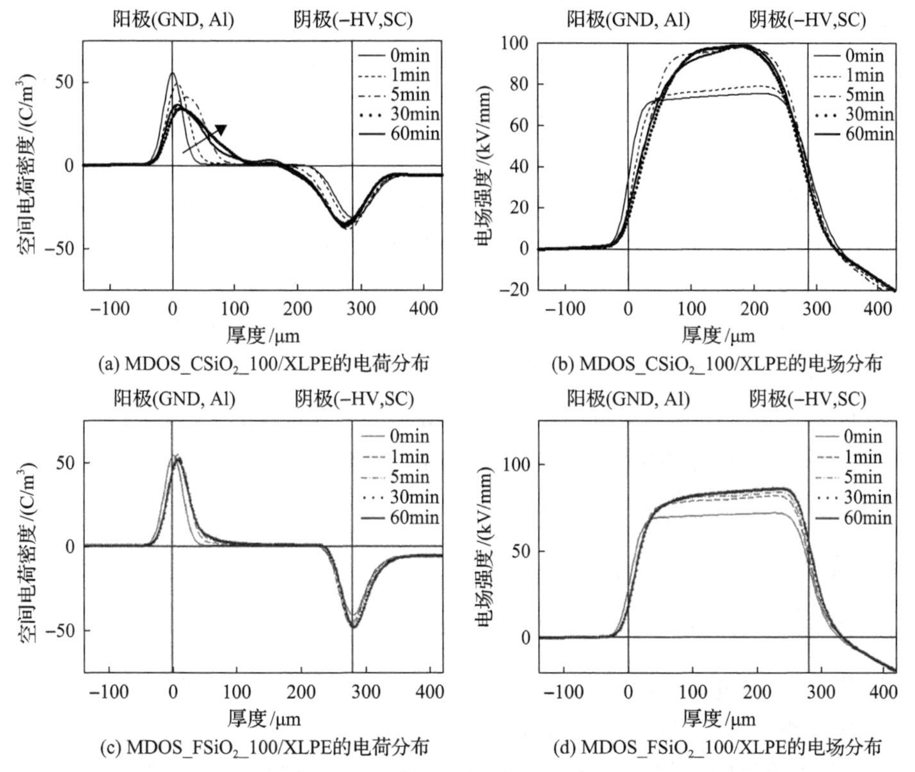

(a) MDOS_CSiO$_2$_100/XLPE的电荷分布　(b) MDOS_CSiO$_2$_100/XLPE的电场分布

(c) MDOS_FSiO$_2$_100/XLPE的电荷分布　(d) MDOS_FSiO$_2$_100/XLPE的电场分布

图 5.43　–75kV/mm 电场极化 60min 内不同纳米形貌纳米 SiO$_2$/XLPE 的空间电荷特性和内部电场强度分布

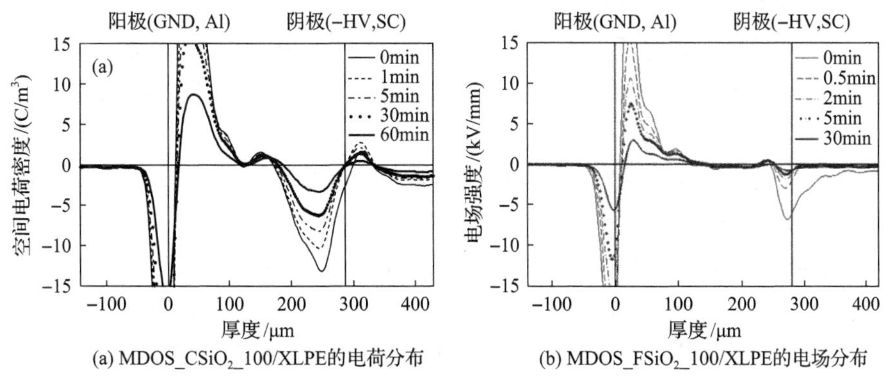

(a) MDOS_CSiO$_2$_100/XLPE的电荷分布　(b) MDOS_FSiO$_2$_100/XLPE的电场分布

图 5.44　–75kV/mm 电场撤压 30min 内不同纳米形貌纳米 SiO$_2$/XLPE 的空间电荷特性和内部电场强度分布

5.4　聚合物刷接枝纳米复合 XLPE 的空间电荷特性

与小分子偶联剂相比，在纳米颗粒表面接枝的聚合物刷具有更大的分子量，与聚乙烯分子结构具有更好的相似性。在合理调控聚合物刷接枝密度和分子量的基础上，纳米颗粒在 XLPE 基体中能获得更好的分散性。纳米颗粒具有比表面积大的特点将发挥更重要的作用，XLPE 内部的陷阱分布更为均匀，从而对电荷输运和储存产生显著影响。

由 5.2 节可知聚合物刷的质量占到纳米颗粒总质量的一半左右，故研究纳米复合 XLPE 空间电荷行为的过程中，不能忽视聚合物刷的存在。本节使用 5.2 节制得的不同接枝密度和分子量的聚合物刷 PSMA_$CSiO_2$/XLPE 试样，系统开展不同直流电场下空间电荷在极化与去极化过程中的动态演变行为研究。通过透射电镜的纳米分散图像和定量统计结果，准确分析聚合物刷接枝参数对纳米分散性的影响。此外，本节还专门对游离聚合物 PSMA 复合 XLPE 的空间电荷特性进行说明，并与有纳米颗粒的组别进行对比，最后对同时接枝功能基团和聚合物刷的纳米复合 XLPE 的空间电荷特性进行初步分析。

5.4.1 聚合物刷接枝密度的影响

1. 极化过程聚合物刷接枝密度的影响

采用 PEA 法进行空间电荷测试过程，通过外部调节压力大小，确保各组别试样表面的压强一致。具体测试过程如下。

(1) 参考信号的采集。对试样施加–10kV/mm 直流电场，并持续 5s(研究和实测均表明，10kV/mm 幅值的直流电场短时间内不会造成聚乙烯材料的电荷注入和积聚)，获得 1～2 组空间电荷分布数据作为参考信号。

(2) 极化过程空间电荷行为的测量。对试样施加–30～–100kV/mm 不等的负极性直流电场，极化 1h，取 200 个波形平均以消除背景噪声，每隔 5s 采集一次 PEA 信号。

(3) 去极化过程空间电荷行为的测量。撤压并同时测量空间电荷动态消散演变过程，测量间隔为 2s，测量时间为 30min。

图 5.45 给出了–30kV/mm 直流电场下表面接枝密度分别为 0.04ch/nm^2、0.07ch/nm^2 和 0.15ch/nm^2 时纳米 $CSiO_2$/XLPE 空间电荷与电场分布的变化过程。

由图 5.45 可看出，在不同接枝密度下，试样内部靠近阳极与阴极的地方均有同极性空间电荷积聚，其中正极性空间电荷的积聚占主导。随着极化时间的增加，阳极感应电荷峰展宽但幅值下降，且逐渐向试样内部移动。需要说明的是，该峰并不是形成了空间电荷包，而是源自试样内部靠近电极的位置积聚有同极性电荷，其与阳极表面感应电荷信号叠加，故在电极附近形成一个展宽的信号峰。同时由于正极性空间电荷的注入，稍稍削弱界面处的场强。

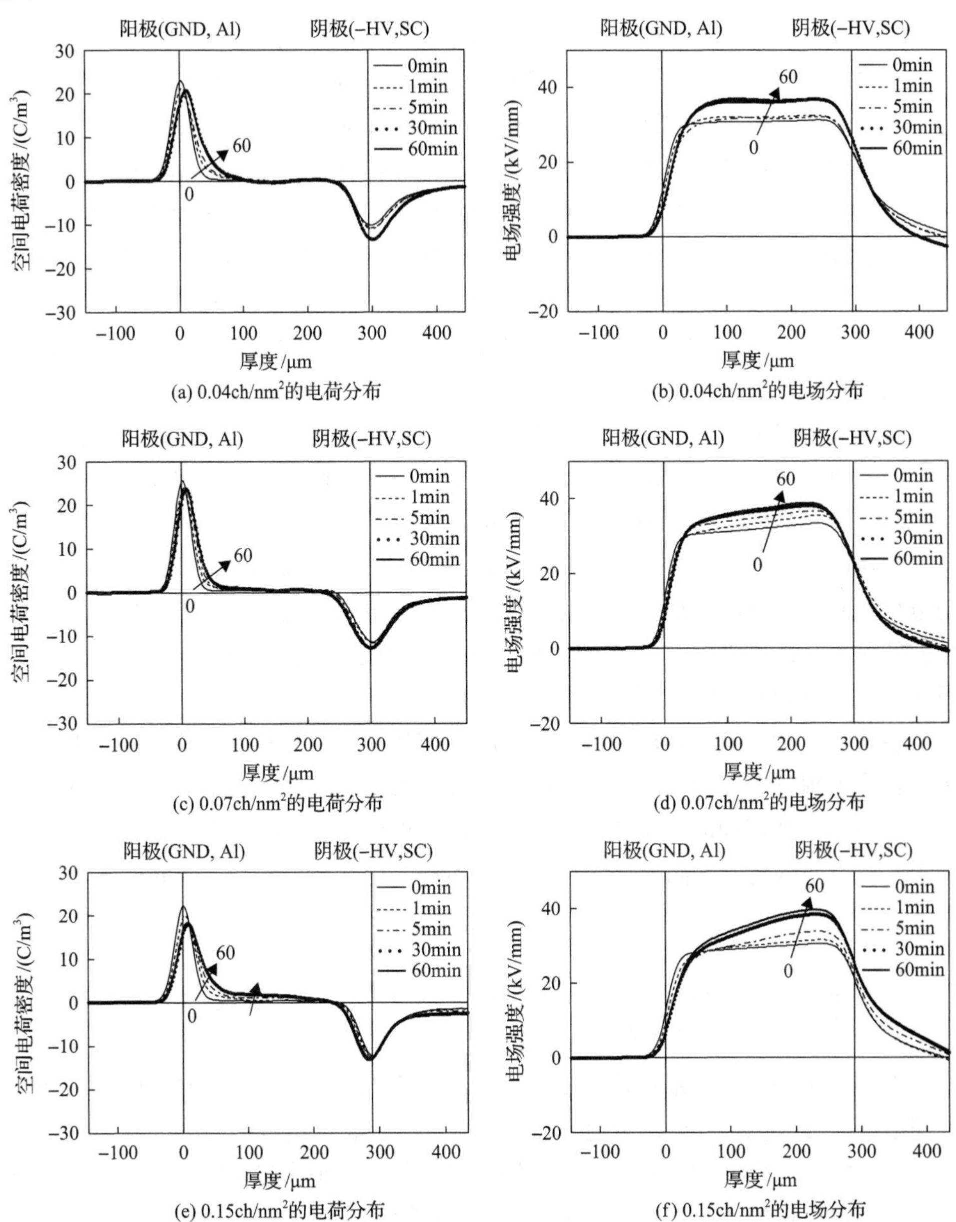

(a) 0.04ch/nm^{2}的电荷分布

(b) 0.04ch/nm^{2}的电场分布

(c) 0.07ch/nm^{2}的电荷分布

(d) 0.07ch/nm^{2}的电场分布

(e) 0.15ch/nm^{2}的电荷分布

(f) 0.15ch/nm^{2}的电场分布

图 5.45　–30kV/mm 下纳米颗粒表面接枝不同密度聚合物刷时 $CSiO_2$/XLPE 的空间电荷与电场分布

对比–30kV/mm 下纯 XLPE、小分子接枝纳米复合 XLPE 的空间电荷分布，可以发现纳米颗粒表面接枝聚合物刷后，界面感应电荷峰的展宽减小，电荷注入速度和总的空间电荷量减少，说明在–30kV/mm 下相对于纯 XLPE 和小分子接枝纳米复合 XLPE，聚合物刷接枝纳米 $CSiO_2$/XLPE 的空间电荷抑制性能较好。

相比 0.04ch/nm^2 与 0.15ch/nm^2，在接枝密度为 0.07ch/nm^2 的情况下，感应电荷峰的展宽最小，阳极附近空间电荷积聚峰位的移动最少，但阴极附近出现空间电荷积聚。接枝密度 0.15ch/nm^2 时试样空间电荷注入量最大，注入深度最大。

从场强畸变的角度来看，在极化过程结束时接枝密度 0.15ch/nm^2 试样的场强分布最不均匀，最大畸变场强幅值达到 40kV/mm。这是由于正极性空间电荷注入深度大且积聚范围广，产生的内电场与外施电场叠加，形成了图 5.45(f) 中左低右高的场强分布情形。根据给出的五个时刻曲线，0.04ch/nm^2 与 0.07ch/nm^2 接枝密度的试样场强分布相对均匀，但是受到阳极与阴极处空间电荷注入的影响，随着时间增加场强逐渐增大，最后试样内电场最大值达到 38kV/mm 左右。

实验发现–50kV/mm 电场下三种聚合物刷接枝密度纳米 $CSiO_2$/XLPE 的空间电荷与电场分布与–30kV/mm 极化过程相似，在靠近阳极的地方出现了同极性电荷积聚，并且随极化时间的增加，积聚电荷峰逐渐向试样内部移动。

接枝密度为 0.04ch/nm^2 时，阴极附近几乎无空间电荷积聚，但是阳极处的空间电荷积聚峰有移动、展宽与下降，说明了空间电荷的注入和积聚。伴随着空间电荷的注入，试样中的平均场强由 50kV/mm 逐渐增大到 56kV/mm 左右，畸变率只有 12%左右，在三组不同接枝密度的试样中最小。

接枝密度为 0.07ch/nm^2 的试样在中间位置出现了少量的正极性空间电荷积聚，且阴极附近电荷积聚峰移动；0.15ch/nm^2 组别正极性空间电荷的注入深度最大，且空间电荷密度的分布随着注入深度的增加而减小。在这两组试样的场强分布中，可以发现随着时间增加，场强发生的畸变程度均大于 0.04ch/nm^2 组别。

2. 去极化过程的影响

图 5.46 展示了–30kV/mm 极化 60min 后撤压过程中不同聚合物刷接枝密度的纳米 $CSiO_2$/XLPE 的空间电荷分布结果。

由图 5.46 可知，在靠近阳极的地方出现正极性空间电荷的积聚，随着时间逐渐消散，在去极化 30min 结束时，试样中空间电荷密度的峰值降到 2C/m^3 左右。

在接枝密度为 0.04ch/nm^2 时，试样在阴极附近几乎没有空间电荷积聚，阳极附近空间电荷积聚量是三组试样中最少的。而接枝密度为 0.15ch/nm^2 时，空间电荷的积聚最为严重，在刚开始去极化时阳极附近的空间电荷密度超过了 15C/m^3，同时阴极附近的空间电荷密度峰值也大于另两组试样的情况。

不同聚合物刷接枝密度纳米 $CSiO_2$/XLPE 在–50kV/mm 作用 60min 后去极化过程空间电荷的分布情况如图 5.47 所示。相比于图 5.46，–50kV/mm 作用 60min 后试样中积聚的电荷总量更大。在 0.04ch/nm^2 与 0.07ch/nm^2 接枝密度组别，极化过程刚结束时阳极附近空间电荷密度的峰值都超过了$15C \cdot m^{-3}$，且在接枝密度为$0.07ch/nm^2$ 的组别可以看到试样中间位置存在不同极性的电荷积聚。相比之下，接枝密度为 $0.15ch/nm^2$ 时空间电荷积聚峰值较小，空间电荷极化过程结束时在阳极附近的积聚峰值不到 $5C/m^3$，但是空间电荷的分布范围最大。

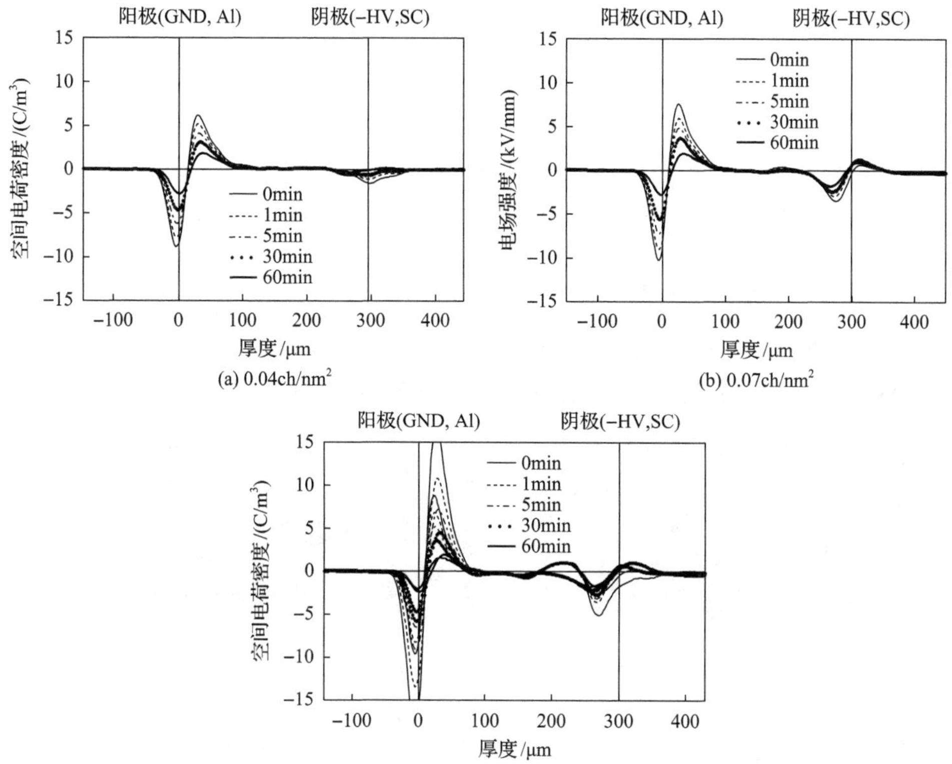

(a) $0.04ch/nm^2$

(b) $0.07ch/nm^2$

(c) $0.15ch/nm^2$

图 5.46 –30kV/mm 电场撤压 30min 内不同接枝密度纳米 $CSiO_2$/XLPE 的空间电荷与电场强度分布

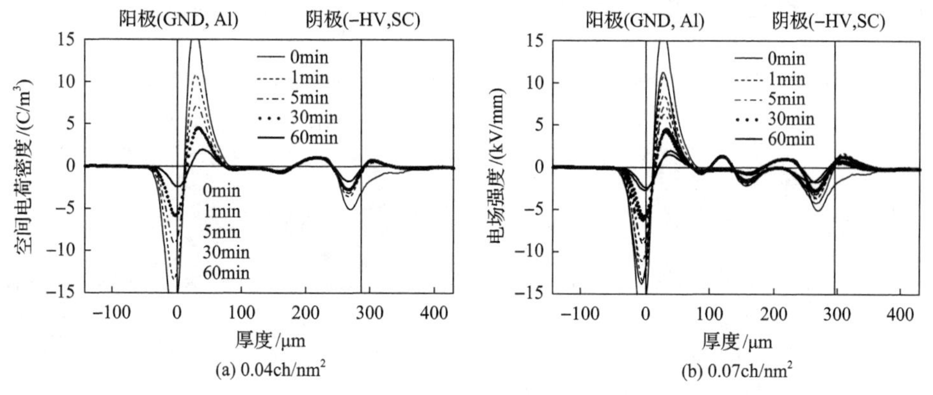

(a) $0.04ch/nm^2$

(b) $0.07ch/nm^2$

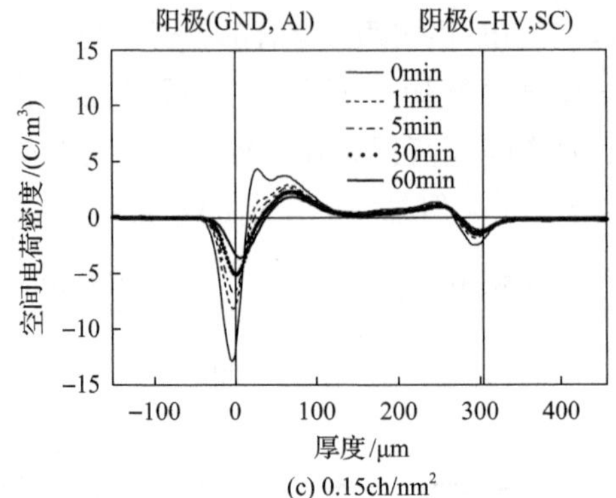

(c) 0.15ch/nm²

图 5.47　–50kV/mm 电场撤压 30min 内不同接枝密度纳米 $CSiO_2$/XLPE 的空间电荷与电场分布

3. 高场强下空间电荷包运动特性

图 5.48 展示了–75kV/mm 与–100kV/mm 下三组接枝密度试样的空间电荷分布。图 5.48(a)、(c)与(e)为–75kV/mm 下三组试样的空间电荷分布，图 5.48(b)、(d)

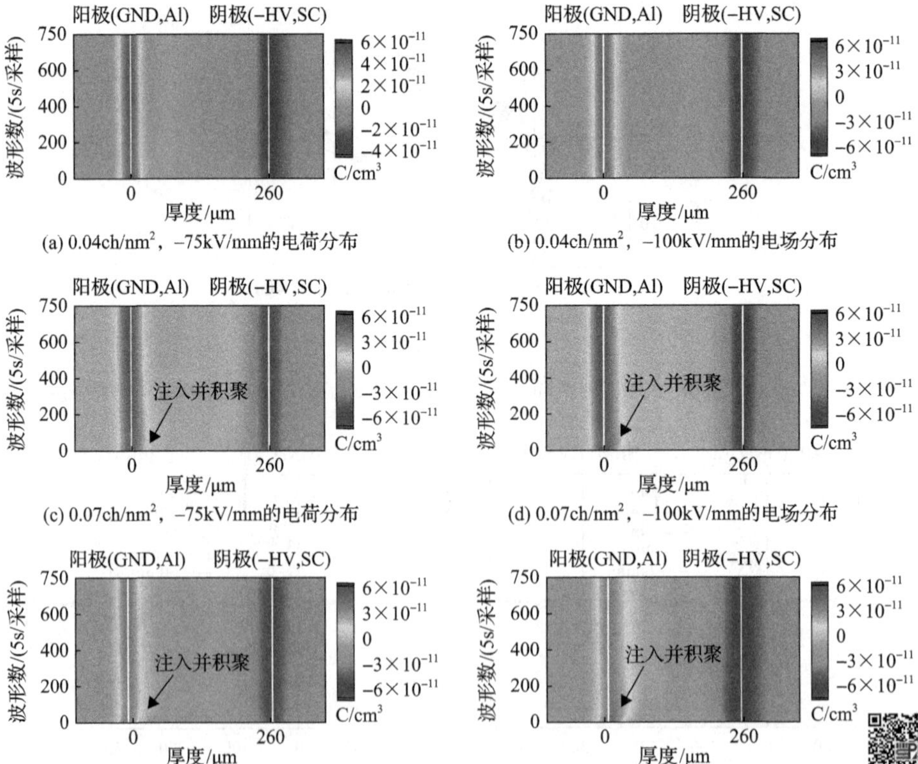

(a) 0.04ch/nm²，–75kV/mm的电荷分布

(b) 0.04ch/nm²，–100kV/mm的电场分布

(c) 0.07ch/nm²，–75kV/mm的电荷分布

(d) 0.07ch/nm²，–100kV/mm的电场分布

(e) 0.15ch/nm²，–75kV/mm的电荷分布

(f) 0.15ch/nm²，–100kV/mm的电场分布

图 5.48　高场下不同接枝密度 PSMA_$CSiO_2$/XLPE 的空间电荷与电场分布彩图(彩图扫二维码)

与(f)为–100kV/mm 下的情况，横坐标表示厚度，纵坐标为时间轴，色彩表示空间电荷密度及其极性。

相比于–75kV/mm 与–100kV/mm 直流电场下小分子接枝纳米 $CSiO_2$/XLPE，聚合物刷接枝的纳米 $CSiO_2$/XLPE 空间电荷积聚量小，电荷注入深度小，且均未出现空间电荷包运动现象，说明在这两组场强下纳米颗粒表面接枝聚合物刷更好地改善了 XLPE 的空间电荷抑制特性。

对比这三组试样的空间电荷分布，可以发现接枝密度为 0.04ch/nm^2 时空间电荷注入量最小，注入深度最小。接枝密度为 0.07ch/nm^2 的这组试样阳极附近空间电荷积聚峰的展宽最大，说明有较多的正极性电荷注入到试样内部靠近阳极的位置。而由图 5.48(e)与(f)可以看出，接枝密度为 0.15ch/nm^2 时有较多的正极性空间电荷在试样的左半部分积聚，虽然积聚量小，但是分布范围较广。

去极化并短路后的 t 时刻，试样内空间电荷的绝对值总量可由式(5.1)给出：

$$q(t) = S \cdot \int_0^L \left| q_{\mathrm{p}}(x,t) \right| \mathrm{d}x \tag{5.1}$$

式中，$q_{\mathrm{p}}(x, t)$为 t 时刻试样厚度方向上位置 x 处的空间电荷密度；L 为试样厚度；S 为上电极的面积；$q(t)$为 t 时刻试样内空间电荷的绝对值平均密度。

图 5.49 为不同接枝密度纳米 $CSiO_2$/XLPE 去极化过程空间电荷总量衰减曲线，四组试样中空间电荷总量都随时间呈指数下降趋势。对比四组曲线可知，在极化过程结束后 PSMA_$CSiO_2$/XLPE 中积聚的空间电荷总量小于纯 XLPE，说明纳米颗粒表面接枝聚合物刷提高了复合材料体系对空间电荷注入的抑制能力。

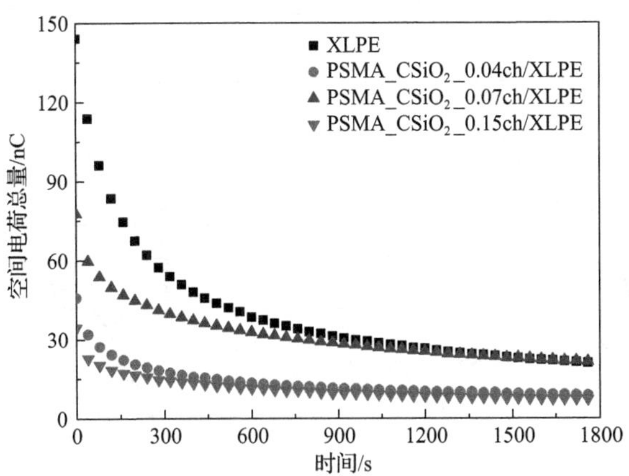

图 5.49　–75kV/mm 电场撤压 30min 内 PSMA_$CSiO_2$/XLPE 的电荷总量衰减曲线

随时间延长，纯 XLPE 空间电荷总量下降速度最快，这是由于纯 XLPE 中浅陷阱的比例相对较多，空间电荷脱陷需要克服平均势垒相对较小，电荷脱离陷阱更加容易，消散速度更快。这也说明表面接枝聚合物刷的纳米 $CSiO_2$ 提高了材料中深陷阱的比例。

5.4.2 聚合物刷分子量的影响

1. 极化过程的影响

图 5.50 给出了接枝分子量分别为 10kg/mol、45kg/mol 与 90kg/mol 的情况下，纳米 $CSiO_2$/XLPE 在−30kV/mm 下极化 60min 过程中空间电荷与电场分布的情况。

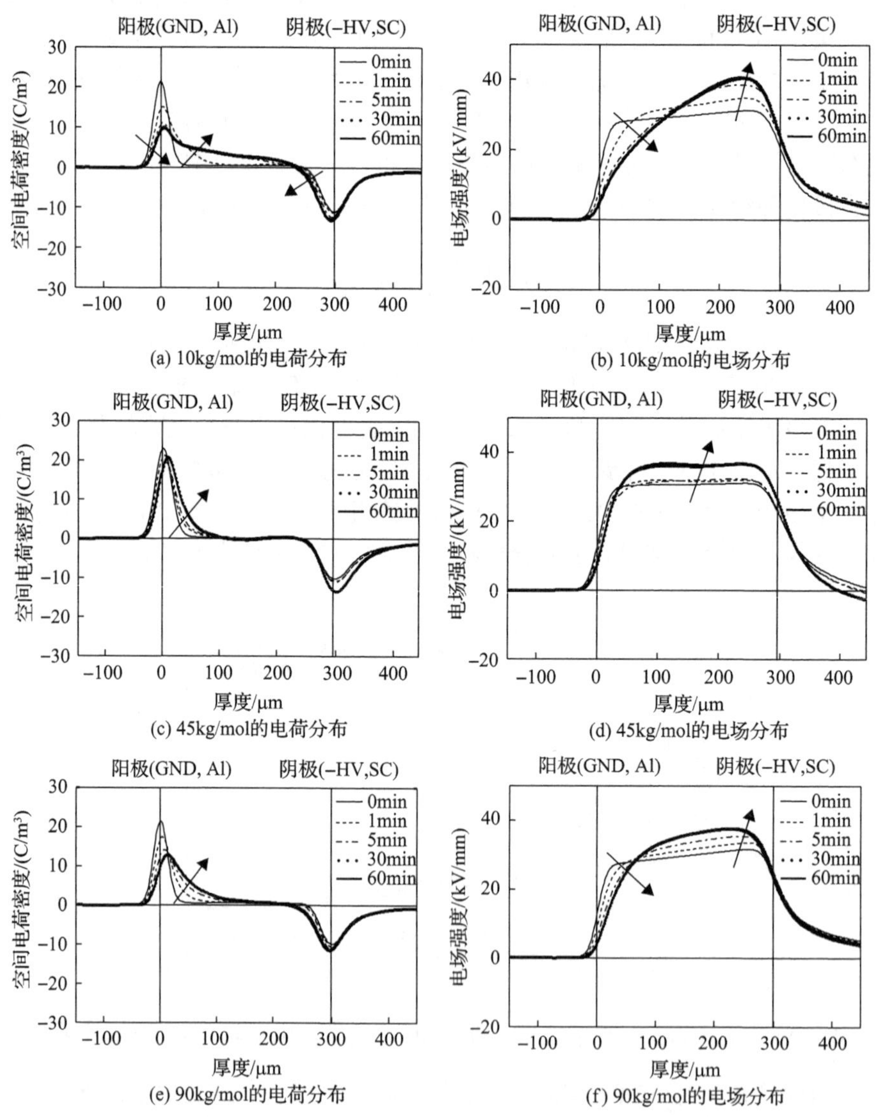

图 5.50 −30kV/mm 电场下极化 60min 内不同接枝分子量纳米 $CSiO_2$/XLPE 的空间电荷与电场分布

三种情况中都有不同程度的空间电荷注入，60min 时电荷分布已经稳定，空间电荷峰位均靠近电极，正极性空间电荷的积聚量大于负极性空间电荷。

对比三种情况的空间电荷分布，可以发现当分子量为 45kg/mol 时，空间电荷的注入深度最小，负极性空间电荷几乎完全积聚在电极表面附近，说明该组别试样的空间电荷抑制效果最好。而当分子量为 10kg/mol 时，空间电荷注入深度最大，运动速度最快，在 60min 结束时正极性空间电荷已经到达阴极附近。与纯 XLPE 中空间电荷分布进行对比，发现接枝分子量为 10kg/mol 的聚合物刷对纳米 SiO_2/XLPE 空间电荷抑制性能没有帮助。

图 5.50(b)、(d)与(f)与试样内部空间电荷分布变化对应。在 10kg/mol 分子量时，电场随着空间电荷的注入发生畸变，越靠近阴极场强越高，在极化结束时最高电场幅值超过 40kV/mm。在 90kg/mol 分子量时，电场畸变仅次于 10kg/mol 分子量的情况。相比之下，分子量为 45kg/mol 时试样中的电场畸变程度最小，电场分布最为均匀。

2. 去极化过程的影响

图 5.51 为三组聚合物刷接枝分子量的纳米 $CSiO_2$/XLPE 去极化过程中空间电荷的消散过程。通过对比，可以发现在 60min 极化结束后 45kg/mol 分子量纳米 $CSiO_2$/XLPE 中积聚的空间电荷量最少，电荷注入深度最小，这与试样在极化过程中得到的结论一致。而在去极化过程中接枝分子量为 10kg/mol 的组别，其试样内部空间电荷积聚量最多，注入深度最大。

3. 高场强下空间电荷包运动特性

−75kV/mm 场强下不同聚合物刷接枝分子量的纳米 $CSiO_2$/XLPE 空间电荷与电场分布变化过程如图 5.52。三组试样中均出现了不同程度的空间电荷积聚，并且以正极性空间电荷积聚为主。

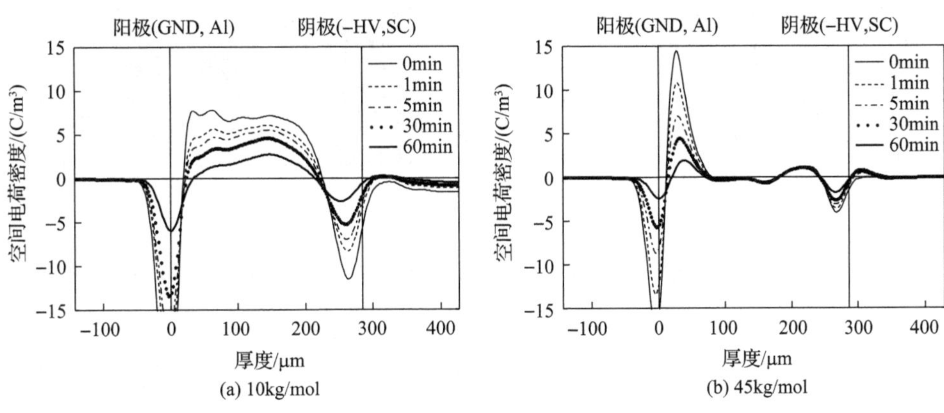

(a) 10kg/mol　　(b) 45kg/mol

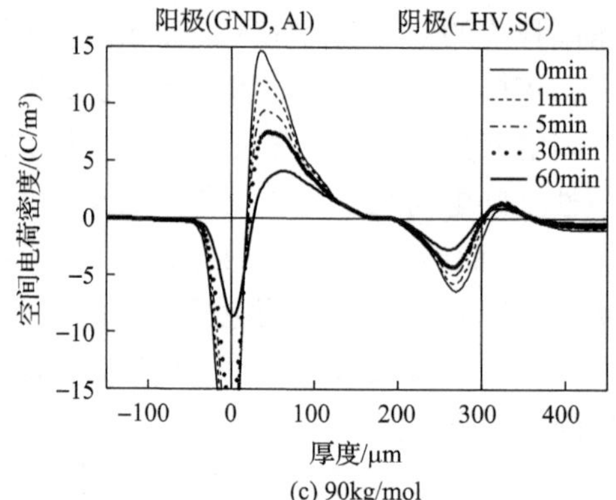

(c) 90kg/mol

图 5.51　–50kV/mm 电场撤压 30min 内不同分子量 PSMA_CSiO$_2$/XLPE 的空间电荷分布

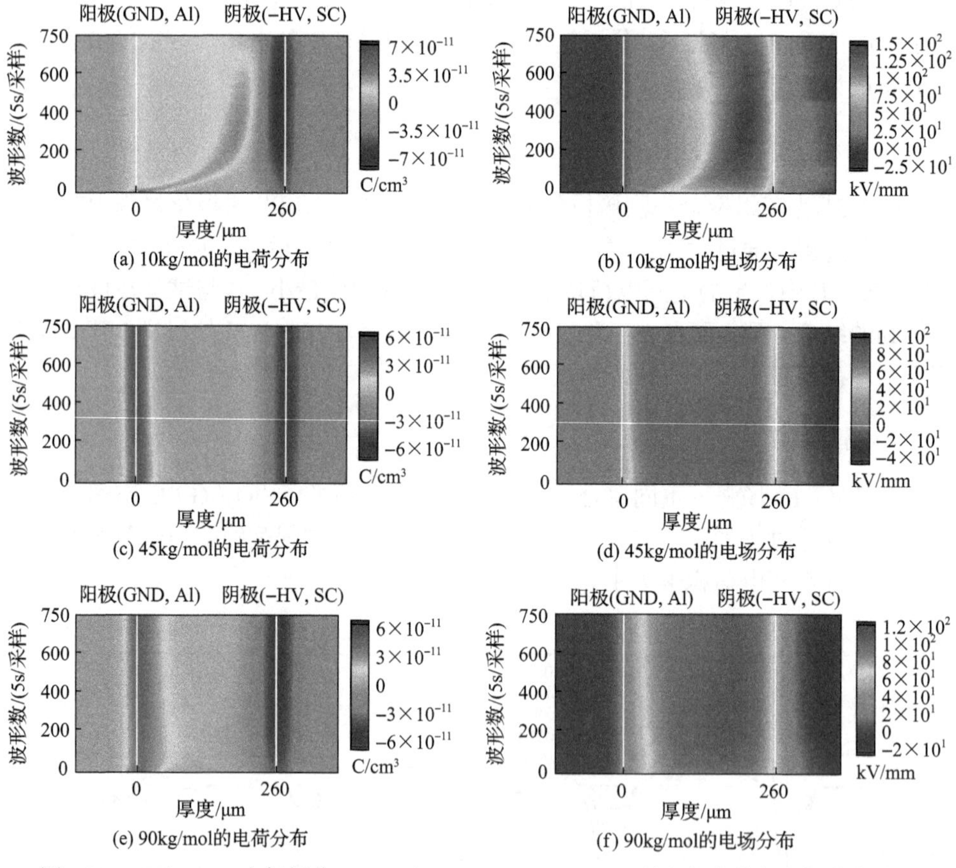

(a) 10kg/mol的电荷分布

(b) 10kg/mol的电场分布

(c) 45kg/mol的电荷分布

(d) 45kg/mol的电场分布

(e) 90kg/mol的电荷分布

(f) 90kg/mol的电场分布

图 5.52　–75kV/mm 电场极化 60min 内 PSMA_CSiO$_2$/XLPE 的空间电荷与电场分布彩图

图 5.52(a)中，一个正极性空间电荷包在极化的前 50min 内从阳极注入并运动到阴极附近，随后消失。而聚合物刷分子量为 45kg/mol 与 90kg/mol 的试样中未出

现空间电荷包，且尤以 45kg/mol 组别试样空间电荷注入量最少，说明在–75kV/mm 下聚合物刷分子量为 45kg/mol 时纳米 $CSiO_2$/XLPE 空间电荷抑制效果最好。

图 5.53 给出了三组接枝分子量的试样去极化过程空间电荷总量的变化。10kg/mol 组别纳米 $CSiO_2$/XLPE 空间电荷积聚总量最多，45kg/mol 组别空间电荷积聚总量最少，而 90kg/mol 组别则介于二者之间。

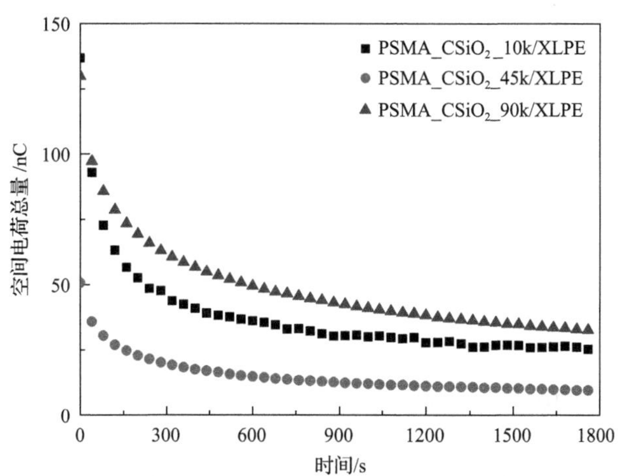

图 5.53　–75kV/mm 电场撤压 30min 内纳米 $CSiO_2$/XLPE 的空间电荷总量衰减曲线

比较三组试样中空间电荷总量的衰减速度，可以发现 10kg/mol 分子量时空间电荷总量的平均衰减速度最大，说明试样中浅陷阱所占比例较大。随着分子量增加，空间电荷消散速度变小，说明聚合物刷的分子量影响试样中空间电荷的消散速度，聚合物刷分子量越大则试样中的陷阱深度越大，空间电荷消散速度越慢。

研究发现–100kV/mm 下不同接枝分子量纳米 $CSiO_2$/XLPE 的空间电荷和电场分布与–75kV/mm 情形类似，10kg/mol 组别纳米 $CSiO_2$/XLPE 中出现正极性空间电荷包，在 60min 极化时间内从阳极运动到阴极，并在阴极附近积聚。而 90kg/mol 组别试样中未出现空间电荷包现象，且空间电荷注入较少，空间电荷积聚峰位移动的深度较小。

5.4.3　功能基团的影响

本节所使用试样的聚合物刷接枝密度为 0.04ch/nm^2 左右，分子量为 80kg/mol 左右，与前节没有接枝功能基团的纳米 $CSiO_2$/XLPE 空间电荷特性相互对照。

图 5.54 为–50kV/mm 下分别接枝二茂铁与蒽基团的 PSMA_$CSiO_2$/XLPE 空间电荷分布的结果。可以看到，两组试样中均存在不同程度的同极性空间电荷积聚，且电荷积聚峰靠近电极。

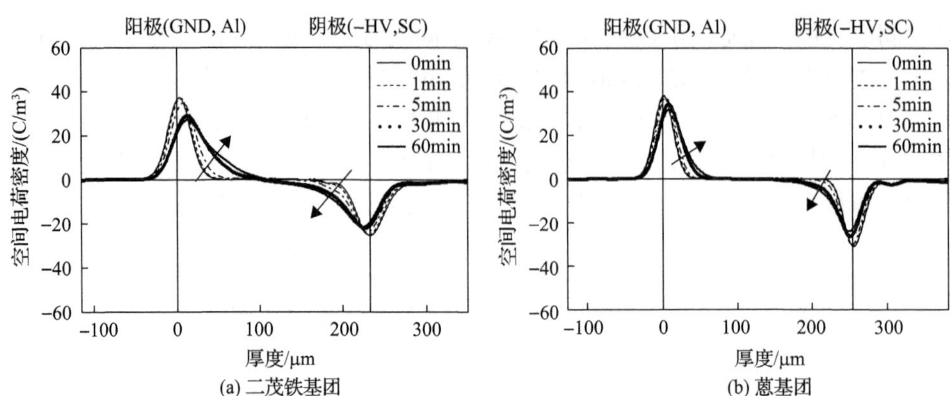

图 5.54　−50kV/mm 电场极化 60min 内接枝功能基团的 PSMA_CSiO$_2$/XLPE 的空间电荷分布

与没有接枝功能基团的情况相对比，接枝功能基团后试样的空间电荷抑制特性有所改善。与图 5.54(b)中接枝蒽基团的情况相比，图 5.54(a)中空间电荷注入深度较大，注入量也多，说明−50kV/mm 下蒽基团接枝对于 PSMA_CSiO$_2$/XLPE 空间电荷抑制效果的改善作用更大。

5.5　优选参数的纳米复合 XLPE 陷阱特性与电学性能

基于空间电荷抑制效果较好的聚合物刷接枝纳米 SiO$_2$/XLPE 试样，本节采用热刺激电流法探究其微观陷阱特性和电学性能。除了优选参数的 PSMA_CSiO$_2$/XLPE 样组别，本节还选取了 XLPE、UN_CSiO$_2$/XLPE、MDOS/XLPE、PSMA/XLPE 四个组别，以供结果对照和后续的机理分析。本节还介绍了直流电导测试，研究纳米复合对 XLPE 的电导电流和电流—时间特性的影响，最后通过直流击穿试验，采用 Weibull 分布曲线反映各组别试样直流击穿强度的差异。

5.5.1　陷阱特性

1. 热刺激电流测量系统和试验方法

定向的偶极子松弛、陷阱电荷脱陷和离子型载流子迁移，均属于固体电介质的松弛过程[46]，这些过程的活化能与温度有关，通过式(5.2)的 Arrhenius 公式对 TSC 电流曲线进行拟合，可以获得 TSC 电流峰对应的活化能。

$$I_\delta = I_{0,\delta} \exp\left(-\frac{E_\delta}{kT}\right) \tag{5.2}$$

式中，k 为波尔兹曼常数；T 为温度；$I_{0,\delta}$ 为常数；E_δ 为活化能。

虽然 TSC 电流峰与介电谱仪测得的松弛峰有一定的对应关系，但二者测量原理并不相同，介电谱仪必须在非常低的频率下来获得上述的松弛峰。根据频率等效法，式(5.3)计算了介电谱仪所需采用的等效频率值[47]。

$$\omega_{\mathrm{D}} = \frac{R_{\mathrm{TSC}} E_{\delta}}{k T_{\mathrm{pk}}^{\ 2}} \tag{5.3}$$

式中，R_{TSC} 为 TSC 测量系统线性升温速率；T_{pk} 为 TSC 电流峰值对应的温度。

对于 1eV 的活化能峰值、3℃/min 的线性升温速率至 70℃和 TSC 电流峰值位置，所需的介电谱仪测试频率约为 5mHz。使用介电谱仪确定 TSC 曲线上各个峰值对应的活化能耗时较长。因此，通过 TSC 方法确定绝缘材料松弛过程的活化能具有更高的分辨率[46]。

TSC 测量系统工作过程的基本原理如图 5.55 所示。通过选择开关切换进行极化和去极化过程，极化过程中直流高压发生器将高压施加到上电极，保护电阻可在发生试样击穿或沿面闪络时保护高阻计。极化一定时间后，温控器控制传动机构向 TSC 测量单元的外围注入液氮迅速冷却试样至某一低温，此时选择开关接地短路一定时间，然后以一定速率开始缓慢的线性升温，由高阻计对流经下电极的 TSC 电流进行测量。温控器控制直流功率电源的输出，继而调整加热模块的发热功率。计算机通过 IEEE488 总线和 RS485 分别从高阻计和温控器上获取 TSC 曲线的实时数据。表 5.1 列出了 TSC 测量系统的主要技术指标。

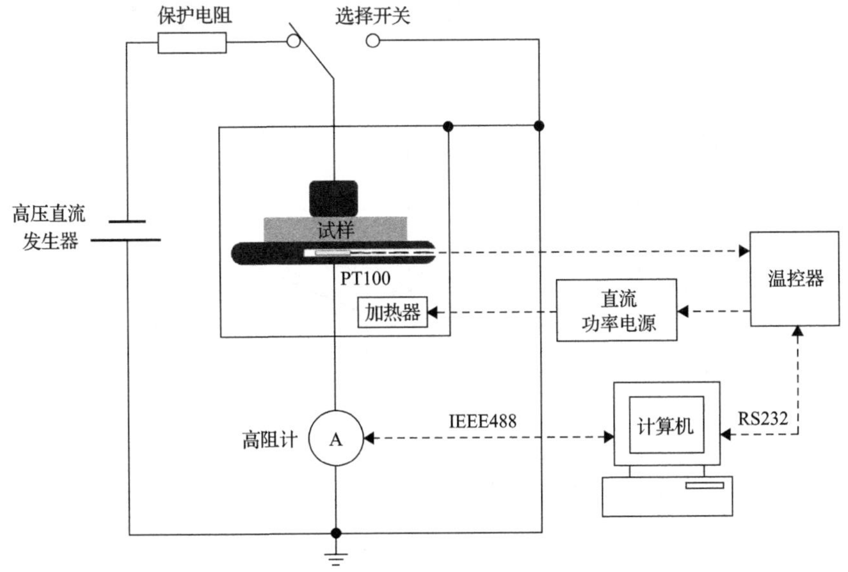

图 5.55　TSC 测量系统工作过程基本原理图

表 5.1　TSC 测量系统主要技术指标

参数	数值
温度范围/℃	−129～+150
温度分辨率/℃	1
线性升温速率范围/(℃/min)	0.5～5
最高直流耐压/kV	±20
电流量程范围/nA	$2\sim2\times10^7$
电流分辨率/pA	0.1
最大降温速率/(℃/min)	30
通讯方式	RS232、RS485、IEEE 488

图 5.56 为 TSC 测量系统极化电压、温度和电流的时序图。横坐标为时间，纵坐标自上而下依次为极化电压、温度、去极化电流和极化电流。试样在 T_P 恒定温度下加压极化一定时间，刚开始极化时，极化电流呈指数式衰减并逐渐稳定。然后保持极化电压不变，快速冷却 TSC 测量单元(包括试样)，在此期间极化电流幅值也不断减小。当试样的温度降到 T_0 时，此时可以认为绝缘材料试样内部的电荷已经被“冻住”，撤去外施直流电压后将上下电极短路数分钟，消除试样表面电荷的影响。此时去极化电流也呈现出指数式衰减，但与极化过程的电流极性相反。然后以恒定的速率对试样进行线性升温，计算机实时采集去极化电流值和温度值，

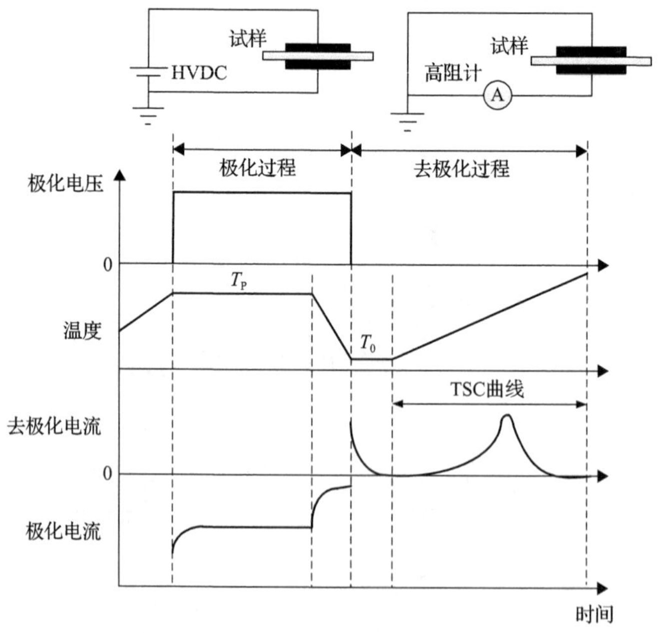

图 5.56　TSC 测量系统极化电压、温度和电流的时序图

即得到相应的 TSC 曲线。TSC 曲线反映了电极上电荷的补偿情况，也就反映了注入或析出电荷的过程。

Ieda[48]联合研究了 TSC、电致发光和机械损耗实验的结果，从而确定了低密度聚乙烯内部的陷阱深度(即活化能)和松弛过程的来源，如表 5.2 所示。

表 5.2　低密度聚乙烯陷阱特性参数

符号	峰值温度/℃	陷阱深度/eV	来源
G_1	–145	0.1～0.3	—
G_2	–95	0.24	无定形区
G_3	–25	0.8～1.0	无定形区
G_4	–40～+40	1.0～1.4	无定形区-结晶区界面
G_5	+40	1.4	无定形区
G_5''	+60	1.2～1.4	结晶区
G_7	+50	1.0	无定形区

Roy 等[49]研究了填料配比为 5wt%的未经表面改性的纳米 SiO_2/XLPE 复合材料的热刺激电流特性，发现其 TSC 曲线具有与低密度聚乙烯相似的 G_4 峰，但由于 XLPE 存在的化学交联结构，所以 G_4 峰值向更高温度偏移。此外，两种纳米 SiO_2/XLPE 复合材料组别还出现了表 5.2 未提到的新的 TSC 电流峰(未经表面改性组别为 78℃，表面改性组别为 84℃)，这个现象可能是由束缚在纳米颗粒-基体聚合物界面上的电荷受热激发，继而脱陷而形成。由该研究结论出发，可推测纳米颗粒-基体聚合物界面的微观物理特性将会直接影响到 TSC 电流峰。同样通过对比不同组别(如小分子偶联剂的类型和接枝密度、聚合物刷的分子量和接枝密度、功能基团类型等)纳米 SiO_2/XLPE 复合介质试样的 TSC 电流曲线，就能得到界面陷阱深度等微观物理参数值。

由于 TSC 曲线受测试参数影响很大，如极化温度、极化时间、极化场强、短路时间、湿度、线性升温速率、降温速度等，为便于对 XLPE 及其纳米复合介质试样的陷阱特性进行横向比较，本书统一了 TSC 测试和试样参数，如表 5.3 所示。

表 5.3　所采用的 TSC 测试和试样参数

参数	数值
极化温度/℃	+70
极化场强/(kV/mm)	–30
极化时间/min	30
降温速率/(℃/min)	15
短路时间/min	5

续表

参数	数值
线性升温速率/(℃/min)	2
温度范围/℃	−100～+100
气氛	高纯氮气
试样直径/mm	50
试样厚度/μm	100
试样表面	镀金

2. TSC 图谱分析

根据表 5.3 中的测试条件，得到了如图 5.57 所示的各组别 TSC 图谱。

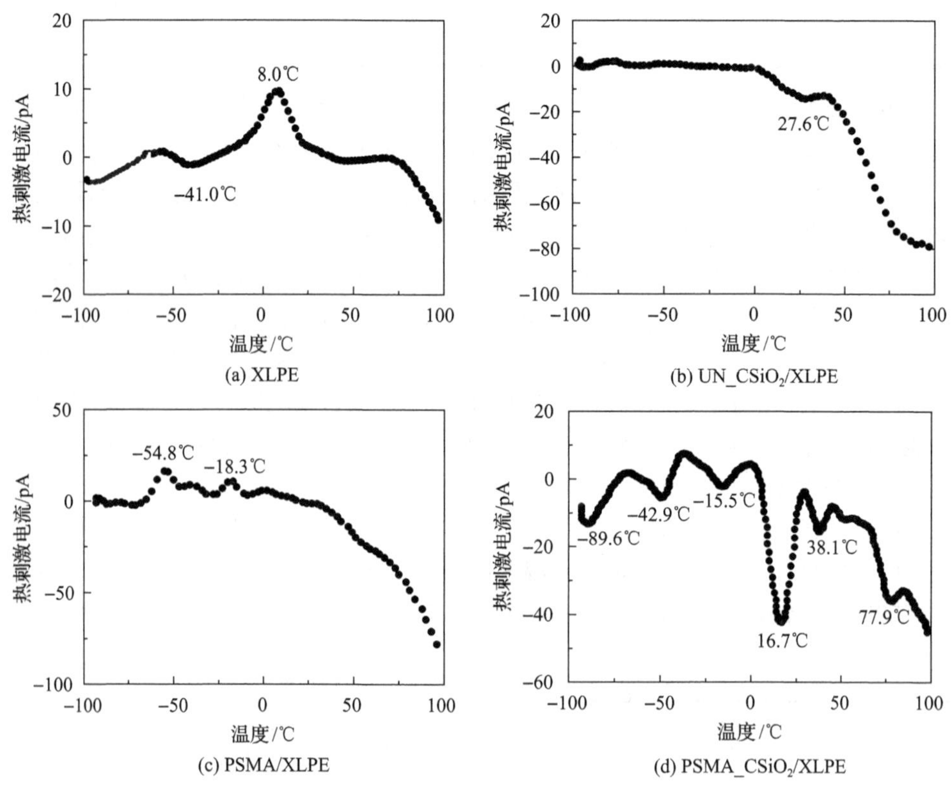

(a) XLPE　(b) UN_CSiO$_2$/XLPE　(c) PSMA/XLPE　(d) PSMA_CSiO$_2$/XLPE

图 5.57　XLPE 及其纳米复合介质的 TSC 图谱

采用初始上升法计算各组别的活化能，其依据是当材料内部陷阱电荷随着温度升高开始释放时，其 TSC 电流密度 $J_D(T)$满足式(5.4)：

$$\ln J_{\mathrm{D}}(T) \simeq C - \frac{E}{kT} \tag{5.4}$$

式中，C 为常数且取决于陷阱数量和陷阱电荷脱陷概率；E 为活化能；T 为绝对温度。因此，由上式作出 TSC 电流峰上升阶段 $\ln J_{\mathrm{D}}(T)$-$1/T$ 的关系曲线，由其斜率 $(-E/k)$ 即可计算得到活化能 E。

通过计算得到各组试样的陷阱深度情况如下。

(1) XLPE：0.991eV、0.638eV。

(2) UN_SiO_2/XLPE：0.419eV、0.457eV。

(3) PSMA/XLPE：0.963eV、0.603eV。

(4) PSMA_CSiO_2/XLPE：1.27eV、1.10eV、1.07eV。

5.5.2　直流电导特性

1. 测试系统与试验方法

直流电导测试一般采用三电极法，测试系统结构如图 5.58 所示。系统组成包括 20kV 直流电压发生器、保护电阻、Keithley6517A 静电计(系统有效测量精度为 0.1pA)、三电极系统。直流高压通过保护电阻后加到上电极，电导电流通过静电计连接到下边的中心电极上，测量流经试样的体电流。环电极接地，用于排除表面电流的干扰。静电计测得的电导电流数据经由 GPIB 总线传输至工控机。

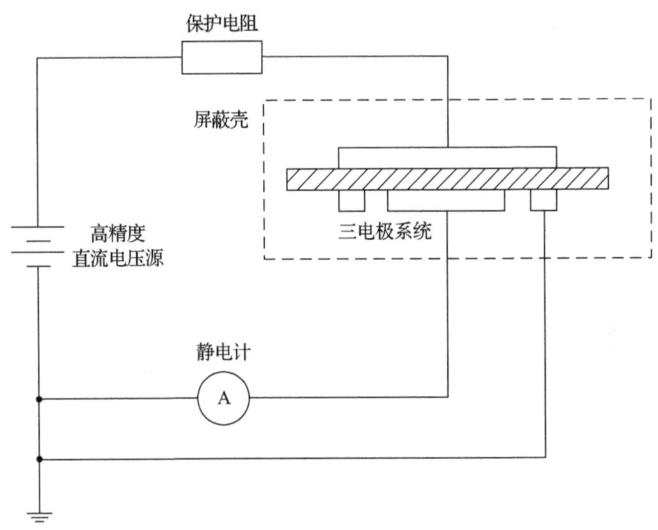

图 5.58　三电极直流电导测试系统

优选参数的试样为 PSMA_CSiO_2/XLPE，对照组有 XLPE、UN_CSiO_2/XLPE、PSMA/XLPE。试样厚度为 150±10μm，直径约 70mm，试样上下表面均镀金，金

电极直径约 20mm。测试前在 50℃烘箱中短路 24h，以消除试样表面或内部残留电荷。

试样的电导电流和电流-时间特性测试过程如下。室温下[(22±1)℃]施加直流电压极化 2min，然后撤压去极化测量 1min。考虑到 100kV/mm 及以上场强可能出现意外击穿，为保护电导系统，极化选 5～50kV/mm。

2. 电流-时间特性分析

图 5.59 中(a)～(c)分别为场强 10kV/mm、30kV/mm 和 50kV/mm 极化过程电流-时间特性曲线，可明显看到三个外施场强下 MDOS/XLPE 的电流均为最大，再联系空间电荷特性可知，单纯在 XLPE 中添加 2wt%MDOS 偶联剂将提高复合材料电导，增加直流漏导损耗，同时在直流场下其空间电荷运动速度也会增大。而优选参数的 PSMA_CSiO$_2$/XLPE 组别在极化 100s 左右处，其恒定电流为各组别最小，这是由其内部深陷阱的深度与密度决定的。

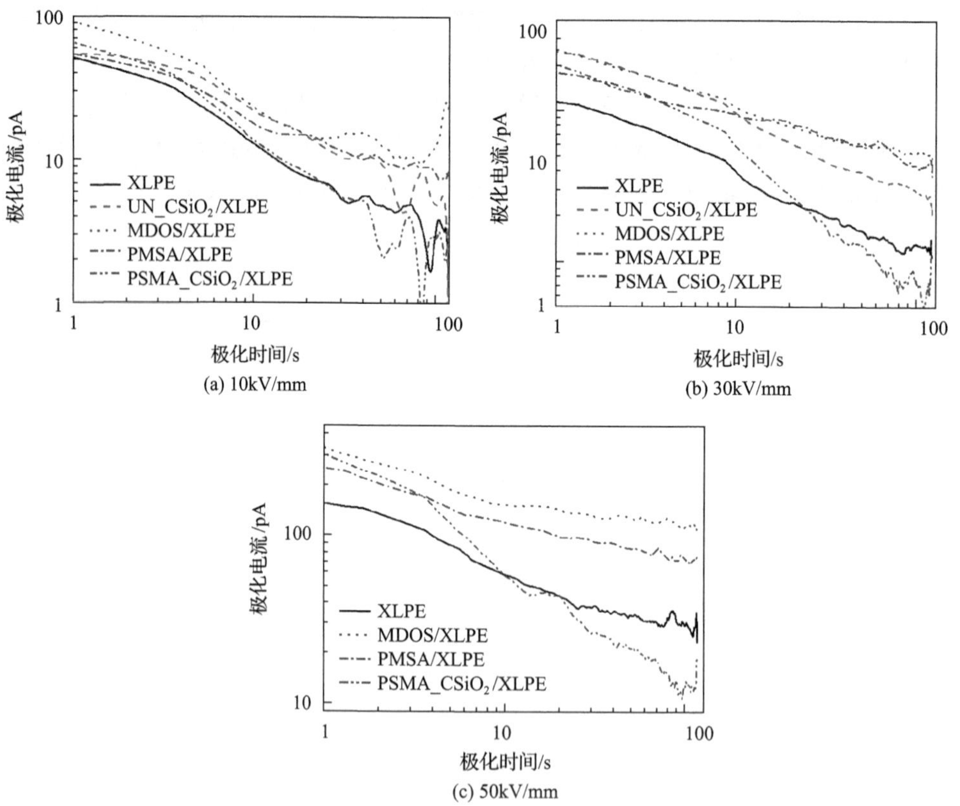

(a) 10kV/mm　(b) 30kV/mm

(c) 50kV/mm

图 5.59　XLPE 及其纳米复合介质的电流-时间图

3. 电导电流特性分析

图 5.60 给出了纳米 SiO_2/XLPE 的电导电流特性曲线。可以看到极化 2min 时，各个外施直流电场强度下 MDOS/XLPE 最大，而优选参数的 PSMA_CSiO_2/XLPE 则相反，除了在 20kV/mm 和 25kV/mm 两个电场下电导电流值与 XLPE 比较接近以外，其他各个电场下其电流值均为最小，因而其直流漏导损耗也最小，这一点对于工程应用来说是非常重要的。

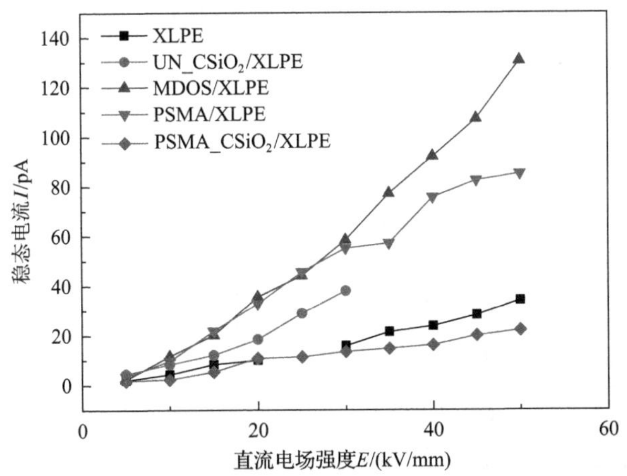

图 5.60　优选参数纳米 SiO_2/XLPE 的电导电流特性曲线

5.5.3　直流击穿特性

1. 测试系统与试验方法

高压直流击穿试验依据国标《绝缘材料电气强度试验方法第 2 部分：对应用直流电压试验的附加要求》(GB/T 1408.2—2006)开展，系统总体结构如图 5.61 所示。系统包括+100kV 高压直流电源、交直流阻容分压器(R_1为主电阻，R_2为取样电阻，R_2∶R_1=1∶1000)、数字万用表、保护电阻(10MΩ)、击穿试验单元。其中，击穿试验单元内盛有变压器油，防止试样沿面闪络。上电极为球电极，直径为 20mm，下电极为平板电极。

直流击穿试验过程如下。薄膜试样厚度为(50±5)μm，线性升压速率为 500V/s，试验在室温[(22±1)℃]下进行，击穿电压幅值由数字万用表自动记录，每个组别样本数至少 15 个。

2. 直流击穿场强分析

利用 Weibull 分布对直流击穿场强测试结果进行分析，式(5.5)是二参数 Weibull 分布计算公式：

$$P(E) = 1 - \exp\left[-\left(\frac{E}{\alpha}\right)^{\beta}\right] \tag{5.5}$$

式中，E 为直流击穿场强；$P(E)$ 为累积的击穿概率；α 为尺度参数，代表累积击穿概率为 63.2%时对应的直流击穿场强幅值；β 为形状参数，代表数据分散度的倒数。

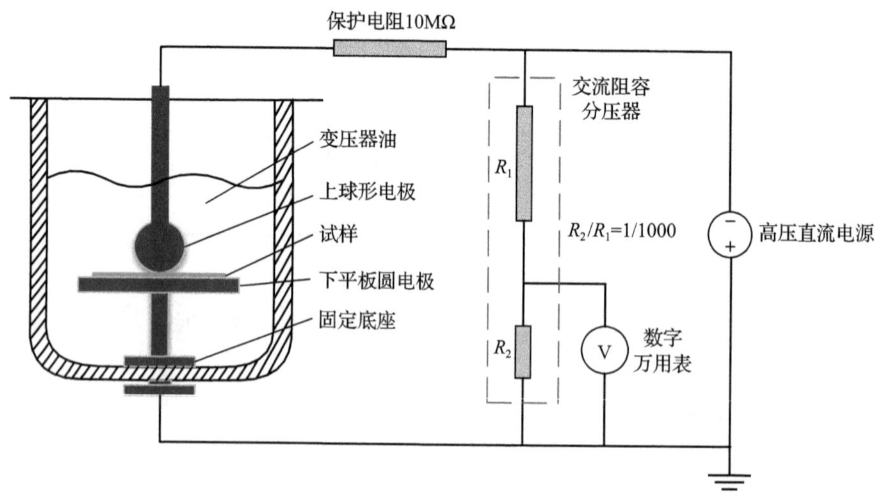

图 5.61　高压直流击穿试验系统示意图

图 5.62 给出了五组 XLPE 及其纳米复合介质的直流击穿场强 Weibull 分布情况。从图中看到，UN_CSiO$_2$/XLPE 组别比其他四组的击穿场强都低，主要是由于纳米分散性不佳，薄膜试样表面甚至存在肉眼可辨的团聚体，而击穿首先在这些团聚体形成的“弱点”处发生。MDOS/XLPE 和 PSMA/XLPE 组别的击穿强度较纯 XLPE 组别均略有提高，而优选参数的 PSMA_CSiO$_2$/XLPE 具有最高的 63.2%概率击穿强度分布数据，表 5.4 中表明其比纯 XLPE 击穿强度提高了 35.4%，而 UN_CSiO$_2$/XLPE 则较纯 XLPE 降低了 21.6%。从表 5.4 中还可以观察到，PSMA/XLPE 和 PSMA_CSiO$_2$/XLPE 具有比其他三个组别更大的形状参数 β 值，这可能与纳米 CSiO$_2$ 的分散性及 PSMA 自身的性质有关。

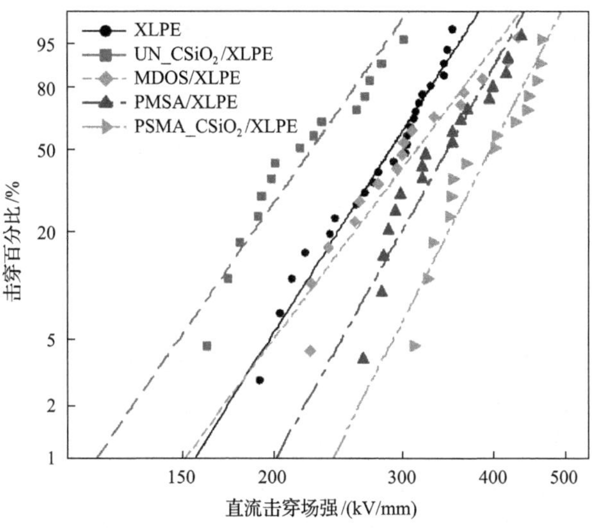

图 5.62　优选参数的 SiO_2/XLPE 直流击穿场强的 Weibull 分布

表 5.4　优选参数的 SiO_2/XLPE 直流击穿场强的尺度和形状参数

组别	尺度参数 α	形状参数 β
XLPE	305	6.8
UN_$CSiO_2$/XLPE	239	6.2
MDOS/XLPE	334	5.8
PSMA/XLPE	362	7.8
PSMA_$CSiO_2$/XLPE	413	8.5

5.6　界面调控对纳米电介质空间电荷特性的影响机制

小分子偶联剂不同接枝密度、极性类型，以及纳米形貌对纳米 SiO_2/XLPE 复合介质极化去极化过程的空间电荷分布、总电荷量、视在载流子迁移率、平均陷阱深度等一次、二次特征量的变化规律具有影响。纯 MDOS 偶联剂掺杂无空间电荷抑制效果，却增加了空间电荷运动速度；纳米 $CSiO_2$ 表面接枝 MDOS 减小了电荷注入深度和场强畸变程度；MDOS 接枝密度对空间电荷特性影响很小；纳米 $FSiO_2$ 经不同极性的偶联剂 TC 和 VI 修饰后，均提高了分散性，抑制了预击穿过程空间电荷包的形成，改善了直流耐压性能；小分子接枝纳米 $FSiO_2$ 比纳米 $CSiO_2$ 分散性更好，空间电荷注入深度更小，电荷消散速率更快，且仅为正电荷注入，而纳米 $CSiO_2$ 正负电荷同时注入。增加小分子 MDOS 接枝密度，可提高纳米 $CSiO_2$/XLPE 的视在载流子迁移率，减小平均陷阱深度；分散性更好的纳米 MDOS_$FSiO_2$_100/XLPE 去极化初始阶段迁移率更大，但衰减迅速，平均陷阱深度更小。

在聚乙烯体系内纳米颗粒表面聚合物刷不同接枝密度、分子量，以及功能基团协同效应等多种因素的影响下，纳米 $CSiO_2$/XLPE 复合介质的空间电荷注入、迁移、积聚和消散规律发生变化，由此给出了一种电极/电介质界面深陷阱效应的空间电荷抑制模型和机理解释。聚合物刷接枝密度为 0.04ch/nm^2 的纳米 $CSiO_2$/XLPE 具有最小电荷注入量，随着接枝密度增大，纳米团聚更严重，注入深度明显增加；10kg/mol 的 PSMA_$CSiO_2$/XLPE 对空间电荷注入影响小；纯 PSMA/XLPE 低场下有一定空间电荷抑制能力，正极性电荷注入减弱，高场下出现负极性空间电荷包。聚合物刷接枝密度的变化对空间电荷的积聚和迁移影响较小，为同极性积聚；10kg/mol 的 PSMA_$CSiO_2$/XLPE 在高场下出现正极性空间电荷包，且符合负微分迁移率特性；45kg/mol 聚合物刷接枝具有最小的电荷积聚总量；蒽基团较二茂铁基团能更好地阻碍正负极性电荷向试样内部的迁移；纯 PSMA/XLPE 较 XLPE 减小了电荷积聚总量。去极化过程中，随聚合物刷的接枝密度的增加，视在载流子迁移率呈先减小后增大的过程，平均陷阱深度刚好相反；随着分子量的增加，视在载流子迁移率先增加后减小，平均陷阱深度先降低后升高。

纳米颗粒、纳米分散性、聚合物刷、小分子偶联剂等纳米-聚合物界面关键因素对空间电荷体现出不同的影响规律和抑制机制。UN_$CSiO_2$/XLPE 较 XLPE 的陷阱深度和密度均增大；而纯 PSMA 掺杂 XLPE 也可有效增加深陷阱的密度；PSMA 接枝纳米 $CSiO_2$/XLPE 后，保持了纯 PSMA 和 UN_$CSiO_2$ 纳米颗粒陷阱特点基础上，随着纳米 $CSiO_2$ 分散性的改善，还拓展了陷阱深度的分布性。直流电导特性测试结果表明，优选参数组别的 PSMA_$CSiO_2$/XLPE 在 10～50kV/mm 内稳态电流均为各组别最小，且小于纯 XLPE 试样；其 Weibull 分布 63.2%概率的直流电气强度达 413kV/mm，比纯 XLPE 高 35.4%。纳米 SiO_2/XLPE 空间电荷输运过程模拟表明，陷阱深度的增加将提高电荷积聚总量；陷阱密度的增加将使平均电荷注入深度减小，并在注入电极附近的位置积聚；载流子迁移率的提高将促进陷阱电荷的均匀分布，内部电场畸变情况得到改善。

近 20 年来，聚合物基纳米复合电介质研究得到了蓬勃发展，成为工程电介质领域的一个独立研究课题，被公认为未来高性能绝缘材料的最有潜力的发展方向。目前看来，纳米复合提高聚合物的绝缘性能的主要原因是其巨大的比表面积，而纳米颗粒—聚合物界面被许多学者认为是纳米复合电介质载流子独特的迁移特性的根本影响因素，也是其优异的宏观电学性能的微观作用机制。但是，无论从物理还是化学的角度，现有的实验和机理研究都远不足以建立和完善一种全面反映和解释纳米电介质宏观电学性能的理论。而只有真正了解了纳米电介质，才有可能利用纳米技术对工程绝缘材料的性能进行定向优化设计。聚合物材料，如聚乙烯，为半结晶复杂结构，其内部电荷输运和积聚、交直流击穿和老化等过程的机理至今仍未完全弄清楚。而对于纳米电介质，其与聚合物不同之处在于受到的影响因素更多，如纳米复合工艺、纳米分散性、纳米参数(粒径、形状、介电常数、质量分数等)、纳米颗粒表面接枝改性等。特别是纳米分散性，直接导致现有的许多实验研究结果往往难以在其他实验室环境下重复。因此，制备分散性良好的纳米电介质是后续性能测试和分析的基础，也是将来工程应用最基本的要求。

参 考 文 献

[1] 张灵. 界面调控对纳米电介质空间电荷特性的影响[D]. 北京：清华大学，2015.

[2] Irwin P C, Cao Y, Bansal A, et al. Thermal and mechanical properties of polyimide nanocomposites[C]//2003 Annual Report Conference on Electrical Insulation and Dielectrics Phenomena, Albuquerque, 2003: 120～123.

[3] Bauer F, Ernst H, Hirsch D, et al. Preparation of scratch and abrasion resistant polymeric nanocomposites by monomer grafting onto nanoparticles, 5a: Application of mass spectroscopy and atomic force microscopy to the characterization of silane-modified silica surface[J]. Macromolecular Chemistry and Physics, 2004, 205(12): 1587～1593.

[4] Frechette M F, Reed C W. The role of molecular dielectrics in shaping the interface of polymer nanodielectrics[C]//2007 Annual Report Conference on Electrical Insulation and Dielectrics Phenomena, Vancouver, BC, 2007: 279～285.

[5] Johnston D R, Markovitz M. Corona-resistant insulation, electrical conductors covered therewith and dynamoelectric machines and transformers incorporating components of such insulated conductors: U.S. Patent 4760296[P]. 1988-7-26.

[6] Lewis T J. Nanometric dielectrics[J]. IEEE Transactions on Dielectrics and Electrical Insulation, 1994, 1(5): 812～825.

[7] Segal V, Hjortsberg A, Rabinovich A, et al. AC(60Hz) and impulse breakdown strength of a colloidal fluid based on transformer oil and magnetite nanoparticles[C]//Conference Record on the 1998 IEEE International Symposium on Electrical Insulation, Arlington, 1998: 619～622.

[8] Henk P O, Kortsen T W, Kvarts T. Increasing the electrical discharge endurance of acid anhydride cured DGEBA epoxy resin by dispersion of nanoparticle silica[J]. High Performance Polymers, 1999, 11(3): 281～296.

[9] Nelson J K, Fothergill J C, Dissado L A, et al. Towards an understanding of nanometric dielectrics[C]//2002 Annual Report Conference on Electrical Insulation and Dielectrics Phenomena, Cancun, 2002: 295～298.

[10] Roy M, Nelson J K, Maccrone R K, et al. Polymer nanocomposite dielectrics-The role of the interface[J]. IEEE Transactions on Dielectrics and Electrical Insulation, 2005, 12(4): 629～642.

[11] Smith R C, Hui L, Nelson J K, et al. Interfacial charge behavior in nanodielectrics[C]//2009 Annual Report Conference on Electrical Insulation and Dielectrics Phenomena, Virginia Beach, 2009: 650～653.

[12] Kurnianto R, Murakami Y, Hozumi N, et al. Characterization of tree growth in filled epoxy resin: The effect of filler and moisture contents[J]. IEEE Transactions on Dielectrics and Electrical Insulation, 2007, 14(2): 427～435.

[13] Fleming R J, Ammala A, Casey P S, et al. Conductivity and space charge in LDPE/$BaSrTiO_3$ nanocomposites[J]. IEEE Transactions on Dielectrics and Electrical Insulation, 2011, 18(1): 15～23.

[14] Chen Yu, Imai T, Ohki Y, et al. Tree initiation phenomena in nanostructured epoxy composites[J]. IEEE Transactions on Dielectrics and Electrical Insulation, 2010, 17(5): 1509～1515.

[15] Tanaka T, Bulinski A, Castellon J, et al. Dielectric properties of XLPE/SiO_2 nanocomposites based on CIGRE WG D1.24 cooperative test results[J]. IEEE Transactions on Dielectrics and Electrical Insulation, 2011, 18(5): 1484～1517.

[16] 吴建东, 尹毅, 兰莉, 等. 纳米填充浓度对 LDPE/Silica 纳米复合介质中空间电荷行为的影响[J]. 中国电机工程学报, 2012, 32(28): 177～183.

[17] Takala M, Ranta H, Nevalainen P, et al. Dielectric properties and partial discharge endurance of polypropylene-silica nanocomposite[J]. IEEE Transactions on Dielectrics and Electrical Insulation, 2010, 17(4): 1259～1267.

[18] Lewis T J. Interfaces: Nanometric dielectrics[J]. Journal of Physics D: Applied Physics, 2005, 38(2): 202～212.

[19] Shi N, Ramprasad R. Local properties at interfaces in nanodielectrics: An ab initio computational study[J]. IEEE Transactions on Dielectrics and Electrical Insulation, 2008, 15(1): 170～177.

[20] O'Sullivan F, Lee S, Zahn M, et al. Modeling the effect of ionic dissociation on charge transport in transformer oil[C]// 2006 Annual Report Conference on Electrical Insulation and Dielectrics Phenomena, Kansas City, MO, 2006: 756～759.

[21] Takada T,hayase Y, Tanaka Y, et al. Space charge trapping in electrical potential well caused by permanent and induced dipoles for LDPE/MgO nanocomposite[J]. IEEE Transactions on Dielectrics and Electrical Insulation, 2008, 15(1): 152～160.

[22] Lewis T J. Interfaces are the dominant feature of dielectrics at the nanometric level[J]. IEEE Transactions on Dielectrics and Electrical Insulation, 2004, 11(5): 739～753.

[23] Murakami Y, Nemoto M, Okuzumi S, et al. DC conduction and electrical breakdown of MgO/LDPE nanocomposite[J]. IEEE Transactions on Dielectrics and Electrical Insulation, 2008, 15(1): 33～38.

[24] Tanaka T. Dielectric nanocomposites with insulating properties[J]. IEEE Transactions on Dielectrics and Electrical Insulation, 2005, 12(5): 914～928.

[25] Lewis T J, Llewellyn J P. Electrical conduction in polyethylene: The role of positive charge and the formation of positive packets[J]. Journal of Applied Physics, 2013, 113: 223705(1～12).

[26] Lewis T J. Charge transport in polyethylene nano dielectrics[J]. IEEE Transactions on Dielectrics and Electrical Insulation, 2014, 21(2): 497～502.

[27] Zilg C, Kaempfer D, Thomann R, et al. Electrical properties of polymer nanocomposites based upon organophilic layered silicates[C]// 2003 Annual Report Conference on Electrical Insulation and Dielectrics Phenomena, Albuquerque, 2003: 546～550.

[28] Nelson J K,Hu Y, Thiticharoenpong J. Electrical Properties of TiO_2 Nanocomposites[C]//2003 Annual Report Conference on Electrical Insulation and Dielectrics Phenomena, Albuquerque, NM, 2003: 719～722.

[29] Cao Y, Irwin P C. The electrical conduction in polyimide nanocomposites[C]//2003 Annual Report Conference on Electrical Insulation and Dielectrics Phenomena, Albuquerque, 2003: 116～119.

[30] Hayase Y, Aoyamah, Matsui K, et al. Space charge formation in LDPE/MgO nano-composite film under ultra-high DC electric stress[J]. IEEJ Transactions on Fundamentals and Materials, 2006, 126(11): 1084～1089.

[31] Maezawa T, Taima J,Hayase Y, et al. Space charge formation in LDPE/MgO nano-composite under high electric field at high temperature[C]//2007 Annual Report Conference on Electrical Insulation and Dielectrics Phenomena, Vancouver, 2007: 271～274.

[32] Ishimoto K, Kanegae E, Ohki Y, et al. Superiority of dielectric properties of LDPE/MgO nanocomposites over microcomposites[J]. IEEE Transactions on Dielectrics and Electrical Insulation, 2009, 16(6): 1735～1742.

[33] Hui L, Schadler L S, Nelson J K. The influence of moisture on the electrical properties of crosslinked polyethylene/silica nanocomposites[J]. IEEE Transactions on Dielectrics and Electrical Insulation, 2013, 20(2): 641～653.

[34] Nagao M, Takamura N, Kurimoto M, et al. Simultaneous measurement of space charge and conduction current on LDPE/MgO nanocomposite[C]//2012 Annual Report Conference on Electrical Insulation and Dielectrics Phenomena, Montreal, 2012: 311～314.

[35] 刘文辉, 吴建东, 王俏华, 等. 纳米添加物的粒径对聚合物纳米复合电介质中空间电荷行为的影响[J]. 中国电机工程学报, 2009(S1): 61～66.

[36] Yang J M, Wang X, Zhao H, et al. Influence of moisture absorption on the DC conduction and space charge property of MgO/LDPE nanocomposite[J]. IEEE Transactions on Dielectrics and Electrical Insulation, 2014, 21(4): 1957～1964.

[37] Wang X, Lv Z P, Wu K, et al. Study of the factors that suppress space charge accumulation in LDPE nanocomposites[J]. IEEE Transactions on Dielectrics and Electrical Insulation, 2014, 21(4): 1670～1679.

[38] Li S T, Zhao N, Nie Y J, et al. Space charge characteristics of LDPE nanocomposite/LDPE insulation system[J]. IEEE Transactions on Dielectrics and Electrical Insulation, 2015, 22(1): 92～100.

[39] Mitsukami Y, Donovan M S, Lowe A B, et al. Water-soluble polymers. 81. Direct synthesis of hydrophilic styrenic-based homopolymers and block copolymers in aqueous solution via RAFT[J]. Macromolecules, 2001, 34(7): 2248～2256.

[40] Li Y, Benicewicz B C. Functionalization of silica nanoparticles via the combination of surface-initiated RAFT polymerization and click reactions[J]. Macromolecules, 2008, 41(21): 7986～7992.

[41] Potratz S, Mishra A, Baeuerle P. Thiophene-based donor-acceptor co-oligomers by copper-catalyzed 1,3～dipolar cycloaddition[J]. Beilstein Journal of Organic Chemistry, 2012, 8: 683～692.

[42] Ganesh V, Sudhir V S, Kundu T, et al. 10 years of click chemistry: Synthesis and applications of ferrocene-derived triazoles[J]. Chemistry - An Asian Journal, 2011, 6(10): 2670～2694.

[43] Zhang L, Zhou Y X,Huang M, et al. Effect of nanoparticle surface modification on charge transport characteristics in XLPE/SiO_2 nanocomposites[J]. IEEE Transactions on Dielectrics and Electrical Insulation, 2014, 21(2): 424～433.

[44] Han B, Wang X, Sun Z, et al. Space charge suppression induced by deep traps in polyethylene/zeolite nanocomposite[J]. Applied Physics Letters, 2013, 102: 012902(1～4).

[45] Tian F Q, Lei Q Q, Wang X, et al. Effect of deep trapping states on space charge suppression in polyethylene/ZnO nanocomposite[J]. Applied Physics Letters, 2011, 99: 142903(1～3).

[46] Suh K S, Tanaka J, Damon D. What is TSC?[J]. IEEE Electrical Insulation Magazine, 1992, 8(6): 13～20.

[47] Vanderschueren J. General properties of secondary relaxations in polymers as determined by the thermally stimulated current method[J]. Journal of Polymer Science, Polymer Physics Edition, 1977, 15(5): 873～880.

[48] Ieda M. Recent topics of high field phenomena in insulating polymers[C]// Proceedings of the 4th International Conference on Properties and Applications of Dielectric Materi als, Brisbane, 1994: 35～38.

[49] Roy M, Nelson J K, Maccrone R K, et al. Candidate mechanisms controlling the electrical characteristics of silica/XLPE nanodielectrics[J]. Journal of Materials Science, 2007, 42(11): 3789～3799.

第 6 章　电老化对固体电介质空间电荷特性的影响

高分子材料无论是天然的还是合成的，在成型、储存和使用过程中都会发生结构变化，其物理化学性能和机械性能逐渐劣化，以致最终丧失使用价值，老化的本质可归结为交联和降解两种化学反应。降解引起高聚物相对分子量减少，进而导致其机械性能和电性能降低，并可能出现发粘和粉化等现象。交联则引起聚合物相对分子质量增加。交联至一定程度前能改善聚合物的物理机械性能和耐热性能，但随着分子间交联点的增多，分子链逐渐形成网络结构，聚合物变成硬、脆、不溶的产物。

光、热、氧、电是引起高分子材料老化的主要原因。在电老化过程中，电场总是和其他因素共同起作用。一方面，电场的存在能加速热、氧气、机械等老化；另一方面，其他各种形式老化过程的发展导致聚合物结构的改变和聚合物中低分子物含量的增加，极大地促进电老化的发展，导致电气性能下降。

老化可能会导致材料的表观、物理化学性能、机械性能和电学性能等方面都发生变化，主要表现为材料变色、变形、脆化、降解等，电性能如绝缘电阻、击穿场强等逐渐下降，从而影响运行安全。聚合物材料较无机绝缘材料更易于老化，对其老化特性和机理更需要进行深入研究。本章主要探讨老化对电介质材料空间电荷特性的影响。

本章介绍交、直流电老化对 LDPE 空间电荷的积聚和消散特性，并结合微观形貌、聚合物陷阱特性、空间电荷迁移率相关理论以及空间电荷仿真计算说明材料的老化变化趋势，接着介绍电老化对聚酰亚胺、硅橡胶空间电荷的影响，最后介绍热老化对聚酰亚胺、硅橡胶及油纸等常用绝缘材料空间电荷特性的影响。

6.1　电老化与空间电荷

电缆中出现的空间电荷会加速绝缘材料的老化，并且直流电缆存在极性反转问题，这限制了直流电缆的使用范围。直流电缆在实际运行过程中需要控制功率传送方向，因而要改变电压的极性，此时绝缘层中积聚的空间电荷会畸变局部电场。与油纸绝缘电缆相比，聚合物绝缘电缆的重要缺点是材料内的缺陷、杂质形成的陷阱引起空间电荷积聚，继而在绝缘内部产生严重的电场畸变，而空间电荷在聚合物绝缘介质中的迁移率很低，畸变场强会长时间存在，局部加强的场强导致材料老化速度加快，对材料的绝缘性能造成严重的影响[1-4]。电缆在长期运行中出现的水树枝、电树枝等老化现象与绝缘材料内部空间电荷的出现和积累有着密不可分的关系[5-8]。聚乙烯的电老化和击穿的过程中，材料的陷阱深度和密度会发生变化，而聚乙烯内部的陷阱或缺陷通常被认为是空间电荷形成的重要原因[9,10]。另外，电老化也会引起绝缘材料微观结构的变化，导致材料化学、物理、电等性能产生不可逆的转变。对聚合物材料老化现象的研究，其关键就是找到随老化程度变化的特征量。提高电介质材料性能和开发新材料建立在对其特性认识的基础上。因此，对绝缘材料长期老化过程中的空间电荷特性及其机理进行研究是很有意义的，能为材料的开发和改性提供理论支持。

6.2 直流电老化下 LDPE 的空间电荷特性

空间电荷对高场强下电介质材料老化过程有很大的影响。对 LDPE 材料进行高场强单一条件下的长期老化，得到老化时间对 LDPE 材料空间电荷特性的影响规律，并对不同老化时间的试品再次施加高场强，得到老化时间对材料在高场强下空间电荷运动特性的影响机制。由 LDPE 材料的空间电荷特性参数计算得出材料的迁移率，结合 EDS、FTIR、SEM 等分析手段对 LDPE 不同老化程度的材料特征参数进行分析，研究 LDPE 在直流老化条件下空间电荷相关特性变化和材料老化程度之间的关系[11]。

对不同老化时间 LDPE 试品在老化结束 10min 和 24h 两个时间点，进行空间电荷积聚与消散特性的研究。在老化结束 10min 和 24h 时，利用 PEA 法测量试品中残留的空间电荷。在老化结束 24h 后对 LDPE 试品再次施加高场强，以–75kV/mm 场强为例，研究老化试品在高场强下 60min 内空间电荷的积聚特性，接着撤除外施电压，测量撤压 10min 内试品两端短路情况下的空间电荷消散特性。

6.2.1 直流电老化后 LDPE 的微观结构和陷阱特性

LDPE 分子由长链和许多支链组成，经过长期老化后，长链可能发生断裂或交联，化学结构发生变化，同时碳链上的基团也会在老化过程中发生变化。这些变化可能成为物理缺陷和化学缺陷，进而对空间电荷的特性产生影响。对不同老化时间的 LDPE 试品进行物理、化学分析，可以有助于了解老化过程中 LDPE 材料物理化学性能变化，从而从材料微观结构和组成的变化来说明 LDPE 在长期老化后的空间电荷特性变化趋势和机理。

利用聚合物陷阱和空间电荷迁移率的相关理论对不同老化时间 LDPE 试品的去极化过程进行计算，研究老化时间对 LDPE 迁移率的影响，也可以和物理化学分析的结果互为佐证，说明材料的老化变化趋势。

1. 直流电老化 LDPE 微观结构变化特性

本节对不同直流老化时间的 LDPE 试品进行物理、化学特性变化的研究，发现不同直流老化时间的 LDPE 试品表面微观形态和氧化程度均有所不同。使用 SEM 对镀金处理的不同直流老化时间的 LDPE 试品进行表面形态显微观测，得到如图 6.1 所示结果。图 6.1(a)为未老化 LDPE 试品的表面微观形态图，在该图上可以看到有一些明显的裂纹，裂纹较长但数量不多，这是 LDPE 未老化试品的典型表面形态特征。图 6.1(b)和(c)图分别为 24h、100h 老化的 LDPE 试品表面微观形态图。在两图中可以看到，裂纹的数量和长度与图 6.1(a)图中的没有明显差别，说明 100h 内的直流老化还没有明显改变 LDPE 试品表面微观形态。图 6.1(d)图为老化 360h 的 LDPE 试品表面微观形态图，可以看到表面的裂纹数量和裂纹密度较图 6.1(a)增加了，这些裂纹将试品表面分割成更为细小的区域。图 6.1(e)图为老化 720h 后 LDPE 试品表面微观形态图，其裂纹数量和密度与 360h 相比进一步增加，可见随着时间延长，直流老化对试品表面形态的影响越来越大。

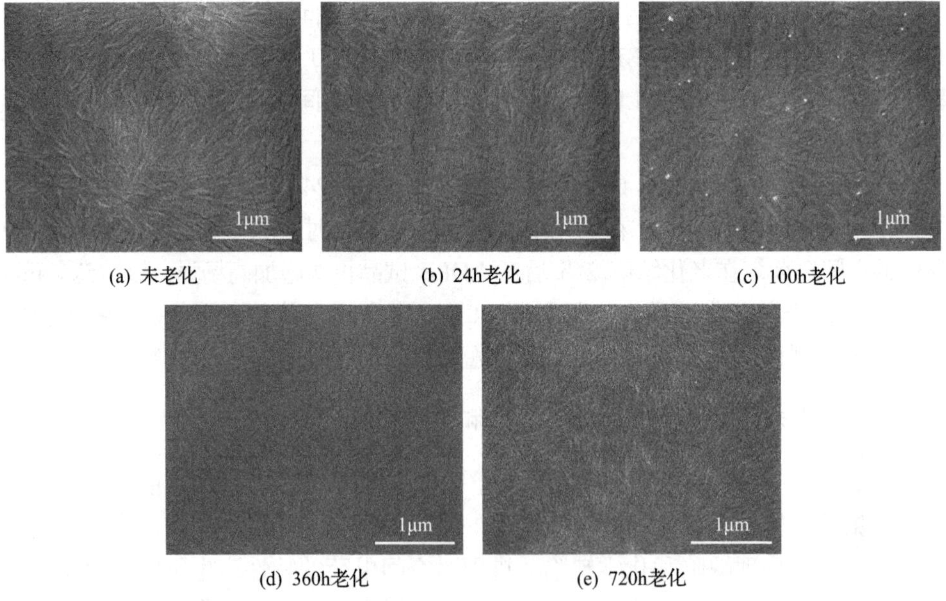

(a) 未老化　(b) 24h老化　(c) 100h老化

(d) 360h老化　(e) 720h老化

图 6.1　不同直流老化时间 LDPE 试品 SEM 扫描结果

从 SEM 扫描的结果图上，只能得到直观的表面形貌的物理变化结果，但这些物理微观形态变化极有可能是 LDPE 试品电气特性等性能变化的表现或原因。材料的老化过程必然伴随着其物理特性的变化，因此，可以进一步通过电气性能测试手段和物理化学分析手段来研究不同老化时间 LDPE 试品的相关特性变化。

2. 老化试品的陷阱特性和空间电荷迁移率

电介质材料的电荷迁移率和陷阱深度都是研究空间电荷入陷和脱陷过程的重要参数。当 LDPE 试品在加压一段时间后，撤压去极化并进行短路处理，材料内入陷的空间电荷会不断地脱陷并衰减。空间电荷的衰减过程反映了材料中空间电荷的脱陷过程。空间电荷衰减的速度与陷阱的密度、深度以及材料的电荷迁移率有关。因此，利用 PEA 法测量去极化过程中空间电荷的衰减情况可以对迁移率和陷阱深度进行计算。

本节综合文献[12]～[15]所给出的方法并进行一定的推导，给出计算材料去极化过程中，不同时刻试品内部脱陷空间电荷的平均迁移率以及对应陷阱深度的方法，以下为该方法的简要推导过程。

在撤压去极化并短路处理后的 t 时刻，试品内空间电荷的平均体密度可由式(6.1)给出。

$$q(t)=\frac{1}{L}\int_0^L \left|q_p(x,t)\right| \mathrm{d}x \tag{6.1}$$

式中，L 为试品的总厚度；$q_p(x,t)$ 为 t 时刻试品内位置 x 处的空间电荷密度；$q(t)$ 为 t 时刻试品内空间电荷的平均密度。

式(6.2)和式(6.3)分别为电流连续性方程和 Poisson 方程。

$$J_T(t)=J_C(x,t)+\varepsilon\frac{\partial E(x,t)}{\partial t}=\rho_f(x,t)\mu(t)E(x,t)+\varepsilon\frac{\partial E(x,t)}{\partial t} \tag{6.2}$$

$$\varepsilon\frac{\partial E(x,t)}{\partial x}=\rho_f(x,t)+\rho(x,t) \tag{6.3}$$

式中，$J_T(t)$ 为试品内通过的总电流量；$J_C(x,t)$ 为由迁移率 $\mu(t)$、载流子密度 $\rho(x,t)$ 和局部电场强度 $E(x,t)$ 决定的电导电流值；$\rho_f(x,t)$ 为入陷电荷的体密度。

由式(6.2)和式(6.3)，可以推导出迁移率[16]。

$$\mu(t)=\frac{2\varepsilon}{q'(t)q(t)}\cdot\frac{\mathrm{d}q(t)}{\mathrm{d}t} \tag{6.4}$$

$$\mu(t)=\frac{2\varepsilon}{q(t)^2}\cdot\frac{\mathrm{d}q(t)}{\mathrm{d}t} \tag{6.5}$$

式中，$q'(t)=q^+(t)-q^-(t)$，这里 $q^+(t)$ 为试品内部正电荷平均密度；$q^-(t)$ 为试品内部负电荷平均密度。式(6.5)为在 $q'(t)=q^-(t)$ 的假设下对式(6.4)的近似[14]。本章选择采用式(6.4)来计算迁移率，给出了计算迁移率为μ的电荷所对应的陷阱深度的计算公式，如式(6.6)：

$$\varphi = kT \ln\left(\mu \frac{kT}{veR^2} \right) \tag{6.6}$$

式中，k=1.38×10^{-23}J/K；T为热力学温标，在常温下有kT=0.025eV；R为局域态的平均距离，对聚乙烯取值为R=5×10^{-7}m；尝试频率为v=kT/h；普朗克常数为h= 6.6×10^{-34}J/s；电子电量为e=1.6×10^{-19}C。

图 6.2 是根据式(6.1)计算得到的未老化 LDPE 试品在–50kV/mm 直流电场撤去 10min 内的空间电荷平均密度衰减曲线。可见，空间电荷平均密度随时间呈指数衰减的规律。类似地，可以得到$q'(t) = q^{+}(t) - q^{-}(t)$随时间的变化曲线，再由式(6.4)直接计算得到脱陷电荷迁移率随时间的变化情况。

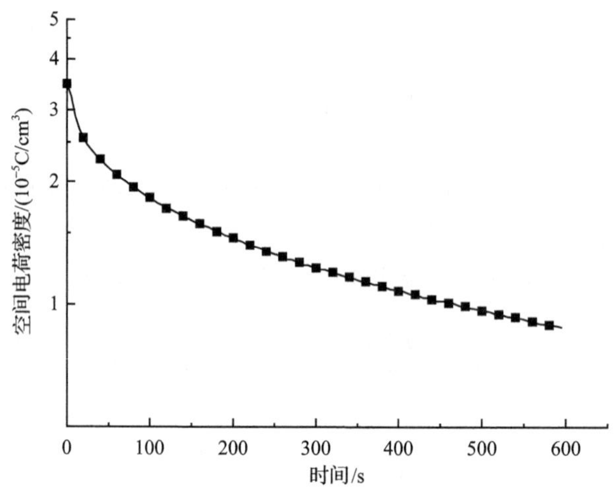

图 6.2 未老化 LDPE 试品在–50kV/mm 直流电场撤去 10min 内空间电荷平均密度的衰减曲线

以直流老化试品再次施加–50kV/mm 直流电场一小时后去极化过程中测得的空间电荷消散数据为例，用式(6.4)计算得到的不同老化时间 LDPE 试品在去极化 10min 内脱陷空间电荷平均迁移率如图 6.3 所示。其中虚线是对实测点的拟合。可以看到，去极化过程中空间电荷迁移率随时间的衰减呈现指数规律，且随着老化程度的上升，迁移率先减小，当老化时间达到 720h，迁移率开始增加。

迁移率的变化趋势和材料老化过程中陷阱的变化有密切联系。随着老化时间的增加，材料的物理特性也发生变化，这导致材料内的陷阱密度逐渐增加。在未老化到直流老化 360h 的区间内，陷阱密度的增加导致材料内电荷更容易被捕获，表现在迁移率上就是迁移率的减小。当陷阱密度增加到一定程度后，材料内的势垒变窄，使得电荷反而更容易在陷阱之间移动，造成了迁移率的升高。

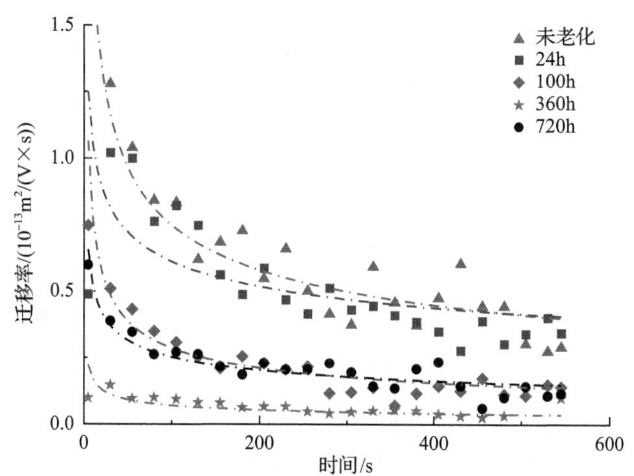

图 6.3　不同直流老化时间 LDPE 试品在−50kV/mm 直流电场撤去 10min 内脱陷空间电荷平均迁移率

6.2.2　直流电老化时间对空间电荷积聚特性的影响

图 6.4(a)给出了未老化 LDPE 试品在−75kV/mm 直流电场下 60min 内空间电荷分布。从图 6.4(a)中可以看到，试品内部出现少量的空间电荷，并且为同极性积聚。

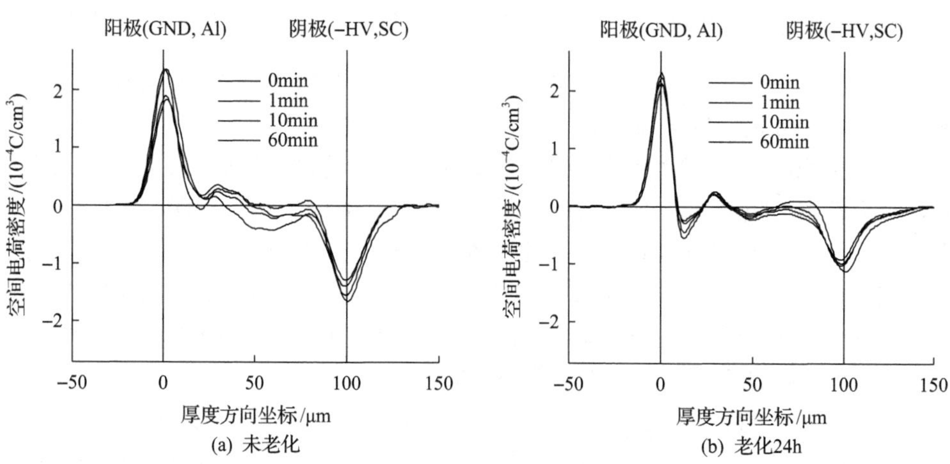

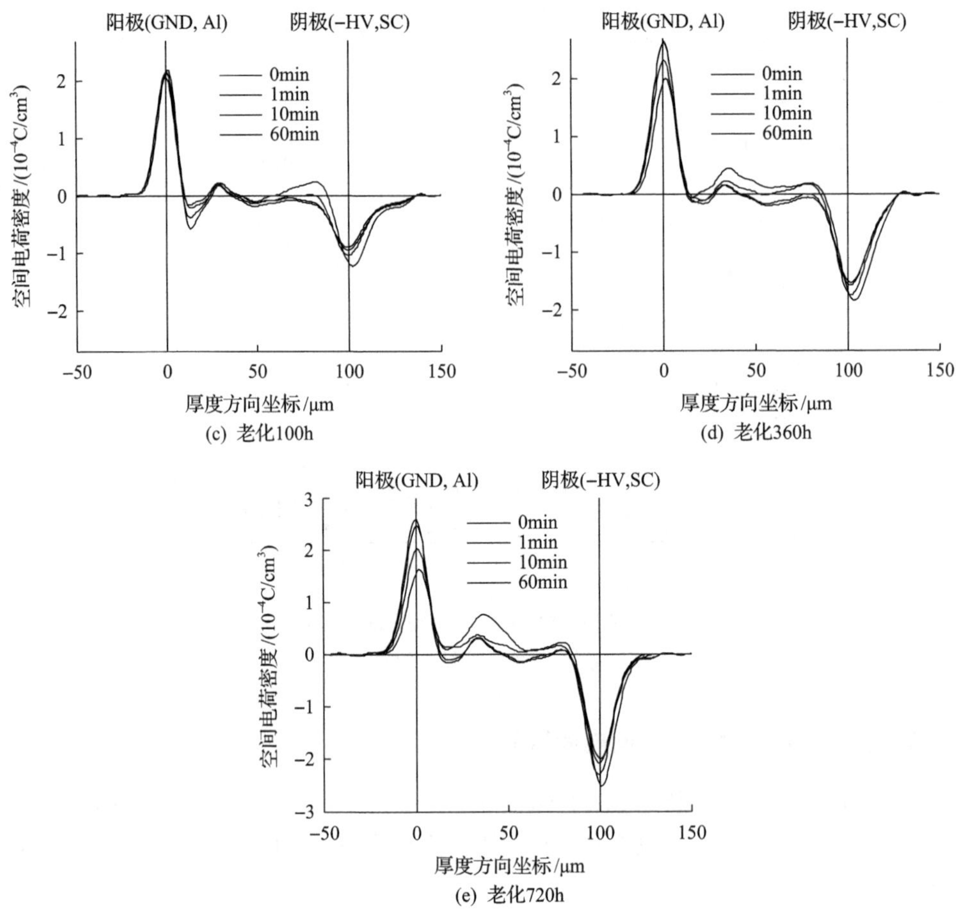

图 6.4 不同老化时间 LDPE 试品在−75kV/mm 直流电场下 60min 内的空间电荷分布

图 6.4(b)～(d)分别是老化 24h、100h 和 360h 的 LDPE 试品在−75kV/mm 直流电场下 60min 内空间电荷分布。在图 6.4(b)和(c)的空间电荷图上可以看到，老化 24h 和 100h 试品内部均在阳极附近出现异极性电荷，并且随着老化加压时间延长，负极性电荷量增多。而在负极一侧，随着老化时间增加，出现了正极性空间电荷。从图 6.4(d)中可以看到，对比图 6.4(b)和(c)，随老化时间的增加，试品内部的空间电荷积聚变成以正极性为主。图 6.4(e)是老化 720h 的 LDPE 试品在−75kV/mm 直流电场下 60min 内空间电荷分布。从图 6.4(e)中可以看到 720h 老化的试品内部正极性空间电荷积聚的趋势更加明显。

图 6.5 是不同老化时间 LDPE 试品在−75kV/mm 直流电场作用 60min 时的空间电荷和内部场强分布。从图 6.5 中可以看到，老化时间从 0h 增加到 720h，试品内部的空间电荷积聚情况的变化趋势很明显。试品内部阳极附近电荷随老化时间增加，积聚的负极性空间电荷由多变少，直至消失；试品中部随老化时间增加积聚

越来越多的正极性空间电荷；试品内部阴极附近则一直积聚有少量的正极性空间电荷，并且随老化时间的增加并没有明显的变化。

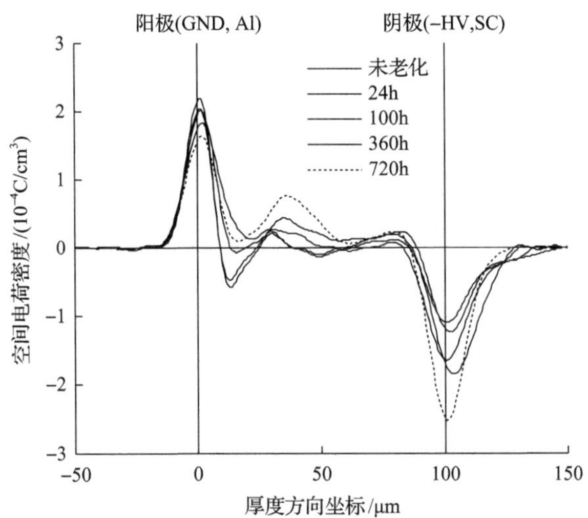

图 6.5　不同直流老化时间的 LDPE 试品在−75kV/mm 直流电场作用 60min 时的空间电荷分布对比

6.2.3　直流电老化时间对空间电荷消散特性的影响

电介质内部在外施直流高场强后会积聚空间电荷，利用 PEA 测量得到的电介质内部空间电荷分布包含了阴极和阳极上的感应电荷，大量的感应电荷会影响电介质内积聚电荷量的观察。因此，去极化后电介质内的空间电荷的分布，更能反映实际空间电荷的注入量和分布情况。同时，去极化过程中空间电荷的消散过程，可以反映材料平均陷阱深度和电荷迁移率。研究和对比不同老化时间 LDPE 的空间电荷消散过程的变化，对研究 LDPE 中的平均陷阱深度和电荷迁移率，进而探索老化过程中 LDPE 的材料特性变化都有重要意义。

本节利用 PEA 法测量不同老化时间 LDPE 试品在外施−75kV/mm 直流场强下内部的空间电荷，60min 后撤去外施电压使试品去极化，同时测量去极化过程中 LDPE 试品中的空间电荷消散特性，选取测量时间为 10min。

图 6.6(a)是未老化 LDPE 试品在撤去−75kV/mm 直流电场后 10min 内空间电荷分布。由图 6.6(a)可以看到，未老化 LDPE 试品在加压过程中内部积聚的电荷为正极性，且主要集中在靠近阳极一侧。

图 6.6(b)是老化 24h 的 LDPE 试品在撤去−75kV/mm 直流电场后 10min 内空间电荷分布。从图 6.6(b)中可以看到，试品内部靠近阳极一侧积聚有负空间电荷，而试品中部与靠近负极一侧积聚了正空间电荷。与未老化试品相比，老化 24h 的 LDPE 试品除了电荷积聚位置不同外，电荷量也少于未老化试品。图 6.6(c)是老

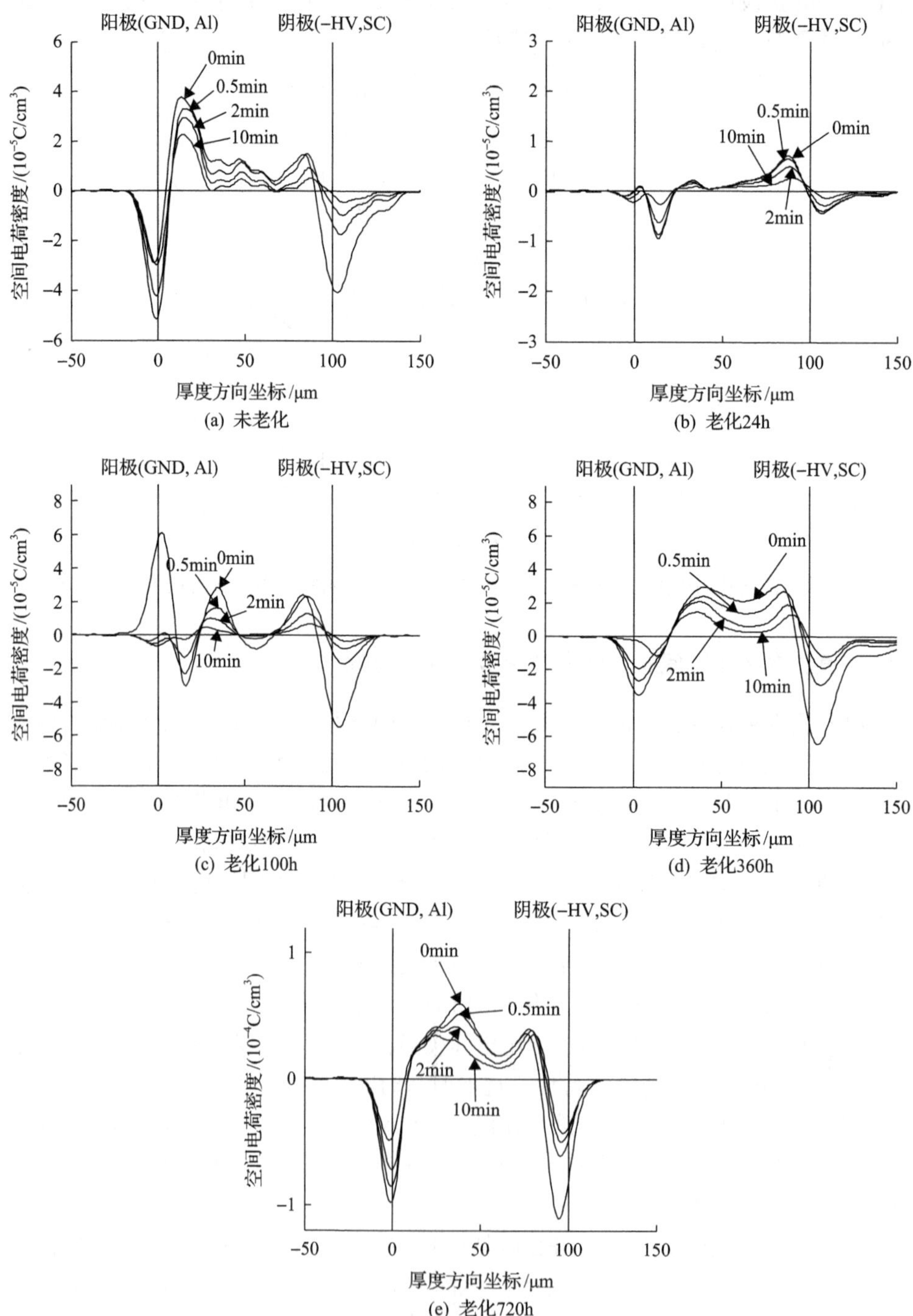

图 6.6　不同老化时间 LDPE 试品在撤去−75kV/mm 直流电场后 10min 内的空间电荷分布

化 100h 的 LDPE 试品在撤去–75kV/mm 直流电场后 10min 内的空间电荷分布，可以看到，试品内部也是主要积聚正空间电荷，但从数量上来看，比老化 24h 的多。图 6.6(d)和(e)分别是老化 360h 的 LDPE 试品在撤去–75kV/mm 直流电场后 10min 内的空间电荷分布，从图中可以看出，两组别试品在加压至 60min 时内部均只积聚了正空间电荷，且 720h 组别积聚量大于 360h 组别。此外还可以观察到，在阳极一侧为同极性积聚，在阴极一侧是异极性积聚。

图 6.7 是不同直流老化时间 LDPE 试品在撤去–75kV/mm 直流电场后 10min 时的空间电荷分布对比。对比各组别可以更直观地得到不同老化时间 LDPE 试品内部空间电荷消散特性。可以发现外施–75kV/mm 直流电场作用 60min 后，在去极化 10min 时，各老化组别试品内都均积聚正空间电荷；试品内部靠近阳极位置为同极性积聚，靠近负极一侧为异极性积聚，试品中部电荷量少于两侧。这些特征可以表明 LDPE 随老化时间的增加，内部的深陷阱增多，并且陷阱捕获的电荷为正极性。

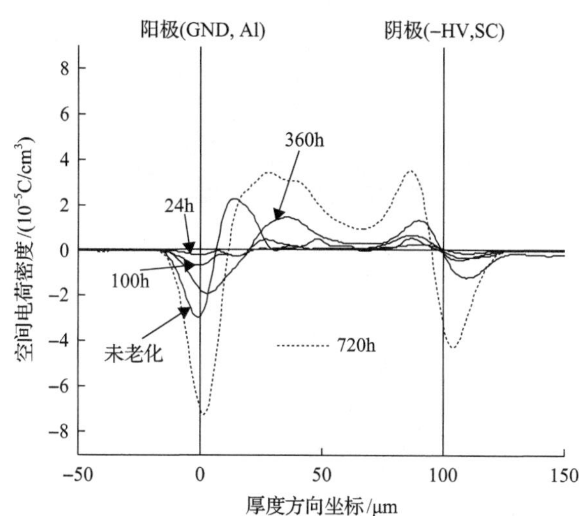

图 6.7　不同直流老化时间 LDPE 试品在撤去–75kV/mm 直流电场后 10min 时空间电荷分布对比

6.2.4　直流高场强下电老化后 LDPE 中的空间电荷包现象

在对 PE 等材料施加较高场强时，材料中的空间电荷产生积聚，且这种积聚产生集体的运动行为。研究发现当材料上所加场强超过某一阈值场强时，在试品中会产生一定数量的空间电荷积聚，这些积聚的电荷在试品中以整包的形式运动，称为空间电荷包现象[16-18]。

采用二维彩色图像或三维立体图像来表示空间电荷动态过程，以更直观地研究材料内部的空间电荷运动情况，如图 6.8 所示。

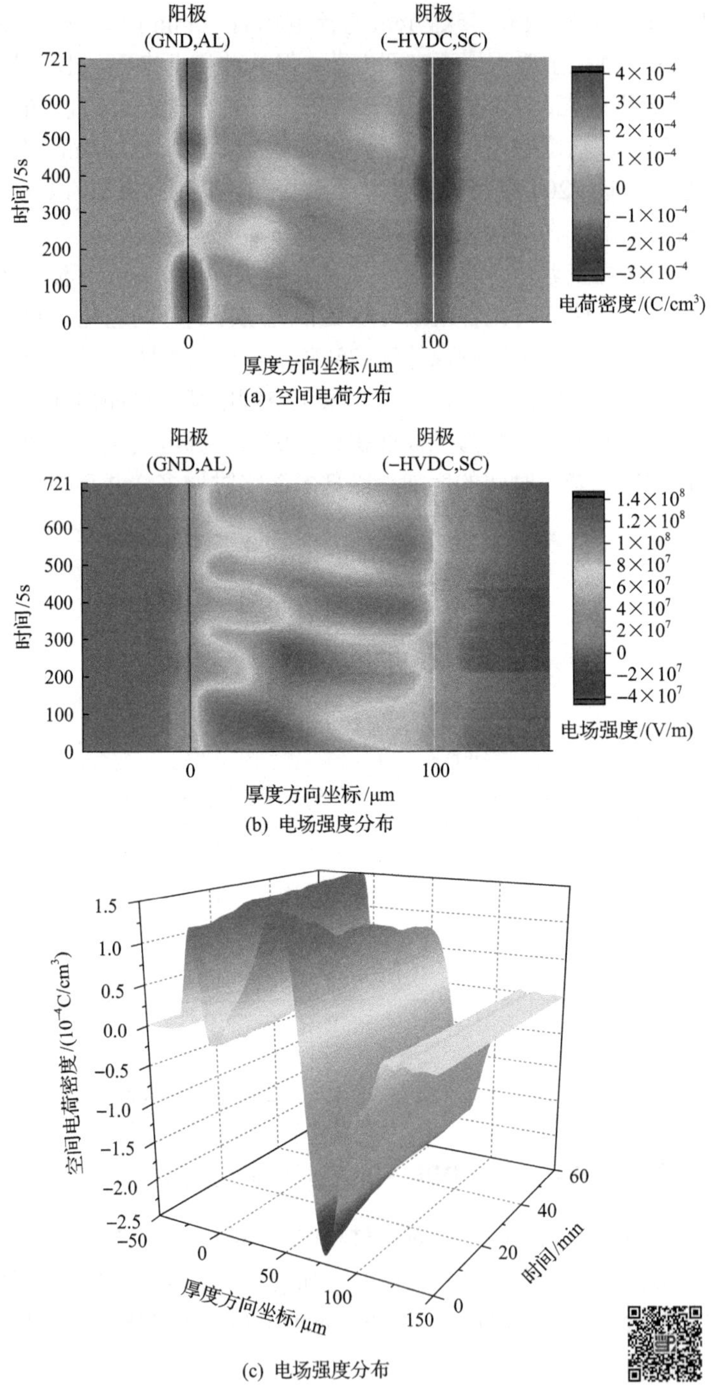

(a) 空间电荷分布

(b) 电场强度分布

(c) 电场强度分布

图 6.8　LDPE 试品空间电荷动态特性图示方法示例(彩图扫二维码)

图 6.8(a)和(b)是某 LDPE 试品在–100kV/mm 外施直流电场下 60min 内空间电荷和内部电场分布情况。图 6.8(a)为空间电荷分布，横坐标表示试品所在位置，两电极中间部分为试品内部，纵坐标为时间轴，不同的色彩表示该处电荷量的浓度和极性。从图 6.8(a)中可以清楚看到多个负极性的空间电荷包自阴极附近产生，向阳极运动并最终消失。第一个负极性空间电荷包消失在阳极后，下一个负极性电荷包又在阴极附近产生并继续向阳极方向运动，此图较清晰地反映了 LDPE 试品内空间电荷包的运动情况。图 6.8(b)为电场强度动态图，不同色彩表示该处电场的大小。与图 6.8(a)作对照，可以明显看到在空间电荷包的运动过程中，试品内部的局部电场随空间电荷包的运动位置发生了有规律的畸变[19]。二维彩色图像适用于表征在一次实验中有多个空间电荷包动态过程的情况，可以直观看出空间电荷包的位置和运动情况，但是不适于定量表示电荷浓度。

图 6.8(c)是另一 LDPE 试品在–100kV/mm 外施直流电场下 60min 内空间电荷分布的 3D 彩图，从图中可以看出在实验过程中试品内有大量的正极性空间电荷积聚。3D 彩图适用于表征试验中空间电荷的积聚和缓慢变化的情况，具有直观和易于定量的优点，但是不适于空间电荷积聚峰定位以及空间电荷包运动过程的表征，尤其是多次空间电荷包运动过程的表征。

与空间电荷线形图和电场线形图相比，图 6.8 可以更直接地定性表示材料中的空间电荷动态特性。根据不同实验中空间电荷动态过程的特点，选取适当的图示方法来表征其空间电荷动态特性。

选取未老化、360h 老化和 720h 老化三个时间点的 LDPE 试品来说明–100kV/mm 场强下老化时间对空间电荷包特性的影响，如图 6.9 所示。从图 6.9(a)中看到，60min 内未老化试品内部出现了四次空间电荷包运动过程。空间电荷包为负极性，从阴极注入。这些负极性空间电荷包向阳极方向运动，最后消失在阳极。图 6.9(b)为 360h 老化试品的空间电荷分布。可以看到，60min 内试品内部仅在

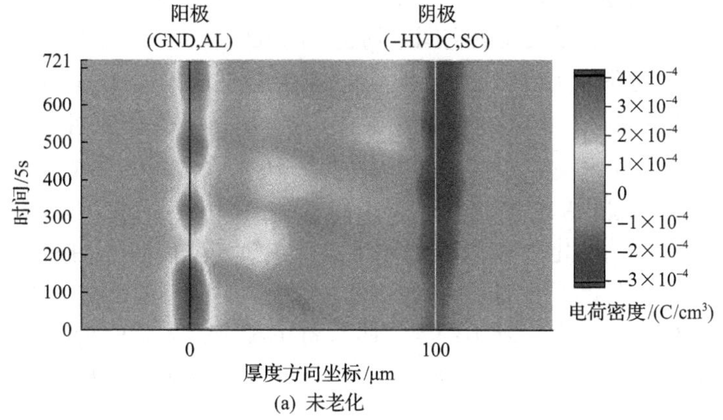

(a) 未老化

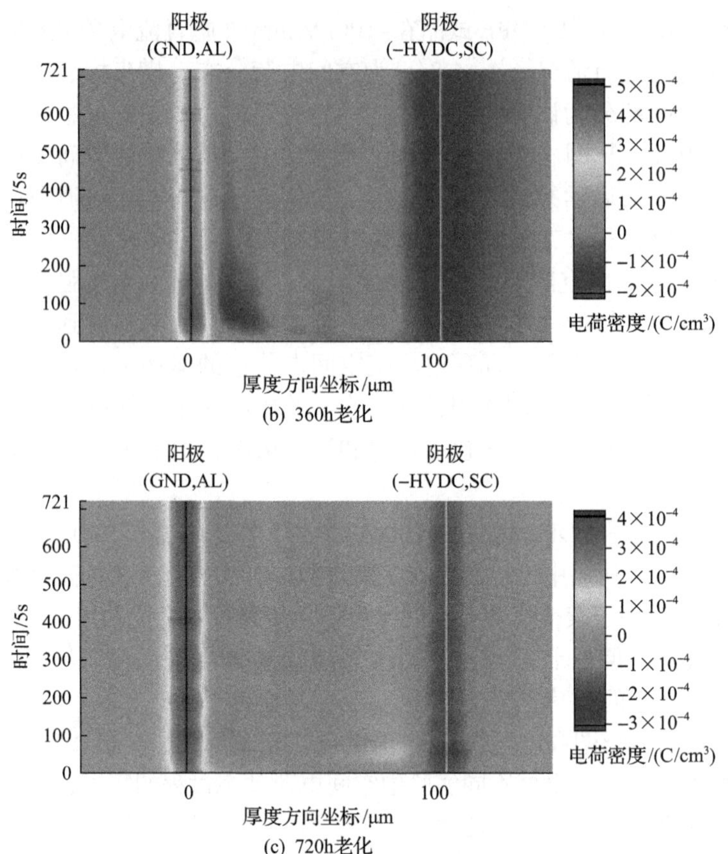

图 6.9　不同直流老化时间 LDPE 试品在–100kV/mm 外施直流电场下 60min 内的空间电荷分布

加压开始阶段出现了一次明显的空间电荷包运动过程。电荷包由负极注入，向阳极方向移动继而在阳极附近积聚。这个空间电荷包并没有立即消失在阳极，而是积聚在阳极附近，试品内部形成了异极性空间电荷积聚。这个异极性积聚的空间电荷包加强了电荷包和阳极之间试品内部的场强而削弱电荷包和阴极之间的场强，使得阴极附近难以形成新的空间电荷包。图 6.9(c)为 720h 老化试品的空间电荷分布，可以看到在开始阶段阴极附近出现了异极性积聚，随后这些正电荷与阴极注入的负电荷中和。在 60min 时间内，试品内部没有出现明显的空间电荷包过程。

综上所述，对不同老化时间 LDPE 试品在 100kV/mm 外施直流电场下 60min 内空间电荷包运动过程的分析，可以得出以下结论。不同老化时间的 LDPE 试品在–100kV/mm 外施直流电场作用下，产生的空间电荷包均为负极性；在–100kV/mm 外施直流电场下，老化程度加剧后(如 720h)，观测不到明显的空间电荷包运动过程。原因是老化程度越高，其中的深陷阱数量也越多，入陷电荷脱陷的难度也越大，而空间电荷包是由未被陷阱捕获的电荷共同体现出来的一种电荷集体运动行为。因此，老化程度越高，越不利于空间电荷包的出现和运动。

图 6.10 给出了不同老化时间 LDPE 试品在–125kV/mm 外施直流电场下 60min 内的空间电荷包运动过程。与–100kV/mm 外施直流电场相比，各老化试品内部空间电荷包运动现象更加明显。图 6.10(a)为未老化试品的空间电荷分布，60min 内试品内出现了较–100kV/mm 时更多次的负极性空间电荷包，由阴极注入并向阳极方向移动，后续的负极性空间电荷包电荷峰值不断地减小。图 6.10(b)为 100h 老化试品的空间电荷分布，60min 内试品内出现了一次明显的负极性空间电荷包运动过程，由阴极注入，并较缓慢地向阳极移动，继而积聚在阳极附近。图 6.10(c)为 360h 老化试品的空间电荷分布，可以看到一个负极性电荷包于阴极注入，并以较之于 100h 老化试品更加缓慢的速度向阳极移动，直到 60min 时仍未运动到阳极。图 6.10(d)为 720h 老化试品的空间电荷分布，从图中可以看到，在 60min 里也出现了一次缓慢的负极性的空间电荷包运动过程。此外还可以看到，在 360h 老化和 720h 老化的试品中，开始出现正极性的空间电荷包，720h 老化试品中的正极性空间电荷包更加明显。

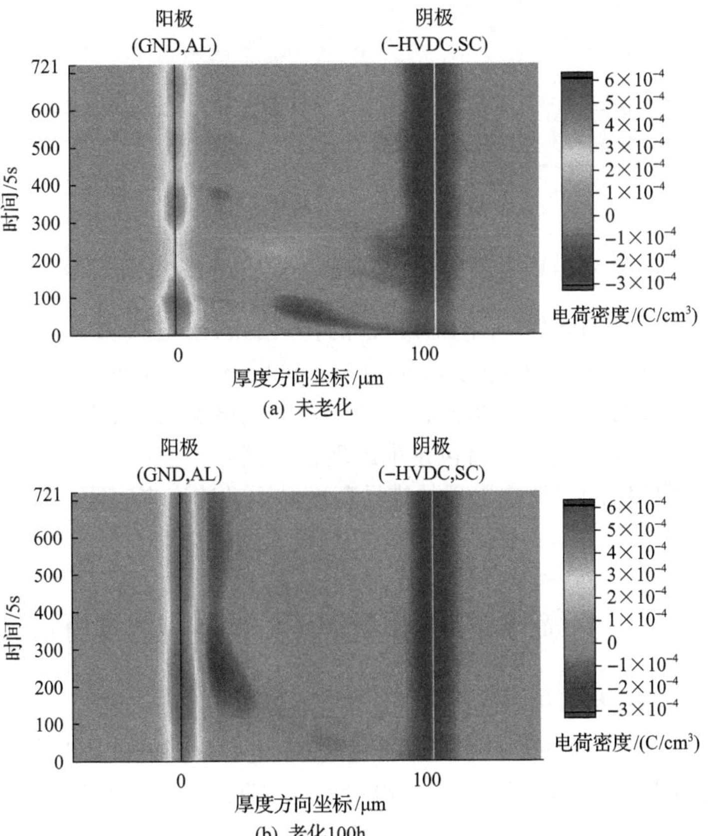

(a) 未老化

(b) 老化100h

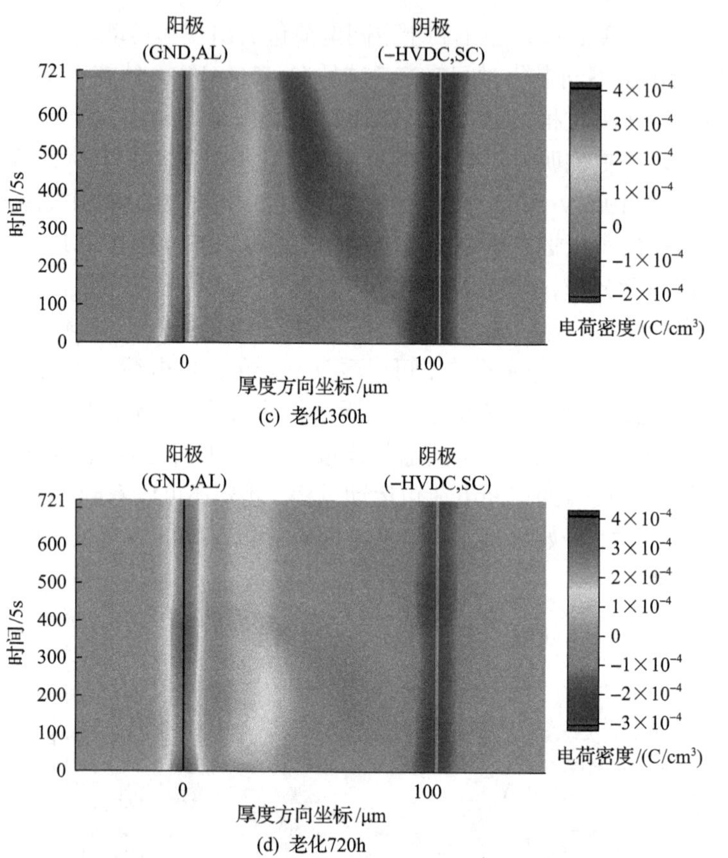

(c) 老化360h

(d) 老化720h

图 6.10　不同直流老化时间 LDPE 试品在−125kV/mm 外施直流电场下 60min 内空间电荷包运动情况

综合以上对不同老化时间 LDPE 试品在−125kV/mm 外施直流电场下 60min 内空间电荷包和内部电场强度分布的分析，可以看出，相较于−100kV/mm 场强下的情况，随着外施电场的提高，各个老化时间试品内均更容易出现空间电荷包。老化程度加剧，空间电荷包越难出现，且其运动速度减慢。因此，可以由在较高场强下的空间电荷包出现的难易程度和运动速度来表征 LDPE 材料的老化程度。

6.3　交流电老化下 LDPE 的空间电荷特性

本节对 LDPE 材料进行交流电下高场强长期老化实验，研究交流老化时间对 LDPE 材料空间电荷特性的影响，并对不同交流老化时间的试品再次施加高场强，研究老化程度对材料在高场强下空间电荷运动特性的影响。由 LDPE 材料的空间电荷测量数据可以计算得出材料的迁移率，结合 EDS、FTIR、SEM 等分析手段对 LDPE 不同交流老化程度的材料特征参数进行分析，研究 LDPE 在交流老化条件下空间电荷相关特性变化和材料老化程度之间的关系，并和直流老化条件下 LDPE 材料的老化程度和空间电荷特性进行对比分析[11]。

6.3.1　交流电老化对 LDPE 微观结构和陷阱特性的影响

1. 交流电老化 LDPE 的微观结构变化

本节对不同交流老化时间的 LDPE 试品进行物理、化学特性变化的研究。研究发现不同交流老化时间的 LDPE 试品表面微观形态和氧化程度也有所不同。使用 SEM 对镀金处理的不同交流老化时间的 LDPE 试品进行表面微观形貌观测，得到如图 6.11 所示结果。

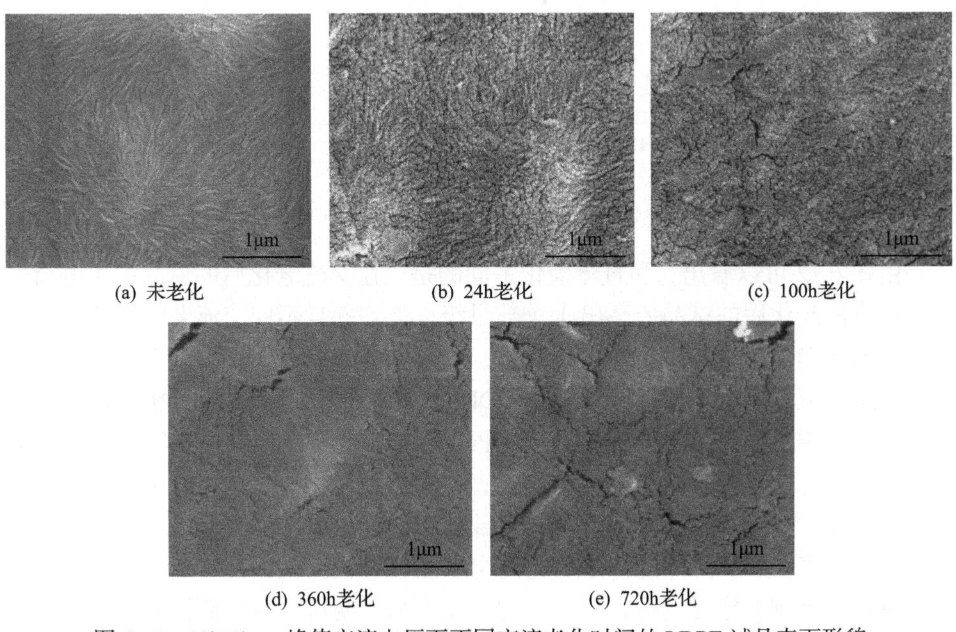

(a) 未老化　(b) 24h老化　(c) 100h老化

(d) 360h老化　(e) 720h老化

图 6.11　50kV/mm 峰值交流电压下不同交流老化时间的 LDPE 试品表面形貌

由图 6.11 可以看出，未老化试品表面有均匀规律的微观结构，而随着交流老化时间的增加，试品表面微小的裂纹增加，直至老化到 360h 和 720h 时表面被裂纹分割成细小的米粒状，这一点同直流老化条件下的实验结果相似。另外，长期交流老化条件下，在老化达到 100h 后表面出现明显较大的裂纹，这说明 LDPE 材料的微观物理结构已经在交流老化条件下发生了改变。随着老化时间进一步增加，表面的大裂纹会越来越多，这些大裂纹会对 LDPE 材料的电气性能产生严重的影响。

2. 交流电老化试品的空间电荷迁移率

以–50kV/mm 场强下的实验和计算结果为例，可以得到不同交流老化时间的空间电荷迁移率在去极化后的变化趋势，如图 6.12 所示。

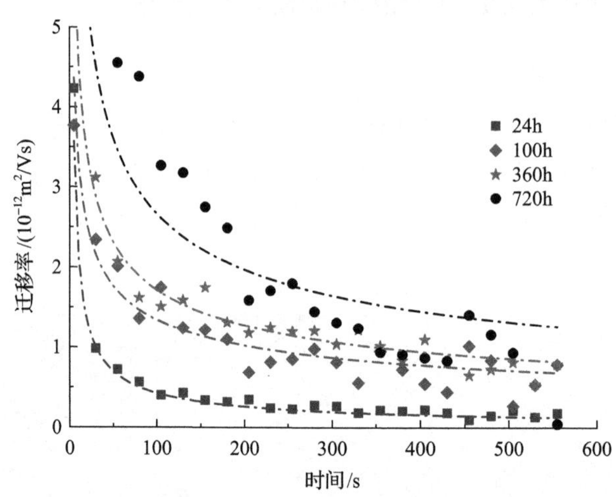

图 6.12　50kV/mm 峰值交流电压下不同老化时间 LDPE 试品的迁移率对比

由图 6.12 可以看出，和直流老化不同的是，在交流老化后的试品中，电荷迁移率比直流老化后的试品要高出 1 个数量级以上。并且不同交流老化后的试品的迁移率变化趋势为老化时间越长的试品，迁移率会越大。

联系直流长期老化实验结果，对 LDPE 材料的老化过程进行分析，同样峰值的电老化过程，交流电压对材料的老化程度影响要比直流电压严重很多。结合直流和交流老化实验结果，可以完整解释直流和交流老化过程中陷阱和迁移率的变化规律。随着老化程度的加深，材料内部各种缺陷也在增加，造成了陷阱密度的增加。陷阱密度的少量增加导致材料内电荷更容易被捕获，使得迁移率减小。当陷阱密度增加到一定程度后，材料内的势垒变窄，使得电荷反而更容易在陷阱之间移动，造成迁移率的显著升高。

6.3.2　交流电老化时间对空间电荷积聚特性的影响

本节对不同交流老化时间 LDPE 试品进行空间电荷积聚特性的研究。在老化结束 24h 后对 LDPE 试品再次施加–50kV/mm、–75kV/mm、–100kV/mm 场强，测量 60min 内试品中空间电荷积聚特性，接着撤除外施电压，测量撤压 10min 内试品两端短路情况下的空间电荷消散特性。由于交流老化对于 LDPE 材料的老化程度有着更严重的影响，经过长时间交流老化后的试品不能承受–125kV/mm 的高场强，所以交流老化后的试品没有如直流老化试品一样进行–125kV/mm 场强下的实验。

与直流老化不同的是，经过实验实际测量发现，在交流老化结束后，试品中并没有空间电荷的显著积聚情况，所以对于交流长期老化后的空间电荷积聚量不做测量。未老化 LDPE 试品在直流电场下 60min 内空间电荷分布如图 6.4(a)所示，由于实验条件一致，此实验结果同样可以作为交流老化实验的未老化试品对比组别进行分析。

以下研究交流老化对 LDPE 空间电荷特性的影响。图 6.13 为在峰值 50kV/mm 交流电场下老化 24h、100h、360h 和 720h 后的试品，再次施加−50kV/mm 直流电场后 60min 内的 3D 彩色图像。由图 6.13 可以看到，交流老化后的试品再次施加−50kV/mm 直流电压后，试品内部均积聚正极性空间电荷。老化时间达到 360h 及 720h 的情况下，试品内部出现 2 个正电荷积聚峰位，在阳极附近为同极性积聚，在阴极附近为异极性积聚。同时可明显看到，随着老化时间的增加，试品内部正空间电荷量积聚量增加，阳极上的感应电荷量随之减少。

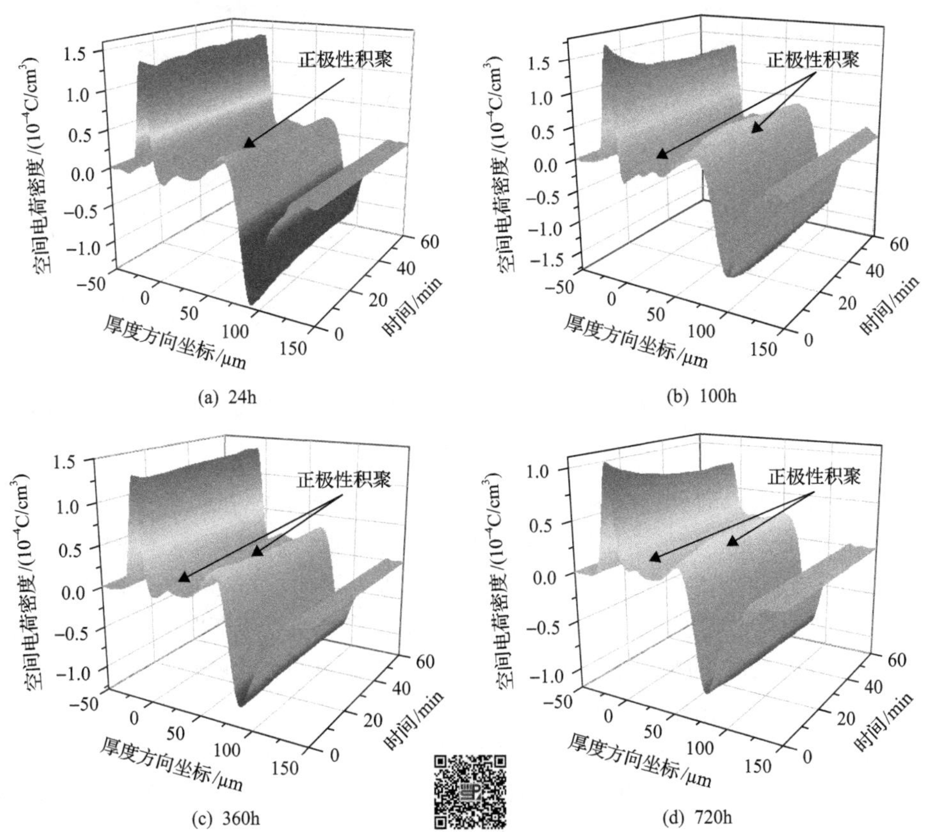

图 6.13　50kV/mm 峰值交流电压老化后 LDPE 试品再次施加−50kV/mm 直流电场后 60min 内空间电荷分布 3D 图(彩图扫二维码)

图 6.14 为在峰值 50kV/mm 交流电场下老化 24h、100h、360h 和 720h 后的试品，再次施加–75kV/mm 直流电场后 60min 内的 3D 彩色图像。

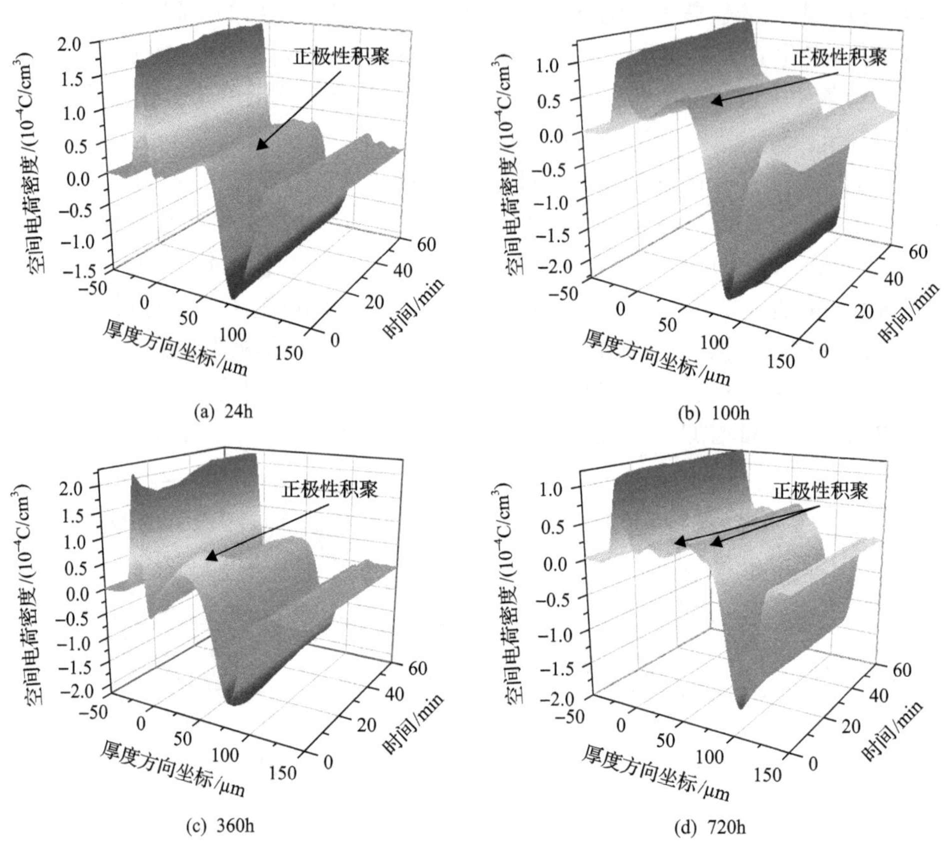

图 6.14　50kV/mm 峰值交流电压老化后 LDPE 试品再次施加–75kV/mm 直流电场后 60min 内空间电荷分布 3D 图

由图 6.14 可以看到，交流老化后的试品再次施加–75kV/mm 直流电压后，与再次施加–50kV/mm 直流电压后的情况基本相同，试品内部均积聚了正极性电荷，而且随着老化时间增加，试品内部的正电荷量也会增加。与–50kV/mm 直流电压下情况不同的是，随着老化时间的增加，积聚电荷的峰位逐渐向阳极附近移动。老化时间达到 720h 的情况下，试品内部出现 2 个正电荷积聚峰位，在阳极附近为同极性积聚，在阴极附近为异极性积聚。

图 6.15 为在峰值 50kV/mm 交流电场下老化 24h、100h、360h 和 720h 后的试品，再次施加–100kV/mm 直流电场后 60min 内的 3D 彩色图像。由图 6.15 可以看到，在老化 24h 的情况下，试品内部也是正极性空间电荷积聚，但是总量不大，且没有明显的电荷包运动现象。在老化 100h 的试品中，产生了总量非常大的正极

性空间电荷积聚，但是没有出现明显的运动现象。在老化 360h 的试品中，正极性的空间电荷先是积聚在阳极附近，随后在试品内阴极附近也出现了空间电荷的积聚。而在 720h 老化的试品中，阳极附近的空间电荷积聚更加明显，同时在阴极附近，在加压一段时间后也出现了异极性空间电荷积聚。这些情况均和此前–50kV/mm 和–75kV/mm 的规律相同，只是在更高的场强下，材料内的电荷量更多，趋势也更加明显。值得注意的是，在各种交流老化时间的试品中，虽然有着极为显著的正极性空间电荷积聚，但是空间电荷的积聚峰并没有发生显著的运动。而此前国内外针对 LDPE 材料在直流情况下的空间电荷包研究发现[6,7,16,20]，低达 50kV/mm 直流场强下就可以观察到 LDPE 材料内的空间电荷包运动情况，而在 100kV/mm 的场强下，100%概率会出现空间电荷包的运动现象。而在直流老化的条件下，在–100kV/mm 的场强下也有空间电荷包的运动现象，但是随着老化时间的增加，空间电荷包的运动速度越来越慢。空间电荷包的运动速度与材料的老化程度有关。可见，在交流老化条件下，材料的老化速度更快。

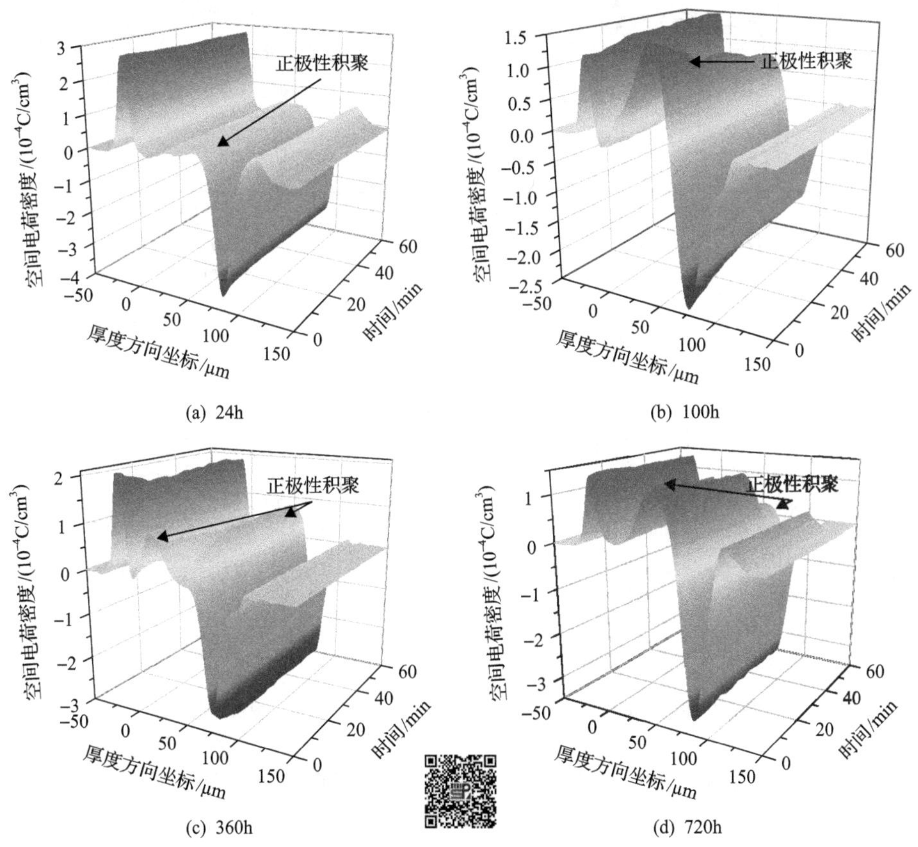

图 6.15　50kV/mm 峰值交流电压老化后 LDPE 试品再次施加–100kV/mm 直流电场后 60min 内空间电荷分布 3D 图(彩图扫二维码)

6.3.3 交流电老化时间对空间电荷消散特性的影响

图 6.16 为在峰值 50kV/mm 交流电场下老化 24h、100h、360h 和 720h 后的试品，再次施加–50kV/mm 直流电场 60min 后去极化，试品内部的空间电荷消散变化过程。为了定量比较，空间电荷消散特性采用一维线图来表示。由图 6.16 可以看到，与此前的空间电荷在–50kV/mm 直流场强下的积聚特性相对应，交流老化的试品在去极化后，其内部也均为正极性电荷积聚。而随着老化时间的增加，正极性空间电荷的积聚位置越来越向阳极靠近。同时老化时间越长，试品内在阳极附近的正极性空间电荷积聚越明显。

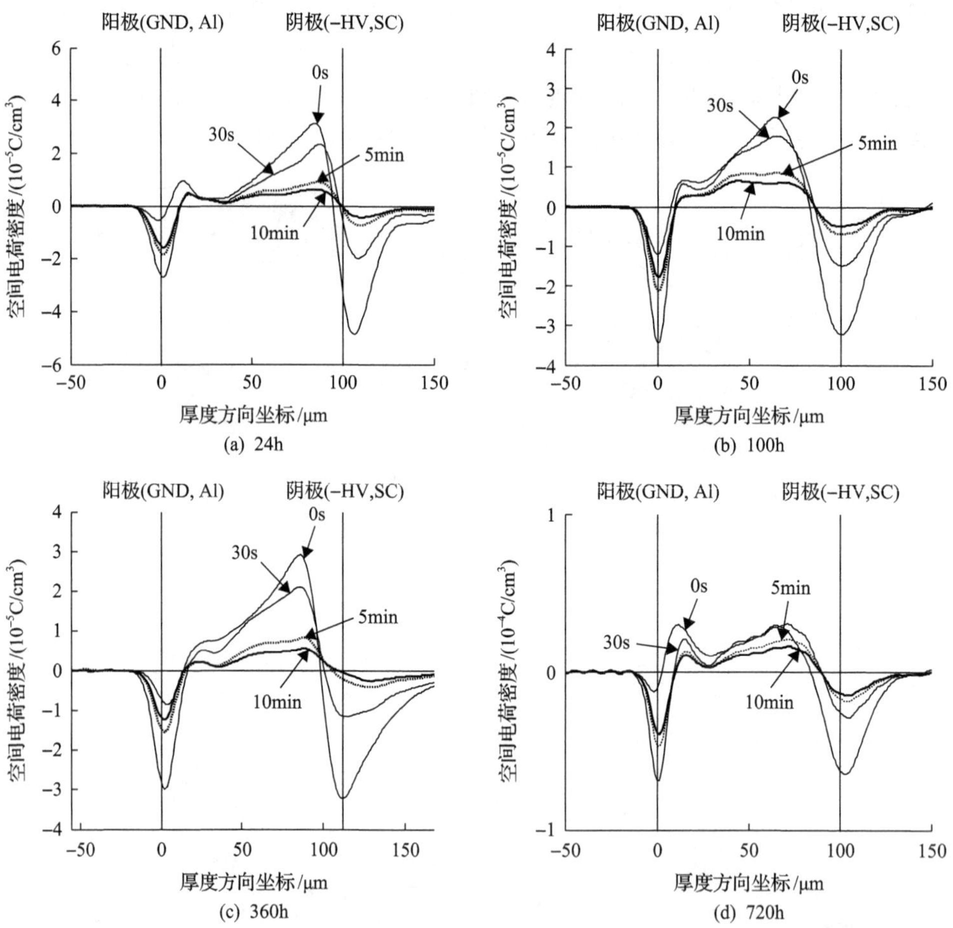

图 6.16　50kV/mm 峰值交流电压交流老化后 LDPE 试品再次施加–50kV/mm 直流电场 60min 后的空间电荷消散过程

图 6.17 为在峰值 50kV/mm 交流电场下老化 24h、100h、360h 和 720h 后的试

品，再次施加–75kV/mm 直流电场 60min 后去极化，试品内部的空间电荷消散变化过程。可以看出，在交流老化后施加–75kV/mm 场强 60min 后去极化，试品内的空间电荷均为正极性。随着老化时间的增加，去极化后试品内残余的空间电荷量越来越大，且在阳极附近的同极性电荷积聚越来越明显。

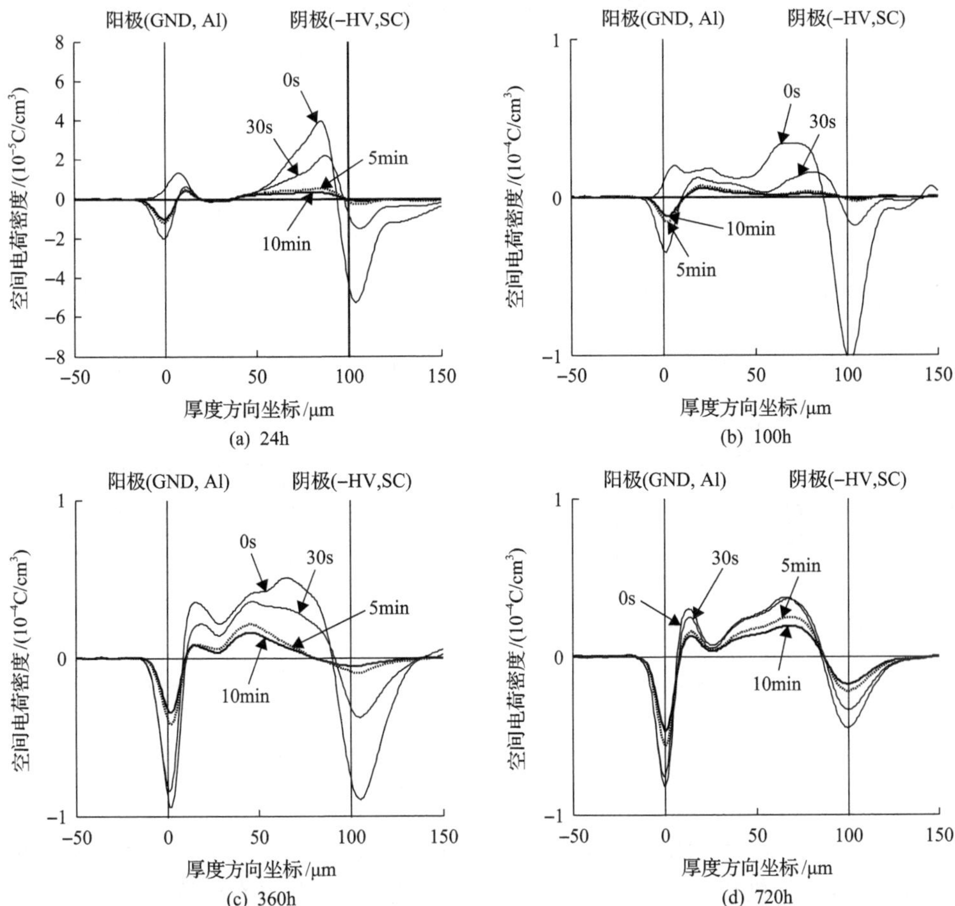

图 6.17　50kV/mm 峰值交流电压老化后 LDPE 试品再次施加–75kV/mm 直流电场 60min 后的空间电荷消散过程

图 6.18 为在峰值 50kV/mm 交流电场下老化 24h、100h、360h 和 720h 后的试品，再次施加–100kV/mm 直流电场 60min 后去极化，试品内部的空间电荷消散变化过程。可以看到，交流老化后施加–100kV/mm 直流场强 60min 后去极化，不同老化时间的试品内部均有正电荷积聚。随着老化时间的增加，试品内部的正电荷积聚峰位置逐渐向阳极附近移动，在 720h 老化的情况下，在阳极附近形成很显著的同极性积聚。

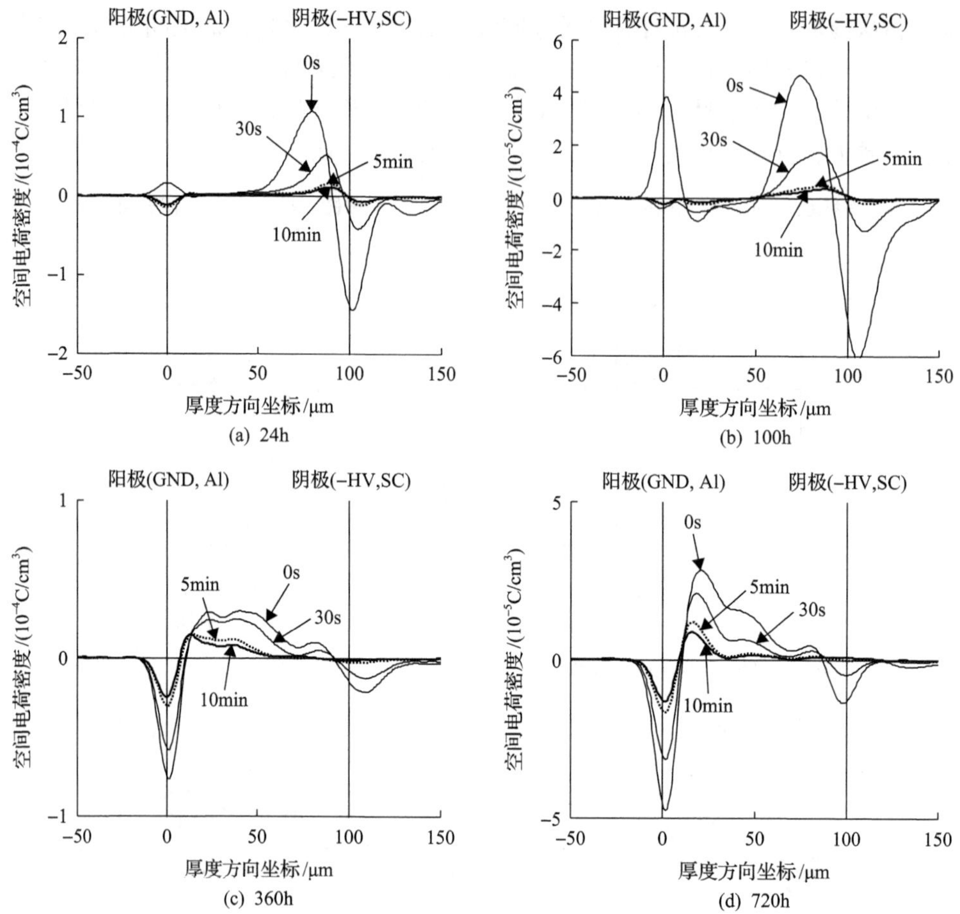

图 6.18　50kV/mm 峰值交流电压老化后 LDPE 试品再次施加−100kV/mm 直流电场 60min 后的空间电荷消散过程

综合交流老化后 LDPE 材料在被施加−50kV/mm、−75kV/mm、−100kV/mm 的场强 60min 后去极化过程中空间电荷的消散特性，可以发现在交流老化后的试品施加直流电压后，试品中均会积聚正极性空间电荷，随着老化时间的增加，试品中的空间电荷量越来越多，并会在阳极附近形成同极性积聚。随着外施直流场强的升高，试品内的空间电荷积聚峰位置会向阳极方向移动，导致高场强、长老化时间的试品阳极附近形成显著的正极性空间电荷积聚。

对比直流老化下 LDPE 中的空间电荷消散特性可以发现，相同点是当老化时间增加，都会更容易在阳极附近形成显著的正极性空间电荷积聚。不同点是随着老化试样所承受的直流电压升高，在直流老化条件下材料内积聚的空间电荷总量会减少，而在交流老化下材料内积聚的空间电荷总量并没有减少，甚至会有所增加。这是由于在交流老化条件下，空间电荷包不容易形成，且试品内没有空间电荷包的运动过程，入陷的空间电荷没有中和的过程。

6.3.4　电老化过程中 LDPE 空间电荷仿真计算

本节主要研究老化对 LDPE 空间电荷动态过程影响的机理，并对老化过程中的空间电荷动态过程进行仿真计算。结合第 2 章所描述的算法对空间电荷运动过程进行仿真，改变陷阱浓度参数来模拟材料老化过程，选定空间电荷动态过程仿真的条件如表 6.1 所示老化过程的空间电荷动态过程仿真计算，得到和试验结果相符合的老化后 LDPE 材料的空间电荷动态特性仿真结果。

表 6.1　双极性空间电荷动态过程参数

模型参数		参数值
捕获系数	B_e / s^{-1}	7×10^{-3}
	B_h / s^{-1}	7×10^{-3}
复合系数	$S_{e\mu,ht}$（自由电子/入陷空穴）/($m^{-3}\cdot C^{-1}\cdot s^{-1}$)	4×10^{-3}
	$S_{et,h\mu}$（入陷电子/自由空穴）/($m^{-3}\cdot C^{-1}\cdot s^{-1}$)	4×10^{-3}
	$S_{et,ht}$（入陷电子/入陷空穴）/($m^{-3}\cdot C^{-1}\cdot s^{-1}$)	4×10^{-3}
陷阱浓度	N_{et0}(电子陷阱)/(C/m^3)	50～400
	N_{ht0}(空穴陷阱)/(C/m^3)	50～400
迁移率	μ_e(电子)/($m^2\cdot V^{-1}\cdot s^{-1}$)	4×10^{-13}
	μ_h(空穴)/($m^2\cdot V^{-1}\cdot s^{-1}$)	2×10^{-13}
肖特基注入势垒	ω_{ei}（电子）/eV	1.2
	ω_{hi}（空穴）/eV	1.2
	温度(T)/K	300
	样品厚度(D)/μm	150
	相对介电常数(ε_r)	2.3
	空间网格数	100
	外加场强/(kV/mm)	50～100

电子和空穴的迁移率综合文献[21]的讨论以及实验测得的实际数据综合选定。LDPE 材料的老化主要体现在材料内陷阱密度的增加，因而选定材料的陷阱密度为 $50C/m^3$、$100C/m^3$、$200C/m^3$、$300C/m^3$、$400C/m^3$ 代表模拟材料的不同老化程度。仿真时间包括加压 1h 以及加压后撤除外加电压 1h 的完整空间电荷运动

过程，以期与本文中的实验结果进行比对。外加场强分别为本文实验中所采用的 50kV/mm、75kV/mm、100kV/mm 和 125kV/mm。

图 6.19 是不同外加场强下 LDPE 在撤压时的空间电荷消散特性仿真结果。可以看到，当材料的陷阱浓度升高时，材料内的电荷总量先升高再降低，这说明材料的宏观迁移率随着陷阱浓度的升高有一个先降低再升高的过程，这种趋势随着外加场强的升高而愈发明显。这一仿真现象与 LDPE 材料的迁移率随老化时间增加而先降低再升高的过程吻合地很好。

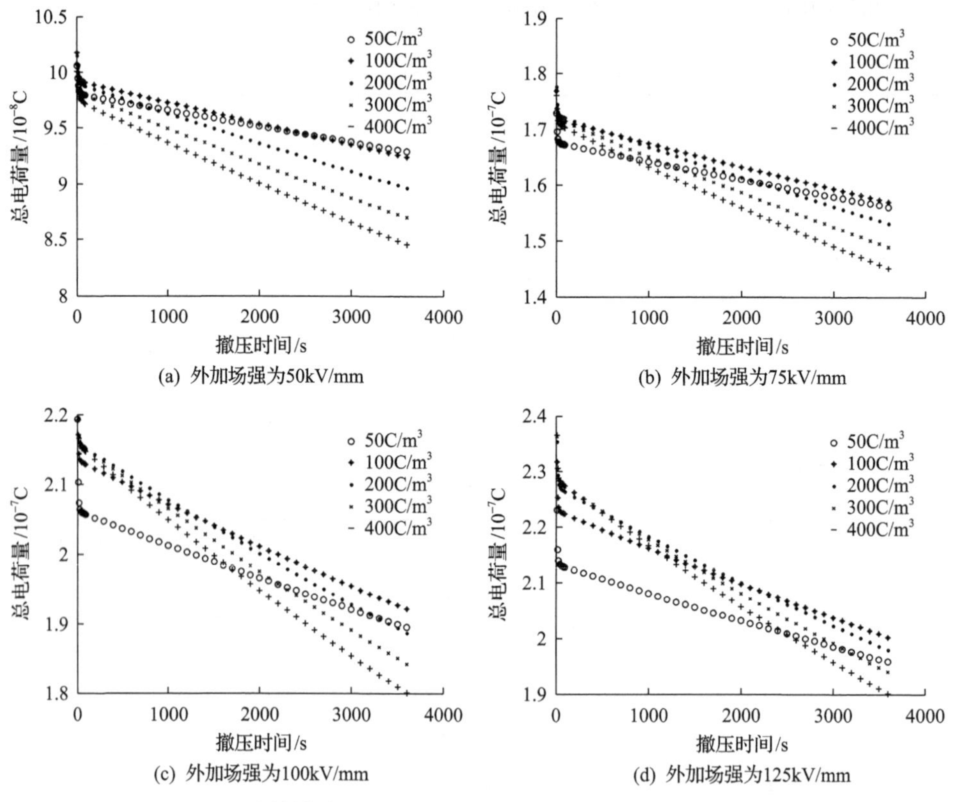

图 6.19　不同外加场强下的 LDPE 中空间电荷消散特性的仿真结果

图 6.20 是设定陷阱浓度为 400C/m^3，即老化程度较高时不同场强加压 1h 后去极化过程中材料内空间电荷消散过程的动态仿真结果。为了更好地与实验所得的结果进行比较，图 6.20 中的空间电荷分布是将仿真得到的空间电荷分布通过一个实验测得的标准 PEA 系统函数后的结果。可以看到，在各个场强加压后撤除外加场强，材料内的空间电荷积聚都为正极性。这些空间电荷随着撤压时间的增加，逐渐向两电极移动，并在材料内两电极附近分别形成正极性的空间电荷积聚。这种趋势随着外加场强的升高而更加明显。

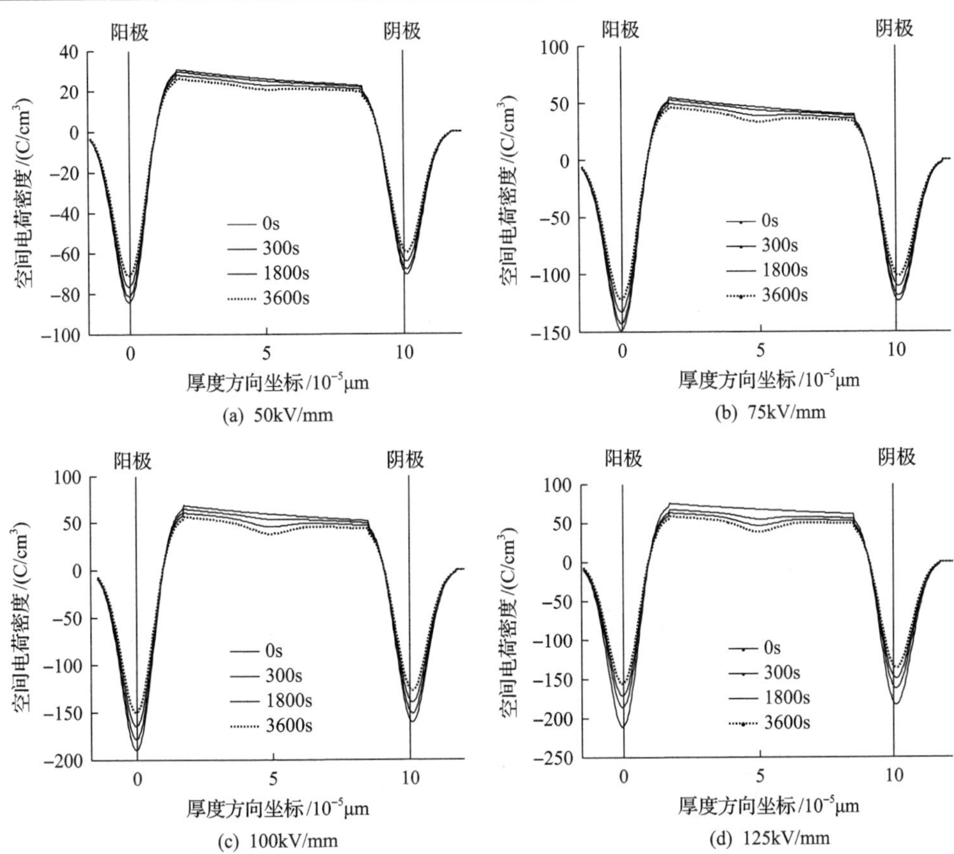

图 6.20　陷阱浓度为 400C/m^3 时不同场强加压后去极化过程中的空间电荷消散过程动态仿真

6.4　电老化对固体电介质的空间电荷特性的影响

6.4.1　电老化下聚酰亚胺的空间电荷特性

为探究不同温度的电老化对聚酰亚胺空间电荷特性[22]的影响，分别对比不同组别不同时间的试样测试结果，进行分析。

图 6.21 为 30℃、50kV/mm 组别不同老化时间在极化过程中的空间电荷分布。由图可知，在老化时间为 30d 时，试样在阳极和阴极附近都出现明显的电荷积聚，且都为异极性，与未老化试样现象比较接近，但观察阳极的峰值可知，老化后试样的峰值较低，这代表异极性电荷积聚量相对较小，因而在电极位置感应出的正电荷峰值降低。老化时间为 60d 时，同样在阳极和阴极都出现异极性电荷积聚，阳极附近峰值也略有下降，这说明异极性电荷积聚量有所下降；老化时间为 90d 时，可发现电荷积聚量明显下降，这与前文热老化后聚酰亚胺的异极性电荷积聚

量下降的趋势相符。

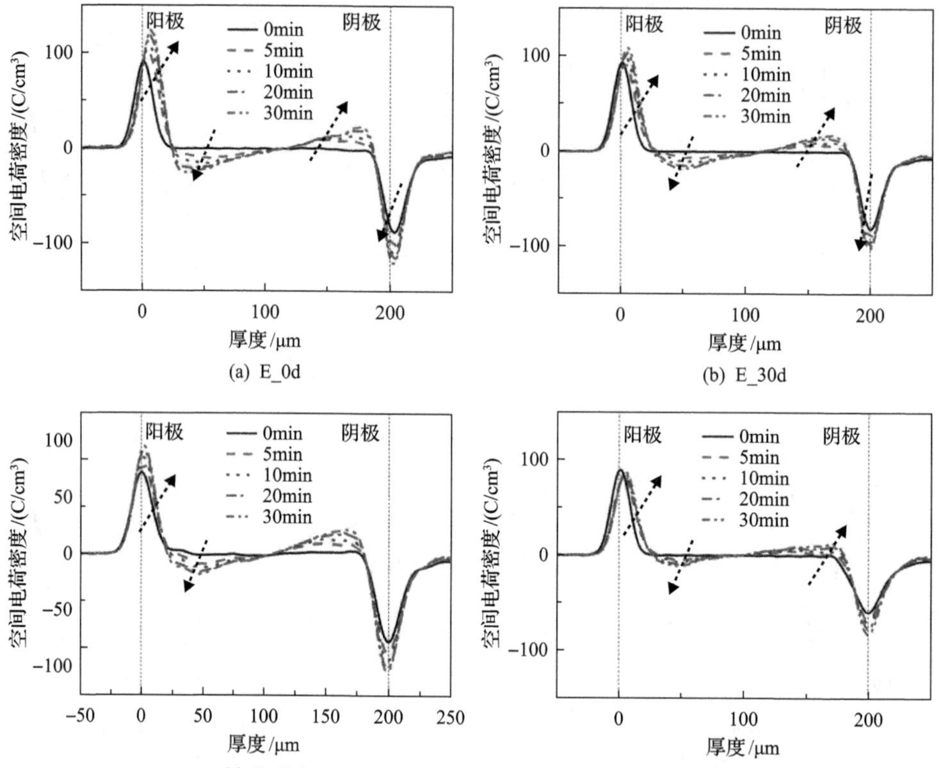

(a) E_0d　　(b) E_30d

(c) E_60d　　(d) E_90d

图 6.21　30℃、50kV/mm 下不同老化时间极化过程的空间电荷分布曲线

图 6.22 为 150℃、50kV/mm 组别不同老化时间在极化过程中的空间电荷分布。由图可知，在老化时间为 30d 时，试样在阳极和阴极附近都出现少量的异极性电荷积聚，与未老化试样相比，异极性电荷的积聚量大幅度下降；老化时间为 60d

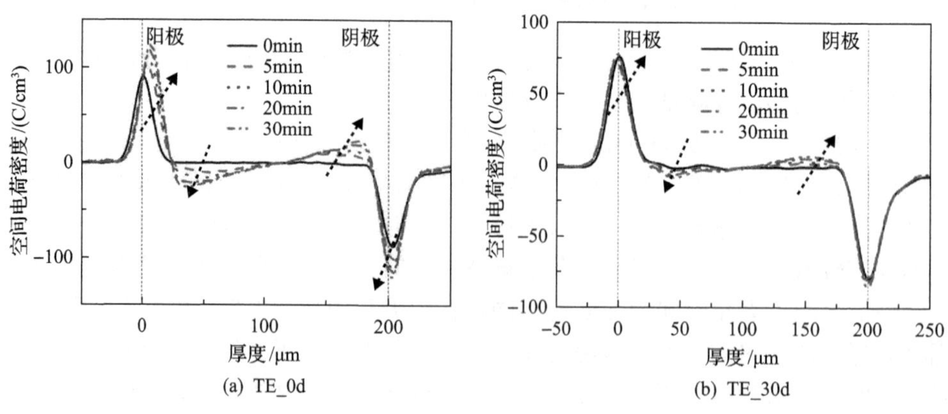

(a) TE_0d　　(b) TE_30d

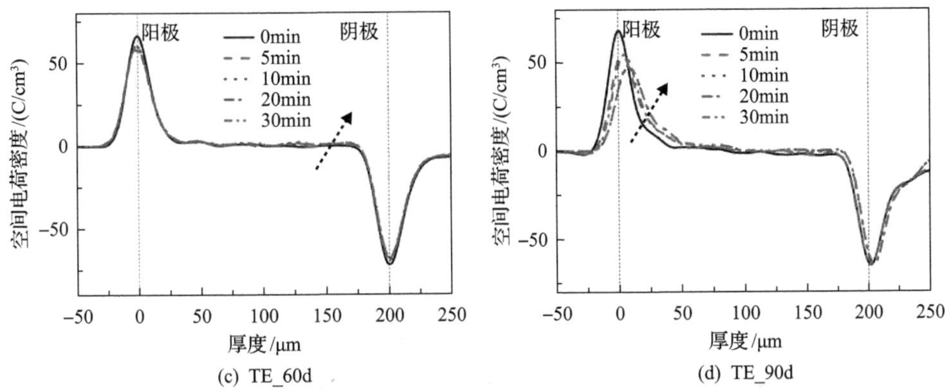

(c) TE_60d　　(d) TE_90d

图 6.22　150℃、50kV/mm 下不同老化时间极化过程的空间电荷分布曲线

时，阳极和阴极都基本无电荷积聚，即异极性电荷积聚量进一步减小；老化时间为 90d 时，可发现在阳极出现明显的正极性电荷积聚，阴极附近无明显电荷积聚的现象，此时为同极性电荷积聚。这与前文热老化后聚酰亚胺的异极性电荷积聚逐渐转变为同极性电荷积聚的趋势相符。

为进一步研究空间电荷的消散特性，得到试样去极化过程中的空间电荷分布曲线，图 6.23 为 30℃、50kV/mm 组别不同老化时间在去极化过程中的空间电荷分布。可发现老化 30d 后试样与未老化试样的分布特性比较接近，阳极附近积聚的负电荷在去极化过程中仍有较多残留；老化 60d 后试样去极化后残余电荷量开始减小，在去极化过程中电荷的消散速度也有所增加；老化 90d 去极化过程中不断有电荷的消散，残余的电荷量也有所减小。由此可见，试样老化后消散速率有所增加，且残余电荷量有所减小。

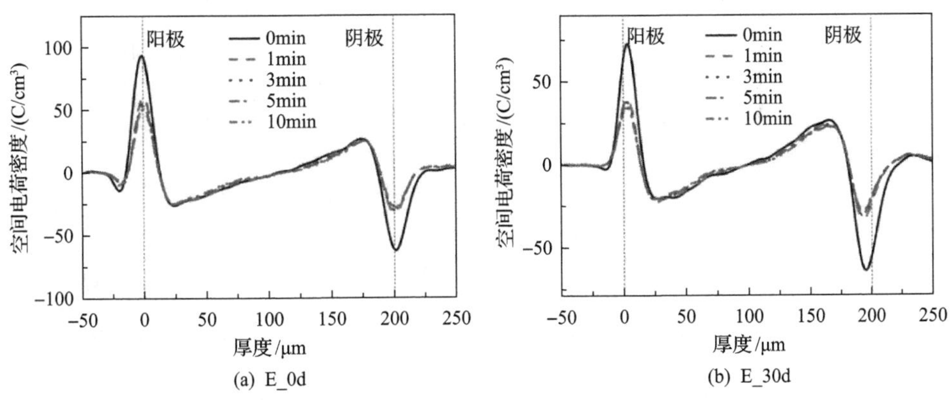

(a) E_0d　　(b) E_30d

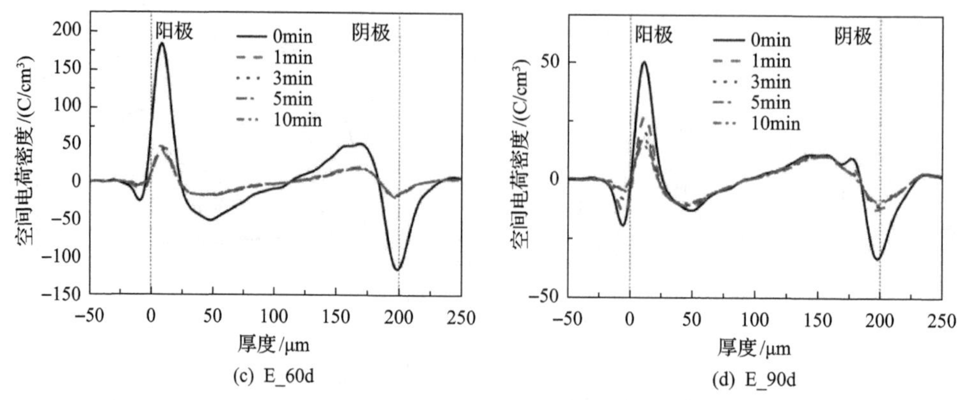

(c) E_60d　　(d) E_90d

图 6.23　30℃、50kV/mm 下不同老化时间去极化过程的空间电荷分布曲线

图 6.24 为 150℃、50kV/mm 组别不同老化时间在去极化过程中的空间电荷分布。可发现老化 30d 后试样去极化后，残余电荷量与未老化相比有大幅度的减小；老化 60d 后残余电荷量较小，与老化 30d 相比有进一步的下降；老化 90d 后的试样阳极附近的正电荷积聚量在去极化过程中逐渐减小，最终仍有部分残余。

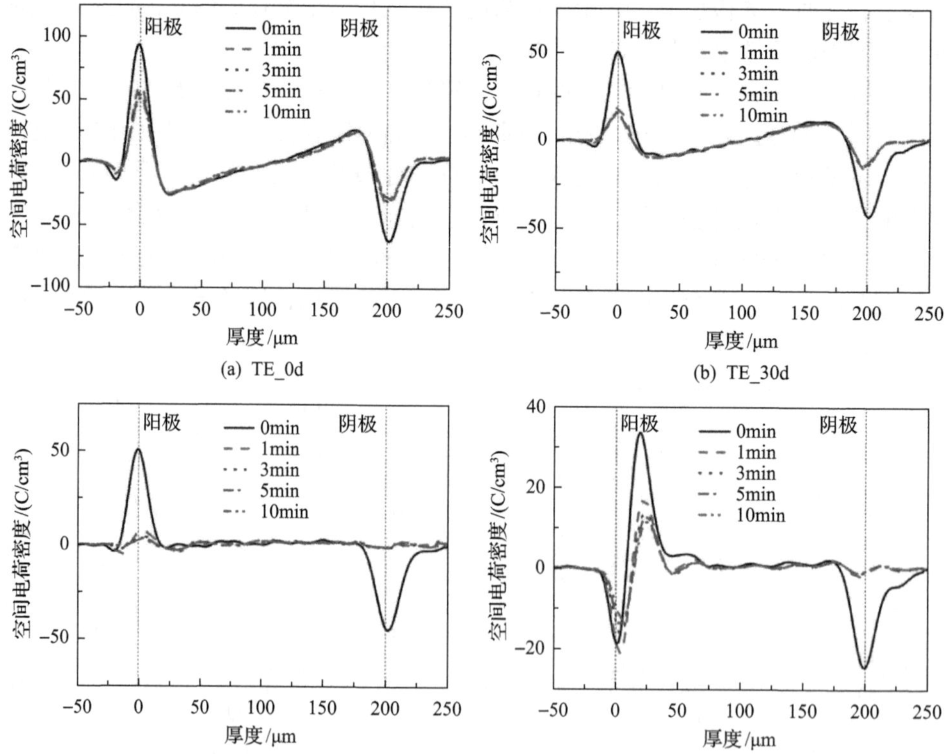

(a) TE_0d　　(b) TE_30d

(c) TE_60d　　(d) TE_90d

图 6.24　150℃、50kV/mm 下不同老化时间去极化过程的空间电荷分布曲线

由此可见，试样老化过程中首先表现为异极性电荷积聚量的减小和电荷消散速率的增大，老化到一定程度后试样开始表现为阳极附近的同极性电荷积聚，残余电荷转变为正电荷。

6.4.2　电老化下油纸绝缘的空间电荷特性

本节主要研究换流变压器油纸绝缘中空间电荷和电老化之间的关系，采用的绝缘纸是换流变压器中常见的 Kraft 绝缘纸，其厚度为 130μm，老化温度为 130℃，定期取出老化后的油纸试样，并采用 PEA 法测量其中的空间电荷分布[5]。

图 6.25 所示是未老化的油纸试样中的空间电荷分布。在外加电场的作用下，阳极和阴极附近都有同极性电荷积聚，阳极和阴极处的电荷密度分别逐渐减小和逐渐增大，但是阴极处空间电荷的动态过程不如阳极处的明显。

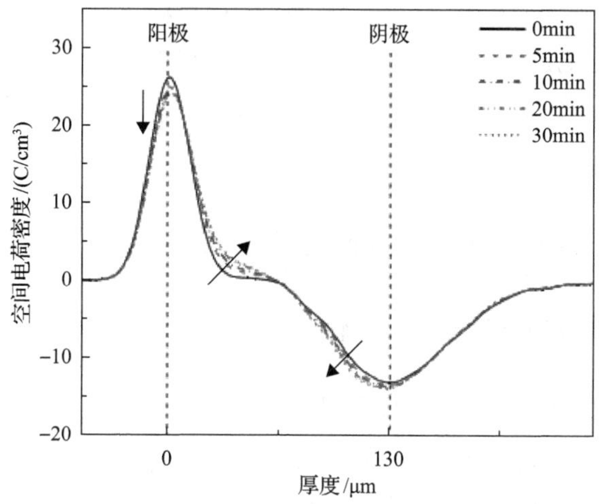

图 6.25　未老化的油纸试样中的空间电荷分布

“老化”为在低电场下、在长时间工作过程中慢慢发生的反应或机理，所谓长时间指的是时间跨度在 10^9s 数量级，也即 10 年左右[23]，因而本章中的老化实验应该视为加速老化实验。虽然油纸进行了长达 1000h 的老化处理，并且定期取出油纸试样测量其中的空间电荷分布，但是此处仅选取几个典型时刻的空间电荷分布曲线用以展示电老化对空间电荷的影响。

经过 250h 的电老化后的油纸试样在极化过程中空间电荷的变化如图 6.26(a)所示。在阳极附近可以清楚地看到正电荷积聚的现象，阴极处的电荷密度随着极化过程逐渐增大，然而阳极处的电荷密度则在逐渐减小。与热老化有所不同的是，由于电老化的影响，即使在极化的初始时刻，试样中就已经有少量的正电荷存在。

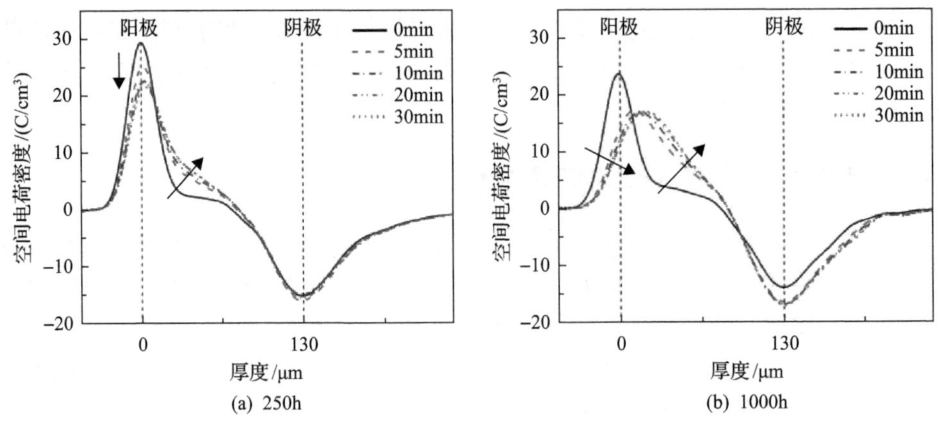

(a) 250h (b) 1000h

图 6.26 电老化过程中油纸试样中的空间电荷分布曲线

图 6.26(b)所示是电老化 1000h 后油纸试样在极化过程中空间电荷随时间的变化情况。电老化的影响此时愈发明显，试样中有更多的正电荷积聚，阳极和阴极的电荷密度的变化也更明显。此外，在极化开始时刻油纸试样中有更多的正电荷积聚。

6.5 热老化对固体电介质空间电荷的影响

6.5.1 热老化下聚酰亚胺的空间电荷特性

1. 热老化时间对聚酰亚胺空间电荷特性的影响

本节主要研究不同热老化时间的聚酰亚胺的空间电荷分布与动态演变过程，选取在 30℃下老化 0d、10d、20d 和 30d 分别命名为 PI_0d、PI_10d、PI_20d 和 PI_30d 的试样，为得到较为明显的空间电荷分布结果，电场选取–50kV/mm。测试温度选取 30℃，得到结果如图 6.27 所示。图中的虚线标注的地方为电极，左

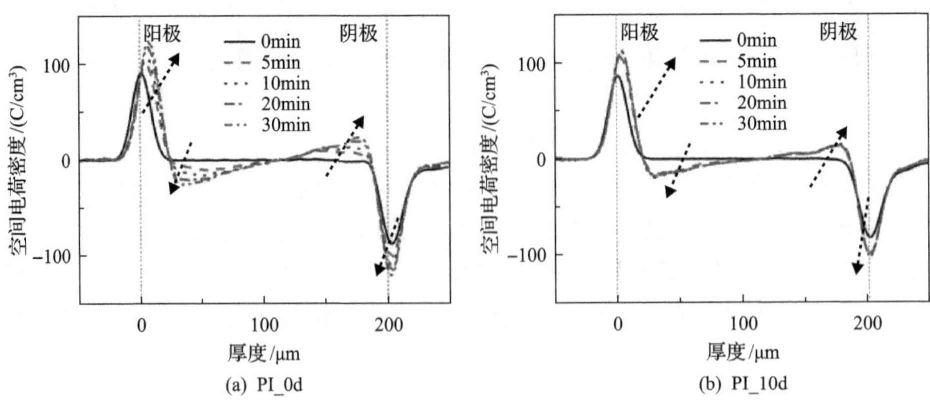

(a) PI_0d (b) PI_10d

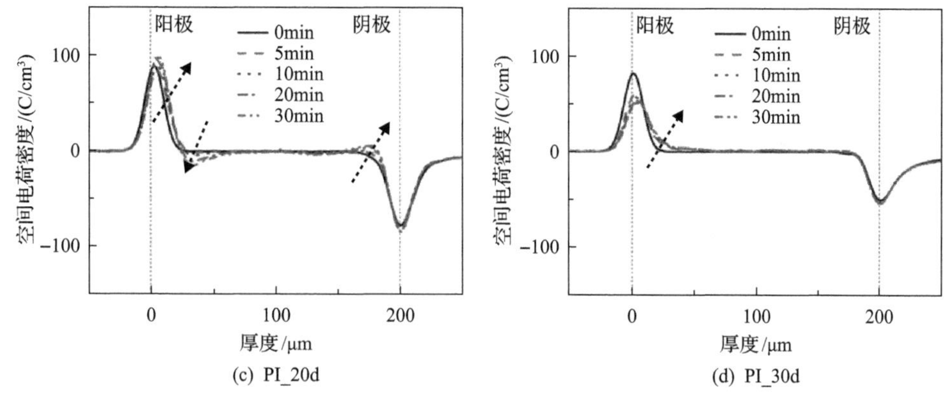

图 6.27　热老化不同时间试样 30℃下的空间电荷分布曲线

侧为阳极所处位置，阳极材料为铝，左侧为阴极，材料为半导电层。两条虚线之间表示试样内部，箭头用于表示空间电荷的动态变化过程，后文出现的图形中箭头、虚线等的含义保持一致。

由图 6.27 可知，老化前后的空间电荷特性出现了较为明显的变化。在极化过程中，未老化试样的阳极附近出现了负极性电荷，阴极附近为正极性电荷，均为异极性电荷的积聚，且随着极化时间的增加，阳极和阴极的电荷密度峰值上升，电荷的积聚量增大。老化 10d 后试样空间电荷积累情况类似，阳极和阴极附近均分别负极性电荷和正极性电荷的积聚，但是可以观察到积聚量有一定程度的下降，且空间电荷达到稳定的速率增大，达到温度所需的极化时间缩短。老化 20d 后试样同样在阳极和阴极均出现异极性电荷的积聚，但是可以明显观察到阳极和阴极的空间电荷密度峰值均有所下降，且阳极下降更多，电荷的积聚量大幅度减小。老化 30d 后试样变化更为显著，阳极的峰值呈现下降趋势，根据箭头的方向可知，阳极附近出现了正极性电荷的积聚和迁移，而阴极附近无明显变化，即老化 30d 后，试样阳极变化为同极性电荷的积聚，阴极附近基本无电荷积聚。综上所述，聚酰亚胺的空间电荷分布在未老化状态下为异极性电荷积聚，随着老化时间的增加，聚酰亚胺的异极性电荷积聚量下降，最终逐渐转变为同极性电荷积聚。

极化过程主要表现的是电荷入陷的过程，但是更能体现试样内部陷阱分布的是去极化过程。载流子迁移率和陷阱深度都是影响去极化过程中电荷脱陷过程的重要参数，结合去极化的数据，可以进行二次量的分析，分析试样内部的电荷迁移率和陷阱深度。

结合不同热老化时间试样的去极化过程中的空间电荷分布，可以根据式(6-2)和式(6-3)计算得到陷阱深度与载流子迁移率与老化时间的变化曲线，如图 6.28 所示。

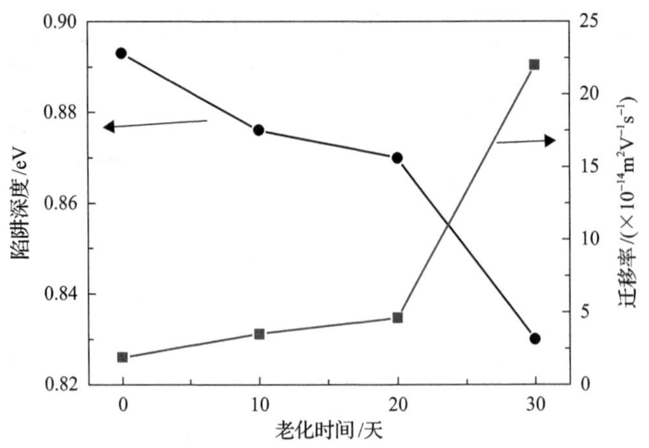

图 6.28　热老化不同时间试样 30℃下的陷阱深度与载流子迁移率变化曲线

由图 6.28 可知，热老化后聚酰亚胺的试样的迁移率明显增大，未老化试样的迁移率为 $1.9\times10^{-14}m^2\cdot V^{-1}\cdot s^{-1}$，老化 30d 后增大为 $2.2\times10^{-13}m^2\cdot V^{-1}\cdot s^{-1}$，同比增大 10.58 倍。这与电导电流的特性基本吻合，电导电流的主要影响因素包括载流子迁移率和载流子数量等，老化后试样的迁移率显著增大，电导电流也会呈增大趋势。热老化后聚酰亚胺试样的陷阱深度有一定程度的下降，未老化试样的陷阱深度为 0.893eV，老化 30d 后下降为 0.83eV，相对下降 7.05%。这与试样内部结构变化相关，内部分子链的断裂等变化，使得材料内部陷阱密度增大，新形成陷阱中浅陷阱增长速度大于深陷阱增长速度，导致试样的平均陷阱深度下降，另一方面陷阱密度的增大反而导致载流子在材料内部迁移的势垒下降，使得载流子更容易在陷阱之间迁移，导致迁移率增大[24-26]。

为进一步探究空间电荷的产生与迁移等特性，对老化不同时间的试样进行高温空间电荷的测量，测试条件为 100℃，测试场强为–50kV/mm，极化时间同样选取 30min，去极化 10min。得到空间电荷极化过程的分布如图 6.29 所示。图 6.29(a)为未老化试样的空间电荷分布，由图可知，试样在阳极有少量的负极性电荷，而在阴极附近出现大量的正极性电荷，积聚量峰值基本与阳极峰值相等。图 6.29(b)为老化 10d 的试样，电荷积聚情况与 30℃下有一定类似，在阳极附近为负极性电荷积聚，阴极附近为正极性电荷积聚，且积聚量与未老化相比出现了较大幅度的下降。图 6.29(c)为老化 20d 的聚酰亚胺试样，在阳极与阴极均出现一定量的异极性电荷积聚，但是积聚量相对老化 10d 试样下降较多。图 6.29(d)为老化 30d 的试样，由图可知，此时空间电荷无明显的积聚，有微量的异极性电荷积聚存在于阴极，但基本可以忽略。

这与测试温度存在一定关联性。未老化的异极性电荷来源有电极注入电荷的迁移和试样内部电离，温度越高，电荷的迁移速率越快，阳极的空穴迅速被阴极

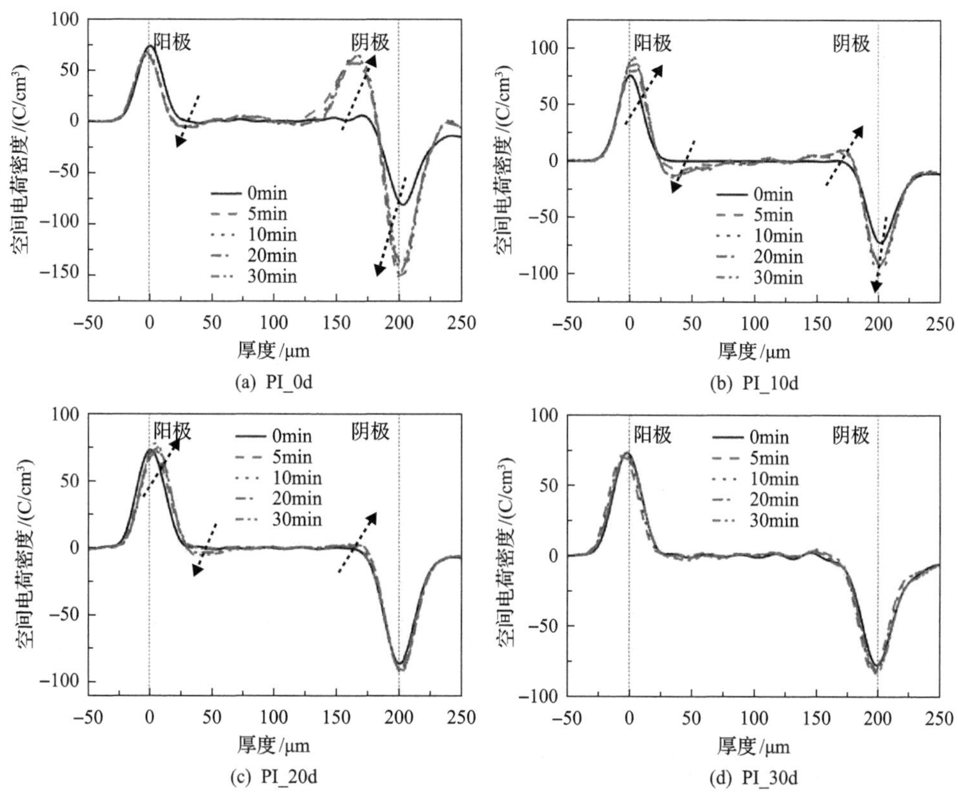

图 6.29　热老化不同时间试样 100℃下的空间电荷分布曲线

注入的电子填充，相当于空穴转移到阴极附近，此时在阴极出现大量的正电荷。老化一段时间后，随着载流子迁移率的增加，电荷的消散加快，空间电荷积聚量有所减小，因而 100℃下同样老化时间的积聚量相对更小。

2. 热老化温度对聚酰亚胺空间电荷特性的影响

为探究热老化温度对聚酰亚胺空间电荷特性的影响，选取老化时间相同的试样，对比 150℃、200℃和 250℃下的空间电荷分布，如图 6.30 所示。由图可知，在老化时间为 90d 时，150℃的试样未体现出明显的电荷积聚，极化 30min 后的图形与极化前基本重合，可认为此刻空间电荷积聚量较小，基本可以忽略。200℃下老化的试样相对 150℃的试样现象略为显著，在阳极附近出现少量同极性电荷的积聚，阴极附近基本无电荷积聚。250℃下老化的试样区别更为明显，同样在阳极出现同极性电荷的积聚，阴极同样基本无电荷积聚的现象。当老化时间为 270 天时，现象区别更为明显，150℃的试样也在阳极出现少量的同极性电荷积聚，但积聚量较小；200℃下老化的试样开始出现较为明显的电荷量积聚，且明显大于老化 90d 的试样；250℃下老化的试样积聚量的增大更为显著，且由于阳极附近同极性电荷的积聚，阳极的峰值开始出现明显下降。

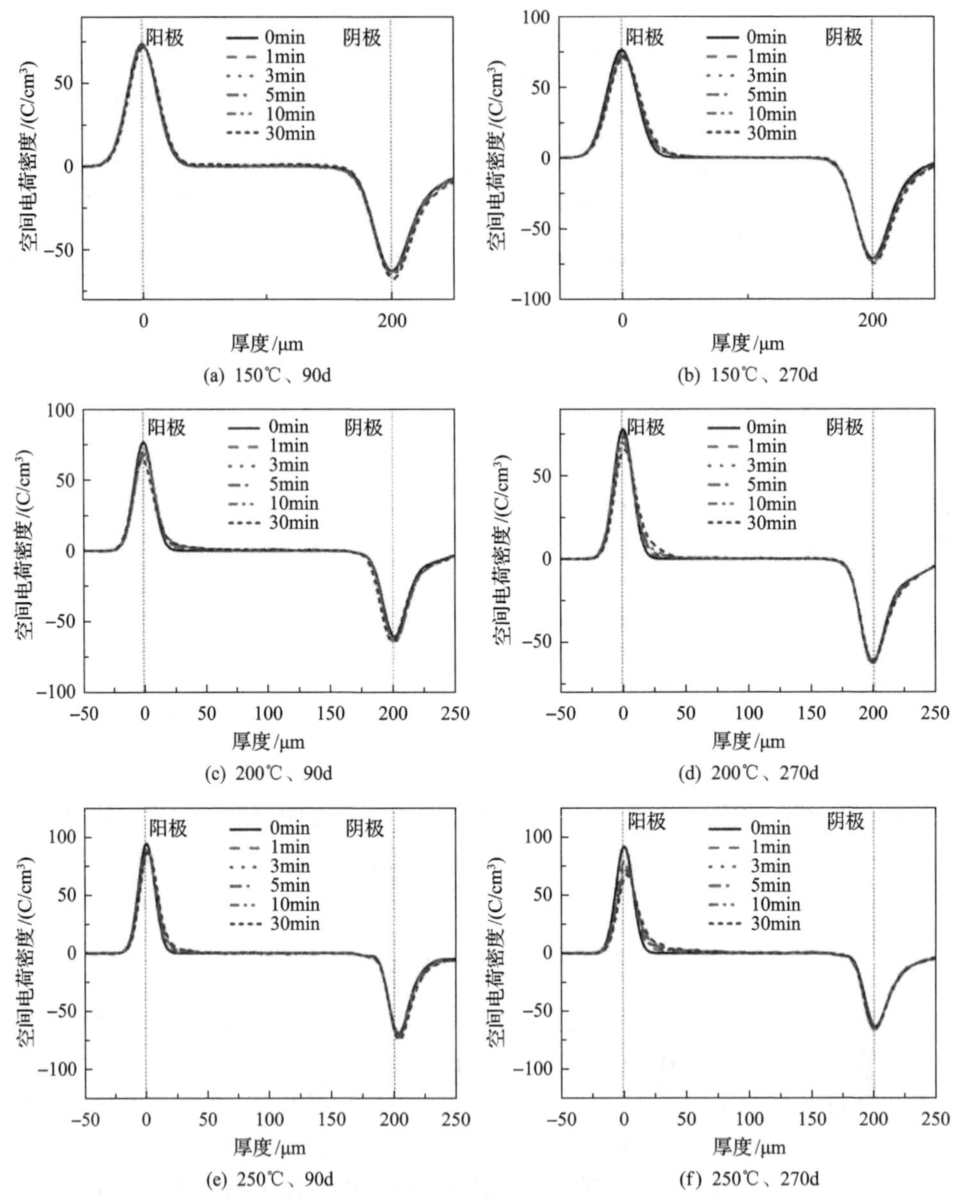

(a) 150℃、90d　(b) 150℃、270d
(c) 200℃、90d　(d) 200℃、270d
(e) 250℃、90d　(f) 250℃、270d

图 6.30　相同老化时间不同温度下的空间电荷分布曲线

由此可见，在试样老化相同时间的情况下，随着老化温度的增加，同极性电荷的积聚现象更为明显。

对极化后试样立即断电，得到去极化曲线，对其进行二次量的处理，得到陷阱深度与老化时间的变化曲线，如图 6.31 所示。

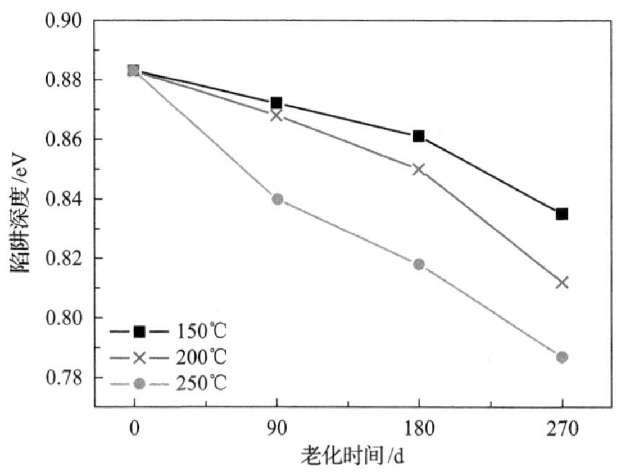

图 6.31　不同老化温度下陷阱深度随老化时间的变化曲线

由图可知，随着老化时间的增加，试样的陷阱深度呈下降趋势，且老化温度越高，下降速度越快。以老化 270d 后的试样为例，150℃下老化试样陷阱深度下降为 0.835eV，与未老化试样的 0.883eV 相比，下降 5.4%；200℃下老化试样陷阱深度下降为 0.812eV，同比下降 8.1%；250℃下老化试样陷阱深度下降为 0.787eV，同比下降 10.9%。由此可见，老化后聚酰亚胺试样的陷阱深度下降，温度越高，下降速度越快。

迁移率与老化时间的变化曲线如图 6.32 所示。由图可知，随着老化时间的增加，试样的迁移率呈增大趋势，且老化温度越高，增大速度越快。未老化试样的迁移率为 $1.9\times10^{-14}m^2\cdot V^{-1}\cdot s^{-1}$，同样以老化 270d 后试样为例，150℃下老化试样迁移率增大为 $1.5\times10^{-13}m^2\cdot V^{-1}\cdot s^{-1}$，增大 6.89 倍；200℃下老化试样迁移率增大为 $5.1\times10^{-13}m^2\cdot V^{-1}\cdot s^{-1}$，同比增大 26.8 倍；250℃下老化试样迁移率为 $2\times10^{-12}m^2\cdot V^{-1}\cdot s^{-1}$，同比增大 105 倍。由此可见，老化后聚酰亚胺试样的迁移率增大，温度越高，增大速度越快。

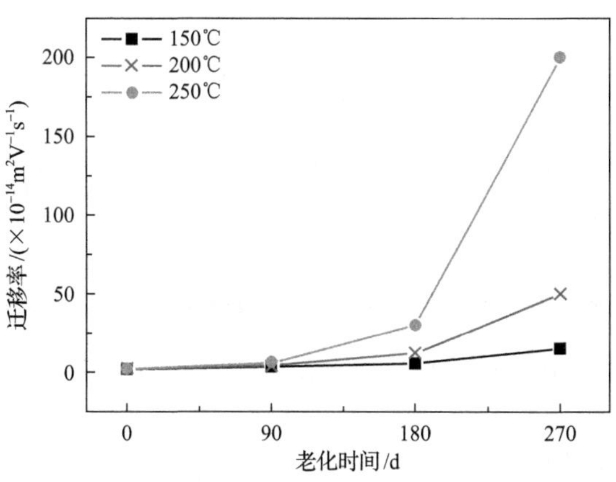

图 6.32　不同老化温度下迁移率随老化时间的变化曲线

6.5.2　热老化对硅橡胶空间电荷特性的影响

聚合物在直流场下的空间电荷积聚一直是困扰高压直流工程绝缘性能的重要问题，因而有必要对老化后硅橡胶的空间电荷特性进行研究[27]。本节主要选取了老化温度为 200℃，老化时间分别为 0d、20d、40d 和 80d 的硅橡胶进行空间电荷测试，得到样品的极化和去极化过程，并根据去极化过程进一步计算载流子迁移率、陷阱深度等重要指标，从而探究热老化对硅橡胶空间电荷特性的影响。

图 6.33 是老化 0d、20d、40d 和 80d 的纯硅橡胶空间电荷极化过程，极化时间为 40min，选取极化 0min、5min、10min、20min 和 40min 的数据作为代表进行绘图分析。

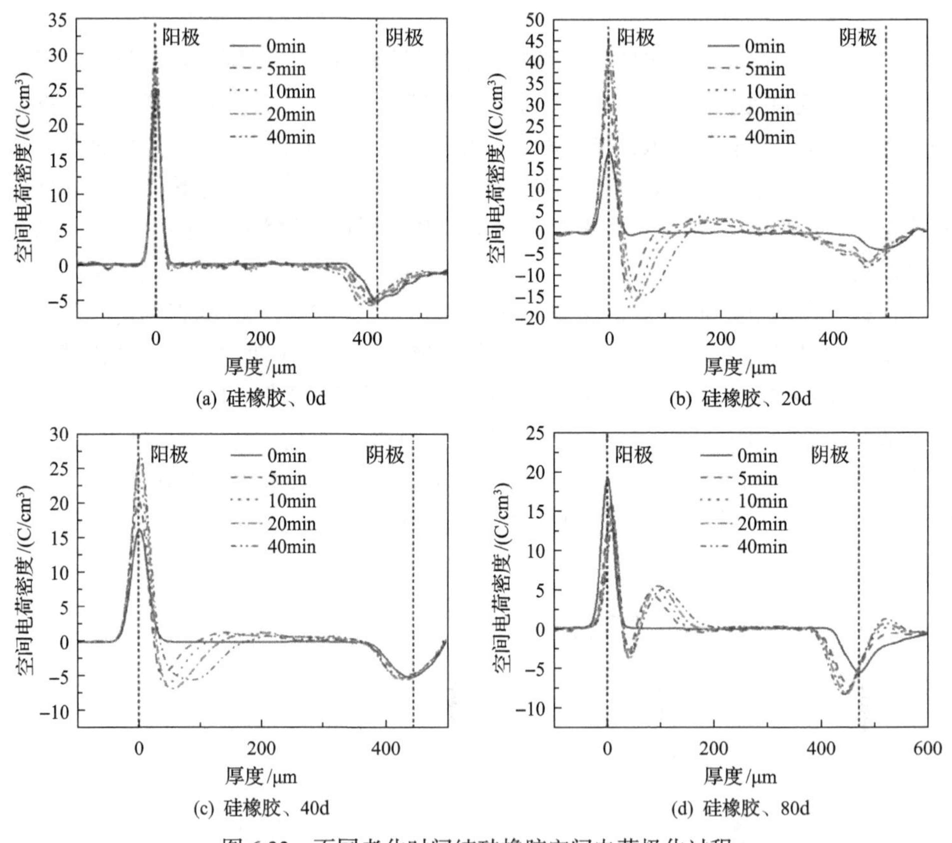

图 6.33　不同老化时间纯硅橡胶空间电荷极化过程

图 6.33(a)是未老化纯硅橡胶的空间电荷极化过程，可以看到未老化纯硅橡胶在极化过程中阳极附近几乎没有空间电荷积聚，阴极附近随着时间增加，曲线逐渐左移。这是由于硅橡胶材料弹性较好，在测试过程中承受电极头和螺丝施加的压力，随着时间增加逐渐形变厚度减少所致，并不是同极性电荷的积聚，这一点

从阴极处的电荷密度曲线高度没有变化也能验证，如果在电极附近有同极性或者异极性电荷积聚，电极处的曲线高度是会发生变化的。经历 20d 热老化后，从图 6.33(b)可以看到阳极附近有非常明显的负极性电荷积聚，且电荷量随着极化过程的继续不断上升，积聚的范围也向硅橡胶内部不断拓深，部分出现了正极性电荷积聚。当老化时间增加到 40d 时，可以看到阳极附近的电荷积聚仍为负极性电荷，不过电荷积聚量相比 20d 老化时有所减少，阳极处的空间电荷密度从 20d 的 $45C/m^3$ 下降到了 40d 的 $27C/m^3$，同时阴极附近仍未出现明显电荷积聚。经历 80d 后，从图 6.33(d)可以看出，阳极附近的负极性电荷积聚相比 20d 和 40d 有了明显下降，但硅橡胶内部出现了明显的正电荷积聚，同样随着极化时间的增加，电荷积聚量不断增大，积聚范围不断向内部更深处迁移。

可以看出，纯硅橡胶在老化初期主要是在阳极附近的异极性电荷积聚，且积聚量较大。随着老化时间的增加，异极性电荷积聚量逐步减少，向同极性积聚方向发展。当老化时间达到 80d 时，阳极附近的异极性电荷积聚量已经较少，但硅橡胶内部的同极性电荷积聚明显。纯硅橡胶空间电荷在热老化过程中，异极性电荷积聚随时间增加向同极性电荷积聚转变，积聚范围也随着老化程度的加深，不断向硅橡胶内部深化。

除了极化过程，空间电荷的去极化过程也是探究材料性能的重要途径。图 6.34 是不同老化天数纯硅橡胶空间电荷去极化过程，去极化时间为 10min，选取极化 0min、1min、5 min 和 10min 的数据作为代表绘图分析。

由图 6.34 可以看到，未老化纯硅橡胶虽然极化过程中仅有极少量负极性电荷在阳极附近积聚，但在去极化过程中积聚的电荷几乎没有消散，最终残留电荷和去极化开始时相比几乎没有变化。老化 20d 后，随着去极化时间的增加，可以看到在极化过程中积聚的电荷在逐渐消散，阳极附近电荷消散速度较慢，最终仍有不少负极性电荷残留。而硅橡胶内部积聚的正极性电荷消散速度较快，去极化 10min 后已经没有电荷残留。老化 40d 的纯硅橡胶空间电荷去极化过程与老化 20d

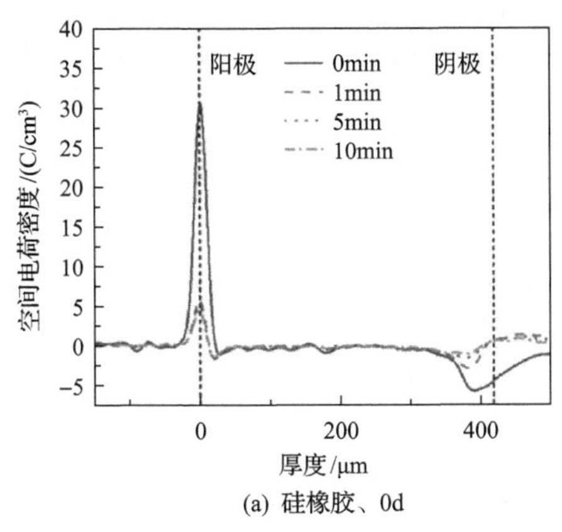

(a) 硅橡胶、0d

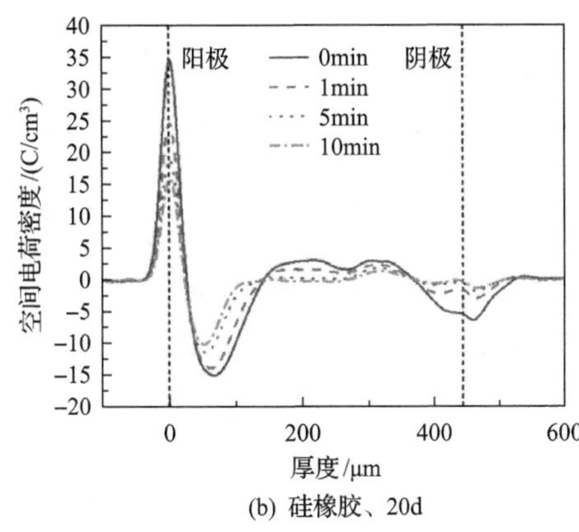

(b) 硅橡胶、20d

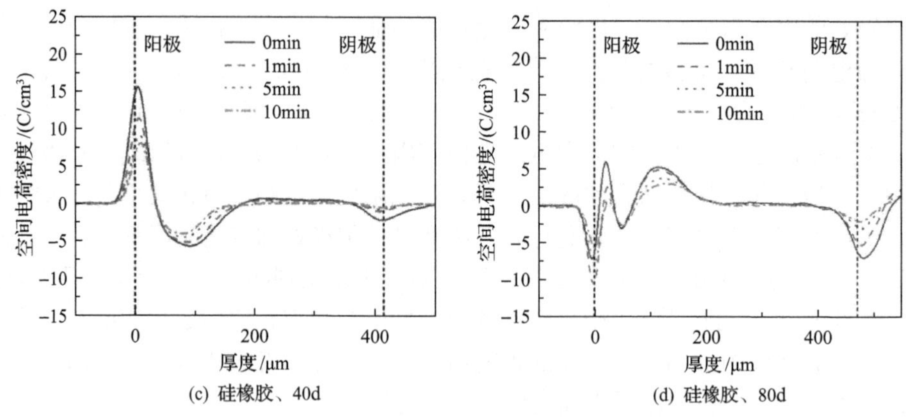

(c) 硅橡胶、40d　(d) 硅橡胶、80d

图 6.34　不同老化时间纯硅橡胶的空间电荷去极化过程

较为相似，阳极附近积聚的负极性电荷消散速度较慢，且最终仍残留一半以上的电荷。硅橡胶内部的正极性空间电荷初始积聚量较少，去极化 10min 后电荷已消散完。经历 80d 老化后，去极化过程中，阳极附近的负极性电荷几乎没有消散，硅橡胶内部的正极性电荷虽然随着去极化时间增加逐渐减少，但相比老化 20d 和 40d，极化过程中积聚的电荷量较多，最终仍有不少残留电荷。

6.5.3　热老化对油纸绝缘空间电荷特性的影响

本节主要研究油纸绝缘空间电荷和热老化之间的关系[2]，绝缘纸采用的是换流变压器中常见的 Kraft 绝缘纸，其厚度为 130μm，采用的绝缘油经过滤油机处理后，可以除去其中的湿气、杂质和气体，处理完后的绝缘油满足《运行中变压器油质量》(GB/T 7595-2008)的要求，老化温度为 130℃。

在 130℃条件下老化 250h 后的油纸试样在极化过程中的空间电荷分布如图 6.35(a)所示。从图中可以看到，空间电荷的变化与图 6.25 中的变化相像，即

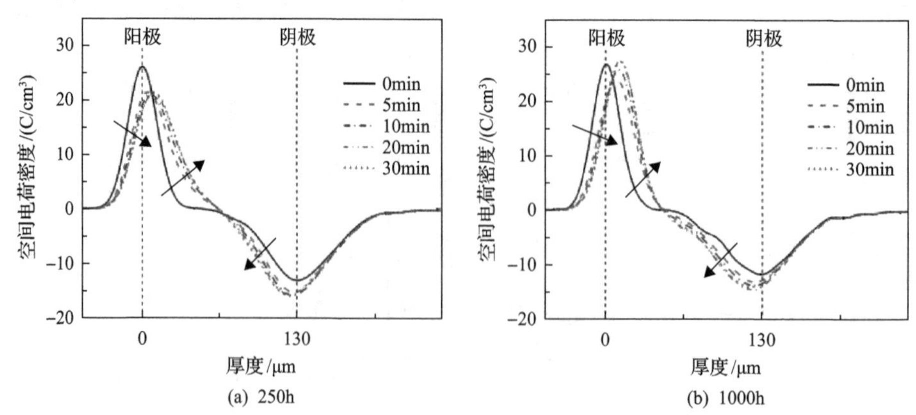

(a) 250h　(b) 1000h

图 6.35　热老化过程中油纸试样中的空间电荷分布曲线

在阳极和阴极附近的区域内有同极性电荷积聚，但是积聚的电荷量比图 6.25 中大。同样，随着极化时间的延长，阳极处的电荷密度逐渐减小，阴极处的电荷密度逐渐增大。

图 6.35(b)所示是热老化末期的油纸试样在极化过程中空间电荷的分布曲线。与图 6.35(a)比较后可以发现，阳极和阴极附近有更多的同极性电荷积聚，并且阳极处的电荷密度减小更加明显，阴极处的电荷密度依然增大。

参 考 文 献

[1] Hanley T L, Burford R P, Fleming R J, et al. A general review of polymeric insulation for use in HVDC cables[J]. IEEE Electrical Insulation Magazine, 2003, 19(1): 13～24.

[2] Wintle H J. Basic physics of insulators[J]. IEEE Transactions on Electrical Insulation, 1990, 25(1): 27～44.

[3] Mizutani T. Space charge measurement techniques and space charge in polyethylene[J]. IEEE Transaction on Dielectrics and Electrical Insulation, 1994, 1(5): 923～933.

[4] Matsui K, Tanaka Y, Fukao T, et al. Short-duration space charge observation in LDPE at the electric breakdown[C]//2002 Annual Report Conference on Electrical Insulation and Dielectric Phenomena. Cancun: 2002: 598～601.

[5] 黄猛. 电热耦合下油纸绝缘空间电荷及其对击穿的影响[D]. 北京: 清华大学, 2016.

[6] Kaneko K, Mizutani T, Suzuoki Y. Computer simulation on formation of space charge packets in XLPE films[J]. IEEE Transactions on Dielectrics and Electrical Insulation, 1999, 6(2): 152～158.

[7] Zhou Y X, Wang Y S, Markus Z, et al. Morphology effects on space charge characteristics of low-density polyethylene[J]. Japanese Journal of Applied Physics, 2011, 50(1): 017101(1～8).

[8] 党智敏, 亢婕, 屠德民. EAA 改性 XLPE 中空间电荷和电树、水树的关系[J]. 中国电机工程学报, 2001, 21(7): 6～9.

[9] 郑飞虎, 张冶文, 肖春. 聚合物电介质的击穿与空间电荷的关系[J]. 材料科学与工程学报, 2006, 24(2): 316～320, 285.

[10] 扈罗全, 郑飞虎, 张冶文. 迭代正则化方法求解电介质中空间电荷分布[J]. 计算物理, 2005, 22(1): 88～93.

[11] 王云杉. 聚乙烯长期交直流老化条件下空间电荷特性研究[D]. 北京: 清华大学, 2011.

[12] Montanari G C, Fabiani D. Evaluation of dc insulation performance based on space-charge measurements and accelerated life tests[J]. IEEE Transactions on Dielectrics and Electrical Insulation, 2000, 7(3): 322～328.

[13] Mazzanti G, Montanari G C, Alison J M. A space-charge based method for the estimation of apparent mobility and trap depth as markers for insulation degradation-theoretical basis and experimental validation[J]. IEEE Transactions on Dielectrics and Electrical Insulation, 2003, 8(2): 187～197.

[14] Montanari G C, Mazzanti G, Palmieri F, et al. Mobility evaluation from space charge measurements performed by the pulsed electroacoustic technique[C]//International Conference on Properties & Applications of Dielectric Materials Xian, 2000: 38～41.

[15] Blythe T, Bloor D. Electrical Properties of Polymers[M]. London: Cambridge University Press, 1972.

[16] Hozumi N, Suzuki H. Direct observation of time-dependent space charge profiles in XLPE cable under high electric fields[J]. IEEE Transaction on Dielectrics and Electrical Insulation, 1994, 1(6): 1068～1076.

[17] Kon H, Suzuoki Y, Mizutani T, et al. Packet-like space charges and conduction current in polyethylene cable insulation[J]. IEEE Transactions on Dielectrics & Electrical Insulation, 1996, 3(3): 380～385.

[18] Mizutani T, Semi H, Kaneko K. Space charge behavior in low-density polyethylene[J]. IEEE Transactions on Dielectrics and Electrical Insulation, 2000, 7(4): 503～508.

[19] Zhou Y X, Wang Y S, Wang N H, et al. Effect of surface topography and morphology on space charge packets in polyethylene[J]. Journal of Physics: Conference Series, 2009, 35(1): 108-113.

[20] Hozumi N, Takeda T. Space charge behavior in XLPE cable insulation under 0.2～1.2 MV/cm dc fields[J]. IEEE Transaction on Dielectrics and Electrical Insulation, 1998, 5(1): 82～90.

[21] Tian J H, Zou J, Wang Y S, et al. Simulation of bipolar charge transport with trapping and recombination in polymeric insulators using Runge-Kutta discontinuous Galerkin method[J]. Journal of Physics D: Applied Physics, 2008, 41(19): 195416(1～10).

[22] 莫雅俊. 电热联合老化下聚酰亚胺薄膜空间电荷特性研究[D]. 北京：清华大学, 2018.

[23] Fothergill J C. Ageing, Space charge and nanodielectrics: Ten things we don't know about dielectrics[C]//Solid Dielectrics, 2007. ICSD '07. IEEE International Conference on,Winchester, 2007, 1-10.

[24] 王云杉, 周远翔, 王宁华, 等. 聚乙烯表面形貌对其空间电荷特性的影响[J]. 绝缘材料, 2008, 41(4): 42～45.

[25] 周远翔, 王云杉, 王宁华, 等. 形态对聚乙烯中空间电荷包运动特性的影响[J]. 高电压技术, 2008, 34(11): 2385～2389.

[26] 王云杉, 周远翔, 李光范, 等. 油纸绝缘介质的空间电荷积聚与消散特性[J]. 高电压技术, 2008, 34(5): 873～877.

[27] 聂皓. 热老化对纳米复合硅橡胶空间电荷和击穿特性的影响[D]. 北京：清华大学, 2020.

第 7 章　空间电荷对固体电介质电气绝缘性能的影响

空间电荷的存在、转移和消失会直接导致电介质内部电场分布的改变，对介质内部的局部电场起到削弱或加强的作用。基于空间电荷对电场的畸变作用，空间电荷对绝缘材料的电导、老化、击穿破坏等方面的电特性都会产生明显的影响。

本章首先介绍高压电力电缆发展史，并简要介绍空间电荷对高压电力电缆发展的影响，随后，就空间电荷对固体电介质的电气绝缘性能影响展开叙述，包括空间电荷在常温、高温等情况下对固体电介质电场畸变的影响，空间电荷对固体电介质电气击穿性能、电导特性的影响等。

7.1　高压电力电缆绝缘材料发展历程中对空间电荷的认识

7.1.1　高压电力电缆绝缘材料的发展历程

随着电力工业规模的发展和发电、送电形式的多样化，以及城市用电、水电送出、海底送电、资源环境保护的需要，各类电缆的应用日益广泛，包括气体绝缘电缆(管道)的应用也逐步提上日程[1]。高压直流电缆输电可以有效地解决电力能源的大规模远距离传输和新能源消纳这两个重要问题。在电力电缆超过一百年的发展过程中，为了实现更大的输送容量和更远的输送距离，人们不断提高电缆线路的电压等级，改进电缆技术。

最早达到现代意义的高电压等级的电力电缆主要是浸渍纸绝缘电缆与充油电缆[2]。较大规模的应用始于 20 世纪 50 年代以后，当时修建了大量的高压海底电缆线路，代表着当时电缆线路应用的最高水平。高压挤包绝缘电缆的发展晚于浸渍纸绝缘电缆和充油电缆。最早的 110kV 电缆于 20 世纪 50 年代被制造出来，但早期的挤塑电缆故障频发，直到 20 世纪 60 年代发现了绝缘的空间电荷问题和电树枝老化问题。经过电缆附件可靠性提高等措施，高压挤包电缆才逐渐在城市电网中广泛应用，并向海底电缆等较长距离的输电领域推广[3,4]。

电缆发展的一百多年历史中，工程和研究人员围绕着更高电压、更大容量、更高稳定性、更大输送距离的目标开展一系列的研究，表 7.1 中所做出的研究成果是基于当时电缆发展中遇到的实际问题而产生的。

表 7.1　电缆发展历史上的重大技术突破

时间	技术成果	影响
1914 年	Martin Hochstadter 发明电缆外壳	形成了现代的高压电缆基本形式
20 世纪 20 年代	Luigi Emanueli 证实将纸绝缘浸于油箱的稀油中能使得热胀冷缩产生的气隙得到有效控制	充油电缆诞生
1927 年	增加压力能提高绝缘强度	高压长距离海底充油电缆
20 世纪 60 年代	大油导、超低黏度电缆油和高压力供油技术应用	
20 世纪 60 年代	挤塑电缆树枝老化现象发现	可靠性一度限制了挤塑电缆发展
20 世纪 70 年代	抗电树的 XLPE 绝缘材料	
20 世纪 70 年代	3 层共挤工艺	XLPE 绝缘可靠性大幅上升
1981 年	干式交联工艺	
20 世纪 70 年代	聚丙烯薄膜复合木纤维纸（PPLP）工艺	超高压、特高压充油电缆发展
21 世纪初	柔性直流输电技术	避免极性反转，挤塑直流电缆得以应用

交联聚乙烯(XLPE)作为高压挤包电力电缆的主绝缘材料,其优点在于良好的耐热性和电气性能[5]。而固体绝缘电缆用于直流输电，会出现空间电荷积聚，并在极性反转条件下出现场强升高以及绝缘电阻率的非线性温度特性等问题，这是阻碍 XLPE 电缆在直流输电中应用的关键问题。目前，随着绝缘材料中空间电荷的特性问题认识不断加深，采用柔性直流输电的方式避免了极性反转的情况，使得空间电荷引起的问题得到缓解，XLPE 电缆得以在实际直流输电工程中逐渐被使用[6]。

随着社会对环境问题越来越重视，XLPE 无法降解、难以重复的特性与环保理念存在冲突。因此，人们也尝试着寻找新材料以解决这一问题。聚丙烯由于相对聚乙烯拥有更高的熔点，一直以来是研究的热点，期待其成为新一代的电缆主绝缘材料[7]。但是过往的研究表明,传统的等规立构聚丙烯(i-PP)并不适合应用在电缆中，原因在于：①其弹性很差，加工的难度大；②易形成球状结构从而引起绝缘强度的大幅下降；③和铜接触后会迅速引起降解。因此，聚丙烯并没有在电缆绝缘领域得到太多应用。虽然新型的聚丙烯材料展现出了几点良好的特性，但是对其全面的评估还需要进一步的深入研究探讨。总的来说，聚丙烯材料的开发丰富了未来电缆的发展空间。

高温超导电缆则是另一项电缆新技术开发的热点，该技术利用低温下材料呈现零阻值或较小阻值的特性，克服了输送电流导致的温升限制，从而大大提高输送容量。然而，高温超导的“高温”所指的温度仍为零下数十至零下一百多摄氏度，因而需要配套相应的冷却设备，造价成本较高。且故障中导体的温度一旦高于临界温度，出现“失超”，将对输电系统造成极大影响[8]。以高温超导电缆技术为代表的电缆新技术，系统方案有待进一步研究，稳定性和经济性都有待提高，离实际应用仍有相当距离。但如能研发成熟至投入实用，必将进一步增大电力电缆在未来输电系统中的比重。

7.1.2　高压电力电缆技术研究热点

基于电缆运行经验与发展趋势，目前高压电缆仍有诸多基础问题亟待研究，如高性能电缆材料、电树枝老化、空间电荷等。

1. 高性能电缆材料问题

绝缘材料性能是电缆运行可靠性的基础保障。电缆绝缘可以分为电缆本体绝缘和电缆附件绝缘，目前交联聚乙烯和硅橡胶分别作为电缆本体和附件绝缘材料，得到了广泛的推广应用[9]。

近 10 年来，在固体电介质内添加纳米填料，以抑制直流高电场下空间电荷问题，成为国内外的研究热点[10]。聚乙烯和交联聚乙烯作为电缆本体绝缘，无机纳米填料对聚合物的影响主要有①增加了聚合物中的杂质离子；②纳米粒子表面效应和小尺寸效应；③小尺寸效应会使聚合物中原有的深陷阱变成浅陷阱。硅橡胶由于具有高弹性、耐温范围广、电气性能优异等特点，作为主绝缘材料在预制式高压电缆附件中得到越来越多的应用[11]。研究重心主要集中于硅橡胶材料的机械、电气性能、耐热阻燃性能及导热性能等方面。研究采用的手段多样，有从硅橡胶材料本身入手，改变基胶结构、填料组分等以提高其性能；有通过共混法进行改性，在传统的硅橡胶材料中混入其他橡塑材料以优化其性能[12,13]。

2. 电树枝老化问题

有机固体绝缘击穿从树枝老化开始，随着材料和密封工艺水平的提高，高压电缆密闭性能可靠，水树枝问题得以解决，主要问题集中在电树枝老化[14]。电缆系统的绝缘包括本体聚乙烯材料及附件硅橡胶材料。自挤包电缆中的电树枝问题被发现以来，国内外研究者就对这一现象开展了大量的研究。

Tanaka 和 Green 的研究以定量的方式解释了空间电荷的作用，认为强场下针尖处的电荷发射的累积作用破坏了材料的局部区域，形成微裂纹进而导致电树枝老化[15]，他们也总结了上述假设的电树枝起始的模式，如图 7.1 所示。研究发现，外施电压[16,17]、环境温度[18]、应力及介质[19,20]等多种因素对电树枝起始均有显著影响。

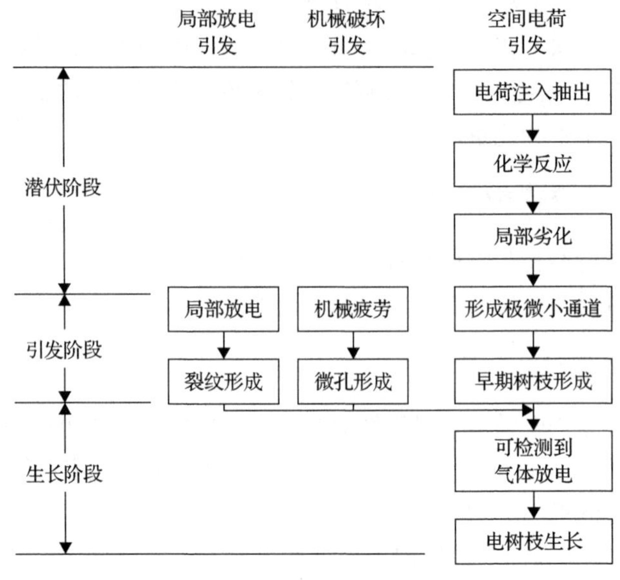

图 7.1　电树枝引发过程

3. 空间电荷问题

空间电荷是直流绝缘材料研究过程中值得关注的问题之一，如普遍使用的 XLPE 材料由于载流子迁移率低、陷阱浓度高，从而具备良好的绝缘性能，但也正是这些特性导致了直流电压下空间电荷在 XLPE 内部的积聚[21,22]。由于空间电荷的积聚、运动和消散，会引起介质内部局部电场发生畸变，从而影响绝缘材料的电导、击穿破坏和老化特性[23-26]，而且电介质中的空间电荷往往是动态的，因而对绝缘材料的影响更加复杂，具有极大的未知性。

现在，国际上已经普遍认可了空间电荷对直流绝缘材料的危害，并进行了大量的研究，以求开发出性能优异的电缆材料并提高电缆的绝缘水平。目前，西安交通大学、同济大学、清华大学、哈尔滨理工大学和上海交通大学等先后开展了空间电荷特性研究[27,28]，近年来他们不仅在固体绝缘介质空间电荷特性研究方面取得了不少的成果，对液固复合绝缘介质中的空间电荷特性也有着深入的研究。

由于固体绝缘介质空间电荷特性与外在影响因素密切相关，学者们研究了温度梯度[29]、纳米颗粒添加[30]和表面氟化[31]对空间电荷特性的影响，发现表面氟化处理和添加纳米颗粒有利于空间电荷的抑制，对电缆材料的开发有重要启示；而温度差的增加与最大畸变场强近似呈线性增长关系，实际运行中电缆沿径向方向的不同部位必然存在温度梯度，因而温度梯度的影响不容忽视。

近年来的研究结合试验结果和电荷输运理论，尝试建立空间电荷相关理论来解释空间电荷现象，并辅以空间电荷数值仿真进行验证[32]。仿真结果表明，陷阱浓度的提高将阻碍电荷注入的平均深度，导致试样中部电场稳定时畸变严重[33]。国外在空间电荷的研究方面起步较早，研究方向和内容丰富多彩，日本学者 Takada 等考虑了场强、温度、机械应力、材料结构等因素对材料中空间电荷特性的影响[34]。Mazzanti 等[35]综合考虑了空间电荷对绝缘失效的影响。Cécilien Thomas 等[36]尝试着将 PEA 应用于周期性电压下空间电荷的测量，取得了很好的效果(如图 7.2 所示)。

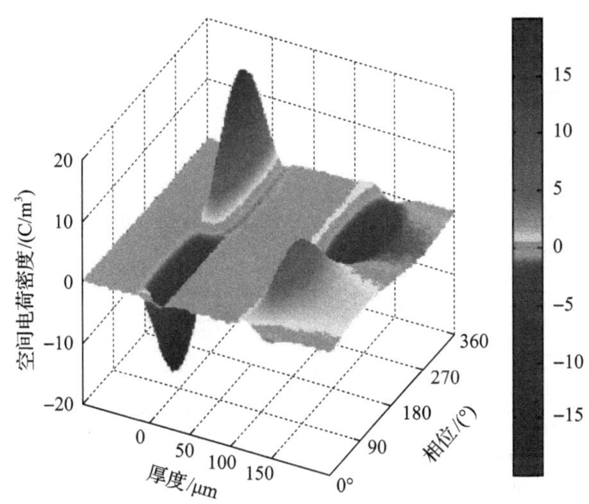

图 7.2 XLPE 在 50Hz 交流电压下的 3 维空间电荷分布图

此外，试样形状、电极及界面、试样制备工艺、试样结晶度、氧化度、杂质、交联副产物、添加剂等诸多因素被用于研究对介质空间电荷产生和演变过程的影响。但是由于高压直流电缆输电的电网结构、运行方式及周围环境的复杂性，现有空间电荷的测量手段和理论模型对于空间电荷形成过程和作用机制的认识还远远不够，对空间电荷的系统化、理论化和规律性的认识尚需大量的研究工作。

7.2 空间电荷对电场的畸变效应

7.2.1 常温下空间电荷对电场畸变的影响

选用 XLPE 薄膜试样的厚度为 300μm 左右，外施直流电压均为负极性，电场强度选择 30kV/mm、50kV/mm、75kV/mm 和 100kV/mm 四个幅值，电场的选取一方面依据 PEA 测试单元的最高耐压(±35kV)，另一方面针对低电场下的空间电荷特性和高电场下的空间电荷包现象[37]。

根据空间电荷分布，可以由泊松方程计算出电场分布。

$$E(x)=\int_0^x \frac{\rho(x)}{\varepsilon_0\varepsilon_r}\,\mathrm{d}x,\qquad 0<x<d \tag{7.1}$$

图 7.3～图 7.6 分别给出了 XLPE 试样在–30kV/mm、–50kV/mm、–75kV/mm 和–100kV/mm 直流电场作用 60min 的空间电荷特性和内部电场强度分布。随着场强的增大，试样内部空间电荷增多，空间电荷导致内部电场强度畸变加剧。

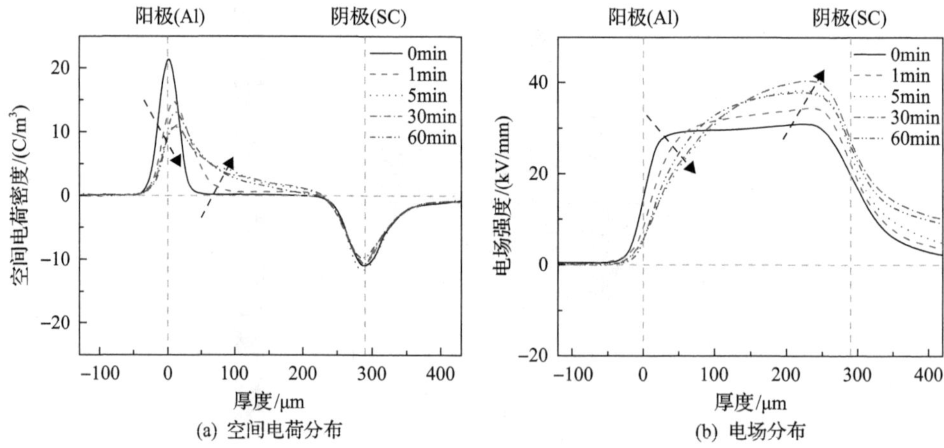

(a) 空间电荷分布　(b) 电场分布

图 7.3　–30kV/mm 下极化 60min 内 XLPE 的空间电荷和内部电场分布

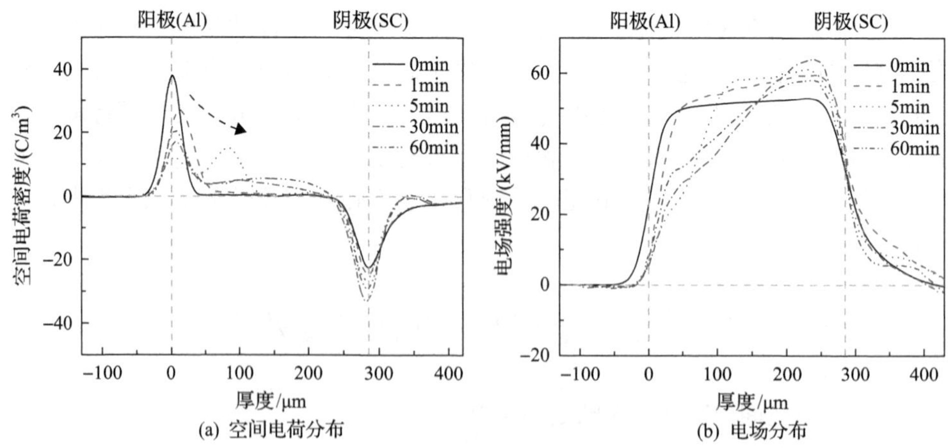

(a) 空间电荷分布　(b) 电场分布

图 7.4　–50kV/mm 极化 60min 内 XLPE 的空间电荷和内部电场分布

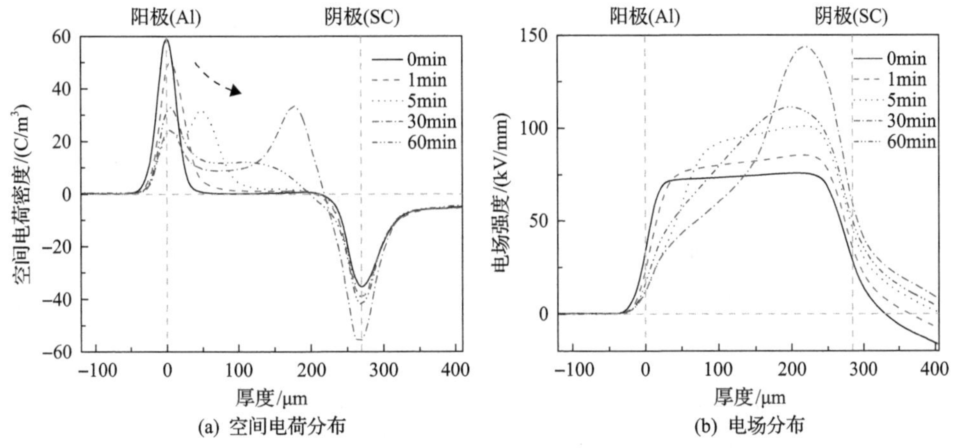

(a) 空间电荷分布　(b) 电场分布

图 7.5　–75kV/mm 下极化 60min 内 XLPE 的空间电荷和内部电场分布

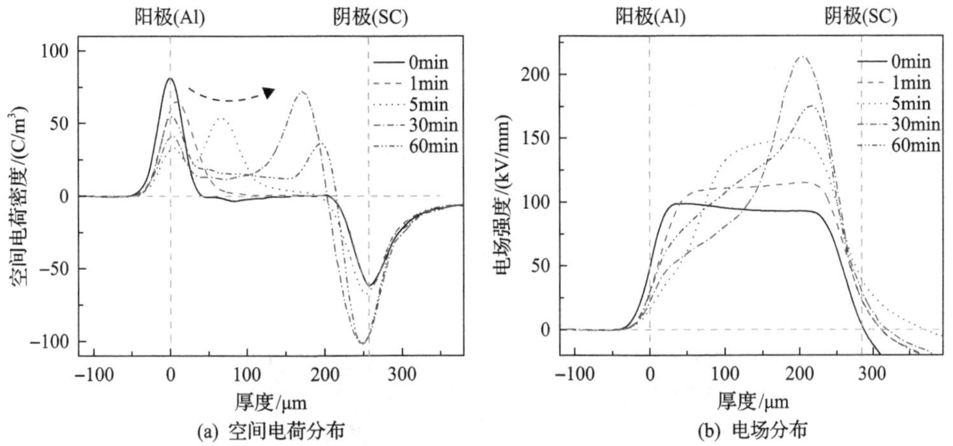

(a) 空间电荷分布　(b) 电场分布

图 7.6　–100kV/mm 下极化 60min 内 XLPE 的空间电荷和内部电场分布

7.2.2　高温下空间电荷对电场畸变的影响

为研究交联聚乙烯高温空间电荷行为，开展 XLPE 试样脱气前后的高温下空间电荷稳态暂态过程试验[38,39]。在实验室自制 XLPE 试样中基本以正极性电荷注入为主，尤其在高场强下很容易出现正极性空间电荷包的现象，且电场畸变严重。

分别对 30℃、70℃和 90℃下未脱气 XLPE 试样空间电荷进行研究，在–30MV/m 下仅有少量负电荷积聚，其中电场畸变率分别为 32.9%、32.7%和 33.5%。为研究更高场强下未脱气 XLPE 的空间电荷特性，把电场强度提高到–100MV/m，发现未脱气试样对空间电荷抑制性能出现明显下降，甚至有空间电荷包的出现。

图 7.7 所示为 XLPE 在 30℃下电场强度为−100MV/m 的空间电荷分布和电场强度变化二维图。由图 7.7(a)可知，在加压后不久便从阳极产生大量的正极性电荷注入 XLPE 试样内部。由于在高场强下 XLPE 试样内部对电荷注入的抑制效果下降，导致大量正电荷的积累形成正空间电荷包并逐渐向阴极迁移，由于阴极附近负电荷的注入，使得空间电荷包在向阴极迁移的过程中幅值有所衰减。在极化 60min 内共出现 3 组空间电荷包迁移现象。而由图 7.7(b)可以看出，随着空间电荷包的迁移，XLPE 内局部电场强度随之增大，电场畸变高达 160%，内部电场产生严重畸变。

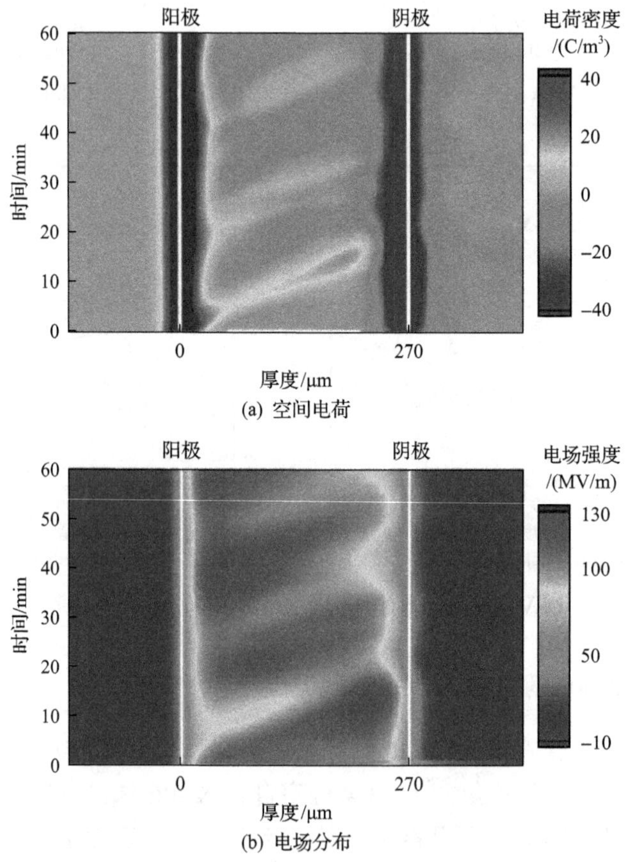

图 7.7 30℃和 −100MV/m 下未脱气 XLPE 试样的空间电荷和电场分布

图 7.8 为 3 种已进行脱气处理的 XLPE 绝缘料分别在 30℃、70℃和 90℃下极化 60min 的空间电荷分布图。图中虚线代表电极处位置，其中左侧虚线为阳极(铝电极)，右侧虚线为阴极(半导电层)。

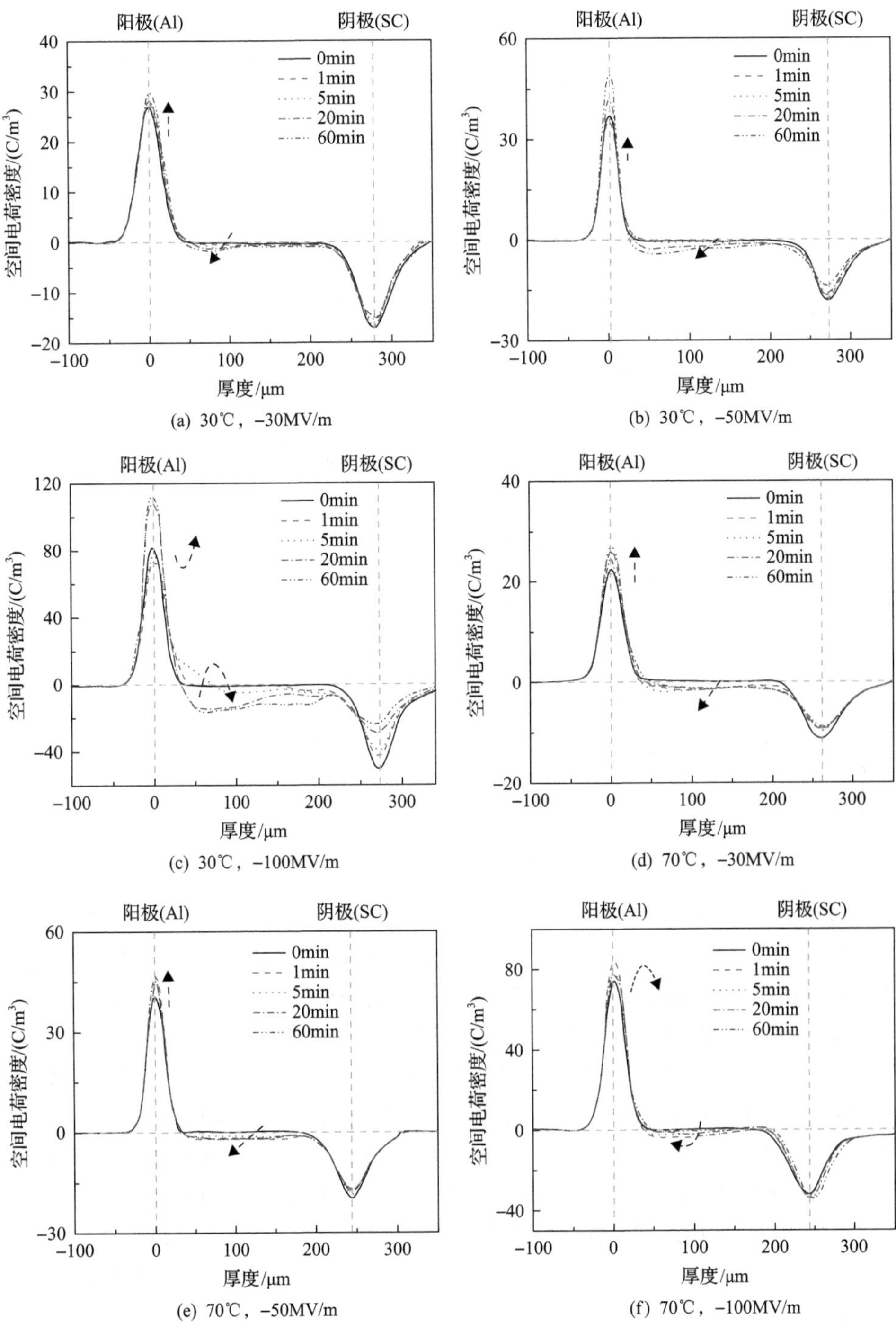

(a) 30℃，−30MV/m

(b) 30℃，−50MV/m

(c) 30℃，−100MV/m

(d) 70℃，−30MV/m

(e) 70℃，−50MV/m

(f) 70℃，−100MV/m

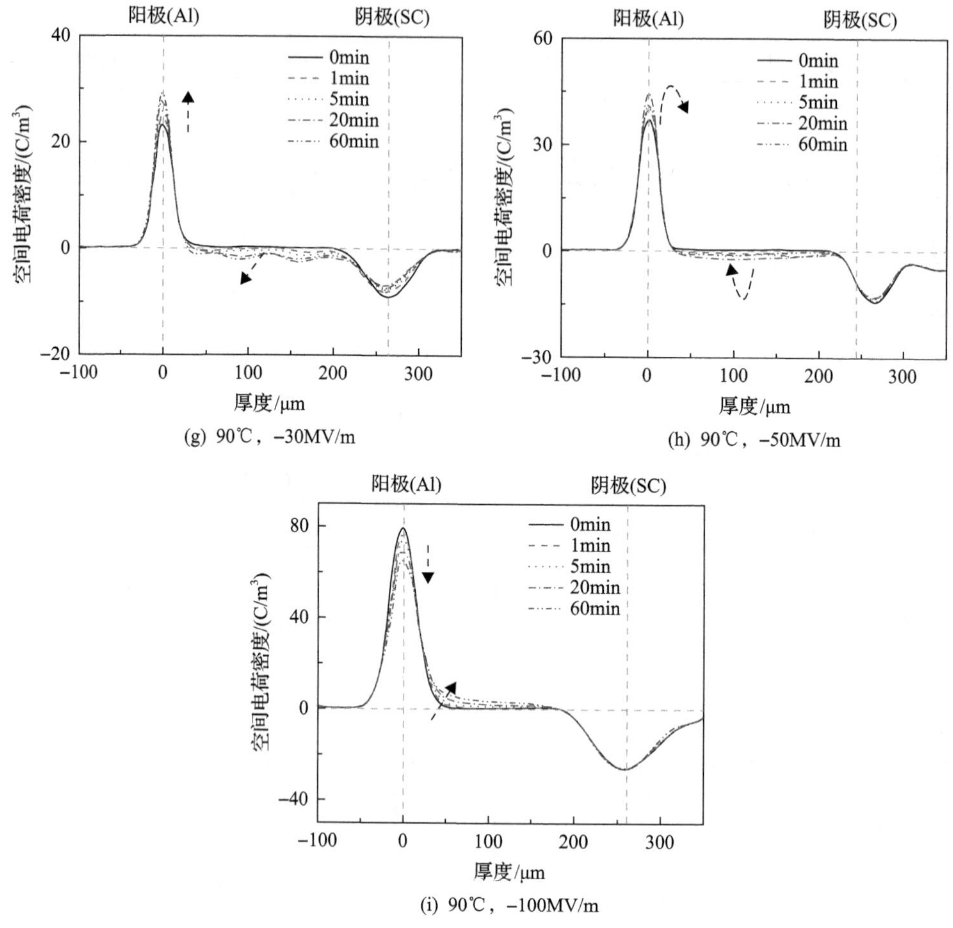

(g) 90℃，−30MV/m

(h) 90℃，−50MV/m

(i) 90℃，−100MV/m

图 7.8　不同温度和电场强度下脱气 XLPE 试样的空间电荷分布

图 7.8(a)～(c)为 30℃下 XLPE 试样的空间电荷分布图。在−30MV/m 和−50MV/m 时，内部仅有少量负电荷产生并逐渐积聚到阳极附近；当电场达到−100MV/m 时，试样内部最先开始有正空间电荷包注入，空间电荷包迁移至阳极后被吸收，随后阴极附近开始产生大量的负电荷，逐渐向阳极迁移并积聚到阳极附近。图 7.8(d)～(f)为 70℃下 XLPE 试样的空间电荷分布图。−30MV/m 和−50MV/m 时，仍是少量负电荷积聚，但在−50MV/m 下很快达到一个平衡状态；在−100MV/m 时，少量正电荷和负电荷均有产生，先由阴极产生大量的负电荷，随后试样内部积聚的负电荷开始减少。图 7.8(g)～(i)为 90℃下 XLPE 试样的空间电荷分布图。在−30MV/m 电场下 XLPE 试样仅集聚少量负电荷，当电场为−50MV/m 时试样内部最先开始积聚负电荷，随着极化时间的增加试样内部开始出现负空间电荷减少，阳极幅值减小的现象；当电场强度提高到−100MV/m 时，在阳极开始出现正电荷

的注入并逐渐增多。

由图 7.8 可见，30℃、70℃和 90℃时脱气 XLPE 在–30MV/m 下均是积聚少量负电荷，电场畸变率分别为 16.3%、25%和 36%。其中在 30℃和 70℃电场畸变率均低于未脱气试样。

7.2.3　电场畸变的暂态过程

空间电荷的积聚会使绝缘材料内部电场分布发生畸变，严重情况下电场畸变率可高达 100%以上，使绝缘击穿概率增大，绝缘可靠性下降。分析可知高温下 XLPE 试样内电荷迁移率高于低温下的，这说明实际电场畸变会在很短的时间内发生。因此，捕捉电介质内部空间电荷暂态行为，找出电场畸变最大的时刻，研究高温和强电场作用下试样内部电场畸变程度更具有实际意义。

根据空间电荷测量结果计算各温度和场强下的电场畸变程度，在测试电场 E_0 和温度 θ(单位为℃)下的电场畸变率 $\delta_{E_0,\theta}$ 按下式计算，即

$$\delta_{E_0,\theta}(t)=\frac{\left|E_{\max}(t)-E_0\right|}{\left|E_0\right|}\times 100\% \tag{7.2}$$

式中，E_0 为测试时施加的电场，MV/m；$E_{\max}(t)$ 为根据空间电荷测试结果计算得出 t 时刻试片中的电场最大值，MV/m。

图 7.9 展示了 70℃下脱气 XLPE 空间电荷及电场分布暂态过程。由图 7.9(a)可知，–100MV/m 下极化 0.1s 时试样内部就开始有正电荷从阳极注入，1s 后更多的正电荷注入并逐渐开始形成正电荷包向阳极迁移。当电场提升到–150MV/m 时，发现在极化刚开始时已有正、负电荷同时注入，如图 7.9(d)所示，正电荷的迁移速度明显偏快，0.5s 时正电荷已抵达阳极附近，正电荷的快速迁移导致阴极处场强发生畸变，致使更多的负电荷注入并逐渐形成负空间电荷包。

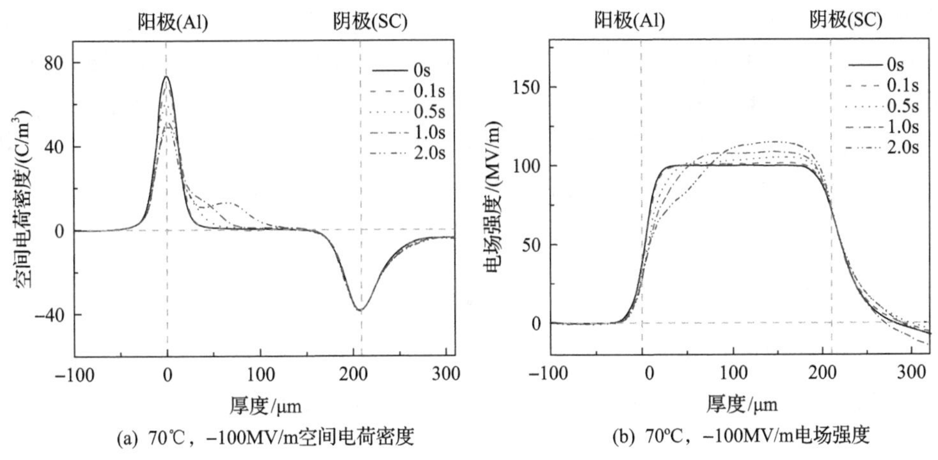

(a) 70℃，–100MV/m空间电荷密度　　(b) 70℃，–100MV/m电场强度

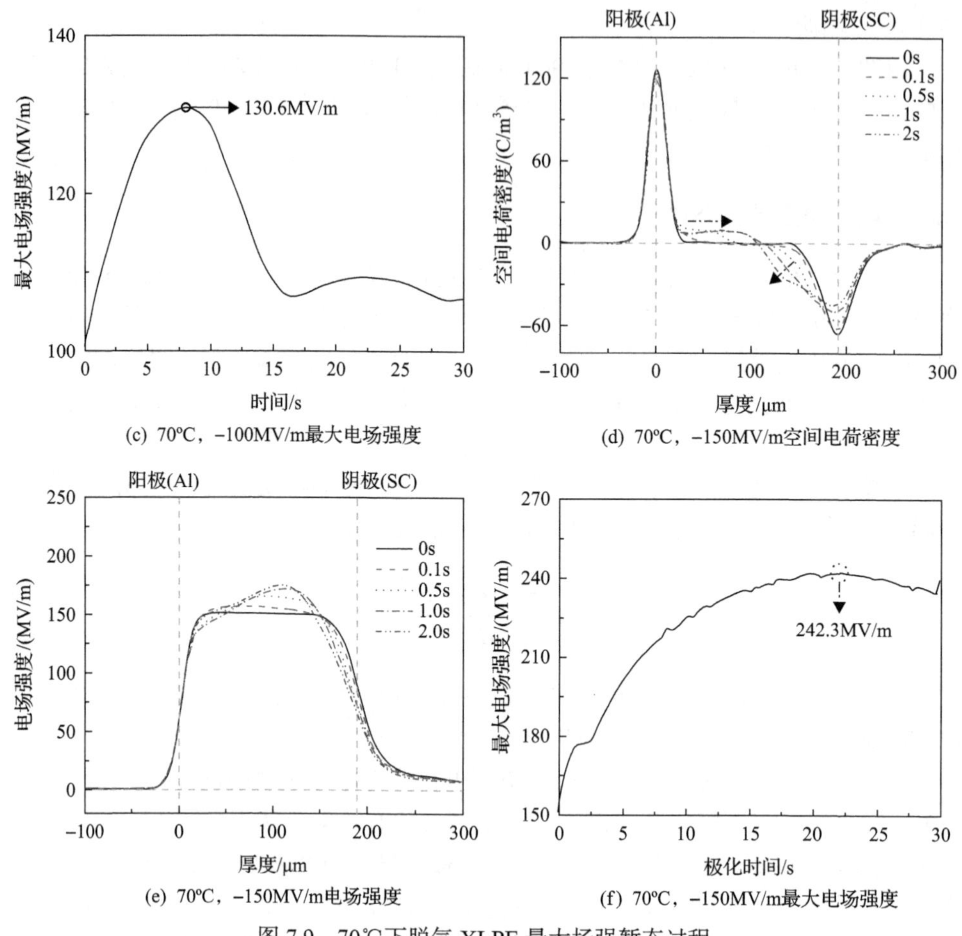

(c) 70°C，−100MV/m最大电场强度

(d) 70°C，−150MV/m空间电荷密度

(e) 70°C，−150MV/m电场强度

(f) 70°C，−150MV/m最大电场强度

图 7.9　70℃下脱气 XLPE 最大场强暂态过程

由图 7.9(d)可见，由于正空间电荷包的迁移，致使试样内部在 8s 时出现最大电场强度，为 130.6MV/m，电场畸变达 30.6%，随后由于正电荷包抵达阴极后被吸收，所以出现最大电场强度开始下降的趋势。当电场强度提高到 −150MV/m 时试样内部最大电场强度变化如图 7.9(f)所示，结合图 7.9(d)分析得知，正电荷的注入和快速迁移导致内部电场快速畸变，从而引起大量负电荷在畸变电场作用下注入并形成负空间电荷包，致使试样内部电场进一步畸变，最大畸变率达到 61.5%。

7.2.4　强电场下空间电荷包对局部电场畸变的影响

高电场作用下 LDPE 试品中产生空间电荷，其分布、运动是个缓慢过程[40]。试验中加压时间以 60min 为主，同时以 10min 和 30min 实验来辅助分析不同加压时间的影响。所加电压为直流负极性高压，场强分别为 50kV/mm、100kV/mm、150kV/mm 和 210kV/mm。对于 210kV/mm 实验，由于已经接近外加击穿场强而不易控制，且加压过程中 30min 与 60min 空间电荷及电场分布变化不大，实验中取加压时间为 30min。实验中，撤压短路观测时间为 10min。

图 7.10 给出典型的空间电荷及电场分布随时间变化过程，以缓慢冷却试品，100kV/mm 负直流电压作用 60min 过程为例。从图 7.10(a)中可以看出，刚加压时，两电极附近和试品中部都积聚了一定数量的同极性空间电荷，电极上的峰是表面感应电荷和电极附近空间电荷共同作用的结果。

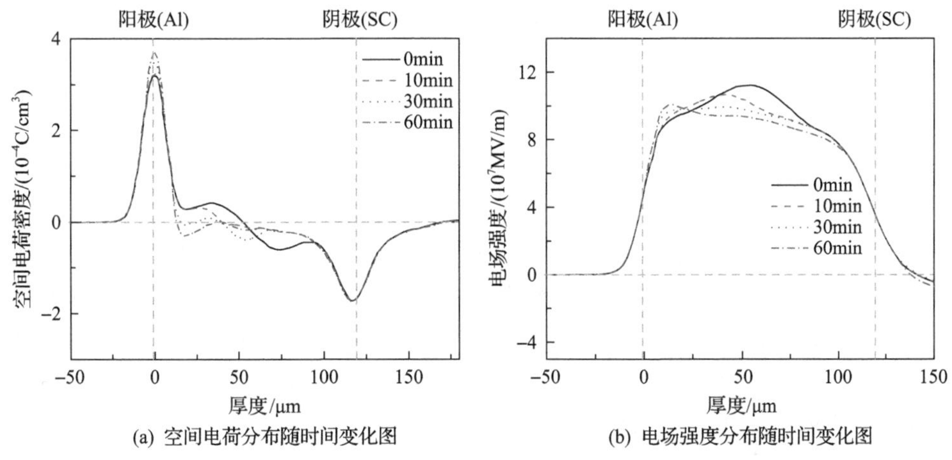

(a) 空间电荷分布随时间变化图　　(b) 电场强度分布随时间变化图

图 7.10　典型的 LDPE-A 试品加压过程中空间电荷及电场强度随时间变化

从电场分布来看，刚加压时由于同极性空间电荷积聚的缘故，试品中部电场较高。随着时间的延长，试品中部电场逐渐减弱，电极附近电场开始抬升，趋于平均电场状态，如图 7.10(b)所示。由于阳极附近积聚少量负空间电荷的缘故，加压 60min 时，阳极附近电场略有抬升。由此不难发现，空间电荷动态变化的过程就是空间电荷在试品内的积聚与其导致的局部电场变化综合作用的过程，随着时间的变化，空间电荷和电场分布发生了动态变化。

空气冷却方式处理 LDPE-A 试品加压 60min 时空间电荷及电场分布随外加电场动态变化如图 7.11 所示。随着电场强度的增加，阳极附近正峰峰值并不呈线性上升趋势，外加负直流电场 210kV/mm 时，阳极附近感应电荷幅值反比外加负直流电场 150kV/mm 要小，这是阳极附近大量负空间电荷积聚的结果。外加负直流电场 50kV/mm 时，试品内空间电荷的积聚很少，试品内部电场比较均匀；外加负直流电场 100kV/mm 时，阳极附近有明显的负空间电荷积聚，试品中部几乎没有空间电荷积聚。此时由于阳极附近负极性空间电荷积聚的作用，阳极附近的电场逐渐增强，加压过程中也观察到明显稳定的空间电荷包动态变化现象。

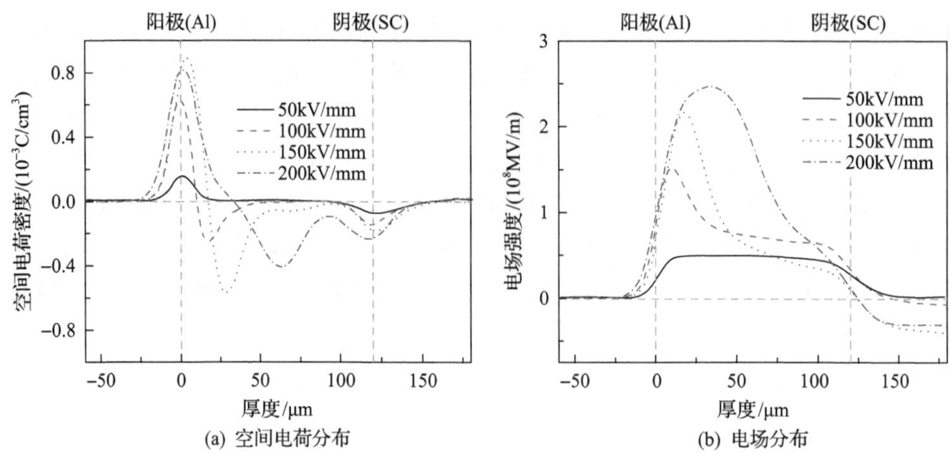

(a) 空间电荷分布　　(b) 电场分布

图 7.11　空气冷却 LDPE-A 试品在不同电场下加压 60min 时空间电荷和电场分布

外加负直流电场 150kV/mm 时，阳极附近有更多的负空间电荷积聚，其峰值位置更靠近试品中部，试品内部电场畸变更严重，阳极附近电场迅速增大，约为外加电场的 1.6 倍。外加负直流电场 210kV/mm 时，试品中部有大量的负空间电荷积聚，最后形成两电极附近同极性空间电荷积聚，试品中部和阳极附近电场明显增强。观察上述过程可以发现，随着电场强度的增加，阳极附近的负极性空间电荷峰值并不线性增大，外加负直流电场 150kV/mm 比负直流电场 210kV/mm 下阳极附近负极性空间电荷积聚更严重。

空间电荷包运动速率的研究主要集中在运动速率和场强的关系，以及用此速率来估算载流子迁移率[41]。一些试验结果表明，空间电荷包的运动速率可随局部场强增大而减小，即出现所谓负微分迁移率。空间电荷包迁移的本质、迁移率的意义及负微分迁移率的深层原因的阐释仍需更多研究。

7.3　空间电荷对电气击穿过程的影响

对 LDPE 试品进行预电压处理，使试品中积聚一定数量的空间电荷，随即撤去电场并测量该试品的直流击穿强度，将结果与未经过预电压处理的 LDPE 试品的直流击穿强度进行比较，从而分析空间电荷对 LDPE 击穿特性的影响，即预电压极性效应[42]。

7.3.1　不同预电压场强处理后 LDPE 的击穿强度

1. LDPE 中的空间电荷特性

图 7.12、图 7.13 分别给出了在 50kV/mm、150kV/mm 负直流电场作用 10min

过程中 LDPE 试品内部空间电荷的分布状况。

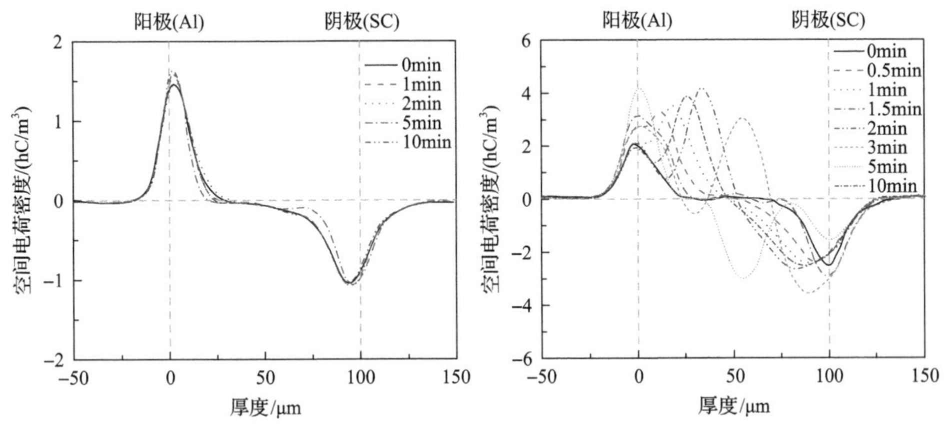

图 7.12　直流–50kV/mm 下试品空间电荷　　图 7.13　直流–150kV/mm 下试品空间电荷

在–50kV/mm 场强下，LDPE 试品中的空间电荷分布表现为同极性积聚，即试品内部阳极附近积聚正的空间电荷，阴极附近积聚负的空间电荷。而在–150kV/mm 场强下，LDPE 试样中还出现了空间电荷包现象。

2. 不同预电压处理后 LDPE 电场畸变分析

试验中首先对试品进行预电压处理，即对试品施加直流场强(50kV/mm 或者 150kV/mm) 10min，然后撤去电场，在很短时间内使试品上电场以 3kV/s 的速度从零开始上升直至试品击穿，以击穿电压除以击穿点的厚度，得到 LDPE 试品的直流击穿强度。

图 7.14 给出了撤去直流电场(电场强度分别为 50kV/mm、100kV/mm、150kV/mm)后 10min 时 LDPE 试品中空间电荷的分布。由图 7.14 可见，对 LDPE 施加越高场强的电场，撤去电场后 LDPE 中空间电荷的积聚量越少。图 7.15 给出了 LDPE 试品经过不同极性预电压处理后的直流击穿强度及误差限。其中同极性击穿强度指预电压与击穿电压极性相同时的击穿强度，异极性击穿强度则指预电压与击穿电压极性相反时的击穿强度。

经过–50kV/mm 的预电压处理的 LDPE 试品，其同极性击穿强度比未经预电压处理的 LDPE 的击穿强度提高约 9%，而异极性击穿强度则降低约 14%。图 7.12 中 LDPE 空间电荷的同极性积聚很好地解释了这种趋势的原因。当击穿电压与预电压极性相同时，同极性积聚的空间电荷削弱了 LDPE 试品内部靠近电极处的电场强度，因而提高了其击穿强度。而当击穿电压与预电压极性相反时，电极极性的改变使原本同极性的空间电荷积聚变为异极性积聚，增强了 LDPE 试品内部靠近电极处的电场强度，因而降低了击穿强度。

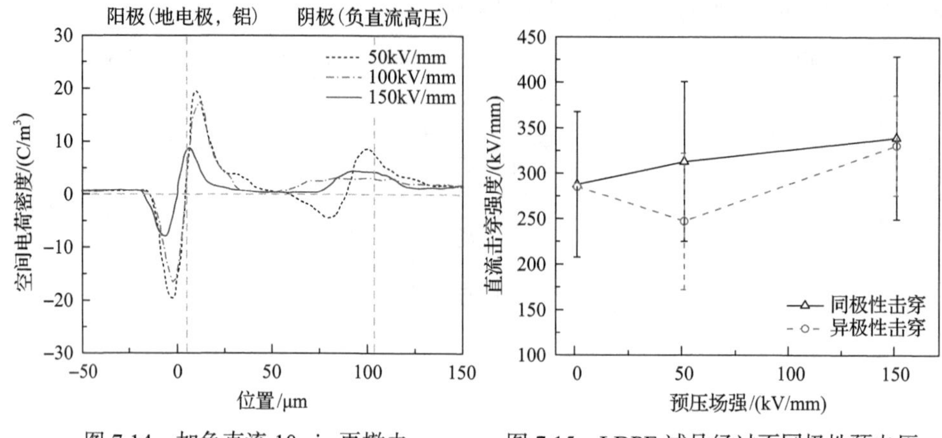

图 7.14　加负直流 10min 再撤去 10min 后电荷分布

图 7.15　LDPE 试品经过不同极性预电压处理后的直流击穿强度及误差限

与–50kV/mm 预电压场强下的结论明显不同，经过–150kV/mm 的预电压处理的 LDPE 试品，其同极性、异极性击穿强度与未经预电压处理的 LDPE 的击穿强度相比均提高。异极性击穿强度与未经过预电压处理时的击穿强度相比不降反升，造成这种结果的原因可能是在 150kV/mm 预电压场强下 LDPE 中出现的空间电荷包运动(图 7.14)。空间电荷包的运动引起部分空间电荷的中和，使得空间电荷的积聚量比–50kV/mm 场强下的更少，同时还会使 LDPE 试品中的缺陷得到一定程度的均匀化。

综上可得如下结论。①LDPE 在较低的直流电场作用下，其内部空间电荷分布为同极性积聚，而在较高直流电场作用下，空间电荷包出现并且导致空间电荷积聚量的减少和缺陷的均匀化。②在较低预电压场强下，与其他材料中所报道的预电压极性效应趋势相同，同极性积聚的空间电荷提高了 LDPE 的同极性击穿强度，而降低了异极性击穿强度。③在较高预电压场强下，由于 LDPE 中空间电荷包运动以及它对 LDPE 内部化学结构可能的影响，导致了与较低预电压场强下不同的趋势，同极性、异极性击穿强度均比未经过预电压处理的 LDPE 的击穿强度要高。

7.3.2　不同冷却方式下 LDPE 预击穿过程中空间电荷对电场的影响

1. 预击穿过程试验描述

预击穿过程选取试样仍然为冰水冷却、空气冷却和缓慢冷却三种冷却方式。通过计算机编程给程控电源发送触发信号，进而控制高压直流电源能够以 1.5kV/s 的速率线性升压直到试样被击穿后关闭电源。同时观测线性升压过程中击穿前及击穿后的空间电荷运动、分布和衰减情况，来研究形态结构、空间电荷和击穿的关系。过高的电压会影响 PEA 测量系统的电极头正常寿命，因而将测试电压限制在 30kV 以内。为保证试样在 30kV 以内击穿，将试验温度调整为 70℃，同时 70℃也是直流电缆的最高运行温度。由于试样在快要击穿时高压电源输出的电压非常高，为防止电极与试样表面发生沿面滑闪，应将试样浸入硅油中。

试验前，先将温度设置为 70℃，在温度达到 70℃时稳定 20min 后在试样上先施加−10kV/mm 的电场，用 PEA 法空间电荷测量系统记录一个空间电荷分布波形作为校准信号，然后撤压去极化。

2. 预击穿过程中冰水冷却 LDPE 试样空间电荷特性

图 7.16 为 LDPE-I 试样击穿前 5s 和击穿后 40ms 内 LDPE-I 试样内部空间电荷快速动态过程。从击穿前 5s 内的空间电荷分布中可以看出，试样内部空间电荷的运动很剧烈，在击穿前 5s 时试样内部仅有少量负极性空间电荷积聚，随着升压过程持续进行，击穿前 4s 阳极开始注入正电荷，逐渐形成电荷包向阴极迁移，且越靠近阴极电荷包的幅值越小；与此同时，负电荷也在不断地注入和迁移，且负电荷的注入量明显比正电荷多，随之也逐渐形成负极性空间电荷包。最终在击穿时刻，试样内部仅有大量负极性空间电荷积聚在阳极附近，由于 PEA 法测量只能表征试样内部净空间电荷量，实际在击穿时 LDPE-I 试样中仍然有正电荷存在，只是此时负空间电荷量远远多余正空间电荷，这也是正电荷包幅值逐渐减小并消失的原因。另外，在击穿后可以看出空间电荷也迅速消散，阳极感应峰迅速下降并向试样内部偏移，由于击穿前在阳极附近积聚了大量的异极性空间电荷，在击穿后这些异极性电荷分别向两个方向迁移，一部分向阴极迁移最终积聚在阴极附近，这也导致了在 8～16ms 之间阴极处的感应由最初的负极性迅速转变为正极性，随着时间的推移负电荷也逐渐消散，其阴极的感应峰也逐渐减小；另一部分

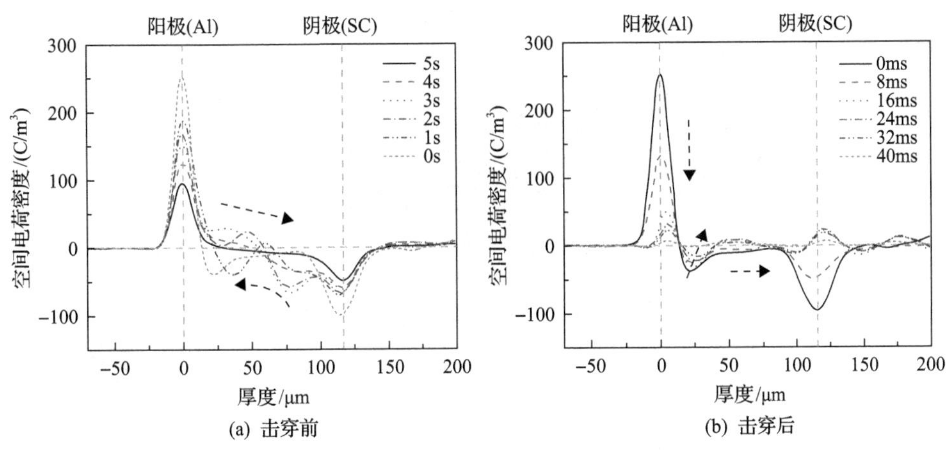

图 7.16　70℃下击穿前后 LDPE-I 试样空间电荷分布图

负电荷向阳极方向迁移与正电荷结合，由于阳极附近存在的大量负极性电荷，使得此处仍然存在较强的电场强度，导致阳极不断地有正电荷注入并使得阳极的峰开始向试样内部偏移。

为了更好地观测从 0 时刻至击穿时刻升压过程中试样内部空间电荷的快速动态过程，图 7.17 给出了 70℃时冰水冷却 LDPE 试样空间电荷和内部电场二维分布彩图，横坐标为沿试样厚度方向的位置坐标，纵坐标为从 0kV 开始升压过程中的时间点，图中给出的测量间隔为 1ms，采用颜色插值表示空间电荷密度和电场强度，例如在空间电荷密度分布图中红色代表正空间电荷密度，蓝色代表负空间电荷密度，颜色越深代表电荷密度越大。在图 7.17(a) 中可以看出，在前 10s 内试样内部无明显的空间电荷注入现象，在 10s 之后，开始出现电荷的注入与迁移现象，并逐渐形成空间电荷包。随着电压的升高，试样内部出现多组空间电荷迁移，由最初的正极性空间电荷迁移逐渐转变为负极性空间电荷迁移，电荷包的出现也使试样内部电场出现严重畸变。从图 7.17(b) 电场分布图可以看出，10s 后电荷开

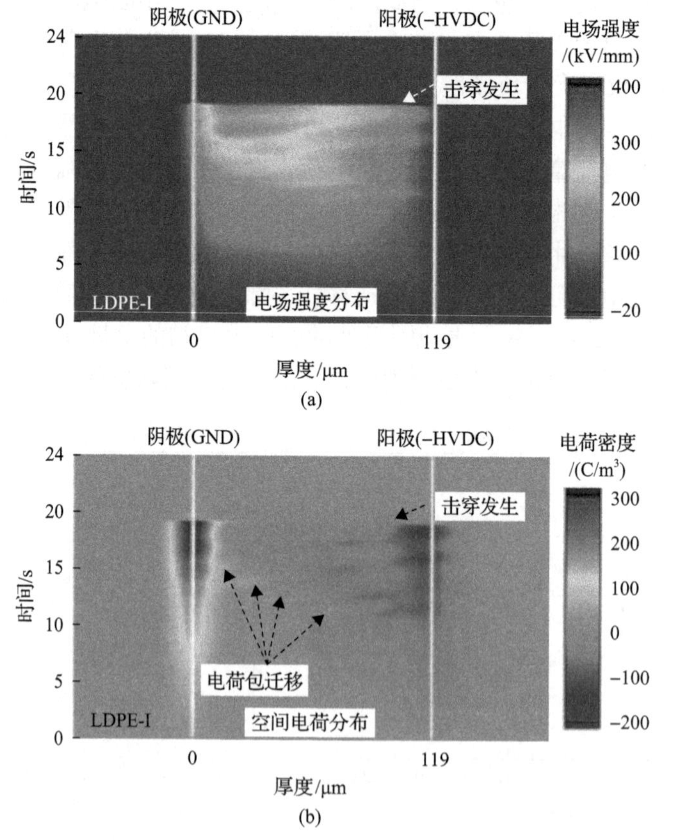

图 7.17　70℃下 LDPE-I 试样预击穿过程空间电荷和电场分布(彩图扫二维码)

始注入，使得试样内部电场也同时出现畸变，同时电场最大畸变点也逐渐向阳极附近迁移。最终在 17s 时试样发生击穿，击穿后电荷迅速消散，电场也随之迅速降为零。在发生击穿前一刻试样内部电荷以负电荷积聚为主，内部电场最大值出现在阳极附近，位置为 20～40μm 处。

图 7.18 给出了试样内部最大电场值和实际施加在试样上的外部电场随极化时间的变化曲线，连续曲线代表试样内部最大电场值，点线代表外施电场值。由图可以看出，在 6s 左右内部电场开始偏离实际外施电场曲线；当极化时间达到 10s 时，内部最大电场曲线开始出现波动，这是由于 LDPE-I 试样在击穿发生前有多组电荷包迁移并抽出，从而导致试样内部的最大电场值出现较为剧烈地抖动。另外，试样在极化 17s 时发生击穿，发生击穿时内部最大电场值为 317kV/mm，此时外部施加电场为 192kV/mm，可见在击穿时内部最大电场畸变率为 65.1%。

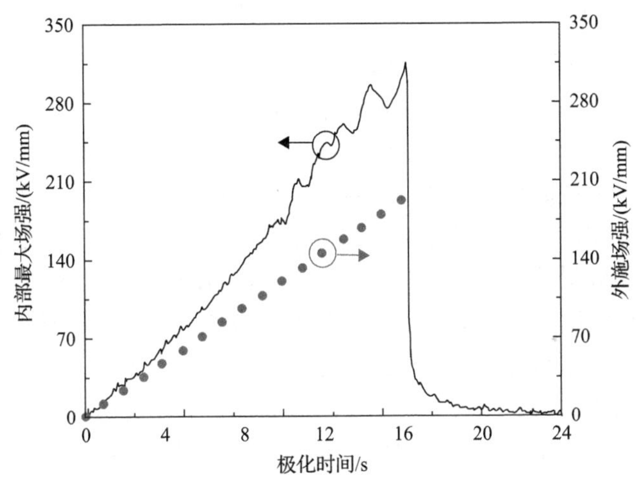

图 7.18　LDPE-A 试样内部最大电场与外施电场随极化时间变化曲线

3. 预击穿过程中空气冷却 LDPE 试样空间电荷特性

图 7.19 为 LDPE-A 试样击穿前 5s 和击穿后 40ms 内空间电荷分布曲线。由图 7.19(a)可以看出，在击穿前 5s 时仅有负极性电荷积聚，这与 LDPE-I 试样相似，但在击穿前 4s 时负极性空间电荷迅速形成空间电荷包，并已经向阳极附近积聚，随着升压过程的进行，负极性空间电荷不断地向阳极迁移，导致阳极附近积累的异极性空间电荷越来越多，而阳极附近的感应峰出现微小的右偏移。另外，由于击穿前阳极附近积聚了大量的负极性空间电荷，与 LDPE-I 试样相比这些电荷消散得相对缓慢，使阳极感应峰的下降也相对缓慢；可以看出这些电荷的消散也是分为两个方向，分别是向阳极消散和向阴极消散。

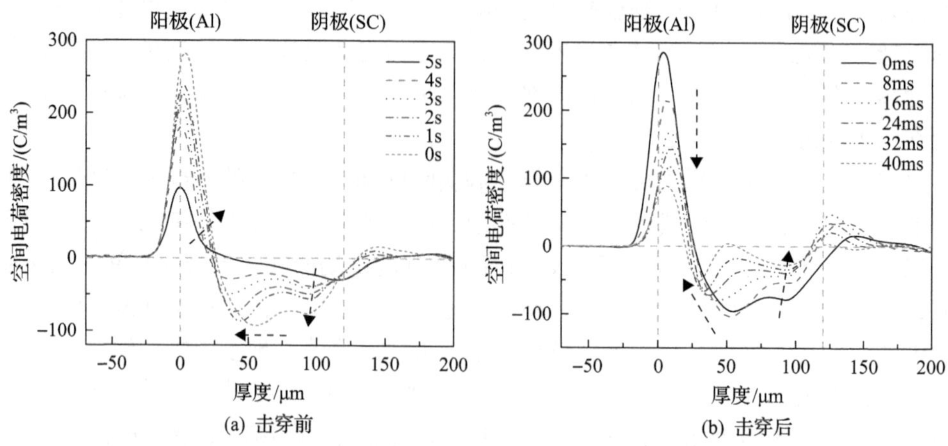

图 7.19　70℃下击穿前后 LDPE-A 试样空间电荷分布图

图 7.20 为预击穿过程空气冷却试样中空间电荷和电场分布二维彩图。从图中可以看出空间电荷注入缓慢，在极化开始 10s 才出现少量的负极性空间电荷，但 14s 左右阳极附近开始出现正极性电荷注入的现象，此时大量的负极性空间电荷在阳极附近以电荷包的形式积聚，随着阳极正电荷注入量逐渐增多，负极性电荷包开始向阴极方向迁移。电场逐渐升高，正负极性的空间电荷都在不断增加，此时试样内部在阳极附近出现正负电荷不停地复合，使得试样内部产生的热量增加，进一步破坏试样内部结构，最终在 18s 时发生击穿。另外，从电场分布图中可以看出电场的变化与冰水冷却试样相比更为平滑连续，在 10s 左右负电荷的产生和积聚使得内部电场出现轻微畸变；在 14s 左右随着负电荷积聚量增多和正电荷出现，试样内部电场开始出现快速增加，电场的畸变程度也在不断增大；可以看出电场畸变的位置主要集中在阳极附近，这也与正负电荷在阳极附近积聚有关，在试样最终击穿时可以看出内部最大电场位置处于 30μm 左右。

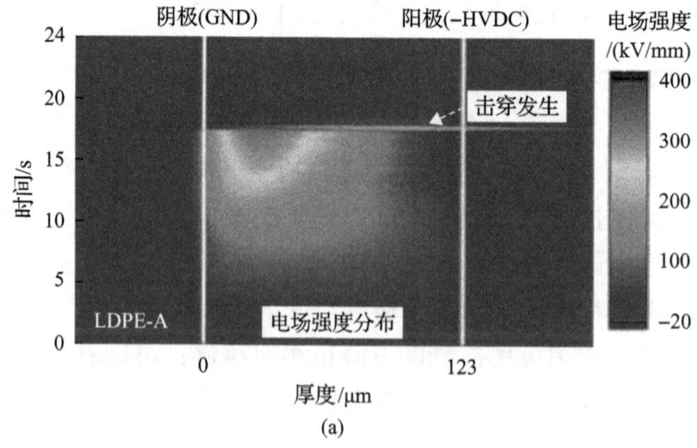

(a)

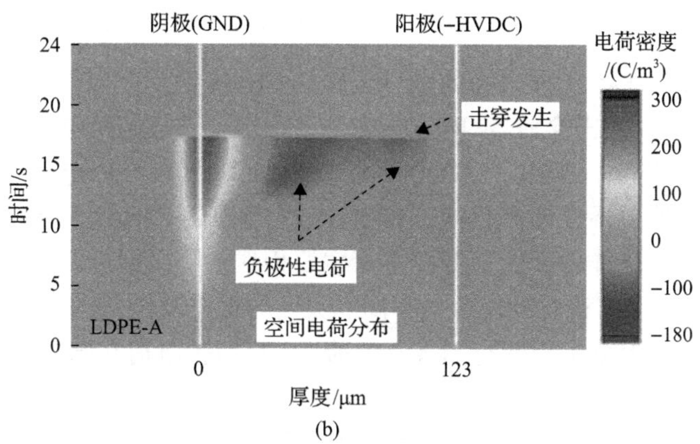

图 7.20　70℃下 LDPE-A 试样预击穿过程空间电荷和电场分布(彩图扫二维码)

图 7.21 是空气冷却试样在线性升压过程中试样内部最大电场和外部施加电场曲线。由图可知，在前 10s 试样内部最大电场与实际施加电场基本重合，电场并未出现严重畸变；在 10s 之后试样内部最大电场开始偏离实际外部电场，此时空间电荷效应使电场出现畸变，随着极化时间的推移电场畸变程度越来越严重。试样在空间电荷作用下内部最大电场开始呈现非线性上升，最先开始迅速上升，随后上升速度开始放缓。从整体上看，试样内部最大电场曲线无明显波动，但在击穿后试样内部出现短暂地抖动，可能是由试样内部残留电荷所引起的。试样最终在 18s 时击穿，击穿时试样内部最大电场强度为 323kV/mm，实际外部施加电场强度为 202kV/mm，此时最大电场畸变率为 59.9%。

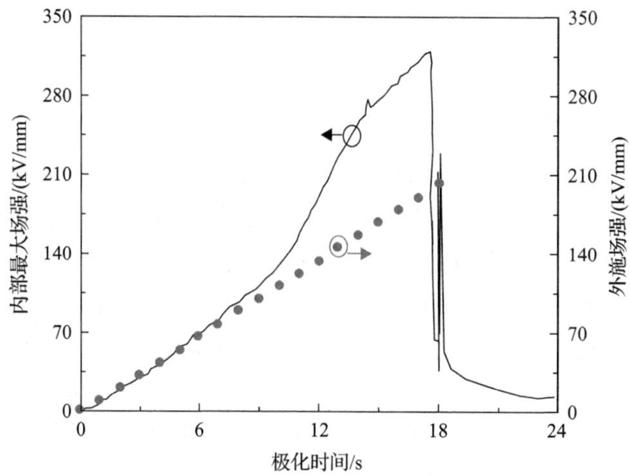

图 7.21　LDPE-A 试样内部最大电场与外施电场随极化时间变化曲线

4. 预击穿过程中缓慢冷却 LDPE 试样空间电荷特性

图 7.22 是 LDPE-S 试样击穿前 5s 和击穿后 40ms 内空间电荷快速动态行为。由图 7.22(a)可知，在击穿前 5s 时试样内部不仅存在较多的负电荷，还存有少量的正电荷从阳极注入；随着电场的提高，试样内部负极性空间电荷不断增多，但阳极注入的正电荷也不断增多且注入量要比迁移至阳极的负电荷多。在 LDPE-S 试样中，在击穿时试样内部的负极性电荷主要积聚在阴极附近，正电荷积聚在阳极附近，这与 LDPE-I 和 LDPE-A 均不同。另一方面，从图 7.19(b)中可以看出，由于阳极和阴极附近分别积聚有同极性电荷，击穿后正电荷在阳极附近消散过慢，因此阳极出现负感应峰；负电荷也在逐渐减小，同时阴极出现正感应峰。击穿后正、负电荷消散的过程中在位置 45μm 处的空间电荷密度总是为 0，可能由于正电荷的消散速度和负电荷的消散速度相差不多，致使在该位置的正、负电荷的复合数量总是保持一致。

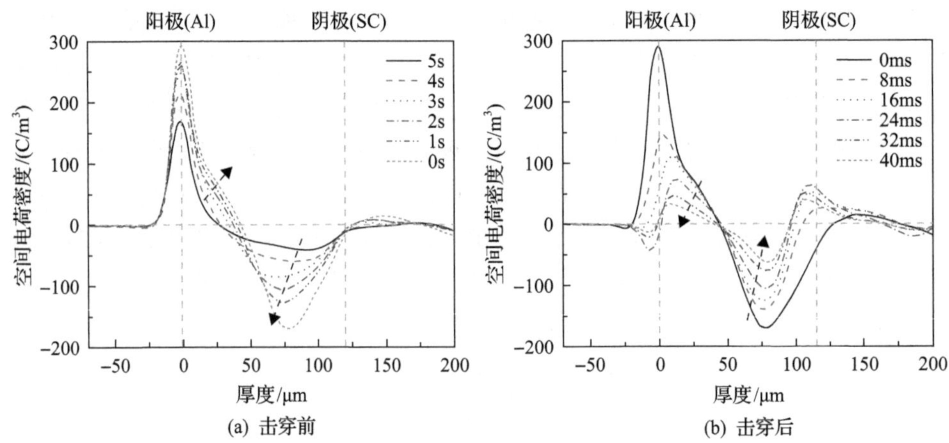

图 7.22　70℃下击穿前后 LDPE-S 试样空间电荷分布图

图 7.23 给出了预击穿过程 LDPE-S 试样内部空间电荷和电场分布二维彩图。由图可知，从整体上看负电荷的积聚量要比正电荷多，在缓慢冷却试样中，极化 10s 试样内部就已经存在少量负电荷；在 12s 左右阳极处开始有正电荷的注入，且注入量也在不断增多，出现了与 LDPE-A 试样相似的现象，负电荷逐渐向阴极迁移。在击穿发生时，正电荷还是主要在阳极附近积聚，负电荷主要在阴极附近积聚。从图 7.23(b)中可以看出，在极化 10s 时由于空间电荷的存在，试样内部电场也开始出现局部增强畸变；在 13s 左右试样内部电场分布开始出现极度不均匀，直至击穿。在试样最终击穿时可以看出内部最大电场位置处于 45μm 左右。

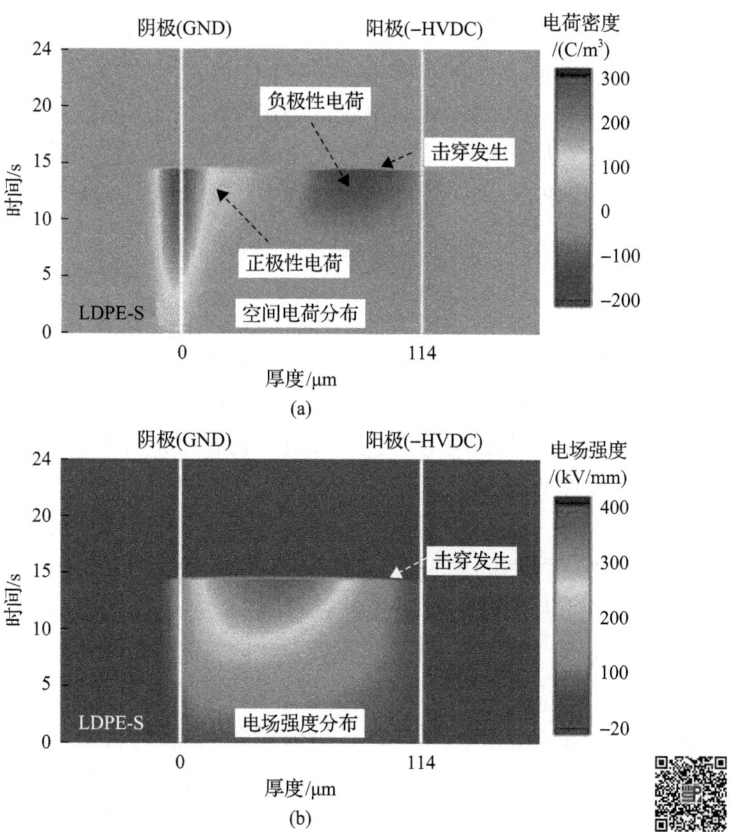

图 7.23　70℃下 LDPE-S 试样预击穿过程空间电荷和电场分布(彩图扫二维码)

图 7.24 是空气冷却试样在线性升压过程中试样内部最大电场和外部施加电场

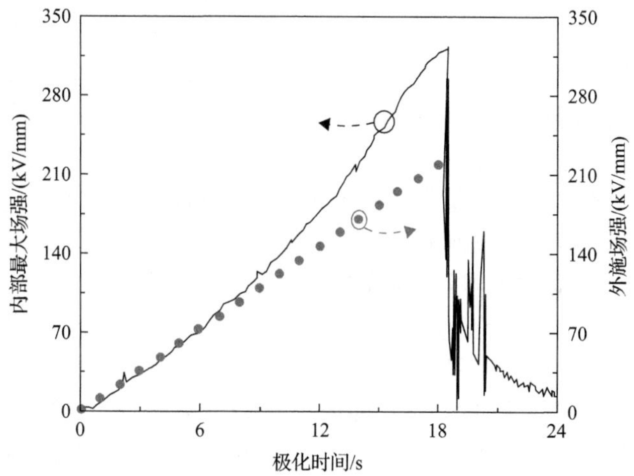

图 7.24　LDPE-S 试样内部最大电场与外施电场随极化时间变化曲线

曲线。在 10s 左右试样内部最大电场强度曲线开始偏离实际施加电场，随着极化时间的进行，空间电荷注入量的增多，试样内部电场开始出现严重畸变。从开始至击穿的过程中最大电场曲线相对平缓，在击穿后由于电荷的消散和复合，内部最大电场曲线在击穿后出现抖动。试样最终在 18s 左右发生击穿，击穿时试样内部最大电场值为 324kV/mm，外部实际施加电场强度为 221kV/mm，电场畸变率为 46.6%。

5. 空间电荷与击穿场强的关系

由上述分析可知，正空间电荷包向阴极的运动先导致试样内部阴极附近的场强加强，而阳极附近的场强减弱，之后随着正空间电荷包的衰减乃至在阴极附近由于中和而消失，以及正空间电荷包后方负电荷积聚的作用，试样内部阴极附近的场强减弱，阳极附近的场强开始增强。对于结晶度较低的冰水冷却和空气冷却试样，击穿多发生在正空间电荷包消失在阴极附近一段时间后，阳极附近场强达到最强或者之后的一段时间内，击穿前多出现阳极附近正空间电荷的增加。

这说明，击穿的发生与空间电荷有一定关系，对于冰水冷却及空气冷却试样，击穿与阳极侧的电场、空间电荷情况的关系比阴极侧更为密切。在冰水冷却和空气冷却试样中，存在正空间电荷包主导的过程。正空间电荷包运动导致阴极附近场强增大从而有大量电子由电极注入，造成局部电导增大，这种电导增大和正空间电荷包运动过程中电子与正空间电荷包的部分中和，均可导致局部的温升和老化，此后正空间电荷包后方积聚负空间电荷的过程导致试样内部阳极附近电场的增强，此时阳极附近正空间电荷的增加说明电离加剧，击穿在此时发生。

一些击穿发生在阳极附近场强最强后一段趋于场强平均的时间段内的击穿现象，以及阴极附近出现的局部最高场强可大于阳极附近出现的局部最高场强的现象，说明击穿并不完全遵循发生在介质内部出现最大场强时刻的规律。但是如前所述，空间电荷产生、运动和消散可造成介质老化，从而在出现局部较高电场到某一范围值时可能击穿。在三种冷却试样中，冰水冷却试样的结晶度低，相较于空气冷却和缓慢冷却存在有大量的无定形区，在电场畸变至某一范围值时，冰水冷却试样由于电荷的运动更容易造成介质老化，因而击穿的概率更高。

传统的击穿模型属于纯确定论，它是建立在超过某一临界电场时，因一连串因果效应使系统不再维持能量平衡从而发生击穿的基础之上。通过聚乙烯的能带理论、结晶形态和空间电荷效应的研究，发现电气击穿的过程具有随机性。击穿包括最终导致击穿的老化过程，已有研究发现，老化本身就是一种空间分布的、随时间不断发展和累积的损失过程。确定性击穿模型通常假定绝缘介质是均匀的，存在单一击穿场强，当施加电场强度大于击穿场强时，材料被击穿整体性发生破坏。但是在聚乙烯中，绝缘介质是不均匀的，尤其是低密度聚乙烯的结晶形态复杂且结晶度低，击穿呈现分形结构，击穿时间和击穿场强呈统计分布，这也说明了三种冷却速率的试样发生击穿时内部最大电场也具有一定的随机性。

7.4　空间电荷对电导特性的影响

测试时，在室温(25℃)环境下施加直流电压极化 60min。电流—时间特性分析的场强为–20kV/mm 和–50kV/mm。外部电流密度在极化开始后可以分成两个阶段，第一阶段属于快速瞬态的电容电流过程；第二阶段外部电流密度缓慢减小，属于试样的泄漏电流。

图 7.25 给出了–50kV/mm 下极化 10min 内三组 LDPE 试样的空间电荷分布情况。需要说明的是，即使在–50kV/mm 下极化 60min，试样内部最大空间电荷密度幅值仍小于 5C/m^3。为便于观测试样内部电荷分布，作图时将电极位置取在横

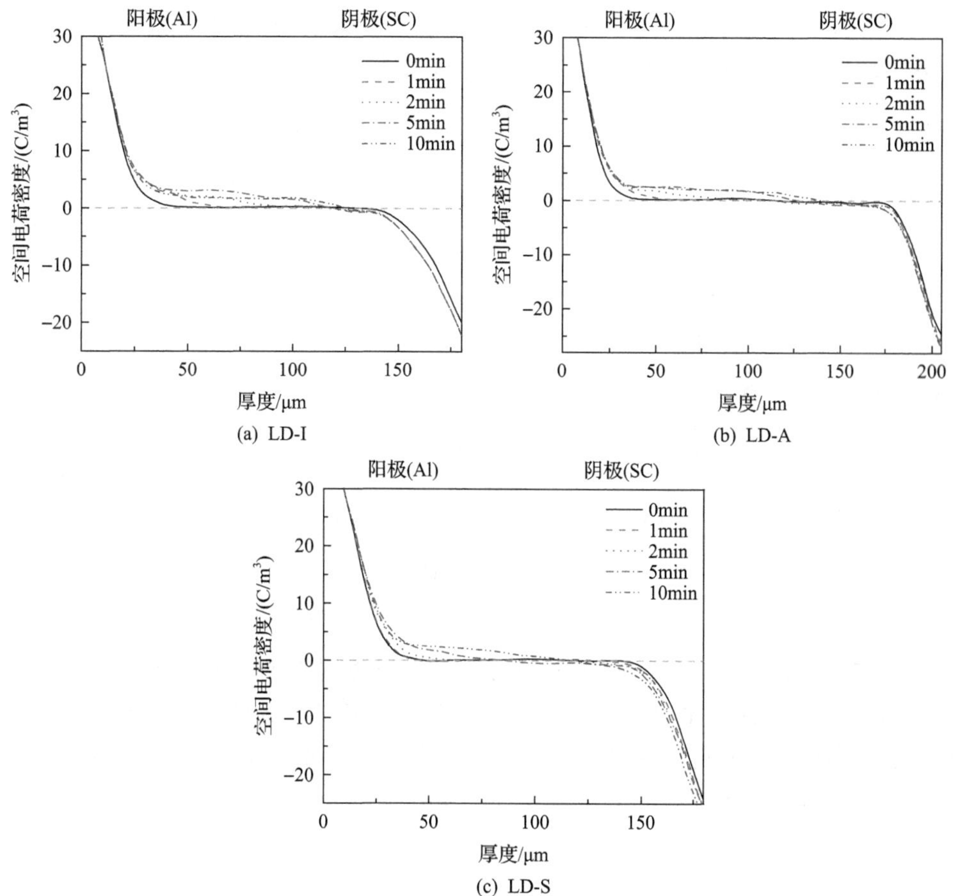

图 7.25　–50kV/mm 下极化 10min 内 LDPE 试样的空间电荷分布

轴的最值处，厚度 0 代表阳极，厚度最大值代表阴极。由图 7.25 可知，从电荷注入量和载流子迁移情况来看，三组试样均以正电荷注入为主，正电荷注入后不断向阴极方向推进。以图 7.25(a)为例，LD-I 极化 2min 时正电荷注入深度即达 100μm，在 5min 后与阴极注入的负电荷相遇。而随着非等温结晶退火速率减小，LD-S 极化 5min 时正电荷注入深度约在 80μm，10min 时才抵达 100μm。对比图 7.25(a)、(b)和(c)，阴极在极化 10min 内也存在少许负电荷注入的现象，导致阴极表面电荷的峰向试样发生不同程度的倾斜，其中 LD-S 试样阴极表面电荷峰偏移距离最大。这是由于一方面 LD-S 试样内部载流子迁移速率较小，正负电荷相遇所需的时间较长；另一方面正负电荷相遇前电荷运动前方的畸变电场维持时间较长。–20kV/mm 与–50kV/mm 测试结果具有一定相似性。

图 7.26 为外施–50kV/mm 极化 60min 内三组 LDPE 试样内部电场最大畸变情况。可以看到，三组试样内部电场最大畸变值均在 54kV/mm 左右，区别在于随着退火速率减小，畸变电场峰的峰尾时间稳定时间增加，以致畸变电场平均值增加。LD-I 与 LD-A 出现最值时刻相同，均为 385s，而 LD-S 则出现在 970s。

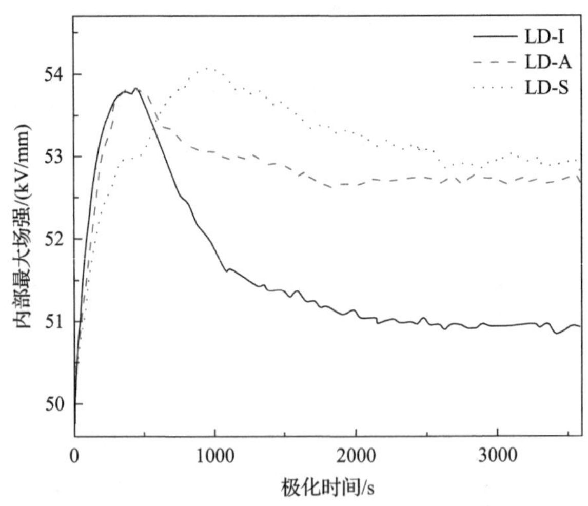

图 7.26　–50kV/mm 下 LDPE 试样内部最大电场变化曲线

图 7.25 与图 7.26 中给出的–50kV/mm 直流场极化过程中空间电荷与电场变化情况，均与 LDPE 试样内部电荷迁移过程密切相关。为此，有必要了解三组 LDPE 试样载流子的迁移率参数。图 7.27 给出了在–50kV/mm 直流场撤去 10min 内 LDPE 试样内部视在载流子迁移率随时间变化情况。计算依据下式[36]：

$$\mu(t)=\frac{2\varepsilon}{q'(t)q(t)}\cdot\frac{\mathrm{d}q(t)}{\mathrm{d}t} \tag{7.3}$$

式中，$q'(t)=q^+(t)-q^-(t)$，$q^+(t)$ 为试样正极性电荷的平均密度，$q^-(t)$ 为试样负极性电荷的平均密度。

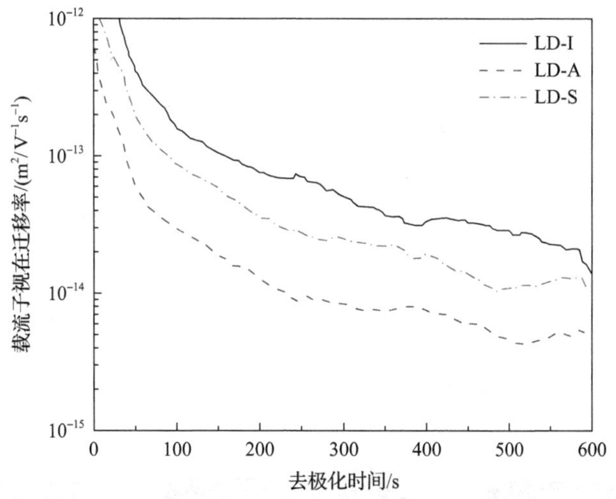

图 7.27　–50kV/mm 撤压 10min 内载流子视在迁移率

从图 7.27 中看到，–50kV/mm 撤去后，LD-S 试样载流子具有最小的视在迁移率，而 LD-I 的最大。这也验证了图 7.25 中 LD-I 组别试样内部空间电荷具有最大的迁移速度，以及图 7.26 电场畸变峰出现后，由于迁移速度快，正负电荷发生相遇、复合，从而最大电场畸变值迅速下降，而 LD-S 则与此相反。LD-I 组别试样结晶度最小，比 LD-A 小 2.6%，比 LD-S 小 3.6%。这意味着，一方面 LD-I 具有更大的非结晶无定形区，另一方面 LD-I 的晶胞尺寸小，载流子需要绕行穿越晶胞的距离也将缩短。这两个因素共同影响了载流子在试样内的整体迁移过程。

外部电流密度与极化时间关系如图 7.28 所示，外部电流密度在极化开始后可以分成两个阶段。第一阶段，极化开始后 200s 内，属于快速瞬态的电容电流过程；第二阶段，极化 200～3600s，本阶段外部电流密度缓慢减小，属于试样的泄漏电流。

在经历短暂的第一阶段后，三组 LDPE 试样外部电流密度均进入泄漏电流阶段，在–20kV/mm 和–50kV/mm 直流场极化过程，随着非等温结晶退火速率下降，LDPE 试样外部电流密度均呈下降趋势，并随极化时间逐渐减小。

图 7.29 给出了–100kV/mm 直流场下三组不同非等温结晶过程的 LDPE 试样的空间电荷二维分布、内部最大电场和外部电流密度之间的关系。由图 7.29(a-1)、7.29(b-1)和 7.29(c-1)可知，三组试样中均在阳极产生了正空间电荷包，并向阴极迁移，其中 LD-I 迁移速率最快，LD-A 最慢，但是其内部负空间电荷注入量最大。三组试样中正空间电荷包注入量从大到小依次为 LD-S、LD-A 和 LD-I。

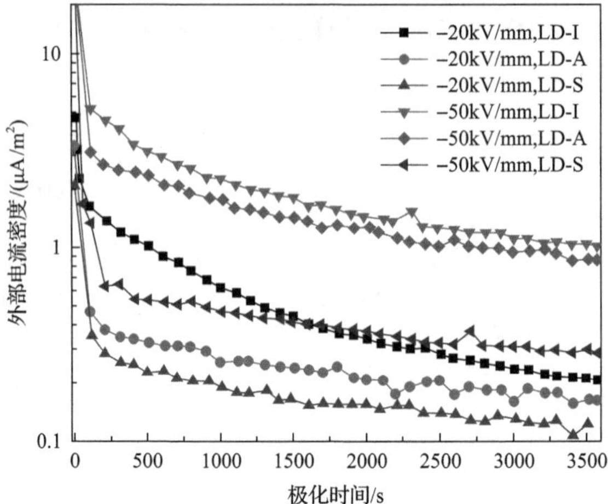

图 7.28　-20kV/mm 和-50kV/mm 下极化 60min 内试样外部电流密度变化曲线

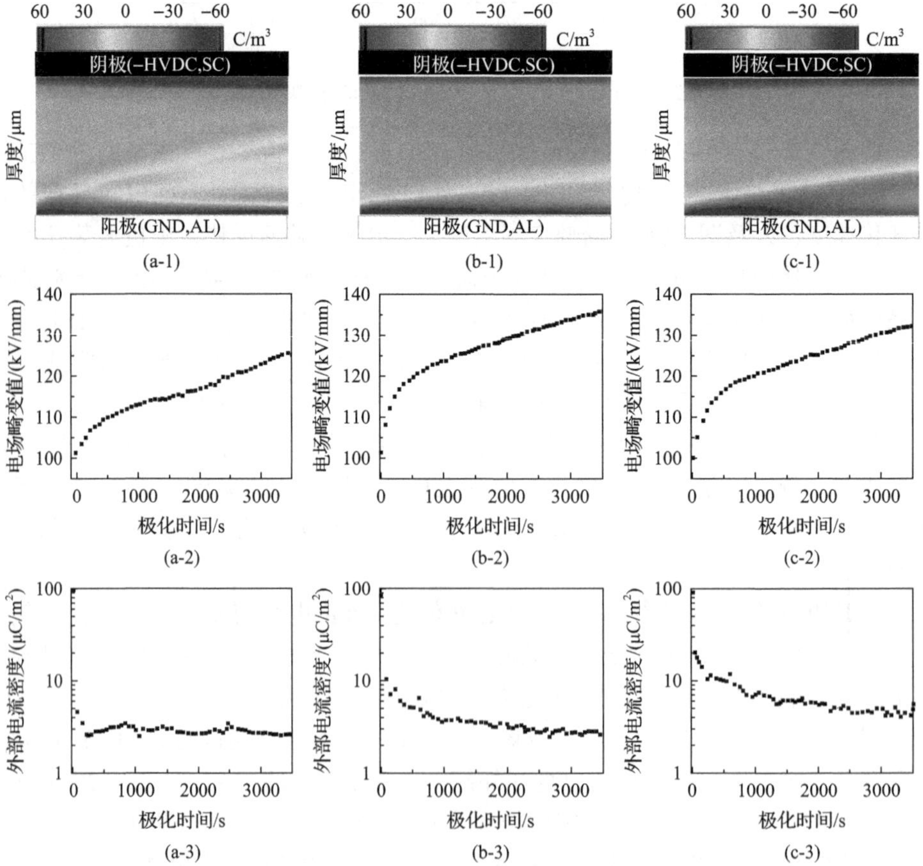

60　30　0　-30　-60　C/m³

阴极(-HVDC,SC)

厚度/μm

阳极(GND,AL)

(a-1)　(b-1)　(c-1)

电场畸变值/(kV/mm)

极化时间/s

(a-2)　(b-2)　(c-2)

外部电流密度/(μC/m²)

极化时间/s

(a-3)　(b-3)　(c-3)

图 7.29　-100kV/mm 极化 60min 内 LDPE 的(1)空间电荷、(2)最大电场和(3)外部电流密度关系(a) LD-I, (b) LD-A, (c) LD-S

空间电荷包在迁移过程中会增强其前方电场，并削弱后方电场。正负空间电荷包相遇后会发生一定程度的复合作用，也会导致两者波包前沿相遇处电场增强。因此，正负空间电荷波包前沿不断接近，造成了图 7.29(a-2)、(b-2)和(c-2)中三组试样内部最大极化场强随极化时间增加。而 LD-A 试样内部最大电场最大，则是因为其内部负极性空间电荷量最大，且与正空间电荷包发生了相遇。

图 7.29(a-3)、(b-3)和(c-3)中的外部电流密度同步测试结果表明，–100kV/mm 下随着退火速率的减小，在汇漏电流阶段 LDPE 试样的电导率呈现上升趋势，这与–20kV/mm 和–50kV/mm 直流场下的规律相反。退火速率越大，球晶尺寸越小，且不规则不均匀性增加，继而导致球晶界面增大，从而增加了更多的陷阱。根据空间电荷限制电流可知，在高场强下，当试样内部陷阱被填满后，其电导电流会有一个急剧增加现象。因此，可能是 LD-S 试样内部陷阱数量相对较少，故其陷阱容易被电荷填满，导致外部电流密度的增加，从而得出图中试验结果。

根据国家电线电缆质量监督检验中心发布的《额定电压 500kV 及以下直流输电用挤包绝缘电力电缆系统技术规范》附录 B 中的要求，计算得到三组非等温结晶 LDPE 试样电场最大畸变情况如表 7.2 所示。

表 7.2　三组非等温结晶 LDPE 试样电场最大畸变率

试样组别	外施电场/(kV/mm)	最大畸变值/(kV/mm)	最大畸变率/%	出现时刻/s
LD-I	–20	–21.1	5.5	630
LD-I	–50	–54.0	8.0	385
LD-I	–100	–126.0	26.0	3440
LD-A	–20	–20.9	4.5	385
LD-A	–50	–54.0	8.0	385
LD-A	–100	–136.3	36.3	3600
LD-S	–20	–22.0	10.0	3600
LD-S	–50	–54.3	8.6	970
LD-S	–100	–132.6	32.6	3600

从表 7.3 中看到，随着外施直流电场幅值增大，三组 LDPE 试样电场最大畸变率均单调增加。–20kV/mm 和 –50kV/mm 极化过程中，三组 LDPE 试样虽然内部电场发生了不同程度的畸变，但均满足上述《额定电压 500kV 及以下直流输电用挤包绝缘电力电缆系统统技术规范》标准中畸变率不超过 20% 的要求。然而在 –100kV/mm 直流场下，三组材料最大电场畸变率的趋势与低场下有所不同。如前所述，这是由试样内部产生的空间电荷包现象造成的。

由上述研究可以得到以下结论。随着退火速率的减小，LDPE 晶胞平均尺寸增大且均匀性得到提高；在较低的直流电场下(–20kV/mm 和 –50kV/mm)，空间电荷迁移速率和外部电流密度的关系为 LD-I＞LD-A＞LD-S；在高场下(–100kV/mm)，三组试样均在阳极产生了正空间电荷包向阴极迁移，其中 LD-I 迁移速率最快，LD-A 的最慢，但其内部负空间电荷注入量最大，而外部电流密度与较低电场下的情况相反。

参考文献

[1] 范作义. 国外高压电缆发展水平综述[J]. 电线电缆, 1979(5): 1～34, 44.

[2] Hansson B O N. Submarine cable for 100kV DC power transmission[J]. Electrical Engineering, 1954, 73(7): 602～607.

[3] 王佩龙. 国外大长度海底电力电缆发展动态[J]. 电线电缆, 1980, 23(5): 10～15.

[4] Kurahashi K, Matsuda Y. The application of novel polypropylene to the insulation of electric power cable[J]. Electrical Engineering in Japan, 2006, 155(3): 1～8.

[5] Maekawa Y, Yamaguchi A, Hara M, et al. Development of XLPE insulated DC cable[J]. Electrical Engineering in Japan, 1994, 114(8): 1～12.

[6] 周远翔, 赵健康, 刘睿, 等. 高压/超高压电力电缆关键技术分析及展望[J]. 高电压技术, 2014, 40(9): 2593～2612.

[7] Kim D W, Yoshino K. Morphological characteristics and electrical conduction in syndiotactic polypropylene[J]. Journal of Physics D: Applied Physics, 2000, 33(4): 464.

[8] 王之瑄, 邱捷, 吴招座, 等. 冷绝缘超导电缆绝缘材料测试综述[J]. 低温与超导, 2009, 36(12): 14～18.

[9] 陈曦, 吴锴, 王霞, 等. 纳米粒子改性聚乙烯直流电缆绝缘材料研究(I)[J]. 高电压技术, 2012, 38(10): 2691～2697.

[10] Thomas J, Joseph B, Jose J, et al. Recent advances in cross-linked polyethylene-based nanocomposites for high voltage engineering applications: A critical review[J]. Industrial & Engineering Chemistry Research, 2019, 58(46): 20863～20879.

[11] 聂琼, 周远翔, 陈铮铮, 等. 频率对硅橡胶起树电压及电树枝形态的影响[J]. 高电压技术, 2009, 35(1): 141～145.

[12] 刘臻, 朱冬杰, 李斌, 等. 辐照法制备无卤阻燃 HDPE/EPDM/硅橡胶共混物[J]. 塑料科技, 2011, 39(7): 71～75.

[13] 王进文. 低密度聚乙烯–硅橡胶共混体电缆绝缘材料[J]. 世界橡胶工业, 2006, 33(2): 18～26.

[14] 刘子玉, 刘荣生, 王惠明, 等. 空间电荷与电树枝的引发[J]. 西安交通大学学报, 1985, 19(5): 25～33.

[15] Tanaka T, Greenwood A. Effects of charge injection and extraction on tree initiation in polyethylene[J]. IEEE Transactions on Power Apparatus and Systems, 1978, 97(5): 1749～1759.

[16] 王洪新, 贺景亮, 李恪, 等. 交流叠加冲击电压下 XLPE 绝缘中电树起始特性[J]. 高电压技术, 1999, 23(2): 3～5.

[17] 周远翔, 王一男, 邢晓亮, 等. 频率对聚乙烯电树起始的影响特性研究[J]. 高电压技术, 2007, 33(4): 138～142.

[18] 周远翔, 侯非, 聂琼, 等. 温度对硅橡胶电树枝老化特性的影响[J]. 高电压技术, 2012, 38(10): 2640～2646.

[19] 刘荣生. 有机玻璃电树枝引发机理的研究[D]. 西安: 西安交通大学, 1984: 38～46.

[20] 周远翔, 罗晓光, 邱东刚, 等. 热处理对聚乙烯材料中电树发展的影响[J]. 绝缘材料, 2001, 34(6): 26～28.

[21] 周远翔, 王宁华, 王云杉, 等. 固体电介质空间电荷研究进展[J]. 电工技术学报, 2008, 23(9): 16～25.

[22] Fu M, Dissado L A, Chen G, et al. Space charge formation and its modified electric field under applied voltage

reversal and temperature gradient in XLPE cable[J]. IEEE Transactions on Dielectric and Electrical Insulation, 2008, 15(3): 851～860.

[23] Zhang Y W, Lewiner J, Alquie C, et al. Evidence of strong correlation between space-charge buildup and breakdown in cable insulation[J]. IEEE Transactions on Dielectric and Electrical Insulation, 1996, 3(6): 778～783.

[24] Hozumi N, Suzuki H, Okamoto T, et al. Direct observation of time-dependent space charge profiles in XLPE cable under high electric fields[J]. IEEE Transactions on Dielectric and Electrical Insulation, 1994, 1(6): 1068～1076.

[25] Bartnikas R. Performance characteristics of dielectrics in the presence of space charge[J]. IEEE Transactions on Dielectric and Electrical Insulation, 1997, 4(5): 544～557.

[26] Boggs S. A rational consideration of space charge[J]. IEEE Electrical Insulation Magazine, 2004, 20(4): 22～27.

[27] 刘荣生，屠德民，刘子玉. 利用电声脉冲方法测量固体介质中空间电荷的原理[J]. 电工技术学报，1990，5(1)：13～20.

[28] 王宁华，高斌，周远翔，等. 一个实用电声脉冲法的空间电荷测量系统[J]. 电测与仪表，2004，41(11)：159～162.

[29] Chen X, Wang X, Wu K, et al. Effect of voltage reversal on space charge and transient field in LDPE films under temperature gradient[J]. IEEE Transactions on Dielectric and Electrical Insulation, 2012, 19(1): 140～149.

[30] 屠德民，王霞，吕泽鹏，等. 以能带理论诠释直流聚乙烯绝缘中空间电荷的形成和抑制机理[J]. 物理学报，2012, 61(1): 1～7.

[31] An Z, Yang Q, Xie C, et al. Suppression effect of surface fluorination on charge injection into linear low density polyethylene[J]. Journal of Applied Physics, 2009, 105(6): 064102.

[32] Tian J H, Zou J, Wang Y S, et al. Simulation of bipolar charge transport with trapping and recombination in polymeric insulators using Runge-Kutta discontinuous Galerkin method[J]. Journal of Physics D: Applied Physics, 2008, 41(19): 195416.

[33] Zhou Y X, Zhang L, Sha Y C, et al. Numerical analysis of space charge characteristics in low-density polyethylene nanocomposite under external DC electric field[J]. High Voltage Engineering, 2013, 39(8): 1813～1820.

[34] Li Y, Takada T. Progress in space charge measurement of solid insulating materials in Japan[J]. IEEE Electrical Insulation Magazine, 1994, 10(5): 16～28.

[35] Dissado L A, Mazzanti G, Montanari G C. The role of trapped space charges in the electrical aging of insulating materials[J]. IEEE Transactions on Dielectrics and Electrical Insulation, 1997, 4(5): 496～506.

[36] Thomas C, Teyssedre G, Laurent C. A new method for space charge measurements under periodic stress of arbitrary waveform by the pulsed electro-acoustic method[J]. IEEE Transactions on Dielectric and Electrical Insulation, 2008, 15(2): 554～559.

[37] 张灵. 纳米颗粒表面接枝对交联聚乙烯空间电荷特性的影响研究[D]. 北京：清华大学, 2016.

[38] 鲁泽楷. 高压直流电缆用聚乙烯材料空间电荷暂态行为研究[D]. 郑州：郑州大学, 2019.

[39] 程子霞，鲁泽楷，张灵，等. 交联聚乙烯直流电缆料高温空间电荷行为特性[J]. 高电压技术，2018，44(8)：2664～2671.

[40] Leda M. Dielectric breakdown process of polymers[J]. IEEE Transactions on Electrical Insulation, 1980, 15(3): 206～224.

[41] 田冀焕，周远翔. 聚乙烯载流子迁移率与空间电荷包形成机理[J]. 高电压技术, 2010, 36(12): 2882～2888.

[42] 周远翔，孙清华，王宁华，等. 空间电荷对低密度聚乙烯电气击穿特性的影响[J]. 高电压技术，2008(3)：447～450.

第 8 章　空间电荷对油纸绝缘电气性能的影响

高压直流输电技术发展迅速，然而空间电荷诱发的绝缘问题使关键设备之一的换流变压器故障频发，威胁电力系统的安全稳定运行。本章首先介绍变压器油纸绝缘中的空间电荷现象及其导致的问题，然后分别介绍换流变压器极性反转电压工况下的油纸绝缘空间电荷特性、不同介质界面处的空间电荷特性、老化后油纸绝缘的空间电荷输运特性。

8.1　变压器及油纸绝缘中的空间电荷问题

8.1.1　换流变压器的应用现状

我国幅员辽阔，要实现电气化的普遍应用，需进行大规模、远距离的电能传输。高压输电技术是大规模电能输送的主要技术手段之一，因而我国“西电东送”“北电南送”等远距离、大容量输电工程大多采用超/特高压输电技术[1]。至 2019 年底，中国已建成、投运十四条直流特高压线路(国家电网十一条、南方电网三条)、十三条交流特高压线路，形成总长超过两万 km 的输电骨干网架。

由于交流输电已全面占领输电市场，直流输电系统必须采用交流/直流—直流/交流模式，即将交流电压转换成直流电压，通过直流线路进行输电，在受端再转换为交流电压，以供交流负荷使用，因而直流输电必须在送端和受端进行换流，每个换流单元包括换流器、换流变压器和控制保护装置等。

换流变压器是直流输电系统最核心、最关键的设备之一，它的主要作用如下[2]。

(1)将送端的功率送到整流器或从逆变器接受功率送到受端。

(2)实现交直流系统的电气绝缘与电气隔离。

(3)通过自身较大的短路阻抗来限制短路电流。

(4)实现电压的变换。

(5)抑制从交流电网入侵的过电压。

目前，我国已经成为全世界直流输电容量最大、直流工程项目最多、直流电压等级最高的国家。在运行中，换流变压器的阀侧绕组不仅要承受交直流叠加电压，还要承受控制和故障出现的各种暂态电压以及直流电压极性的快速反转，并且两侧绕组中均有一系列的谐波，因而换流变压器比普通电力变压器在设计、制造和运行方面要复杂得多，其故障率约为电力变压器的两倍[3]。CIGRE 对全球换流变压器故障次数进行了统计[4]，如表 8.1 所示，结果表明绝缘故障是换流变压器故障的主要原因，而阀侧绕组又是绝缘故障频发之处。

表 8.1　全球换流变压器故障统计

年份/年	总次数	绝缘		阀侧绕组	
		次数	占比/%	次数	占比/%
1972～1990	33	13	39.4	4	30.8
1991～2002	56	36	64.0	25	69.4
2003～2008	36	29	80.6	18	62.1
2009～2012	22	9	40.9	4	44.4

种种数据和迹象表明，绝缘问题是换流变压器运行故障的重要因素，一旦换流变压器发生故障，需要长时间的停运，直接威胁到电力系统的安全稳定运行。

8.1.2　油纸绝缘中的空间电荷问题

换流变压器以绝缘油和绝缘纸构成的组合绝缘为主要绝缘材料，油纸绝缘为固液复合电介质，其疏松多孔的内部结构及复杂的油纸界面结构使得其空间电荷特性与固体中的空间电荷特性不同。

换流变压器阀侧绕组油纸绝缘承受复杂的交直流叠加电压，在不同电压形式下油纸中的电场分布规律不同。例如，在交流电压下，电场分布取决于材料的介电常数，而在稳态直流电压下，电场分布取决于组合绝缘中材料的电导率。由于绝缘油和绝缘纸的介电常数之比与电导率之比相差很大，并且温度、湿度、电场和老化等因素对电导率的影响大于对介电常数的影响，加剧了运行过程中换流变压器在直流、交直流、极性反转等电压形式下电场分布的复杂程度。因此，油纸复合在复杂运行条件下的绝缘问题是制约换流变压器设计和运行的瓶颈问题。关于油纸在直流和交直流复合电压下的放电特性已有大量研究，积累了丰富的经验，但是依然未能克服这一难题。

除此之外，由于交流电压极性周期性变化，在电介质中不易积聚电荷，而直流电压极性长时间不变，载流子的定向移动容易在固体电介质中积聚电荷，导致直流电压下绝缘材料还面临另一个突出的问题，即空间电荷的积聚[5]。实测结果表明，长期运行之后，换流变压器中等位线的形状发生扭转和回环，甚至出现局部闭合的情况，这说明出现了孤立的空间电荷。空间电荷的分布比较复杂，引发电场的畸变[2]。

空间电荷的存在、转移和消失会导致绝缘材料内部的电场发生畸变，或削弱或增强局部电场，影响电介质的击穿、电导和老化特性。此外，空间电荷的复合中心有能量存储，它所受的电场力还会导致电介质发生微小的形变，从而对材料的击穿和老化构成威胁[6]。在极性反转和放电等暂态过程中，瞬时变化的空间电荷还会影响绝缘介质放电的发展过程[7]。

综上所述，直流电压下空间电荷的积聚是绝缘故障的重要诱因，因而阐明换流变压器油纸绝缘中的空间电荷特性及作用机制对提高油纸绝缘材料的电气性能，特高压换流变压器绝缘系统的设计、制造和运行，以及电力系统的安全可靠运行具有重要意义。

8.2　极性反转电压下油纸绝缘的空间电荷特性

8.2.1　极性反转电压

在极性反转电压下，油纸绝缘中需要承受正极性或负极性(取决于电压的极性反转方向)的稳态直流电压，除此之外，还要承受电压极性反转时带来的暂态电压[8]。国家标准《变流变压器 第 2 部分：高压直流输电用换流变压器》(GB/T 18494.2-2007)对极性反转电压试验中直流电压的持续时间和极性反转时间都做出了规定，规定极性反转电压应采用双极性反转电压；试验顺序为先施加负极性直流电压 90min，然后再施加正极性直流电压 90min，最后再施加负极性直流电压 45min；每次极性反转均应在 2min 内完成[9]。本试验[10]中采用的极性反转电压波形如图 8.1 所示。图中，t_r 为极性反转时间，U_1 和 U_2 分别为极性反转前后的直流电压幅值，(a)和(b)表示两种不同的极性反转方向，即分别由正极性转向负极性和由负极性转向正极性。为了对称描述试验结果，将电压由 0_+ 变为 0_- 或由 0_- 变为 0_+ 的时刻定义为时间 0 点。

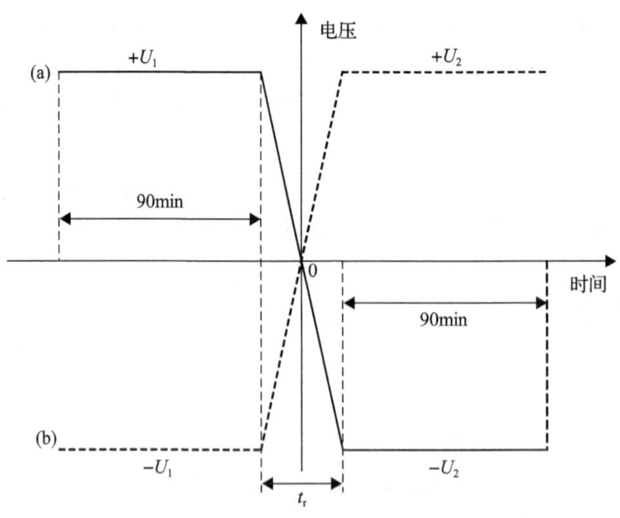

图 8.1　极性反转电压波形

通过控制图 8.1 中的极性反转时间、极性反转方向和极性反转后电压的幅值，可分别得到其对油纸在极性反转电压下空间电荷特性的影响。8.2.2 节中首先将极性反转时间 t_r 固定为 60s，比较直流电压分别由负极性转向正极性和由正极性转向负极性时油纸中空间电荷特性的差异，此时极性反转前后的电压幅值 U_1 和 U_2 均为 10kV。8.2.3 节在此基础上，测量了当直流电压分别由① –10kV 转向+5kV；②–10kV 转向+15kV；③+10kV 转向–5kV；④+10kV 转向–15kV 四种情形下油纸中的空间电荷分布，比较极性反转后电压幅值的影响。最后，8.2.4 节保持极性反转方向由负极性转向正极性不变，比较极性反转时间分别为 30s、60s 和 4800s 下油纸中空间电荷特性的差异。

8.2.2　极性反转方向的影响

1. 同极性电荷积聚

图 8.2 所示为外加电压从–10kV 转向+10kV 过程中油纸中的空间电荷和电场分布。由于极性反转时间 t_r 为 60s，并且电压由 0_-变为 0_+的时刻定义为时间的 0 点，所以电压极性变化的开始和结束时刻分别为–30s 和+30s。在极性反转前，试样在–10kV 电压下极化 90min；同样，在极性反转后，试样在+10kV 电压下极化 90min。因此，–10kV 电压的开始时刻和+10kV 电压的结束时刻分别定义为–5430s 和+5430s。另外，本章介绍的是极性反转电压下的空间电荷特性，在极性反转前后阳极和阴极的位置互相调换，为了避免混淆，在图中没有标出阳极和阴极的位置，而是分别标为 Al 电极和 SC 电极。

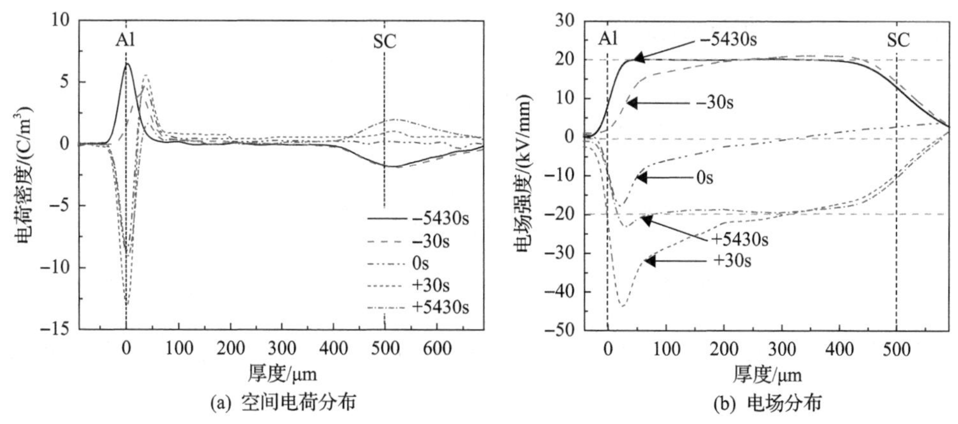

图 8.2　油纸在电压从负极性转向正极性下的空间电荷和电场分布

如图 8.2(a)所示，在极性反转前，Al 电极处有明显的正电荷注入；在极性反转过程中，Al 电极附近有明显的正电荷积聚，并且缓慢消散。在去极化过程中，同极性电荷和异极性电荷的区分需要借助于之前的极化过程，即如果某电极附近电荷的符号与之前极化过程中该电极极性一致，则称之为同极性电荷；否则，则称之为异极性电荷。如上所述，第一次极化在 Al 电极附近残留的正电荷在极性反转后由同极性电荷变为异极性电荷，因而在极性反转后会增大 Al 电极附近的电场。正如图 8.2(b) 中所示，当极性反转过程结束后，Al 电极处的电场约为 45kV/mm，约为外施电场 20kV/mm 的 2 倍。在极性反转结束后，在外加电场的作用下，随着 Al 电极处负电荷的注入，Al 电极处的负电荷密度及其附近的正电荷密度的幅值逐渐减小，并且 Al 电极附近没有看到极性反转前所示的正电荷向 SC 电极运动的迹象。在+10kV 电压下经过 90min 的极化后，Al 电极附近仍有部分正的异极性电荷存在，但是电场畸变情况明显好转，如图 8.2(b) 中所示。

油纸中的总电场 E_t 可以用式(8.1)描述：

$$E_t=E_a+E_s \tag{8.1}$$

式中，E_a 为外加电场，对应于电极上的电容电荷；E_s 为对应于空间电荷的电场。体电荷所引起的感应电荷密度 σ_i 可以通过式(8.2)计算：

$$\sigma_i = -\int_0^d \frac{d-x}{d}\rho(x)\mathrm{d}x \tag{8.2}$$

式中，d 为式样厚度；x 为式样厚度方向位置坐标；$\rho(x)$ 为对应位置的空间电荷密度。

式(8.2)表明除非两个电极处积聚的电荷量有显著差别，否则，感应电荷主要取决于电极附近区域内的体电荷。忽略极性反转过程中空间电荷的消散，则极性反转前后 Al 电极附近的电场强度 $E_{\text{Al-b}}$ 和 $E_{\text{Al-a}}$ 可以分别表示为

$$\begin{cases} E_{\text{Al-b}} = E_a - \dfrac{1}{\varepsilon_0\varepsilon_r}\displaystyle\int_0^d \frac{d-x}{d}\rho(x)\mathrm{d}x \\ E_{\text{Al-a}} = -E_a - \dfrac{1}{\varepsilon_0\varepsilon_r}\displaystyle\int_0^d \frac{d-x}{d}\rho(x)\mathrm{d}x \end{cases} \tag{8.3}$$

由式(8.3)可知，要使极性反转后 Al 电极处电场强度增强，则要求极性反转前试样中积聚的空间电荷满足 $\int_0^d \frac{d-x}{d}\rho(x)\mathrm{d}x > 0$，显然，满足这一条件的空间电荷分布形式具有任意性。

由于油纸中声波的衰减和色散以及半导体–油纸界面的影响，单一极性下的结果不足以说明正负电荷之间的差异。为此，比较油纸在不同极性直流电压下的空间电荷特性[11]。图 8.3 所示分别为油纸在–10kV 和+10kV 电压下的空间电荷分布。

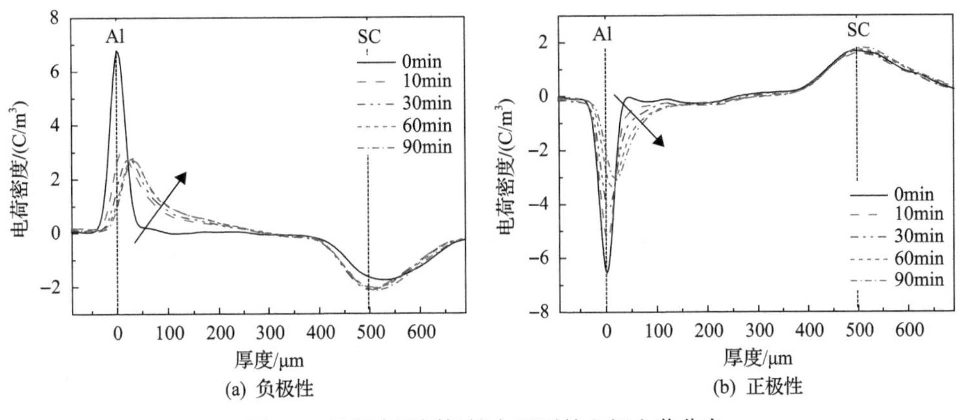

图 8.3　油纸在不同极性电压下的空间电荷分布

从图 8.3(a)中可以明显地看到，在加压的初始时刻，Al 电极处的电荷密度逐渐减小。并且随着极化时间的延长，在外加电场的作用下，Al 电极附近的正电荷向 SC 电极侧移动，表明 Al 电极处发生了明显的正电荷注入。类似地，在图 8.3(b)中，在加压的初始时刻，Al 电极处的电荷密度(绝对值)逐渐减小，并且随着极化时间的延长，在外加电场的作用下，Al 电极附近的负电荷向 SC 电极侧移动，表明 Al 电极处发生了明显的负电荷注入。

撤去外加电压后，与图 8.3 中空间电荷分布所对应的消散过程如图 8.4 所示。由图 8.4 可知，无论极化过程中施加的电压是正极性还是负极性，撤去外加电压后，油纸中的空间电荷均缓慢消散。经过 90min 的极化后再撤去外加电压，在 Al 电极附近会残留大量的电荷，并且残留电荷的极性与之前极化电压的极性相反，即如果是负电压，在 Al 电极附近会残留大量正电荷；如果是正电压，在 Al 电极

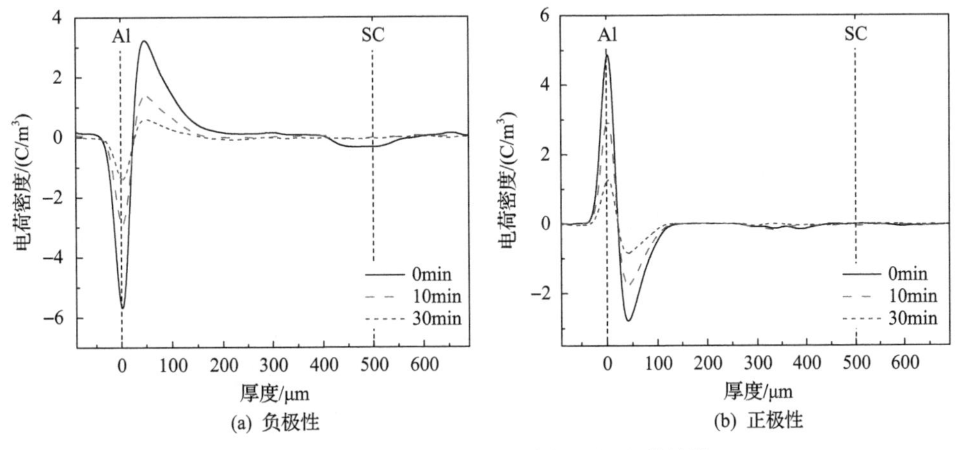

图 8.4　油纸在去极化过程中的空间电荷特性

附近会残留大量负电荷。显而易见，Al 电极附近的同极性电荷被陷阱俘获，正是这部分电荷导致电场畸变。

图 8.3 和图 8.4 的结果共同说明油纸在 Al 电极处发生了同极性电荷注入，并且积聚的电荷量无显著区别。因此，图 8.3 中 Al 电极处的电荷密度在极化过程中逐渐减小。如式(8.2)所示，说明极性反转后 E_a 和 E_s 二者的电场方向刚好一致，即在极性反转前油纸中积聚的空间电荷满足条件 $\int_0^d \frac{d-x}{d}\rho(x)\mathrm{d}x > 0$，因而极性反转后 Al 电极处的电场强度增强。

假如在极性反转前阳极和阴极发生的是异极性电荷积聚，那么在极性反转后这部分电荷将瞬变为同极性电荷，从而 E_a 与 E_s 的方向相反，在极性反转操作完成的时候 Al 电极处电场将被削弱至小于外施电场。由此可以推断在极性反转过程中 Al 电极处的电场增强主要是由同极性电荷积聚引起的。推广至一般情形，极性反转前空间电荷积聚导致局部电场削弱的区域在极性反转后局部电场反而增强；反之，极性反转前空间电荷积聚导致局部电场增强的区域在极性反转后局部电场反而削弱，使得空间电荷的影响更加复杂。

2. 镜像效应电荷分布

当外加电场从+10kV 转向−10kV 时油纸中的空间电荷分布如图 8.5 所示，极性反转时间 t_r 依然是 60s。与图 8.2(a)中类似，在极性反转前，在 Al 电极附近有同极性电荷注入，所不同的是此时的同极性电荷为负电荷。由于极性反转前的同极性负电荷注入量较少，在极性反转后 Al 电极附近没有明显的异极性电荷，没有明显的电场增强效果，所以此处没有给出与之对应的电场分布图。并且在极性反转后，有一点与图 8.2(a)中显著不同，即 Al 电极附近的正电荷明显向 SC 电极移动。

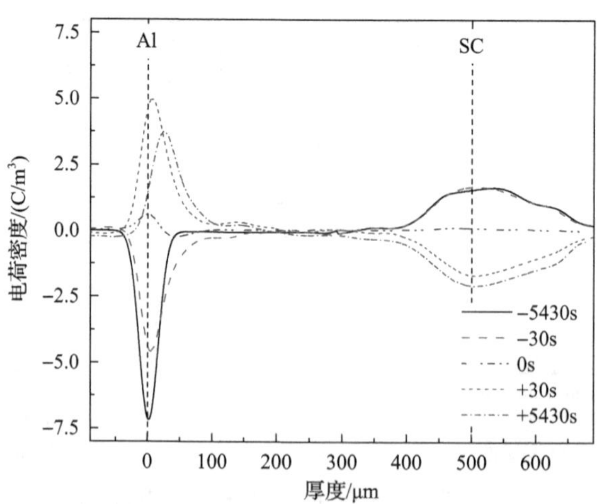

图 8.5 油纸在电压从正极性转向负极性过程中的空间电荷分布

图 8.5 与图 8.2 的另一个明显差异是油纸在不同极性电压下稳态时空间电荷的分布沿厚度方向几乎相同，但电荷符号相反，这个现象被称为“镜像效应”电荷分布[12]，该现象在图 8.5 中尤为明显。已有研究表明，在稳态下介质中电流密度处处相同，如若不然，则空间电荷分布会随时间发生变化。试样中的电场分布可用式(8.4)表示：

$$\nabla \cdot \vec{E} = \frac{\rho(x)}{\varepsilon_0 \varepsilon_r} \tag{8.4}$$

“镜像效应”电荷所产生的电场分布也必然是镜像的，即电场分布一样、方向相反。在该电场下，试样中的电流密度处处相等，包括电极-试样界面处的电流密度。因此，当对试样施加不同极性但是幅值相同的电压时，“镜像效应”电荷分布能够产生当且仅当流过电极的电流相等，与电荷的来源无关[12]。至于“镜像效应”电荷分布中电极附近的同极性电荷积聚现象，比较合理的一种解释如下。电子通过“隧道效应”穿越电极-试样界面势垒，注入到介质中或从介质中抽出，势垒高度取决于界面处的电场，并且电子的注入和抽出势垒相同[12]。如前所述，空间电荷的积聚会导致界面处的电场或增大或减小，从而影响电极-试样界面处的电流密度，反过来又影响空间电荷的积聚过程。因此，在不同极性的电压下电极附近有等量的正电荷和负电荷积聚。

上述解释只对单极性载流子输运模型有效，但是通常认为油纸中是双极性载流子输运[13]，这一点由图 8.2 和图 8.5 之间的差异也能证明，本章在此基础上进行了修正。由于本章所使用的油纸试样浸完油以后未经过其他任何预处理，考虑到试样的表面态等现象，假设试样的材料参数，包括陷阱深度、陷阱密度等，以厚度的中点为对称轴、沿厚度方向对称分布，如图 8.6 所示，并且假设油纸和电极间的接触符合 Schottky 势垒模型或欧姆接触[14]，则油纸绝缘的能带结构如图 8.7 中实线所示。此时，正电荷的注入势垒高度大于负电荷的注入势垒高度，也即正电荷的注入更加困难。实际上，绝缘纸中含有较多的电负性基团[15]，如羧

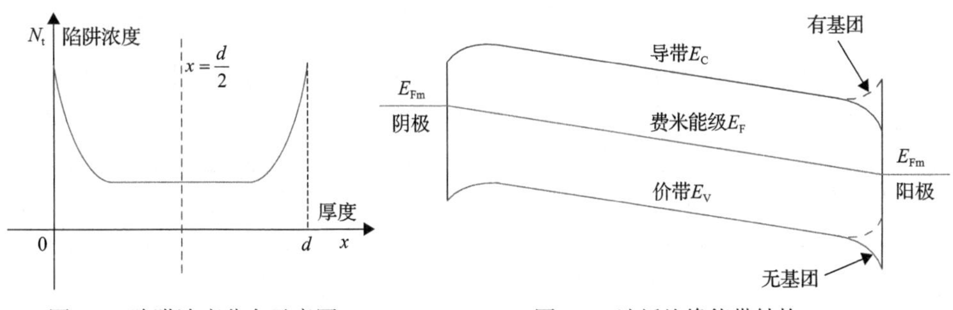

图 8.6　陷阱浓度分布示意图

图 8.7　油纸绝缘能带结构

基等，降低正电荷的亲和势，导致阳极处的能带向上弯曲，如图 8.7 中虚线所示，正电荷的注入势垒高度因而降低。

从图 8.2 和图 8.3 可知，空间电荷主要在电极附近积聚，并无显著的异极性电荷之间的复合，此时空间电荷的积聚过程主要由载流子注入和载流子捕获两个过程决定，又由于上述材料中的陷阱浓度等是对称分布的假设，电荷注入速度越快，空间电荷积聚速度越快。图 8.8 所示分别是在正、负电压下极化开始 10min 内油纸绝缘 Al 电极附近空间电荷的动态变化，一方面清晰地显示了随着同极性电荷的积聚，Al 电极处的电荷密度逐渐减小这一过程；另一方面也表明在极化开始 10min 内油纸中正电荷的积聚速度更快，说明阳极处正电荷的注入速度更快，表明上述能带结构是合理的。随着同极性空间电荷的注入，电极处的电场逐渐削弱，空间电荷的注入速度减慢，最后趋于稳定，并且达到稳态以后在电极附近同极性电荷积聚的总量相等，出现“镜像效应”电荷分布。图 8.8 同时也表明，虽然油纸中会出现“镜像效应”电荷分布，但是正负电荷的特性并不完全相同。

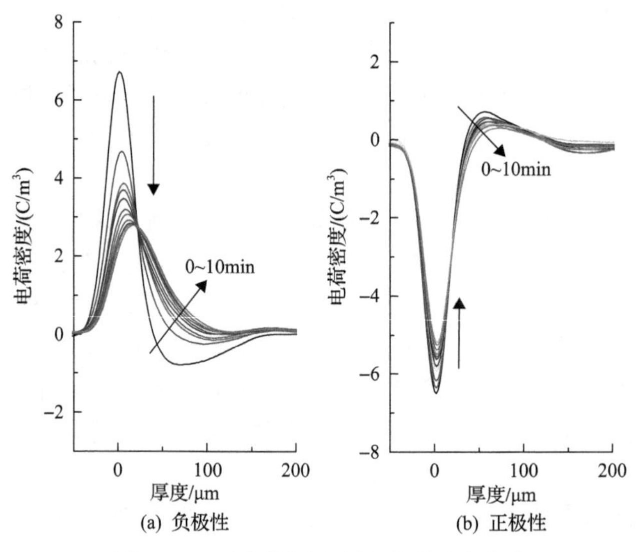

图 8.8　Al 电极附近空间电荷的动态变化

图 8.2(a) 中极性反转后同极性电荷注入导致 Al 电极附近的正电荷逐渐消散，但是由于 PEA 法分辨率有限，不能有效区分邻近的正、负电荷[16]，因而很难确定注入的负电荷是与被俘获的正电荷中和，还是在正电荷附近被俘获。此外，负电荷也没有像正电荷那样明显地向 SC 电极移动。但是由式(8-2)可知电极表面的电荷密度可以反映负电荷的注入情况。图 8.9 所示是图 8.2(a) 和图 8.5 中极性反转前后电极-油纸界面处电荷密度随时间的变化，曲线分别以各自初始时刻的值为基准进行了归一化处理。由于主要分析 Al(下) 电极表面处的电荷密度，而直

流高压是通过高压(上)电极施加到试样上，所以负电压对应正电荷，正电压对应负电荷。从图中可以看到，电荷在初始时刻注入速度较快，随后注入速度逐渐变慢；初始时刻正电荷的注入速度比负电荷快，再次说明了图 8.7 中能带结构的合理性。

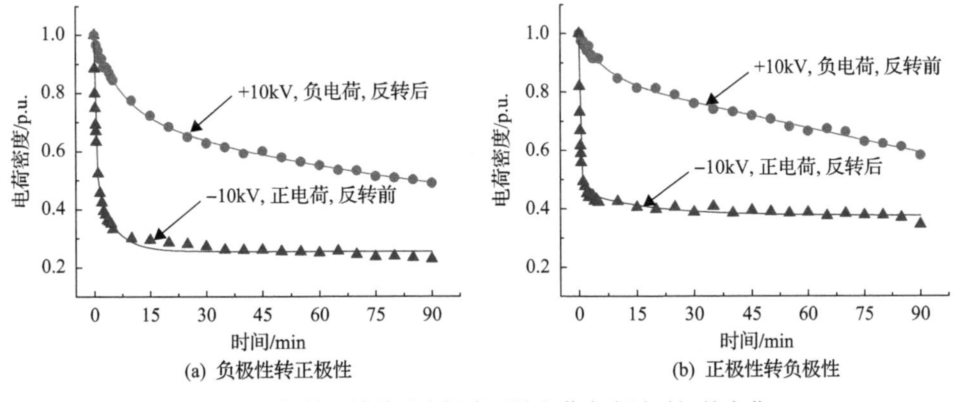

(a) 负极性转正极性　　(b) 正极性转负极性

图 8.9 极性反转前后电极表面处电荷密度随时间的变化

空间电荷引起电场畸变，电场反过来又会影响空间电荷的动态过程。此外，正、负电荷的注入速度和迁移率不同，并且极性反转前发生电荷注入的位置在极性反转后不一定有电荷注入[12]，因此，极性反转前后空间电荷随时间的变化并不以时间 0 点为对称轴镜像分布，如图 8.9 所示。因而 Al 电极附近的空间电荷的动态过程受极性反转方向的影响，呈现明显的“方向效应”。本试验中的油纸更能适应直流电压由正极性转向负极性的情形，不过需要注意的是，这里忽略了 SC 电极附近空间电荷的影响。

8.2.3 极性反转后电压幅值的影响

由于+10kV 转向 −10kV 和 −10kV 转向+10kV 两种情形下的结果已经在 8.2.2 节中讨论过，本节主要讨论①−10kV 转向+5kV；②−10kV 转向+15kV；③+10kV 转向−5kV；④+10kV 转向−15kV 四种情形下的结果，此时极性反转时间 t_r 依然固定为 60s。

图 8.10 所示为油纸在不同电压幅值(极性反转后的)下的空间电荷分布，极性反转方向为由负极性转向正极性。无论极性反转后的电压幅值或高或低，在极性反转前 Al 电极附近均有明显的同极性正电荷积聚。极性反转后，这部分电荷瞬变成异极性正电荷，并且缓慢消散。结合图 8.10 和图 8.2(a)可以发现，极性反转后的正电压幅值越大，在极性变化结束时刻，也即在+30s 时，在 Al 电极附近残留的正的异极性电荷越多，异极性电荷积聚可以增大电极-试样界面处的电场并减小

试样中的电场，从而保证电极附近电流的连续性[12]。但是在正电压下的 90min 极化后，正的异极性电荷密度均减小至约为 1C/m^3，几乎不受极性反转后电压幅值的影响。

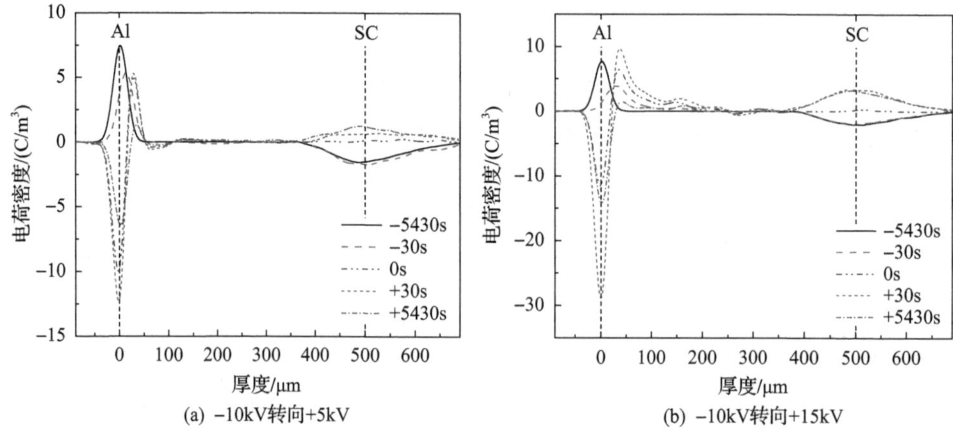

图 8.10　油纸在不同电压幅值(极性反转后)下的空间电荷分布(负极性转向正极性)

电压由 –10kV 转向+5kV、–10kV 转向+10kV 及–10kV 转向+15kV 过程中 Al 电极处不同时刻的电荷密度如表 8.2 所示。从表中可以发现，受极性反转后异极性电荷的影响，+30s 时的电荷密度大于–5430s 时的电荷密度，即使极性反转后的电压幅值为+5kV 亦是如此；由于同极性电荷积聚，–5430s 时的电荷密度比–30s 时的电荷密度大。此外，除了电压由–10kV 转向+5kV 以外，另外两种情形下均有+5430s 时的电荷密度大于–5430s 时的电荷密度。

表 8.2　负极性转正极性过程中 Al 电极处不同时刻的电荷密度　(单位：C/m^3)

电压极性变化	−10kV 转向+5kV	−10kV 转向+10kV	−10kV 转向+15kV
−5430s	7.5	6.8	7.5
−30s	5	4.2	4.8
+30s	12.5	12.5	29
+5430s	6.5	8.3	15

图 8.11 所示为油纸在不同电压幅值(极性反转后)下的空间电荷分布，极性反转方向为由正极性转向负极性。无论极性反转后的电压幅值或高或低，在极性反转前 Al 电极附近均有明显的正电荷积聚。但是由于极性反转前的同极性电荷积聚量较少，在极性反转后，残留的异极性负电荷较少，对极性反转的影响不明显。

电压由+10kV 转向–5kV、+10kV 转向–10kV 及+10kV 转向–15kV 过程中 Al 电极处不同时刻的电荷密度如表 8.3 所示。

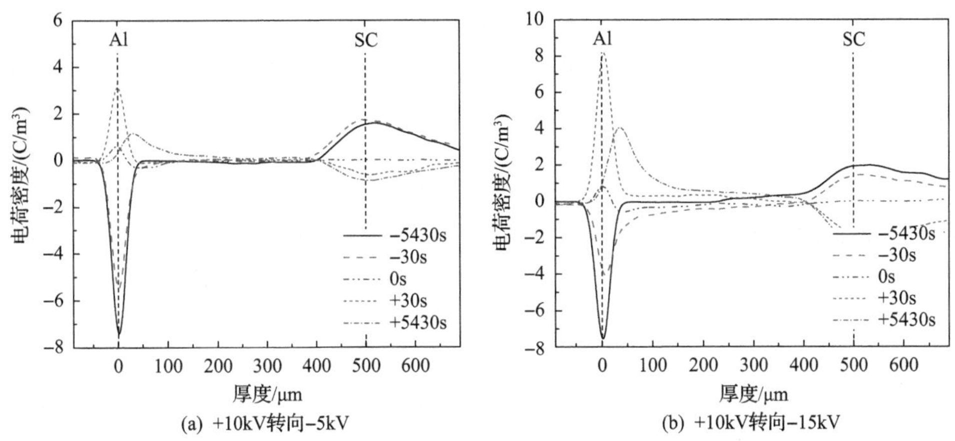

(a) +10kV转向−5kV　(b) +10kV转向−15kV

图 8.11　油纸在不同电压幅值(极性反转后)下的空间电荷分布(正极性转向负极性)

表 8.3　正极性转负极性过程中 Al 电极处不同时刻的电荷密度　(单位：C/m³)

电压极性变化	+10kV 转向−5kV	+10kV 转向−10kV	+10kV 转向−15kV
−5430s	7.5	7	7.2
−30s	5.5	4.2	4
+30s	3	5	8
+5430s	1.2	4	4

从表 8.3 中可以看出，除了电压由+10kV 转向−15kV 以外，另外两种情形下+30s 时的电荷密度小于−5430s 时的电荷密度，这一方面是正负电荷注入特性的差异所致，另一方面是测试过程中高压电脉冲(正极性)在电极表面产生的负极性感应电荷引起误差[17]。由于同极性电荷积聚，−5430s 时的电荷密度比−30s 时的电荷密度小。

由于油纸中可以形成“镜像效应”电荷分布，表 8.2 和表 8.3 中−5430s 时刻的电荷密度几乎一致，与极性反转方向和极性反转后的电压幅值无关。同理，−30s 时刻的电荷密度亦是如此。但是表 3.2 在+30s 和+5430s 时刻的每个数据都要大于表 8.3 中所对应的数据，表明直流电压极性由正极性转向负极性时，“镜像效应”电荷分布可以快速地达到，但是当直流电压极性由负极性转向正极性时，其建立速度则较慢。

8.2.4　极性反转时间的影响

由 8.2.2 节和 8.2.3 节的结果可知，当电压由从负极性转向正极性时，极性反转前会有大量的同极性电荷积聚，极性反转后会变成异极性电荷，引起明显的电场增强效果，因而本节仅考虑电压从负极性转向正极性但是极性反转时间不同的情形。

油纸在不同极性反转时间下的空间电荷分布如图 8.12 所示，其中极性反转时

间 t_r 分别为 30s 和 4800s，极性反转前后的电压幅值均为 10kV。比较图 8.2(t_r=60s)和图 8.12(a)(t_r=30s)可以发现，由于在极性反转前积聚的同极性正电荷在极性反转过程中消散缓慢，所以当极性反转时间较短时，极性反转时间的影响不大。然而，当极性反转时间足够长的时候，如图 8.12(b)中 t_r=4800s，极性反转过程越缓慢，极性反转后残留的异极性正电荷越少，其所引起的电场增强效果越不明显。因此，当直流电压由负极性转向正极性时，极性反转时间越短，极性反转过程中消散的正电荷越少，电场 E_s 越大，总电场 E_t 越大，对直流设备构成威胁。

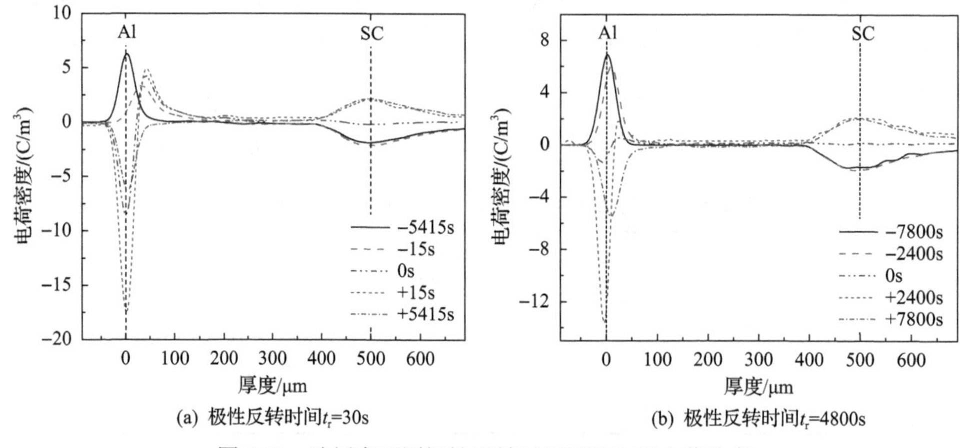

(a) 极性反转时间t_r=30s (b) 极性反转时间t_r=4800s

图 8.12 油纸在不同极性反转时间下的空间电荷分布

图 8.13 所示是极性反转时间对电场增强倍数的影响，表 8.4 所示是不同结构油纸试样中空间电荷衰减的时间常数[17]，从中可以看出空间电荷的消散是一个缓慢的过程。若要降低极性反转过程中空间电荷引起的电场畸变，则要求极性反转时间较长，但这是不允许的，因为实际操作要求极性反转在 2min 内完成，而输电线路故障时极性反转时间甚至缩减到不足 2ms[4]，说明通过延长极性反转时间来降

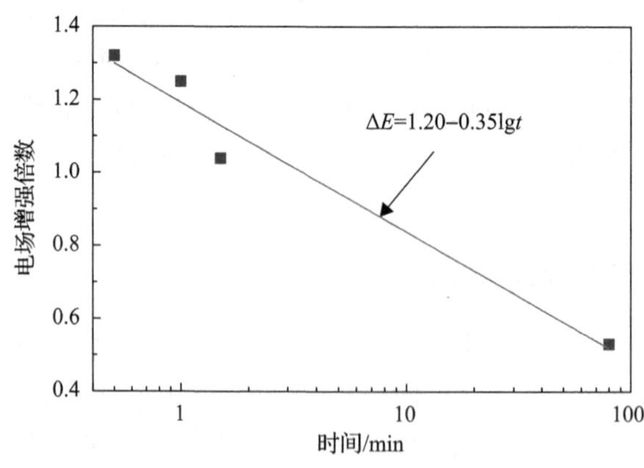

图 8.13 电场增强倍数和极性反转时间的关系

表 8.4　不同结构油纸试样中空间电荷衰减时间常数

试样	纸-纸，负	纸-纸，正	纸-油，负	纸-油，正
时间常数/min	11.80	10.68	15.36	25.00

低空间电荷的威胁效果有限。

极性反转标准中还规定应连续进行两次极性反转[9]，为此对同一片试样进行两次极性反转试验，即先由负极性转向正极性，再由正极性转向负极性。第二次极性反转过程中油纸中的空间电荷分布如图 8.14 所示，其中第一次极性反转过程中的空间电荷分布如图 8.12(a)所示。图 8.14 中依然以第二次极性反转过程中电压极性突变时刻作为时间 0 点，因而时间标注仅表示与第二次电压极性突变时刻的相对时间，实际绝对时间详见图中括号里的补充说明。极性反转前后的电压幅值均为 10kV，极性反转时间为 30s。根据国家标准 GB/T 18494.2—2007[9]和国际标准 IEC 61378—2: 2001，第二次+10kV 电压的极化时间仅持续了 45min[18]。图 8.14 更为清晰地显示了第三次极化过程中 Al 电极附近空间电荷的动态过程，也再次证明了正电荷的注入速度比负电荷快。

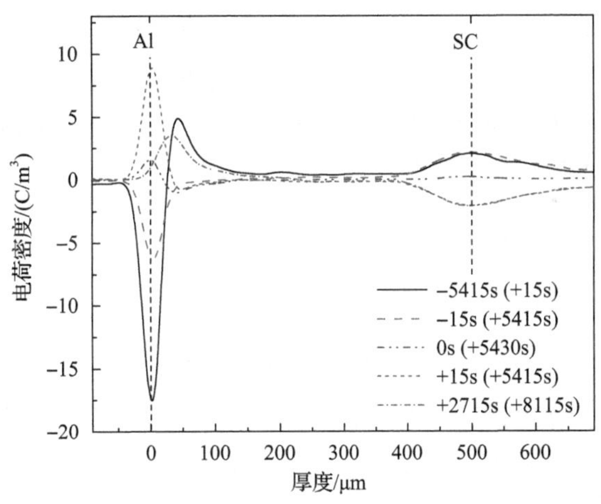

图 8.14　油纸在第二次极性反转过程中的空间电荷分布

8.3　油纸绝缘界面处的空间电荷特性

8.3.1　实验设计

油纸绝缘结构复杂，通常以多层形式出现并在油纸之间形成界面。本节主要进行试样翻转、预极化处理和电压极性反转三组试验，比较它们对界面处空间电荷的形成及运动过程的影响，分析电极-油纸和油纸-油纸界面处的空间电荷特性。本实验采用厚度为 250μm 的 Nomex 绝缘纸，结构为单层或双层。设计了如下几组实验[19]。

(1) 单层油纸试样在 20kV/mm 电场下极化 30min，测量油纸在极化过程以及去极化 10s 内的空间电荷分布。然后迅速将水平放置的油纸试样翻转，即之前与 SC 电极接触的一面变成与离 PVDF 压电传感器更近的 Al 电极接触，继续测量去极化过程中的空间电荷分布。

(2) 先将其中一片油纸试样在–20kV/mm 电场下极化 30min，使其两个表面都带上电荷。然后，在 Al 电极和经过预极化的试样之间插入一片未经过极化处理的试样，这样就可以使油纸试样-油纸试样之间的界面预先带上电荷。随后，测量此双层结构的油纸试样在极化和去极化过程中的空间电荷分布。

(3) 将两片未经预极化处理的油纸试样叠加到一起，测量此双层结构的油纸试样在极性反转电压下的空间电荷分布，其中，极性反转电压的操作流程如 8.3.1 节所述。在本节中，极性反转时间 t_r 固定为 60s，极性反转前后的电压幅值 U_1 和 U_2 均为 10kV，连续进行两次直流电压极性反转，即先由负极性转向正极性，然后再由正极性转向负极性。

(4) 将由两片未经预极化处理的油纸试样组成的双层油纸试样在正极性或负极性电压下极化 90min。然后，将此双层结构分开成两片单层试样，分别测量油纸-油纸接触面处两个表面附近的电荷分布。在测量过程中，使这两个表面分别与 Al 电极接触，并且外施电压为零。

8.3.2 半导体–介质界面处的空间电荷特性

1. 试样翻转的影响

图 8.15 所示为单层油纸在–20kV/mm 电场下极化 30min 内的空间电荷分布。从图可知，一旦有外施电压，电极-介质界面处将有电容电荷或表面电荷积聚。在电场的作用下，Al 电极处发生正空间电荷的注入和积聚，导致 Al 电极处的电荷密度变小、分布区域变宽。与前面图 8.3 的结果相比较，此处的结果幅值偏小、空间分辨率变小，这是由于本小节的数据采集中采用了更小的采样率、数据处理中采用了更小的高斯滤波常数，但这并不影响结果分析。

一旦撤去外加电压，油纸在去极化过程中相应的空间电荷和电场分布如图 8.16 所示，图中 t 为去极化时间。如前所述，在 Al 电极附近有大量正电荷积聚，这部分电荷来自之前的极化过程中的电荷注入和陷阱俘获，并在电极-试样界面处感应出了负电荷。但是在 SC 电极附近只能看到少量的负电荷。在 Al 电极邻近区域内，电场方向与之前极化过程中施加的电场方向相反，然后在距 Al 电极大约 50μm 位置处突然改变方向。由于感应电荷，Al 电极-试样界面处的电场幅值不为零。

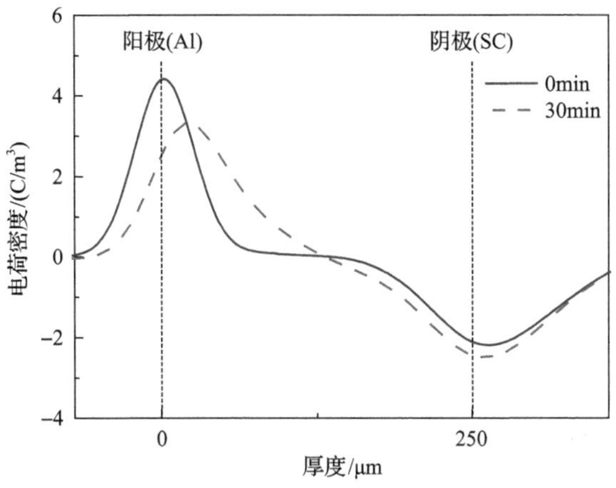

图 8.15　单层油纸在–20kV/mm 电场下极化 30min 内的空间电荷分布

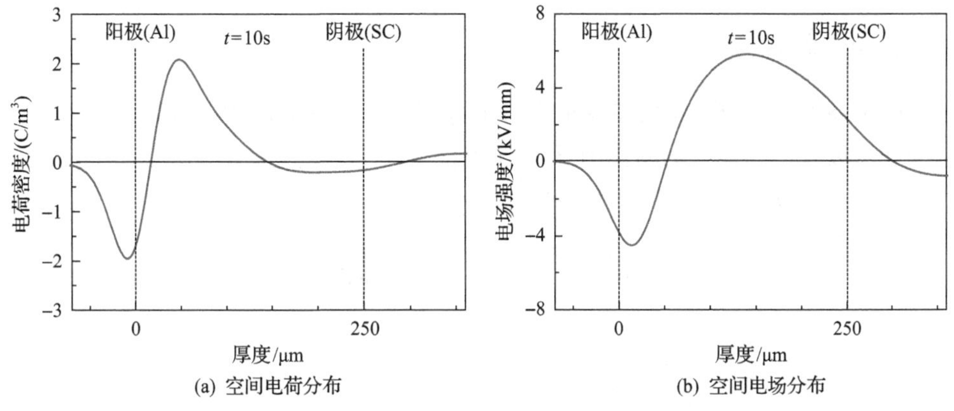

(a) 空间电荷分布　(b) 空间电场分布

图 8.16　油纸在去极化过程中的空间电荷和电场分布

将试样翻转过来以后，与图 8.16 相对应的油纸在去极化过程中的空间电荷和电场分布如图 8.17 所示，图中 t 是去极化时间。试样翻转要求在 60s 内完成，这部分时间没有包含在图中的去极化时间内，并且图 8.17 中的去极化时间以试样翻转操作结束时刻为起点，本章下文中如没有特殊说明，均做类似处理。从图 8.17(a)中可以清晰地看到在 Al 电极附近有负电荷积聚，试样中空间电荷分布曲线的形状与图 8.16(a)类似，除了电荷符号和电荷密度幅值上的差异。由于电荷的消散以及正、负电荷之间消散特性的差异，图 8.17(b)所示的电场分布曲线与图 8.16(b)中所示的电场分布曲线有所区别，但是除了方向和幅值上的差异，其趋势是一致的。值得一提的是，图 8.17 中所标注的 Al 电极和 SC 电极是空间电荷测量过程中电极的实际位置，因而图 8.17(a)中 Al 电极附近的负电荷其实是来自之前极化过程中 SC 电极处注入的负电荷。

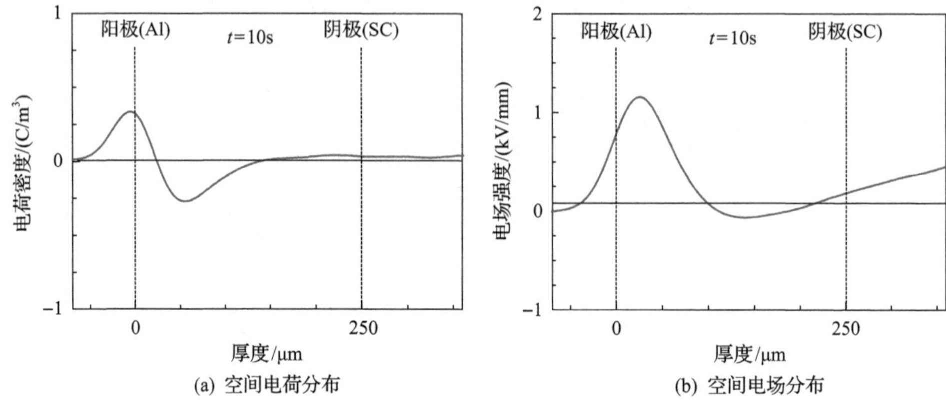

(a) 空间电荷分布　　(b) 空间电场分布

图 8.17　试样翻转后的油纸在去极化过程中的空间电荷和电场分布

2. 预极化的影响

图 8.18 所示是单层油纸在+20kV/mm 电场下极化 30min 内的空间电荷分布，从图中可以看出，在电场的作用下，Al 电极处发生了负电荷的注入，导致 Al 电极处的电荷密度变小、分布区域变宽。

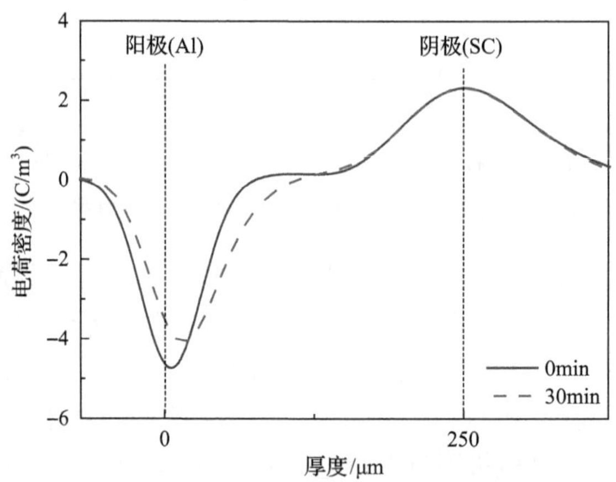

图 8.18　单层油纸在+20kV/mm 电场下极化 30min 内的空间电荷分布

第一片试样在+20kV/mm 电场下极化 30min 后，标记为 OP2，在 OP2 和 Al 电极之间插入一片新试样，即没有经过预极化处理的试样，标记为 OP1。本章下文中如没有特殊说明，在类似结构中，未经预极化处理的试样均标记为 OP1，经过预极化处理的那片试样均标记为 OP2。首先对上述结构不施加任何电压，测量试样中的空间电荷和电场分布，在 10s 时的空间电荷和电场分布曲线如图 8.19 所示。之前的预极化处理导致 OP1 和 OP2 之间的界面处有负电荷积聚，同时，在 Al 电极和 SC 电极处均有正电荷出现。在 OP1 中电场方向为正，然后在 OP1 和 OP2 之间的界面处突然改变方向，即在 OP2 中电场方向为负。

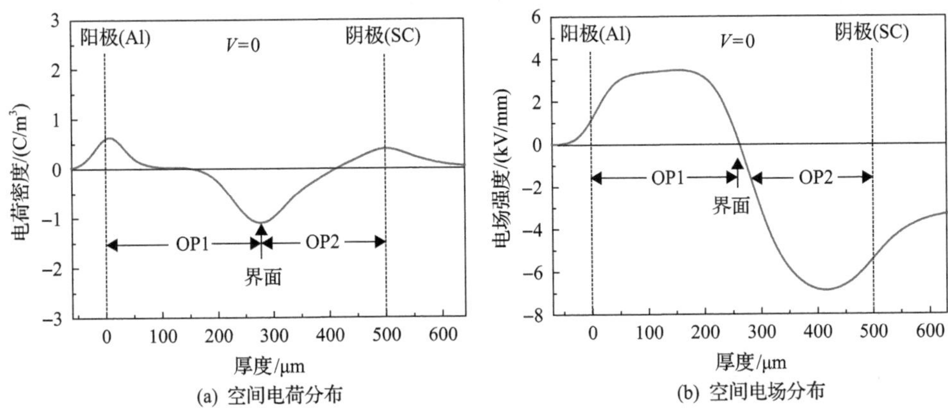

(a) 空间电荷分布　(b) 空间电场分布

图 8.19　双层油纸试样在未施加电压时的空间电荷和电场分布(OP2 正极性预极化)

接着对图 8.19 所对应的双层油纸试样施加−20kV/mm 电场，在 90min 极化过程中油纸试样内的空间电荷和电场分布变化如图 8.20 所示。从图 8.20(a)中可以看出，在外加电场的作用下，OP1 和 OP2 界面处的负电荷向 OP1 移动，并且 Al 电极附近有正电荷积聚。即使在极化过程的初始时刻，由于 OP2 的预极化处理，在 OP1 和 OP2 之间界面处积聚的负电荷导致 OP1 中的电场增强了约 15%，但是 OP2 中的电场小于外施电场。随着油纸-油纸界面处电荷的积聚和迁移以及电极处的电荷注入，电场畸变越来越严重，在极化结束时刻，OP1 中的电场畸变甚至高达 25%，但是电场畸变的区域变窄，仅出现在 OP1 的中间位置。

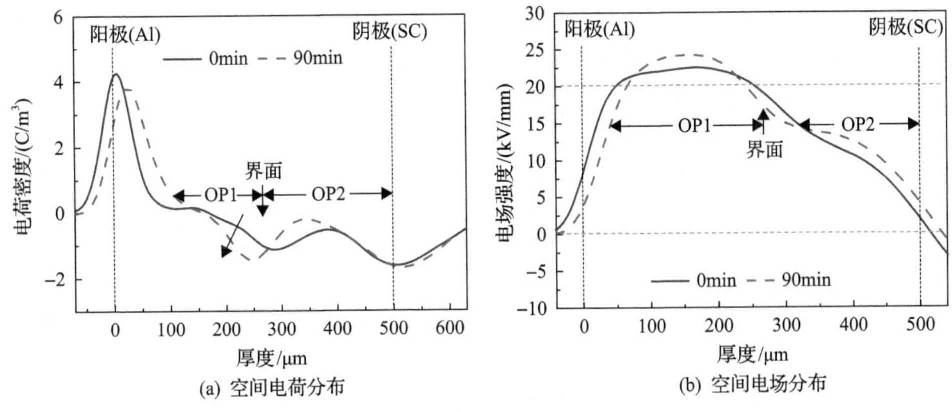

(a) 空间电荷分布　(b) 空间电场分布

图 8.20　双层油纸试样在极化过程中的空间电荷和电场分布(OP2 正极性预极化)

撤去外加电压后，上述双层结构油纸试样在试样翻转前和翻转后的空间电荷分布如图 8.21 所示。图 8.21(a)清晰地显示出在油纸-油纸界面处有负电荷积聚，在 Al 电极邻近区域内有正电荷积聚，并且 Al 电极表面有负的感应电荷，但是在 SC 电极附近区域没有明显电荷积聚的迹象。然而，双层油纸试样翻转后的空间电荷分布与图 8.19(a)非常相像，只不过在图 8.21(b)中 Al 电极附近正电荷的电荷密度稍小。

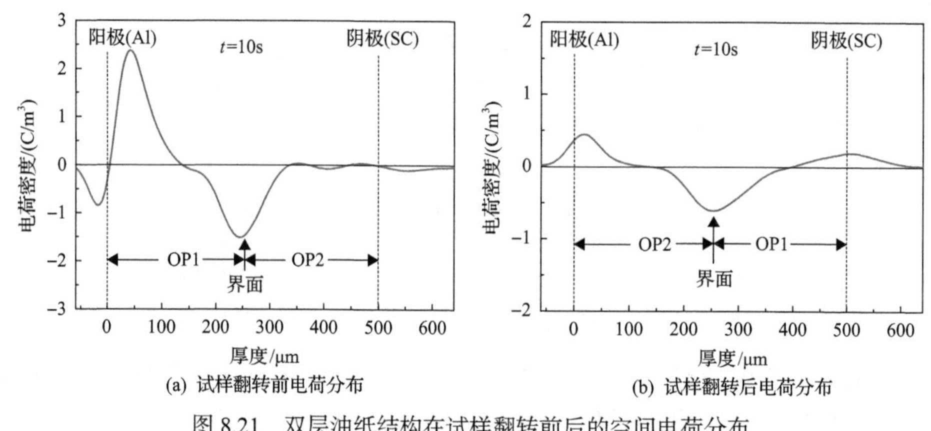

图 8.21　双层油纸结构在试样翻转前后的空间电荷分布

3. 电导率增强效应的影响

图 8.16(a)和图 8.19(a)所对应试验的唯一区别就是其中一个是油纸试样与 SC 电极接触，而另一个是油纸试样与另一片经过预极化处理的油纸试样接触。已有研究指出，SC 电极附近的电子(负电荷)会“掩盖”空穴(正电荷)，因而才会出现上述它们空间电荷分布曲线上的差异[20]，但是这不能解释图 8.19 图(a)和图 8.21(b)中能显示出 SC 电极附近有正电荷的现象。Hjerrild 指出，半导体-介质界面会引起电介质中靠近半导体区域内电导率的变化，导致电场畸变、形成空间电荷积聚[21]，其中，电导率 $\sigma(x)$ 的变化可以表示为式(8.5)：

$$\sigma(x)=\sigma(E,T)[1+(n_{\sigma}-1)\exp(-x/x_{\sigma})] \tag{8.5}$$

式中，$\sigma(E,T)$ 为介质在电场 E 和温度 T 下的体积电导率；n_{σ} 为界面处电导率的增强系数；x_{σ} 为与电导率增强效应影响区域有关的常数。图 8.22 所示是流经油纸试样的极化电流随时间的变化情况，其中一片油纸试样包覆有 SC 层，另一片油纸试样则没有包覆 SC 层。测量极化电流时，油纸试样放在三电极结构中，并采用 Keithley 6517A 型高阻计测量流经试样的体电流，其测量范围为 1fA～20mA。根据图 8.22 的结果，包覆的 SC 层增大了油纸试样的电导率，因而其稳态电流值较大。

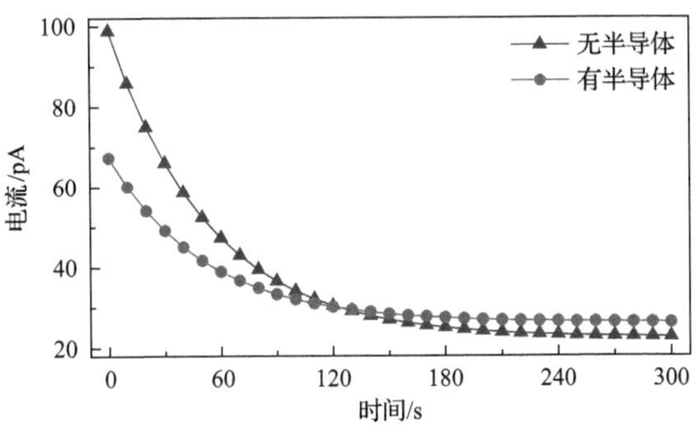

图 8.22　半导体层对油纸电导电流的影响

基于 Poisson 方程，电导率梯度导致的空间电荷 $\rho_c(x)$ 可以表示为[20]

$$\rho_c(x) = \frac{J\varepsilon_r\varepsilon_0}{\sigma(E,T)x_\sigma}\frac{(n_\sigma - 1)\exp(-x/x_\sigma)}{[1+(n_\sigma - 1)\exp(-x/x_\sigma)]} \tag{8.6}$$

式中，J 为流经介质的电流密度；ε_r 为介质的相对介电常数；ε_0 为真空的介电常数。值得注意的是，从 SC 电极处注入的电荷 $\rho_s(x)$ 在式(8.6)中没有体现出来。如果考虑 $\rho_s(x)$ 并忽略电场畸变对电导率的影响，总的空间电荷 $\rho(x)$ 可以表示为

$$\rho(x) = \rho_c(x) + \rho_s(x) = \frac{J'\varepsilon_r\varepsilon_0}{\sigma(E,T)x_\sigma}\frac{(n_\sigma - 1)\exp(-x/x_\sigma)}{[1+(n_\sigma - 1)\exp(-x/x_\sigma)]^2} \tag{8.7}$$

式中，J'为电流密度。式(8.7)表明 SC 电极附近空间电荷的动态过程被电导率增强效应所掩盖。

为了验证 SC 层对空间电荷分布的影响，将 PEA 空间电荷测量系统的上电极和下电极均包覆上 SC 层，测量油纸中的空间电荷分布结果如图 8.23 所示。虽然在阳极处的声阻抗可能不匹配，而且阳极处的第一个波峰可能包含反射信号，如式(8.8)所示：

$$g(t) = g_0(t) + \sum_n k_n g_0(t - \tau_n) \tag{8.8}$$

式中，$g_0(t)$ 为不包含任何反射信号的初始信号；k_n 为各次的反射系数；τ_n 为各次的反射时延；$g(t)$ 为最终信号。但是空间电荷分布的变化会使第一个波峰发生变化，叠加以后的波形也会有变化，依然可以体现在最终波形的变化上。由于图 8.23 主要是为了探究阳极处的空间电荷注入信息能否反映出来，所以阳极处的声阻抗匹配问题可以忽略。从图 8.23 可以清晰地看到，阳极附近的空间电荷分布在极化过程中没有任何变化，也即证明了电导率增强效应的影响。

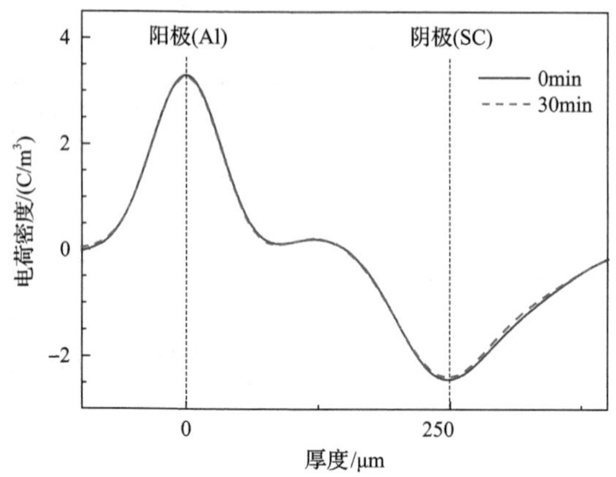

图 8.23　单层油纸在−20kV/mm 电场下极化过程中的空间电荷分布

8.3.3　介质−介质界面处的空间电荷特性

1. 预极化的影响

图 8.24 所示为与图 8.19 类似的另一个双层油纸结构在没有外施电压条件下、在 10s 时刻的空间电荷和电场分布，所不同的是 OP2 在−20kV/mm 电场下经过了 30min 的预极化处理。图 8.24(a)显示之前对 OP2 的极化处理导致在油纸−油纸界面处有正电荷积聚，同时在 Al 电极和 SC 电极处均分布有负电荷，显然这些负电荷主要是由界面处正电荷感应产生的。根据图 8.24(b)所示的电场分布，油纸中的电场所产生的电场力将对油纸−油纸界面处的正电荷产生两方面的作用，从而使其消散，一方面使界面左侧的正电荷向 Al 电极移动，另一方面使界面右侧的正电荷向 SC 电极移动。

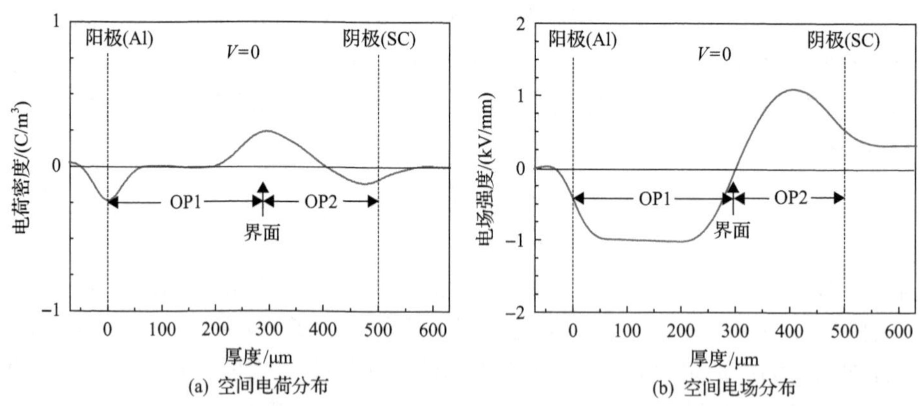

图 8.24　双层油纸试样在未施加电压时的空间电荷和电场分布(OP2 负极性预极化)

然后对图 8.24 所对应的双层油纸试样施加一个−20kV/mm 电场，在 90min 极化过程中油纸试样内的空间电荷和电场分布的变化如图 8.25 所示。由图 8.25(a)可知，在极化过程中，油纸-油纸界面处的电荷逐渐由正电荷变为负电荷，并且 Al 电极附近有大量正电荷积聚。相应地，在极化的初始时刻，有两个局部区域的电场高于外施电场，一个是 OP1 中靠近 Al 电极的位置，另一个是 OP1 和 OP2 之间的界面。但是在极化过程结束时刻，与图 8.20(b)中类似，只有 OP1 的中间位置处的电场高于外施电场。

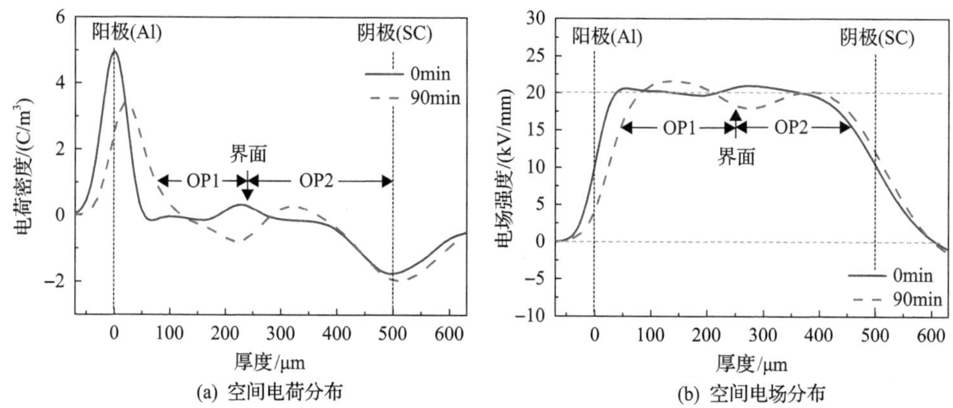

图 8.25　双层油纸试样在极化过程中的空间电荷和电场分布(OP2 负极性预极化)

2. 极性反转电压的影响

由两片未经预极化处理的油纸试样组成的双层油纸试样结构在极性反转电压下的空间电荷和电场分布如图 8.26 所示。从图 8.26(a)可知，在极性反转前，外加电场使 Al 电极处发生正电荷注入，其邻近区域内有正电荷积聚，并且在油纸-油纸界面处积聚负电荷。在极性反转过程中，当外加电压变为零时，Al 电极附近依然残留有部分正电荷，且油纸-油纸界面处也残留有负电荷，此外，Al 电极表面处有负的感应电荷。当极性反转结束时，油纸-油纸界面处的负电荷依然存在，这部分负电荷在极化 90min 后才被正电荷所取代。由于负电荷的注入，Al 电极附近的正电荷逐渐消散。

图 8.26(a)所对应的电场分布如图 8.26(b)所示。在极化开始的时刻，试样中的电场是+20kV/mm，但是随着电极处的电荷注入和油纸-油纸界面处电荷的积聚，试样中的电场逐渐发生畸变，靠近 Al 电极的那片试样中的电场得到增强，而油纸-油纸界面处的电场逐渐被削弱。在极性反转操作完成后，也即在+30s 时刻，最大场强出现在 Al 电极附近及油纸-油纸界面处。但是在下一个极化过程中，随着电极处的电荷注入和油纸-油纸界面处电荷的积聚，这两个位置处的电场逐渐变小，最大场强位置又回归到靠近 Al 电极的那片油纸试样的中间位置。此时，油纸中的电场较+30s 时的电场似乎有所改善。

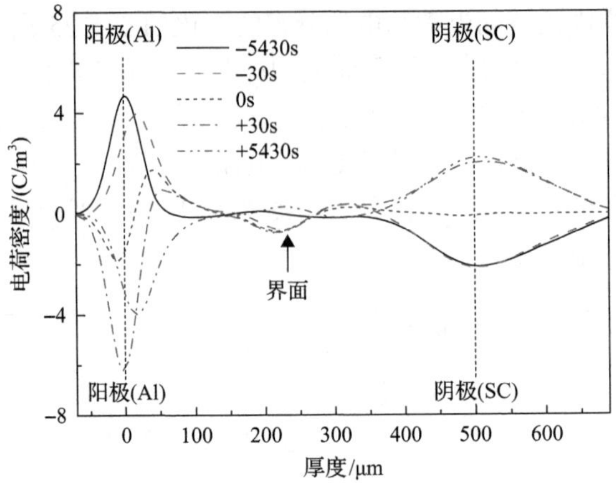

(a) 空间电荷分布，电压由负极性转向正极性

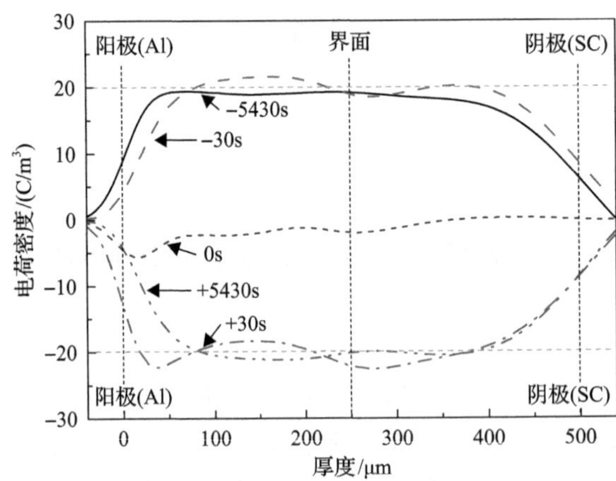

(b) 空间电场分布，电压由负极性转向正极性

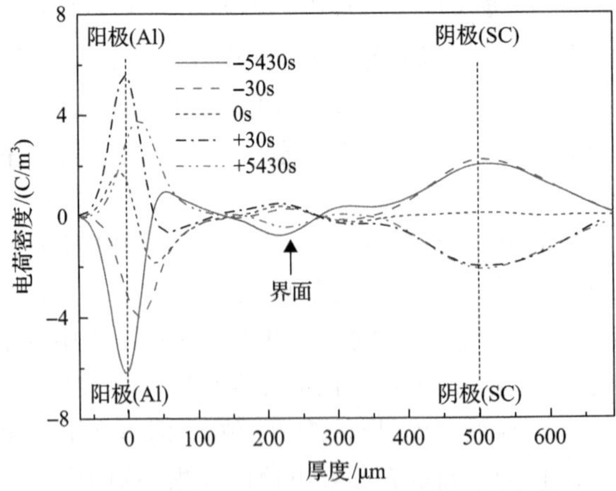

(c) 空间电荷分布，电压由正极性转向负极性

图 8.26　双层油纸试样在极性反转电压下的空间电荷和电场分布

当外加直流电压由正极性转向负极性时，油纸-油纸界面处的电荷逐渐由正电荷变为负电荷，Al 电极附近的负电荷也逐渐消散，如图 8.26(c)所示。无论直流电压极性反转方向是由正极性转向负极性，还是由负极性转向正极性，每次极性反转结束时刻油纸-油纸界面处的电荷分布保持上一次极化过程结束时刻的电荷分布不变。

3. “双电层”结构

将经过预极化处理的双层油纸试样分开，测得油纸-油纸接触界面处每个表面附近的电荷分布如图 8.27 所示。从图中可以看出，油纸-油纸界面处两个表面的电荷极性相反，形成“双电层(electrical double layer)”结构，并且正电荷密度大于负电荷密度。如果极化过程外施直流电压是正极性，界面处靠近 Al 电极侧油纸试样的表面积聚正电荷，靠近 SC 电极侧油纸试样的表面积聚负电荷；反过来，如果极化过程外施直流电压是负极性，界面处靠近 Al 电极侧油纸试样的表面积聚负电荷，靠近 SC 电极侧油纸试样的表面积聚正电荷。“双电层”结构表明油纸-油纸界面处电荷的“极性效应”还有其他原因。

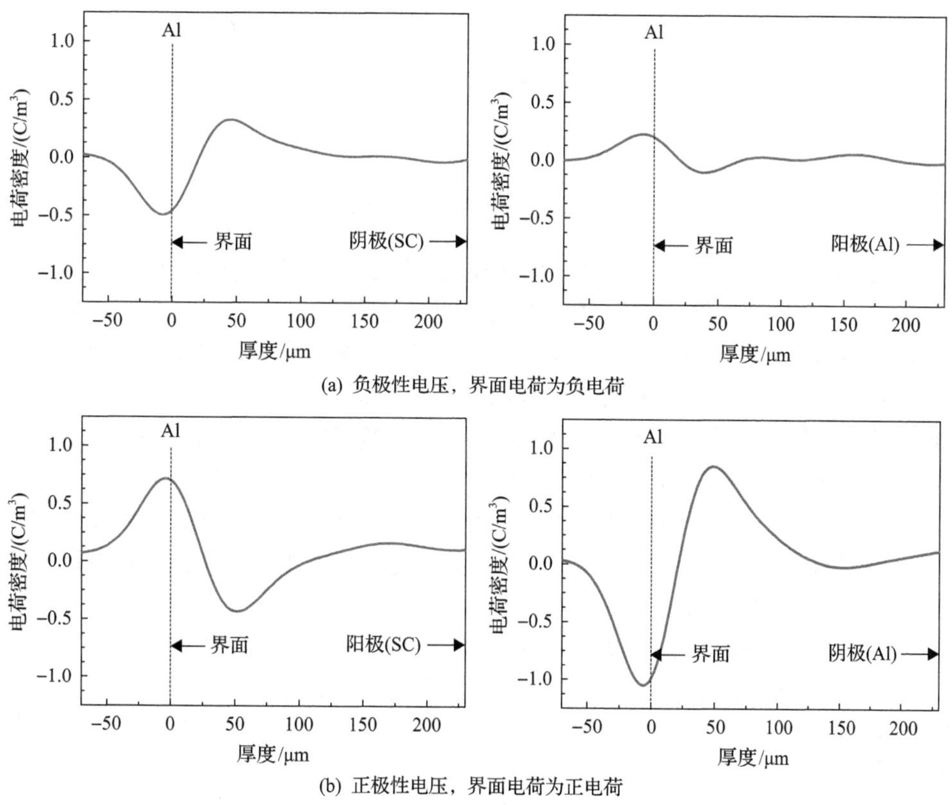

(a) 负极性电压，界面电荷为负电荷

(b) 正极性电压，界面电荷为正电荷

图 8.27　不同极性电压下油纸-油纸界面处电荷分布的细节

如前所述，声波的衰减和色散会引起异极性电荷之间的空间分辨率下降；另一方面，PEA 空间电荷测量技术只能显示净电荷[20]，因而 PEA 法测量的结果中油纸-油纸界面处电荷的极性与 SC 电极处电荷的极性一致，但是有时在油纸-油纸界面处也能观察到异极性电荷分布的现象[22]。这就产生一个疑问：为何电荷要穿越界面，在下一个表面处被俘获？油纸试样之间的油隙构成了两个接触界面。电介质中电子的能级通常比绝缘材料中导带的能级低[14]，甚至低于价带底部的能级,形成了独特的电介质-绝缘体接触模型。由于绝缘纸中含有较多的电负性基团，如羧基等[15]，导致能带向上弯曲，同时，绝缘油中含有较多的离子，对比电介质-绝缘体接触模型，很容易得出在油纸试样之间的界面处会形成“U”形能级结构，如图 8.28 所示。在这种情形下，负电荷或正电荷可以容易地从油纸中向绝缘油中运动，但是反过来，电荷从绝缘油向油纸中运动则比较困难，并且正电荷比负电荷更难穿过该“U”形能级结构。因此，电荷可以穿过第一个界面，但是在第二个界面处被阻挡，从而导致油纸-油纸界面处电荷的“极性效应”。

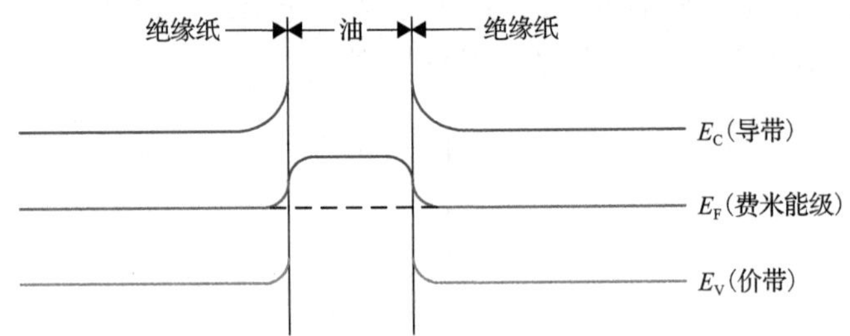

图 8.28　油纸-油纸界面处的能级分布

由前面的结果可知，经过预极化处理的油纸试样可以通过不同的组合方式形成三种不同类型的油纸-油纸界面，即同极性极化界面(如图 8.20(a)所示，通过预极化处理使油纸-油纸界面带上电荷，并且其符号与接下来极化过程中界面处将要积聚的电荷符号一致)、异极性极化界面(如图 8.25(a)所示，通过预极化处理使油纸-油纸界面带上电荷，并且其符号与接下来极化过程中界面处将要积聚的电荷符号相反)和未极化界面(图 8.26(a)中电压极性反转前的情形)，三种界面在极化过程中界面电荷总量随时间的变化如图 8.29 所示。从图中可以看出，在极化的初始时刻，异极性极化界面的电荷积聚速度比未极化界面的电荷积聚速度快，同极性极化界面的电荷总量随时间的变化不大。

经过极化处理的界面，界面积聚的电荷影响了界面处的陷阱填充状态，从而影响后续的电荷捕获过程，同时界面电荷产生的电场会导致图 8.28 所示的“U”形能级结构发生弯曲。当油纸-油纸界面经过同极性极化处理时，界面处积聚的负电荷所产生的电场(如图 8.20(b)所示)导致界面处的能带向上弯曲，有利于正电荷的积聚，对负电荷的积聚不利，从而界面处负电荷积聚缓慢。如果油纸-油纸界面经过了异极性极化处理，界面处积聚的正电荷所产生的电场(如图 8.25(b)所示)导致界面处的能带向下弯曲，有利于负电荷的积聚，对正电荷的积聚不利，从而界面处负电荷积聚迅速。

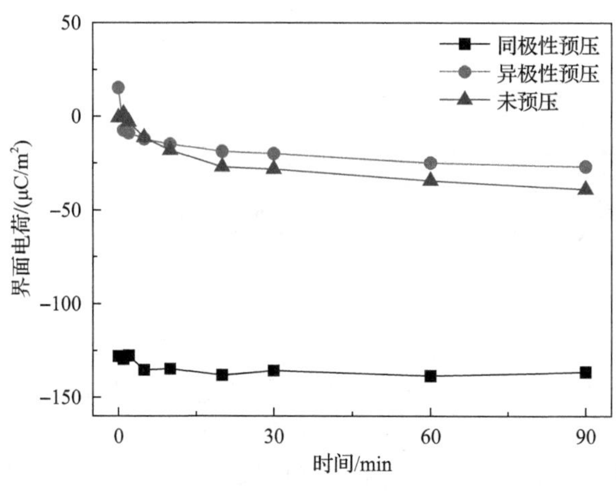

图 8.29　界面电荷总量随时间的变化

8.4　老化后油纸绝缘的空间电荷输运特性

8.4.1　老化对空间电荷特性的影响

本节主要阐述空间电荷和老化之间的关系。将油纸放在不同的环境下进行老化得到三种不同的试样——热老化试样、电老化试样、电热老化试样。采用 PEA 法测量不同老化状态的油纸试样中的空间电荷分布并进行比较。随着油纸的老化，空间电荷积聚总量逐渐增加，电场畸变逐渐加剧，并且电热老化的试样中空间电荷积聚速度最快；理化特性测试分析表明空间电荷的动态过程会引起键和链的断裂，形成缺陷，外在表现为孔洞的形成；根据“U”形能级结构，孔洞导致电老化和电热老化的试样中空间电荷积聚以正电荷为主。

1. 实验设计

实验中将处理过的 130μm 的绝缘纸，放入三个不同的老化箱中进行老化处理，每个老化箱的电功和温度可以分别控制。油纸试样在老化箱中的布置方式如图 8.30 所示，油纸试样均匀放置在老化箱中，并且每片油纸试样夹在两个 Al 电极之间，其中下电极接地，上电极与高压直流电源相连，通过控制直流电压的幅值来控制电场分量。所有的油纸试样和电极均浸没在绝缘油中。三个试验箱中的老化条件不同。第一个老化箱，温度 130℃，电场为 0；第二个老化箱，温度为室温(约为 25℃),电场为 20kV/mm;第三个老化箱,温度为 130℃,电场为 20kV/mm,其中每个老化箱温度的控制精度为±1℃。

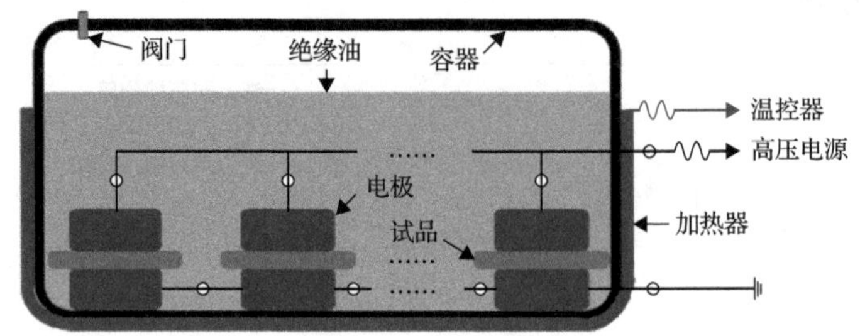

图 8.30　老化过程中油纸试样的布置方式

定期取出老化后的油纸试样，并采用 PEA 法测量其中的空间电荷分布。为了便于比较，所有空间电荷分布均在室温下测量，这意味着不能直接取出试样然后马上测量其中的空间电荷分布。考虑到三种试样老化条件的差异，在取样时遵循如下流程。首先，将试样缓慢冷却到室温，在此过程中保持老化过程中的电场不变；然后，将待取出的油纸试样短路 1min(为了保证实验操作人员的安全)并取出试样；最后，经过 5min(取出试样、试样放置及准备空间电荷测量的时间)的等待时间后，开始测量每片油纸试样中的空间电荷分布。在空间电荷测量过程中，施加到油纸试样上的电场为 20kV/mm，极化 30min 后再对其进行短路处理。

2. 空间电荷分布

对于不同条件下的老化对油纸空间电荷的影响，加速电老化和热老化在本书 6.4.2 节和 6.4.3 节已经对其进行过较为详细的讨论，以下介绍电热联合老化实验，并且综合以上实验的典型时刻的空间电荷分布曲线以展示不同老化方式的影响。

图 8.31(a)所示是电热老化 250h 后油纸试样中的空间电荷分布曲线。在电热老化的影响下，在空间电荷测量的开始时刻油纸试样中有非常明显的正电荷积聚。在极化过程中，阳极附近有非常明显的正电荷积聚，并且阳极处电荷密度的减小和阴极处电荷密度的增大也十分显著。图 8.31(b)是电热老化末期的油纸试样中空间电荷分布随时间的变化情况，极化过程中有更加明显的正电荷积聚。在测量的初始时刻试样中就有更多的正电荷积聚。由于在极化过程中，油纸试样中积聚了大量的正电荷，由式(3-97)可知会在阳极处感应出大量的负电荷，以至于图 8.31(b)中阳极处的电荷符号逐渐由正极性转变为负极性。

图 8.32 所示是不同老化条件、不同老化状态的油纸在去极化过程中的空间电荷分布。可见老化过程中三种试样阳极和阴极附近均有同极性电荷积聚，250h 下积聚较少，1000h 下积聚较多。其中，由图 6.26(b)和图 8.31(b)可知，电老化和

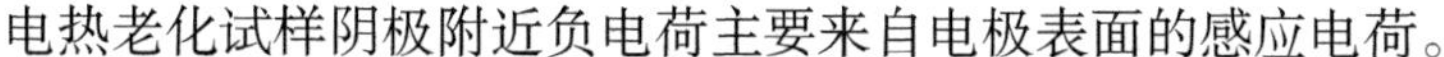

电热老化试样阴极附近负电荷主要来自电极表面的感应电荷。

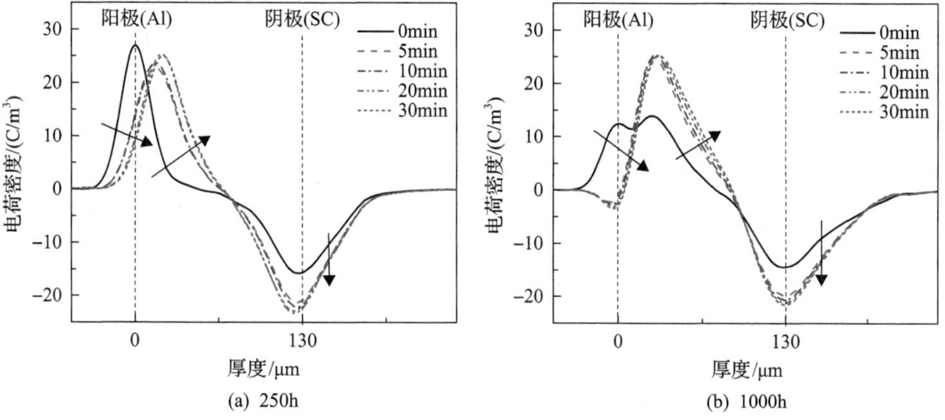

(a) 250h　(b) 1000h

图 8.31　电热老化过程中油纸试样中的空间电荷分布曲线

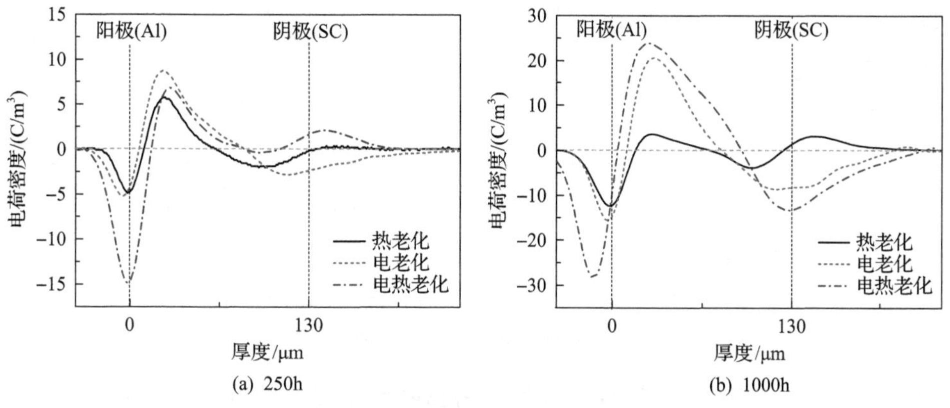

(a) 250h　(b) 1000h

图 8.32　去极化过程的空间电荷分布

3. 空间电荷积聚总量

无论是热老化还是电老化亦或是电热老化后的油纸试样在极化过程中，阳极附近均有正电荷积聚，不妨通过计算阳极附近积聚的正电荷总量随时间的变化来比较不同老化条件对电荷积聚过程的影响。图 8.33 所示是正电荷积聚总量计算过程示意图，图中 $\rho_1(x)$ 和 $\rho_2(x)$ 是挑选的不同时刻的空间电荷分布曲线，一般选择测量初始时刻的曲线作为 $\rho_1(x)$。

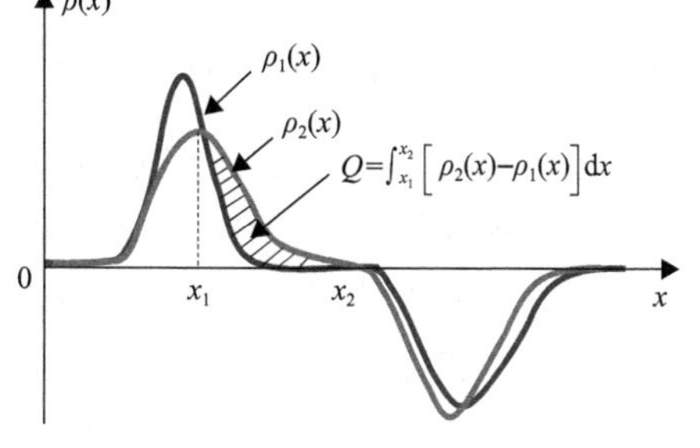

图 8.33　正电荷总量计算方法示意图

图 8.34 所示为不同老化状态的油纸试样中阳极附近正电荷总量随时间的变化情况。从图中可以看到，电热老化的油纸试样中的正电荷总量最大，热老化的油纸试样中的正电荷总量最小。通常情况下，热老化、电老化和电热老化的油纸试样中的正电荷总量均随着老化时间逐渐增大。从图 8.34 中还可以发现，电热老化的油纸试样中正电荷总量的增长速度大于热老化和电老化的油纸试样。表 8.5 列举了不同老化阶段的油纸试样在极化结束时刻的正电荷总量，结果表明电热老化的油纸试样中正电荷积聚总量不仅分别大于电老化和热老化的油纸试样中正电荷积聚总量，甚至比它们的和还要大。

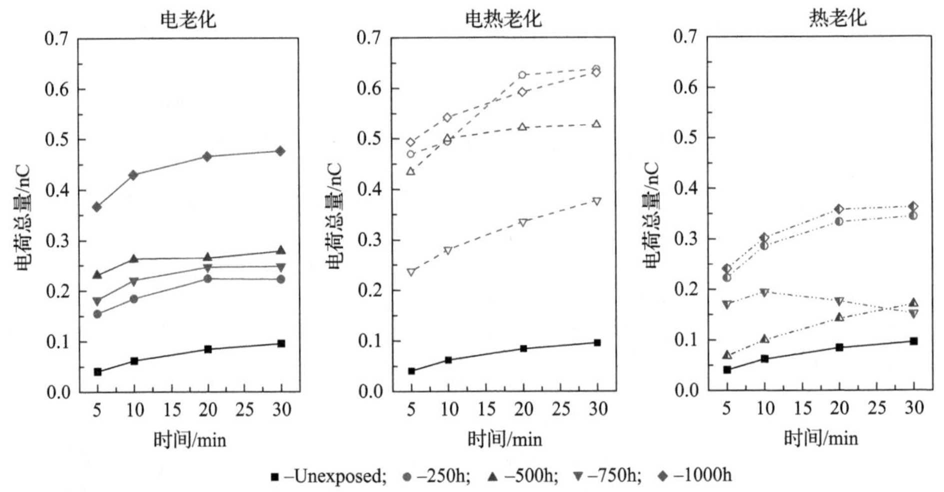

图 8.34　阳极附近正电荷总量随时间的变化

表 8.5　不同老化阶段的油纸试样在极化结束时刻的正电荷总量　　(单位：nC)

老化时间/h	电老化	热老化	电热老化	计算值*
250	0.20	0.34	0.64	0.54
500	0.28	0.17	0.51	0.45
750	0.25	0.15	0.41	0.40
1000	0.48	0.36	0.69	0.84

*该值是在相同老化阶段的电老化和热老化油纸试样在极化结束时刻的正电荷总量的和。

由于电场的作用，在空间电荷测量的开始瞬间，电老化和电热老化的油纸试样中就有电荷积聚，它们在极化开始时刻的空间电荷总量如图 8.35 所示。从图中可以看出，随着老化时间的延长，在空间电荷测量开始瞬间油纸试样中积聚的电荷量增大，并且电热老化后的油纸试样中积聚的电荷量高于电老化后油纸试样中积聚的电荷量。

空间电荷的积聚导致油纸试样中的电场发生畸变，图 8.36 所示是不同老化条件、不同老化阶段的油纸试样在极化结束时刻的电场畸变情况。图中结果显示，随着老化时间的延长，电场畸变越来越严重，即电场增强比率越来越大。在不同的老化阶段，电热老化的油纸试样中电场增强比率最大，电老化的油纸试样次之，电场增强比率最小的是热老化的油纸试样。

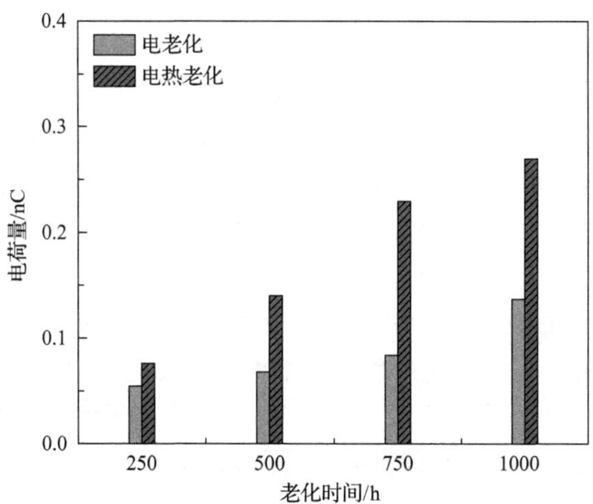

图 8.35　油纸试样在极化初始时刻的空间电荷总量

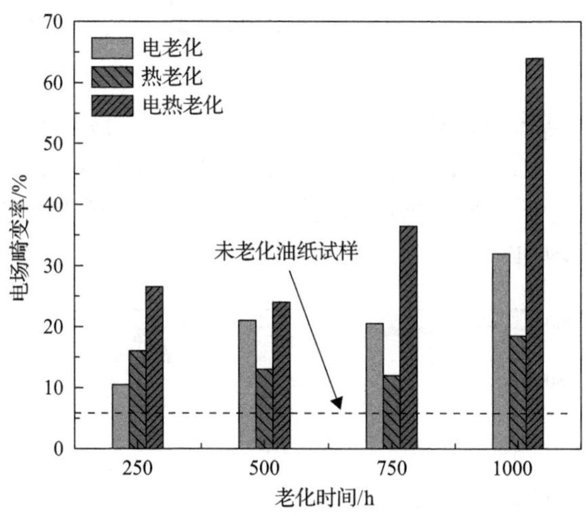

图 8.36　油纸试样在极化结束时刻的电场畸变

8.4.2　老化过程中陷阱的形成

老化会引起油纸绝缘介电响应[23]和空间电荷的运动[24]等特性发生变化，对绝缘油和绝缘纸单独进行老化的试验表明绝缘油[24]和绝缘纸[25]的老化都会导致更多的陷阱电荷。

陷阱可以通过物理缺陷或者化学缺陷形成，典型的物理缺陷的能级约为0.15eV，并且小于0.3eV，其密度在$10^{27}m^{-3}$数量级；化学缺陷的能级则要深得多，其能级一般小于1.0eV，并且非常稀少，其密度通常在$10^{21}\sim10^{25}m^{-3}$[26]。

1. 化学缺陷

纤维素是绝缘纸和绝缘纸板的主要成分，它是由葡萄糖单元通过特殊的方式彼此连接起来的一种聚合物[27]。纤维素在电场、热场和应力的作用下会逐渐发生降解，纤维素的降解包括链中单体单元内部和单体单元之间的共价键断裂，以及链内和链链之间的氢键断裂。更为严重的是，在热降解和水解过程中，葡萄糖链的断裂和氢键的断开会导致纤维机械强度的弱化甚至脆化[28]，而且绝缘纸的老化会产生更多的陷阱[25]，甚至会加深陷阱能级。

老化后的绝缘油FTIR光谱分析如图8.37所示，老化后的绝缘油在1740cm^{-1}附近出现了吸收峰，表明老化过程中油纸发生了降解。由红外光谱吸收峰值与基团的对应关系可知，该峰值对应于羰基(C═O)基团[29]，可能来自老化过程中产生的酮基、脂基、醛基和羧基等。极坐标下羰基周围的电势分布如式(8.9)所示[30]：

$$V(r,\theta,\phi)=\frac{m\cos\phi\sin\theta}{4\pi\varepsilon_0\varepsilon_r r^2} \tag{8.9}$$

式中，m为羰基的偶极矩，其值为$9\times10^{-30}C\cdot m$[31]。当$\phi=0$、$\theta=\pi/2$时，计算结果如图8.38所示，在50nm范围内的陷阱深度约为0.5eV，并且负电荷的陷阱能级更大。由于热老化会增加物理和化学缺陷，所以油纸中积聚的电荷总量随着老化时间的延长而增加。

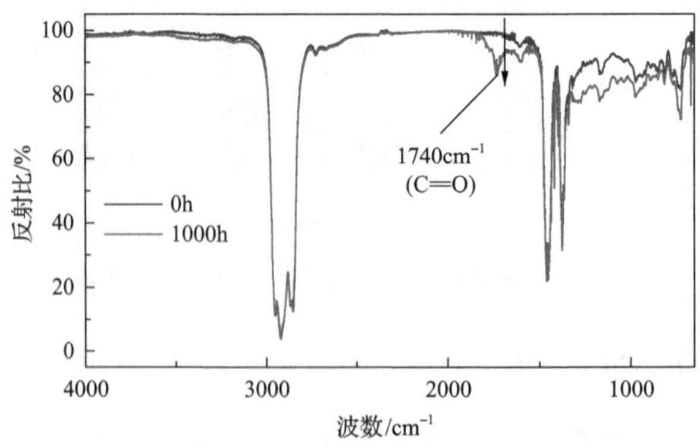

图8.37　电热老化过程中绝缘油的FTIR光谱分析图

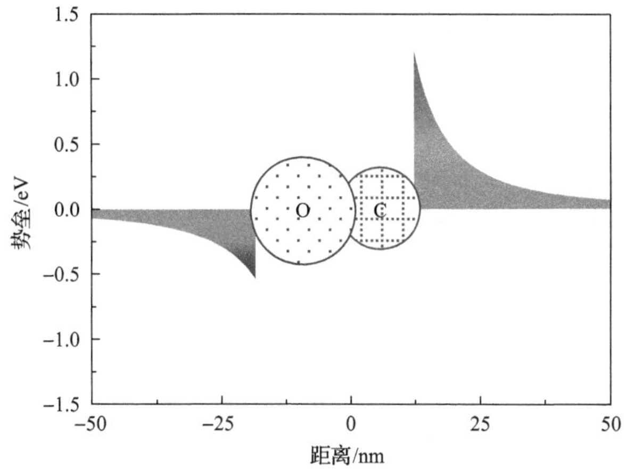

图 8.38　羰基周围的势垒

2. 物理缺陷

由图 6.25 中结果可知，在外加电场的作用下油纸中发生了空间电荷的积聚，这是电荷的注入和抽出、电荷的入陷和脱陷以及电荷的复合等综合作用下的结果[32]，在这些过程中释放的能量通常不足以引起材料局部区域的化学特性发生改变，但是它可以影响局部区域内分子的物理排布[33]。如果电荷被深陷阱所俘获，由于电荷被限制在极小的局部区域，由陷阱电荷极化所引起的周围介质中所储存的机电能量是非常高的，这部分能量来源于大大小小极化子的形成，能量的大小取决于电荷俘获过程中电荷周围扰动区域的大小相对于最近相邻原子间的距离[34]。在每个陷阱电荷分布的中心位置，电荷密度最大，电场最低，陷阱电荷周围的机电能量在此处最大，也即机电能量高度集中在一个极小的区域内。每个陷阱电荷所对应的机电能量的最大值高达 5～10eV，因而电荷分布的任何波动所释放的能量都足以在微观或细观层面上引起不可逆的损伤，并且电荷的复合过程中形成的激发态对化学反应极为重要。由电致发光的光谱分析发现在电荷发生复合的区域内有化学或/和物理降解现象[33]。因此，电老化和电热老化也会导致更多陷阱的产生。

图 8.39 和图 8.40 所示为不同电热老化程度的油纸表面的 AFM 和 SEM 扫描图，随着老化时间的延长，绝缘纸表面的粗糙度增大，纤维变细，并且出现了孔洞，说明绝缘纸发生了物理降解。孔洞形成以后，由于绝缘纸的介电常数大于绝缘油或空气，在外加电场的作用下，孔洞表面会产生极化电荷 σ_p，在孔洞周围形成势阱，使孔洞变成陷阱[31]，如式(8.10)所示：

$$\sigma_{\mathrm{p}}=\varepsilon_0 E_{\mathrm{a}}\left(1-\frac{3\varepsilon_{\mathrm{r1}}}{2\varepsilon_{\mathrm{r1}}+\varepsilon_{\mathrm{r2}}}\right)\cos\phi\sin\theta \tag{8.10}$$

式中，ε_{r1} 和 ε_{r2} 分别为孔洞周围和孔洞内部介质的相对介电常数。

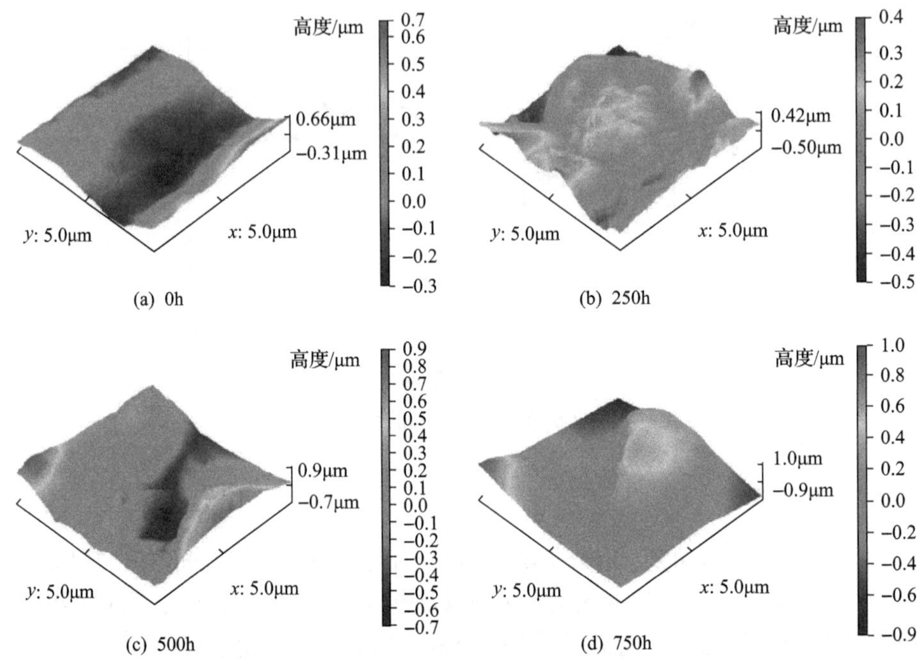

图 8.39　电热老化油纸表面的 AFM 扫描图

图 8.40　电热老化油纸表面的 SEM 扫描图

由于以空间电荷测量初始时刻的分布曲线为 $\rho_1(x)$，所以图 8.34 所示实则是在 30min 极化过程中空间电荷积聚的变化情况。电老化后的油纸试样中比热老化后的油纸试样中有更多的电荷积聚。虽然在空间电荷开始测量前的 6min 准备试样的过程中，油纸试样中的空间电荷会消散，但是电老化会给电介质造成不可逆的损伤，因而极化开始后电荷迅速积聚[35]，从另一个方面证明了上文所描述的电老化可以造成物理/化学缺陷。

由于电场和热场均会造成劣化，所以油纸在电热老化过程中的降解更加严重，比电老化和热老化单独引起降解的总和严重，如表 8.5 中所示。高温除了引起热老化外，电热老化过程中的高温还加剧了空间电荷的动态过程，图 8.35 中的初始电荷量就是一个体现。显而易见，高温会使介质变得更加活跃，并促进机电能量的释放。此外，由于电场分量的存在，流过试样的电流产生的焦耳热会使试样中的温度高于环境温度，并且电荷的入陷和脱陷会产生激发态，激发态的衰变会引起链的断裂和重新排布[33]。空间电荷引起的电场畸变也会加快一些局部区域内的上述两个过程。因此，电热老化会产生更多的物理/化学缺陷，正电荷的积聚速度更快(图 8.34)，电场畸变也更加严重(图 8.36)。

8.4.3　孔洞与正电荷积聚现象

由前面极化和去极化过程中的空间电荷分布可知，电老化和电热老化后的油纸试样中的空间电荷分布有一个独特的特点，积聚的电荷全部或大部分都是正电荷。

由前面结果可知，空间电荷的动态过程会导致孔洞的形成，图 8.41 所示是利用 Quadrasorb SI-MP 孔隙分析仪测得的电热老化油纸中的孔体积。随着孔直径的增大，孔体积增大，并且由于孔洞的形成，电热老化会导致孔隙增多。8.3 节中建立的油纸-油纸界面处的“U”形能级结构是基于绝缘纸和绝缘油的接触，而界面处能够形成油隙是因为绝缘纸表面孔洞的缘故，不妨假设该“U”形能级结构对单个孔洞也适用。离子电荷可以通过隧道效应进入到绝缘介质内部，而根据“U”形能级结构，负电荷更容易穿越电介质-孔洞的界面[36]，正电荷残留下来。孔隙中还可能发生局部放电并且局部放电会导致部分电荷残留在孔隙的壁上，电荷的极性取决于两个完全相反的消除机制，即电荷的中和反应以及孔隙表面电导率的改变[37]，最终会导致一种极性的电荷不断积聚而另外一种极性的电荷不断消散[38]。

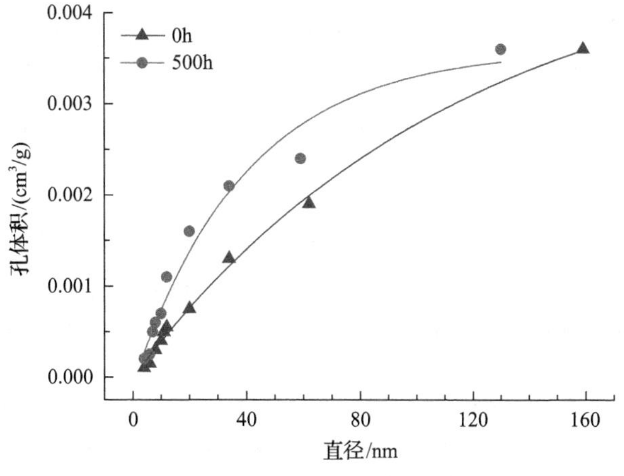

图 8.41　电热老化油纸中的孔体积

同样，根据“U”形能级结构，电老化或电热老化的油纸试样中将发生正电荷积聚。

虽然油纸中一开始就存在孔洞并且热老化也会导致孔洞的增加，然而热老化的油纸试样中发生的是同极性电荷积聚，说明只有当孔洞的数量超过某个临界值，孔洞的作用才占主导。从正电荷积聚的总量来看，虽然热老化也会导致孔洞的形成，但是在电场作用下油纸中键和链的断裂情形比在热场作用下的情形要严重得多。

参考文献

[1] 黄猛. 电热耦合下油纸绝缘空间电荷及其对击穿的影响[D]. 北京: 清华大学, 2016.

[2] Satoru M, Tanaka T, Muto H, et al. Development of XLPE cable under DC voltage[C]//5th Proceedings International Conference on Insulated Power Cable (Jicable'99), Versailles, 1999: 527～562.

[3] 王烜, 曹晓珑. 特高压换流站输电设备概述[J]. 电气技术, 2006 (5): 9～14.

[4] HVDC converter transformers design review, test procedures, ageing evaluation and reliability in service[R]. CIGRE Joint Working Group, 2010.

[5] Hozumi N, Suzuki H, Okamoto T, et al. Direct observation of time-dependent space charge profiles in XLPE cable under high electric fields[J]. IEEE Transactions on Dielectrics and Electrical Insulation, 1994, 1 (6): 1068～1076.

[6] Dissado L A, Mazzanti G, Montanari G C. The role of trapped space charges in the electrical aging of insulating materials[J]. IEEE Transactions on Dielectrics and Electrical Insulation, 1997, 4 (5): 496.

[7] 周远翔, 王宁华, 王云杉, 等. 固体电介质空间电荷研究进展[J]. 电工技术学报, 2008 (9): 16～25.

[8] 王永红, 魏新劳, 陈庆国. 极性反转电压下油纸复合绝缘的特性[J]. 中国电机工程学报, 2012, 32(19): 161～168.

[9] 全国变压器标准化技术委员会. 变流变压器 第 2 部分: 高压直流输电用换流变压器 GB/T 18494.2—2007[S]. 北京: 中国标准出版社, 2007.

[10] Huang M, Zhou Y X, Chen W J, et al. Influence of voltage reversal on space charge behavior in oil-paper insulation[J]. IEEE Transactions on Dielectrics and Electrical Insulation, 2014, 21 (1): 331～339.

[11] 何祚镛, 赵玉芳同. 声学理论基础[M]. 北京: 国防工业出版社, 1981.

[12] Fu M, Dissado L A, Chen G, et al. Space charge formation and its modified electric field under applied voltage reversal and temperature gradient in XLPE cable[J]. IEEE Transactions on Dielectric and Electrical Insulation, 2008, 15 (3): 851～860.

[13] 王云杉, 周远翔, 李光范, 等. 油纸绝缘介质的空间电荷积聚与消散特性[J]. 高电压技术, 2008, 34(5): 873～877.

[14] 高关治, 黄维. 固体中的电输运[M]. 北京: 科学出版社, 1991.

[15] 李贤慧, 钱学仁. 纸浆中的羧基及其对造纸过程和纸张性能的影响[J]. 中国造纸, 2008, 27 (7): 51～57.

[16] Maeno T, Futami T, Kushibe H, et al. Measurement of spatial charge distribution in thick dielectrics using the pulsed electroacoustic method[J]. IEEE Transactions on Electrical Insulation, 1988, 23 (3): 433～439.

[17] 唐超. 油纸绝缘介质的直流空间电荷特性研究[D]. 重庆: 重庆大学, 2010.

[18] IEC 61378～2 convertor transformers-part 2: Transformers for HVDC applications[S]. IEC, 2001.

[19] Huang M, Zhou Y X, Chen W J, et al. Space charge dynamics at the physical interface in oil-paper insulation under DC voltage[J]. IEEE Transactions on Dielectrics and Electrical Insulation, 2015, 22 (3): 1739～1746.

[20] Rogti F. Space charge dynamic at the physical interface in cross-linked polyethylene under DC field[J]. IEEE Transactions on Dielectrics and Electrical Insulation, 2011, 18(3): 888～899.

[21] Hjerrild J, Holboll J, Henriksen M. Effect of semicon-dielectric interface on conductivity and electric field distribution[J]. IEEE Transactions on Dielectrics and Electrical Insulation, 2002, 9(4): 596～603.

[22] Zhou Y X, Huang M, Sun Q H, et al. Space charge characteristics in two-layer oil-paper insulation[J]. Journal of Electrostatics, 2013, 71(3): 413～417.

[23] Hill D J T, Le T T, Darveniza M, et al. A study of the degradation of cellulosic insulation materials in a power transformer. Part III: Degradation products of cellulose insulation paper[J]. Polymer Degradation and Stability, 1996, 51(2):211～218.

[24] Miao H, Yuan Z, Chen G, et al. Space charge behavior in thick oil-impregnated pressboard under HVDC stresses[J]. IEEE Transactions on Dielectrics and Electrical Insulation, 2015, 22(1): 72～80.

[25] Wang S Q, Zhang G J, Mu H B, et al. Effects of paper-aged state on space charge characteristics in oil-impregnated paper insulation[J]. IEEE Transactions on Dielectrics and Electrical Insulation, 2012, 19(6): 1871～1878.

[26] Teyssèdre G, Laurent C. Charge transport modeling in insulating polymers: from molecular to macroscopic scale[J]. IEEE Transactions on Dielectrics and Electrical Insulation, 2005, 12(5): 857～875.

[27] Lundgaard L E, Hansen W, Linhjell D, et al. Aging of oil-impregnated paper in power transformers[J]. IEEE Transactions on Power Delivery, 2004, 19(1): 230～239.

[28] Emsley A M, Stevens G C. Kinetics and mechanisms of the low-temperature degradation of cellulose[J]. Cellulose, 1994, 1(1): 26～56.

[29] 卢涌宗, 邓振华. 实用红外光谱解析[M]. 北京: 电子工业出版社, 1989.

[30] Markus Z. Electromagnetic Field Theory: a Problem Solving Approach[M]. New York: Wiley, 1979.

[31] Takada T, Hayase Y, Tanaka Y, et al. Space charge trapping in electrical potential well caused by permanent and induced dipoles for LDPE/MgO nanocomposite[J]. IEEE Transactions on Dielectrics and Electrical Insulation, 2008, 15(1): 152～160.

[32] Belgaroui E, Boukhris I, Kallel A, et al. A new numerical model applied to bipolar charge transport, trapping and recombination under low and high dc voltages[J]. Journal of Physics D: Applied Physics, 2007, 40(21): 6760～6767.

[33] Laurent C. Charge dynamics in polymeric materials and its relation to electrical ageing[C]. 2012 Annual Report Conference on Electrical Insulation and Dielectric Phenomena. Montreal, 2012: 1～20.

[34] Blaise G, Sarjeant W J. Space charge in dielectrics. Energy storage and transfer dynamics from atomistic to macroscopic scale[J]. IEEE Transactions on Dielectrics and Electrical Insulation, 1998, 5(5): 779～808.

[35] Kishi Y, Miyake H, Tanaka Y, et al. Relationship between breakdown and space charge formation in polyimide film under dc high stress[C]. 2009 IEEE Conference on Electrical Insulation and Dielectric Phenomena. Virginia Beach, 2009: 146～149.

[36] Huang M, Zhou Y X, Chen W J, et al. Space charge dynamics at the physical interface in oil-paper insulation under DC voltage[J]. IEEE Transactions on Dielectrics and Electrical Insulation, 2015, 22(3): 1739～1746.

[37] Mauoux C, Laurent C. Contribution of partial discharges to electrical breakdown of solid insulating materials[J]. IEEE Transactions on Dielectrics and Electrical Insulation, 1995, 2(4): 641～652.

[38] Patsch R, Berton F, Jung J. Space charge, local electric field and partial discharges[C]. 2000 Eighth International Conference on Dielectric Materials, Measurements and Applications. Edinburgh, 2000: 519～522.

第 9 章　空间电荷的应用

在电气绝缘领域，空间电荷的行为对电气设备绝缘特性的影响时有发生，如极不均匀场下空气间隙击穿的极性效应、操作冲击电压随波前时间变化的“U”形特性、气体和液体绝缘结构的屏障均匀化电场现象等。除此之外，固体绝缘的电导过程中空间电荷的作用、固体绝缘击穿的同极性和异极性效应导致击穿电压的变化、直流设备运行过程中的极性反转导致绝缘故障、残留空间电荷对交流局部放电的影响等问题在工程上为人们所普遍认知。空间电荷对材料特性的长期影响和性能表征，空间电荷在生产实际中的应用如储能、驻极体过滤膜等，是目前研究的热点问题。

9.1　空间电荷与绝缘材料性能及评价

9.1.1　绝缘老化程度评价

在强电场下，由于外部电荷的注入、陷阱的捕获以及杂质分子的电离，聚合物中出现空间电荷，随后发生转移和消散，这都会改变电介质内部的电场分布，对局部电场起到加强或削弱的作用[1-3]。在空间电荷长期作用下，聚合物的性能会出现退化，最终导致绝缘提前击穿[4]。因此，空间电荷特性和绝缘老化密切相关。

1. 电力电缆

电缆绝缘材料 LDPE 在长期 –50kV/mm 直流电场极化下，试品内部空间电荷量先是迅速上升，随后趋于饱和。如图 9.1 所示，老化时间越长，试品内部由空间电荷导致的电场畸变越严重。不同直流老化时间的 LDPE 试品，泄放电荷后在外施直流高场强作用下，试品内部积聚电荷均为正极性，在阳极附近为同极性积聚，在阴极附近为异极性积聚。而在交流电场下老化的 LDPE 试品在老化结束后材料内并无显著的空间电荷积聚。对不同老化时间的试品施加从–50kV/mm 到–100kV/mm 的直流电场，试品内部都出现了明显的正极性空间电荷积聚。随着老化时间延长，正极性空间电荷积聚量显著增加，并在试品内部阳极附近形成同极性积聚。

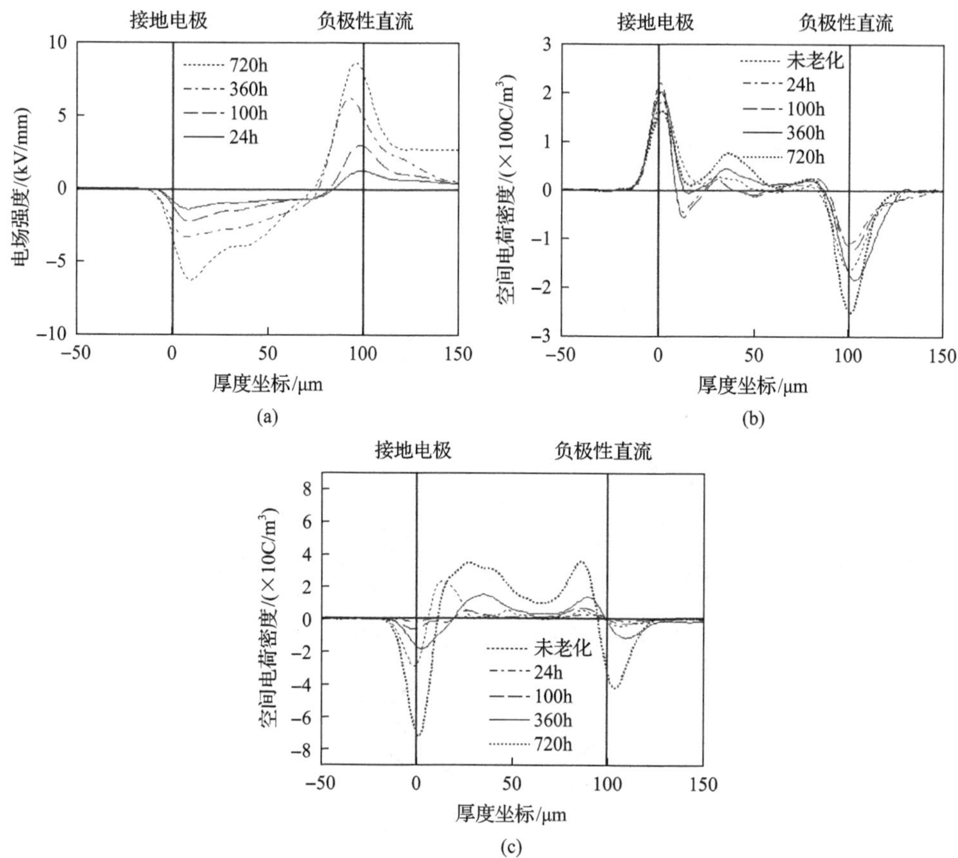

图 9.1　不同老化时间的 LPDE 材料的空间电荷特性

(a)–50kV/mm 直流场强下不同老化时间 LDPE 试品内部残余电场强度分布对比；(b)–75kV/mm 直流电场极化 60min 时的空间电荷分布；(c)撤去–75kV/mm 直流电场后 10min 时空间电荷分布对比

当外加电场增大到–100kV/mm 时，直流老化的试品内会出现明显的空间电荷包现象。空间电荷包运动速度随老化时间的增加显著降低，且直流老化时间越长的试品中越不容易出现空间电荷包现象，如图 9.2 所示。而在交流老化后试品能承受的最高场强范围内，试品内积聚的正极性空间电荷并没有显著的空间电荷包运动现象。可见，老化程度越高，空间电荷包越难以形成，空间电荷包的运动速度也越低。

陷阱密度的增加是材料老化的本质过程，也是材料空间电荷特性变化的内在原因。结合不同老化时间试品迁移率和老化试品含氧量的关系，可见交直流老化产生的陷阱浓度都随老化程度的增加而增加。陷阱浓度的增加，在老化开始时会使材料内的载流子更容易被陷阱捕获而导致迁移率降低，当陷阱浓度增加到一定

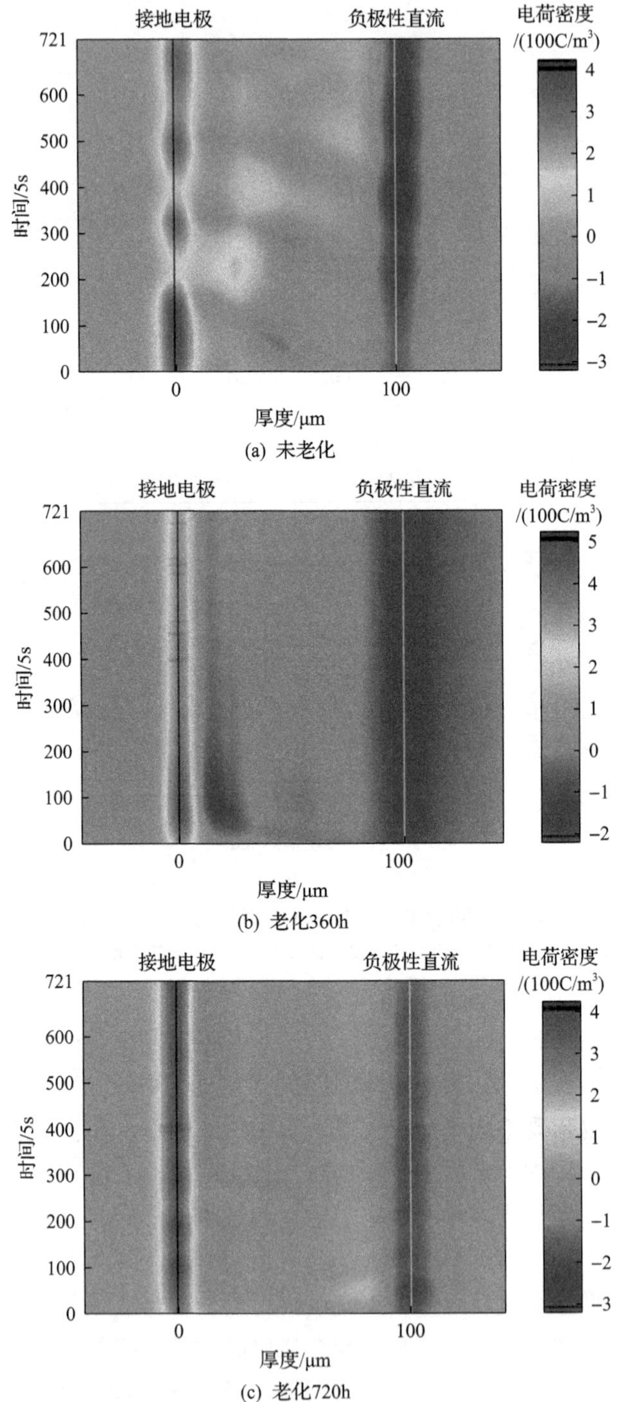

图 9.2　不同直流老化时间 LDPE 试品在−100kV/mm 下极化 60min 内空间电荷分布

程度后，由于陷阱之间的平均距离减小，势垒变窄而使载流子更容易在陷阱之间传递，导致材料的电荷迁移率大大增加。据此可将电荷迁移率作为表征材料老化程度的特征量。

2. 换流变压器

在换流变压器主绝缘的油纸复合材料中，老化对空间电荷特性的影响也是一个重要问题。实际运行中油纸在电热联合的作用下逐渐降解，从而影响空间电荷特性。

不论是在热老化、电老化和电热老化的油纸试样中，空间电荷积聚的总量均随着老化时间的延长而增加，如图 9.3 所示[5]。但是由于电场和热场的双重作用，电热老化的油纸试样中形成更多的陷阱，因而有更多的电荷被陷阱所俘获，电热老化的油纸试样中空间电荷积聚的速度最快，电场畸变也更加严重，如图 9.4 所示。

由于在空间电荷的注入和抽取、入陷和脱陷以及复合过程中所释放的能量非常高，足以引起键和链的断裂，所以除了热老化以外，电老化也会导致油纸中形成物理/化学缺陷，其中一个体现就是孔洞的形成。

如果老化条件中有电场分量存在，则正电荷积聚占陷阱电荷中的大部分，孔洞是正电荷积聚的主要原因。正电荷积聚可以通过隧道效应和局部放电过程形成，但是其根本原因是油纸-油纸界面的“U”形能级结构。孔洞会导致正电荷积聚，由于正电荷的积聚，油纸中键和链的断裂在电场作用下比在热场作用下更严重。

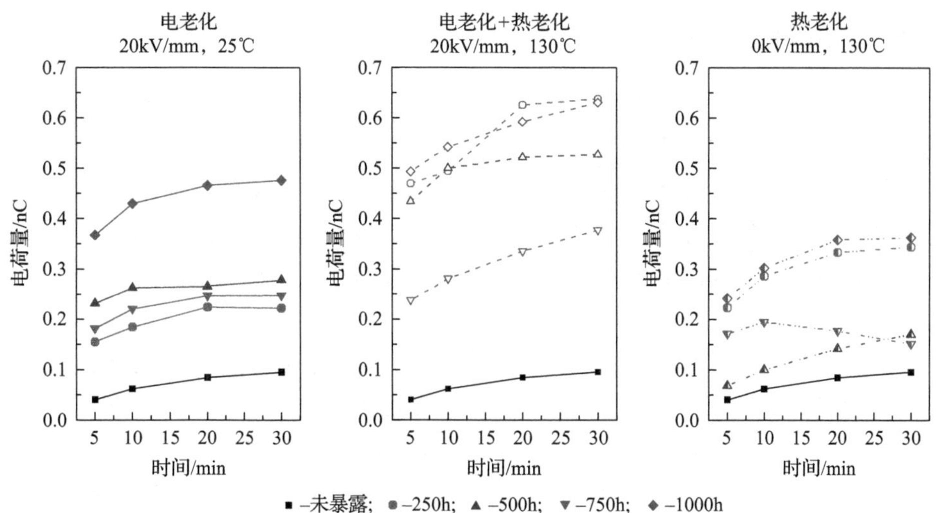

图 9.3　阳极附近正电荷总量随时间的变化

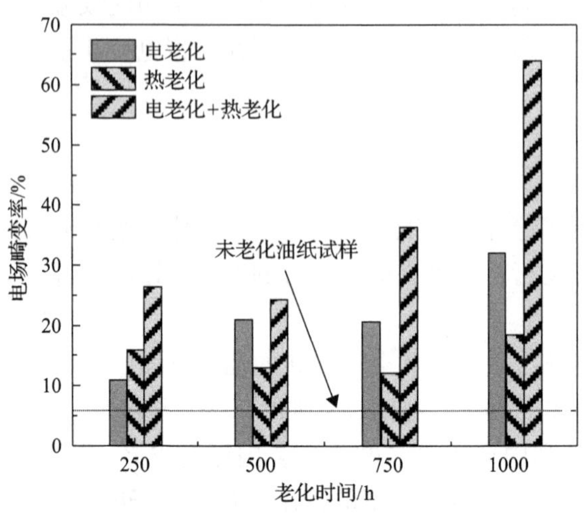

图 9.4　油纸试样在极化结束时刻的电场畸变

反过来，正电荷积聚又会产生更多的孔洞，因而孔洞的形成会加速绝缘失效，导致油纸绝缘长期运行条件下绝缘性能下降。正电荷或孔洞总量可作为电热耦合下油纸绝缘诊断或失效的判据之一。

由于空间电荷特性和绝缘材料电气特性的密切关系，空间电荷用于绝缘材料的老化评估中的研究一直在不断推进。学者们关注绝缘材料在运行电压下的击穿机理、寿命公式和绝缘诊断方法等。随着绝缘材料老化过程中空间电荷特性的演变行为不断明晰，未来空间电荷可以应用于绝缘材料的开发和评价。

9.1.2　空间电荷抑制技术

大容量高压直流设备绝缘材料是当前特高压直流输电工程的主要障碍之一，绝缘材料性能的优劣直接决定了高压/超高压直流设备的研发和工业化应用。空间电荷效应是高性能直流绝缘材料研发的关键问题。一方面空间电荷影响材料的绝缘和老化性能，另一方面绝缘材料的老化与劣化也反作用于空间电荷特性。基于此，具有空间电荷抑制潜力的聚合物基纳米电介质被广泛视为未来高性能绝缘材料的发展方向之一。

纳米尺度的无机填料，如金属氧化物颗粒，其表面能高达 500～2000mJ/m^2，而聚合物表面能仅为 20～50mJ/m^2。因此，添加纳米粒子会在材料内部形成大量的界面过渡区域，继而带来新的陷阱中心影响空间电荷的产生、迁移、积聚和消散行为。通过对纳米粒子表面接枝改性，包括小分子偶联剂或聚合物刷接枝，有助于改善纳米粒子的分散性，以期获得更好的空间电荷特性。

小分子硅烷偶联剂，例如 3-aminopropyltriethoxysilane、Vinyl trimethoxy silane、Hexamethyldisilazane 等，通过与纳米粒子表面的羟基发生缩合反应实现接枝，减小纳米粒子之间的范德瓦耳斯力，从而改善界面相容性，具有工艺简单、适用性广、成本低等优点。纳米 $CSiO_2$ 复合 XLPE 后，空间电荷的运动减慢。随着小分子偶联剂 MDOS 接枝密度增加，去极化过程中发现试样内部的残余电荷量仅有小幅下降，空间电荷改善效果并不明显，如图 9.5 所示。

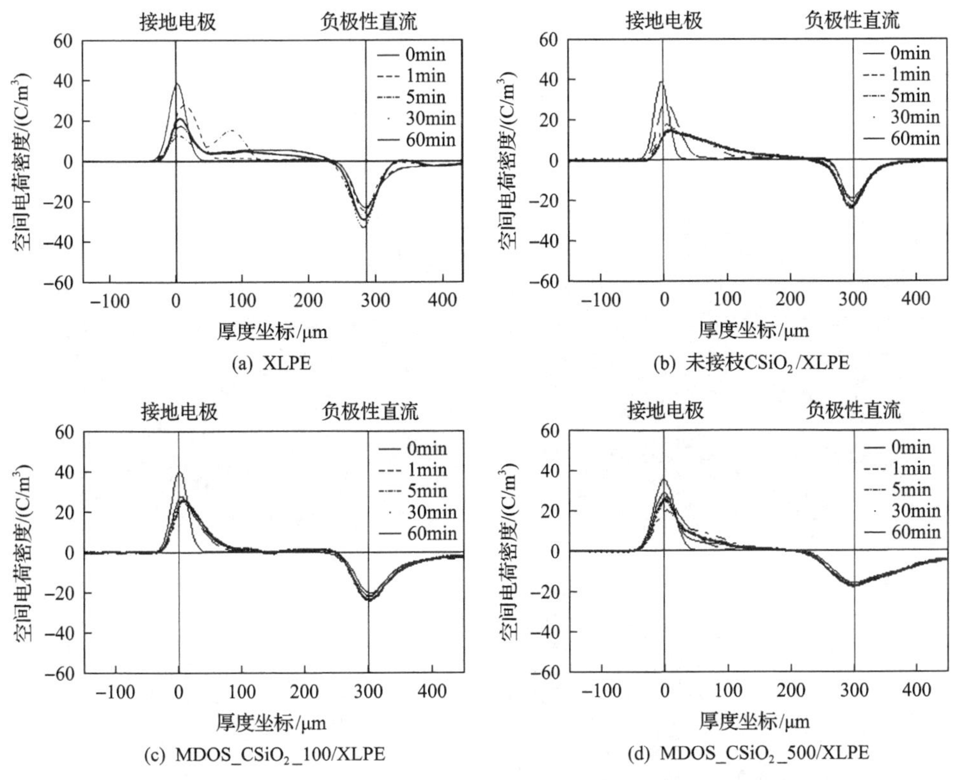

图 9.5　–50kV/mm 极化 60min 内纳米 $CSiO_2$/XLPE 的空间电荷和内部电场分布

小分子偶联剂表面接枝在高聚物体系的应用存在局限性，这是因为只有接枝物的接枝密度、分子量与基体分子量分布在一个合理区间里才会有较好的相容性。通过对纳米粒子表面接枝与基体具有相似结构的聚合物刷，可以使高聚物基体内部获得更好的纳米分散效果，纳米粒子团聚尺寸降至数十纳米。在 SiO_2 纳米粒子表面接枝与聚乙烯具有相同重复结构单元(—CH_2—CH_2—)的 PSMA 后获得了更好的分散效果，测试表明聚合物刷表面接枝与未接枝组别相比，能够形成更多的深陷阱中心，从而实现 –100kV/mm 强电场下空间电荷的完全抑制，如图 9.6 所示[6]。

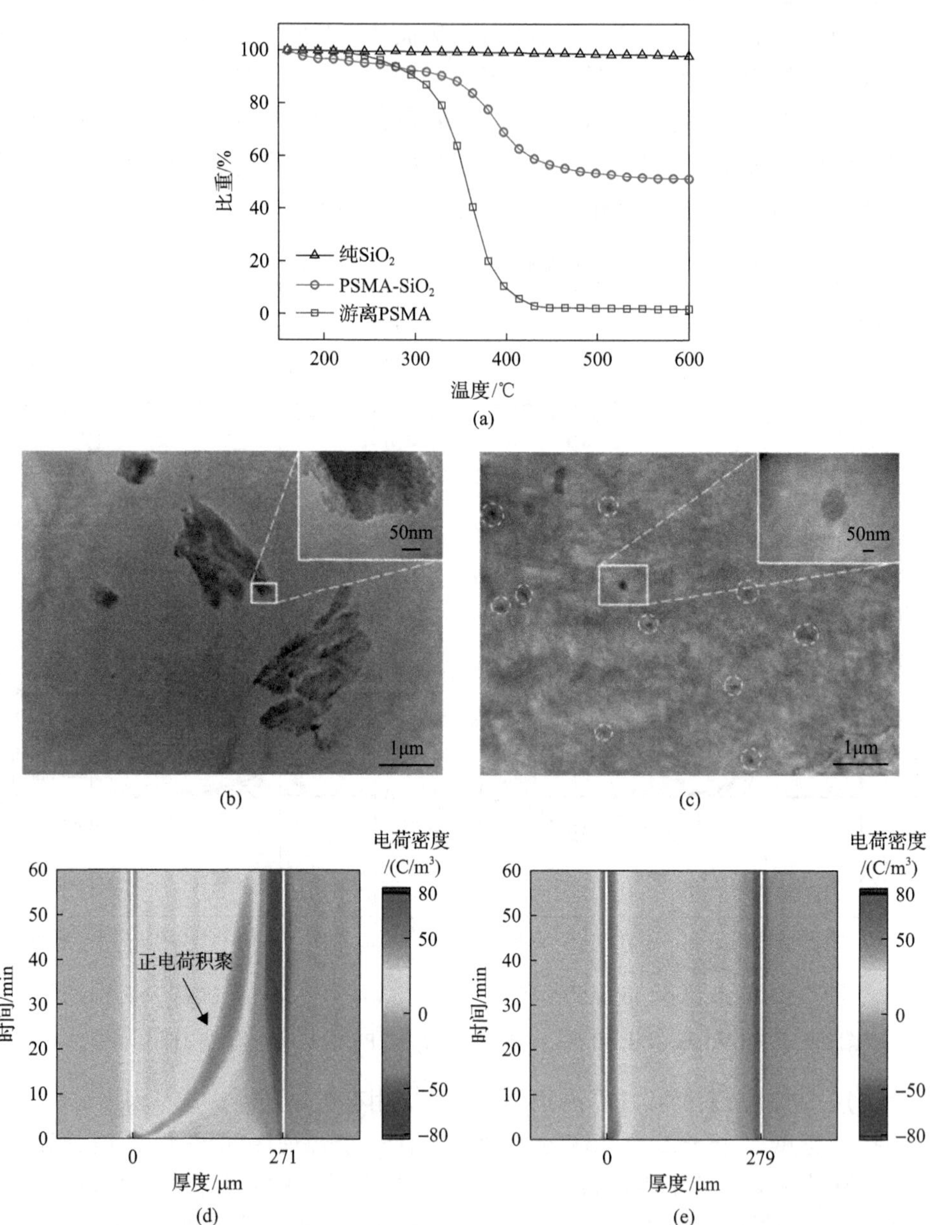

图 9.6　PSMA 聚合物刷接枝 SiO_2 复合 XLPE 材料

(a) TGA 曲线；(b) 和 (c) 未接枝 SiO_2 和 PSMA 接枝的在基体材料中的分散情况；(d) 和 (e) PSMA 接枝前后的空间电荷特性

9.2　空间电荷对直流电力设备结构设计指导

9.2.1　空间电荷对直流电力电缆绝缘结构设计的影响

近年来，直流电缆输电网络构建成为了解决电力大规模传输与新能源消纳两大问题的重要手段，也是未来大型城市输配电网络(35kV 及以上)的主要方案。一方面，由于直流电压的单极性等特点，直流电缆绝缘材料中的空间电荷的注入和积聚问题较为严峻。另一方面，交流电压下的电场分布主要由材料的介电常数决定，一般来说温度对材料介电常数的影响可以忽略不计。而直流电压下绝缘材料内部的电场分布取决于电导率分布，电缆绝缘材料的电导率随温度变化较大，并且不同绝缘材料受温度影响的程度不尽相同，这导致在直流电压下，多绝缘配合的电缆附件的电场分布更为复杂。空间电荷积聚和温度梯度等因素使得直流电缆和电缆附件内部电场畸变严重，容易激发内部缺陷，加速电缆绝缘材料的老化，并最终导致绝缘击穿。

1. 空间电荷在电缆本体材料选型及结构中的应用

由前面章节可知，绝缘材料凝聚态结构、纳米掺杂、老化等因素对空间电荷有着重要的影响，而有效抑制空间电荷注入的绝缘材料和相关方法是直流电缆发展中需要着重考虑的。在行业标准《额定电压 500kV 及以下直流输电用挤包绝缘电力电缆系统技术规范》中明确规定了直流电缆用绝缘材料空间电荷测量和材料要求[7,8]。

对于挤塑的直流电缆，通过电缆切片和空间电荷测量后，根据空间电荷测量结果计算各温度和场强下的电场畸变程度，在测试电场 E_0 和温度 T 下的电场畸变率 $\delta_{E_0,T}$ 按式(9.1)计算。

$$\delta_{E_0,T} = \left|E_{\max} - E_0\right| / \left|E_0\right| \times 100\% \tag{9.1}$$

式中，E_0 为测试时施加的电场，kV/mm；$E_{\max}$ 为根据空间电荷测试结果计算得出的试片中的电场最大值，kV/mm。每个温度和电场下的电场畸变率试验结果取该温度和电场下的两个试片测试得到的电场畸变率的平均值。推荐各温度和电场下的电场畸变率 $\delta_{E_0,T}$ 应不大于 20%。

因此，根据相关的行业标准，我们可以对电缆绝缘材料进行设计和研发，目前一般固体电介质空间电荷的抑制方法可分为两类，电极-聚合物界面的改性和聚合物绝缘本体的改性。前者是在电极-聚合物界面上增加电荷阻挡层。例如，在绝缘和电极界面进行表面氟化、等离子体处理等，或者通过对电极和聚合物绝缘间的半导电层进行改性，如改善炭黑含量、采用双半导电层、添加沸石粒子等，也能一定程度抑制空间电荷的注入。相较之下，聚合物本体改性的同时并保证绝缘特性，显得更富有挑战。本体改性可分为三类，不同聚合物的共混、聚合物基纳米复合材料和超纯电缆料的开发。不同聚合物共混的研究较少，例如研究发现将HDPE 或 XLPE 与高聚物按一定比例共混得到的复合材料，TSC 和 PEA 测试结果均表明空间电荷积聚量有所减少，同时击穿强度得到提高。而通过纳米复合技术来提高聚合物材料的力学、热学和电学等性能，则是近十年来高电压绝缘领域的研究热点。超纯料开发是目前我国±535kV 直流电缆绝缘料国产化的主要方法，通过对交联聚乙烯的原料进行超纯提取以及减少交联过程中的交联副产物或者小分子产生等方法，使绝缘材料保持相对纯净，同样可以达到抑制绝缘材料空间电荷的目的。

空间电荷特性除了对直流电缆绝缘材料选型有借鉴意义之外，对电缆导芯、绝缘厚度和半导电层等设计都提供了指导意义。温度对绝缘材料空间电荷注入和消散具有明显影响，通常来说，温度越高，绝缘材料内部更容易积聚空间电荷，因而通过设计计算导芯截面和电缆绝缘厚度等结构，控制电缆绝缘层的温度梯度分布，进而控制空间电荷和电场分布，使电缆在满足绝缘裕度情况下尽可能实现经济可靠运行。另一方面，由此可知，半导电层的电荷发射会影响绝缘层中的空间电荷注入等特性，因此，通过选用具有良好抑制空间电荷发射的半导电材料和结构也可以达到绝缘层中空间电荷抑制的效果。

2. 空间电荷在电缆附件绝缘结构设计中的应用

电力电缆附件是电缆本体连接及电缆出线端的重要组成部分，根据使用功能可划分为电缆连接件和电缆终端。一方面，电缆附件中的应力锥等结构设计解决了电缆出线处的电场集中等问题，另一方面，电缆附件也为电缆系统运维和检修提供了开断点。然而，电缆附件结构复杂，不仅存在多层绝缘配合问题，在多物理场耦合及长期老化作用下，电缆附件内部情况将更为复杂。电缆附件也因此成为了电力电缆系统中最为薄弱的一个环节，在已发现的电缆运行故障中发现，电缆附件的故障率远高于电缆本体[9,10]。近年来，交流电缆附件的开发日趋成熟，我国自主研发的交流 500kV 高压电缆附件也已投入运行。相对于交流电缆附件，直流电缆附件的研制更为困难。可以说，电缆附件绝缘和结构设计是直流电缆系统设计中的一个巨大挑战。

电缆附件中多层绝缘的界面电荷积聚是电缆附件设计中的主要问题。在直流电缆附件中，主绝缘材料(XLPE)和附件绝缘材料(硅橡胶、三元乙丙橡胶)之间形成了界面结构。由于界面两侧电介质的性质(电导率、介电常数)相异以及接触所造成的复杂的表面态情况，界面上会积聚一定的电荷量。考虑到应力锥等结构造成的切向电场分布，界面电荷容易在切向电场的作用下引发界面击穿。此外，界面电荷的积聚也可能使部分场强畸变，从而导致更多的空间电荷积聚。目前为了抑制界面电荷的产生以提高复合绝缘结构的界面击穿电压等性能主要有以下方法：①在界面涂覆硅脂等润滑剂，但长期运行时硅脂分子可能迁移进入附件硅橡胶中，影响其机械性能和电气性能，此外，极性较强的硅脂也可能造成更多的界面电荷积聚；②改变绝缘材料的表面态，例如对材料做表面氟化处理；③通过非线性电导的手段实现两种介质的电导率匹配；④引入深陷阱抑制电荷的迁移从而抑制界面电荷的积聚。

除此之外，部分学者从绝缘结构入手，通过优化应力锥结构等方式来均匀化电缆附件中的电场分布。然而电缆附件结构优化较为复杂，且针对不同绝缘材料的适用范围较窄。比如应力锥面设计，应力锥的设计优化条件为预制应力锥与 XLPE 电缆绝缘交界面的切向电场强度相等。目前，学者主要关注附件绝缘材料性能，以达到改善电场强度分布的效果。但实际上，当改善绝缘材料的性能后，电缆附件空间电荷和电场分布特性也随之改变，因而需要与之匹配的电缆附件结构。如何对附件绝缘结构进行优化以适用于不同绝缘材料，实现二者的良好匹配，是目前的研究难点。

9.2.2　空间电荷在换流变压器绝缘结构设计中的应用

由于交流输电系统已经全面占领输电市场，直流输电系统必须采用交流/直流-直流/交流模式，即将交流电压转换成直流，用直流进行输电，在受端再转换为交流，以供交流负荷使用，因而直流输电必须在送端和受端进行换流，每个换流单元包括换流器、换流变压器和控制保护装置等。而换流变压器是直流输电系统最核心、最关键的设备之一。换流变压器以绝缘油和绝缘纸构成的组合绝缘为主要绝缘材料，在不同电压形式下油纸中的电场分布规律不同。由于交流电压极性周期性变化，在电介质中不易积聚电荷，而直流电压极性长时间不变，载流子的定向移动容易在固体电介质中积聚电荷，导致直流电压下绝缘材料还面临空间电荷的积聚问题。

1. 空间电荷对油纸绝缘选型的影响

不同于直流电缆等固体材料，油纸绝缘本质上是油和纸的绝缘配合问题。因此，为了达到换流变压器内部电场分布符合设计要求，需要对换流变用纸和油进行选型或者改性，使得其达到抑制空间电荷的效果。目前，对于绝缘纸的改性来说，通常包括纸纤维工艺改性、纳米填充和表面改性等方法。纸纤维工艺改性方法中，通常可以通过纤维种类、造纸工艺例如打浆度、压力、温度等方式控制绝缘纸的性能。纳米填充则可以通过添加无机纳米颗粒，例如纳米 TiO_2、Al_2O_3、

SiO_2、MMT 等，实现绝缘纸击穿性能和空间电荷抑制特性的协同提升；此外，可以通过添加纳米纤维素等有机物的方法同时提升绝缘纸的机械性能和电气击穿性能。而对于表面改性方法来说，则可以通过绝缘纸表面镀膜、氟化或等离子体处理等方式阻止空间电荷的注入。

目前绝缘油可以通过在油中添加各类抗氧剂等或者是纳米颗粒等，实现绝缘油中空间电荷的良好抑制效果。近年来，植物油、非环烷基油等不同种类的油也逐渐进入大家的视野，不同种类油的空间电荷及其改性方法也得到了广泛的研究。总体来说，对于换流变压器用绝缘纸来说，由于其承受交直流复合电压，油纸绝缘材料设计与选型必须要综合考虑空间电荷在内的各项电气性能及机械、热等特性。

2. 空间电荷在换流变压器结构设计中的应用

针对换流变压器来说，由于空间电荷的存在，换流变压器内部的电场分布会有所不同。因此，如何准确评估换流变压器中的电荷分布，真实反映出换流变压器内部的电场分布信息是换流变压器绝缘及结构设计的关键难题。在理论计算方面，随着计算机技术的不断发展，仿真模拟手段得到了进一步的丰富和发展。研究者们可以通过有限元等方法，建立全尺寸的换流变压器模型，仿真出在实际换流变压器结构下的空间电荷输运及电场分布信息。然而，不幸的是，由于换流变压器的体积过于庞大，并且考虑到电荷输运等物理模型的复杂性，相关的物理建模和仿真计算难度大，不易得到相关的电荷和电场仿真结果。在试验测量方面，目前，PEA 法可以测量得到油纸绝缘中的空间电荷分布。此外，研究者基于 Kerr 效应，得到了大尺寸油隙中的电荷和电场分布信息。但是无论是 PEA 法还是 Kerr 效应法，要应用于真实换流变压器的结构测量还有很长的路要走。只有真实掌握了实际换流变结构下的空间电荷分布信息及计算模型，才能为后续换流变压器的结构设计和故障分析提供最直接的理论依据和数据支持。

9.2.3 空间电荷在其他电力设备结构设计中的应用

1. 气体绝缘管道

气体绝缘管道中的支撑绝缘子是其重要的部件之一。在直流电压作用下，绝缘子表面会积聚大量的电荷，从而畸变绝缘子表面电场，甚至引起沿面放电。目前，大量的学者针对不同表面材料、不同表面状态和结构以及不同的环境下的绝缘子表面电荷积聚和消散特性开展研究。通过研究表面电荷的积聚和消散特性，掌握电荷输运机制和抑制机理，进而对绝缘子结构和表面进行设计和改造，成为了目前气体绝缘管道中研究的热点。

2. 电力电子器件开关

近年来，随着柔性输电和未来开关器件的不断发展，大容量电力电子器件得到了不断发展。电力电子器件目前朝着更高容量、更快频率和更小尺寸的方向发展。而在稳态状态下，电力电子器件承受着直流电压的作用，开关状态下承受着周期性的高频电压作用，绝缘材料内部极易积聚空间电荷，进而导致局部放电甚至绝缘击穿。因此，掌握电力电子器件绝缘材料在高温、高频电压作用下的空间电荷积聚和消散特性具有重要意义。可以基于对其空间电荷的研究，实现对电力电子封装绝缘材料的进一步选型，以对电力电子封装结构进一步的优化。

3. 其他

除了上述的一些常见的设备，在其他电力设备中，空间电荷对绝缘结构的设计也同样具有重要意义。例如在电场集中的地方，空间电荷将明显积聚，容易引起电晕放电、局部放电、树枝老化等绝缘破坏现象。因此，电力设备制造厂商或安装者都需要格外注意电力设备中的不平滑毛刺、空洞等缺陷，只有在生产和制造过程中尽量避免这些缺陷的存在，才能尽可能降低设备绝缘中的电场畸变。

9.3　空间电荷在设备绝缘试验中的应用

9.3.1　空间电荷的现场测量

如本书的前八章内容所述，在直流电场的作用下，绝缘材料中载流子定向移动容易形成空间电荷。空间电荷在电场中注入、积聚、迁移、消散等动态行为会造成材料内部局部电场过高，从而加速绝缘材料的劣化，甚至导致提前失效，给绝缘设备的安全稳定运行造成严重威胁。

针对各类绝缘材料的空间电荷特性研究相当丰富，但在实际的电气设备当中，绝缘材料并不是单独作用，而是以一定的结构形式与其他材料配合存在。以挤包电缆为例，在实际使用过程中，主绝缘面临的是发散电场，而且还有绝缘与半导电界面、绝缘材料加工、温度梯度等的影响。

出于这些考虑，国内外学者对全尺寸电缆空间电荷测试十分关注。1990 年，Fukunaga 首次实现对同轴电缆结构的试样 PEA 空间电荷测量系统[11]。而到了 1998 年，Takeda 等则已经实现了 250kV 直流电缆的全尺寸空间电荷测量，其绝缘厚度为 20mm[12]。2003 年，Yamanaka 则利用空间电荷测量得到 500kV 电缆在额定工况下工作 3h 后内部电场的畸变情况，如图 9.7 所示[13]。而国内的全尺寸空间电荷测试技术起步相对较晚，华北电力大学、西安交通大学、上海交通大学相继发展了相应的系统。

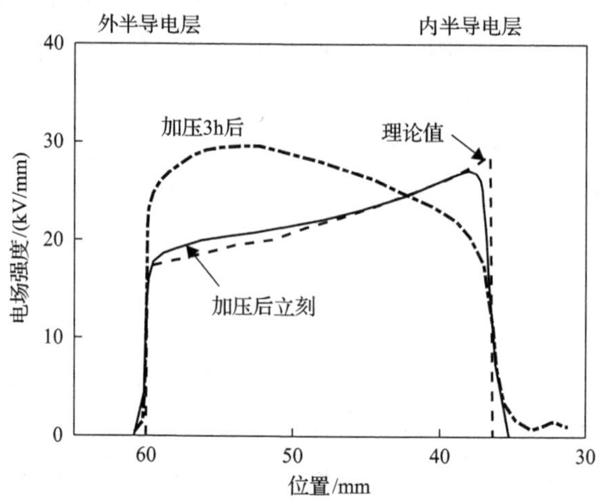

图 9.7　文献[13]中±500kV XLPE 电缆内部电场分布

随着全尺寸电缆空间电荷测量技术的进步，PEA 空间电荷测量也在渐渐从高校、研究院所向工业界拓展应用。2018 年，上海交通大学与国家电网公司合作在 500kV 交流海底电缆上实现了+535kV 电压下全尺寸电缆空间电荷的测量，测量系统如图 9.8 所示。全尺寸长电缆的 PEA 空间电荷测量系统的主要技术方案如书中 3.1 节所述，主要分为截断外屏蔽层和测量系统悬空。需要注意的是，现在的长电缆空间电荷测量技术所使用的电缆长度仍然有限，而且即便是测量系统悬空的测

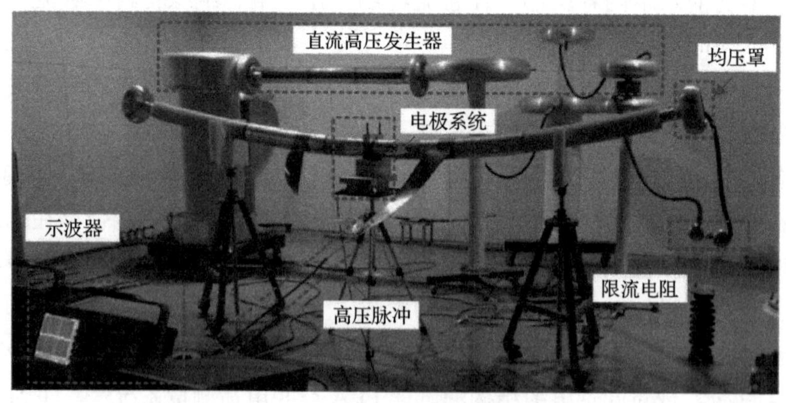

图 9.8　电缆空间电荷测量系统

量方案，仍然不可避免地需要对电缆结构做出一定改动。PEA 真正实现现场测量仍有很长的一段路要走。

9.3.2　空间电荷对现场试验的影响

自 1976 年始，CIGRE 文件、GB/T 7354、GB/T 18494.2、IEC 61378-2、IEC 60076-3、IEC 60270、ASTM 1868 等标准先后提出：换流变压器出厂时除冲击试验外，还要进行长时间交流直流耐压试验、极性反转试验及局部放电试验，并规定了相应的验收准则，具体如表 9.1 所示。工程应用实践表明，在工程试验验收过程中换流变压器经过长时直流耐压试验后，依据 GB/T 18494.2 标准进行带局部放电的交流耐压试验时，往往出现在较低交流电压即出现局部放电，且放电量较大，无法满足规定放电量的现象，反映出预压直流电压过程严重影响了油纸绝缘材料的绝缘性能。

表 9.1　标准规定的换流变压器出厂试验项目及验收准则[14]

试验项目	验收准则
长时感应耐压试验	网侧、阀侧绕组视在放电量不大于 150pC
2 小时的直流耐压试验	最后 30min 内记录到不小于 2000pC 的脉冲数不超过 30 个，且在最后 10min 内不超过 10 个
极性反转试验	极性反转后 30min 内，记录到不小于 2000pC 的脉冲数不超过 30 个；且在最后 10min 内，不超过 10 个
1 小时的交流耐压试验	允许的局部放电量最大值不应超过 500pC
短时感应耐压试验	视在放电量不超过 150pC，且局部放电特性无持续上升趋势

根据第八章所述，随着预压幅值的增大和加压时间的延长，油纸绝缘表面注入的同极性电荷数量增加，使得油纸绝缘介质与高压电极接近处表面的电场不断加强；撤压后可以发现加压时间越长，预压直流电场越高，则油纸绝缘介质的残余空间电荷密度就越高。因此，受到空间电荷积累、运动和消散过程的影响，油纸绝缘介质的内部的电场分布被严重畸变，进而对油纸材料的交流局部放电特性产生影响。

图 9.9 为 1mm 油浸纸板在未预压和预压 90min 直流电压 20kV 条件下，施加交流电压后局部放电量的变化情况。可以看出，整个升压、降压过程中的局部放电量变化呈现类“磁滞回线”的变化趋势。未预压时，交流局部放电起始电压较高，升、降压过程中局部放电量较小，且在上升过程中的局部放电量要小于下降过程中的放电量。

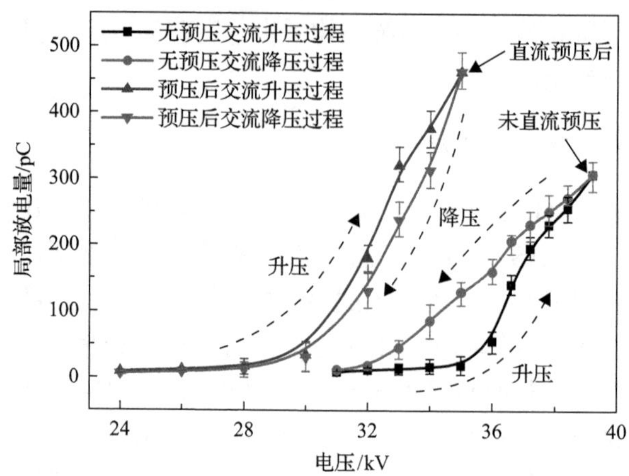

图 9.9　未预压和预压 90min 直流电压 20kV 撤压后重复升降交流其局部放电量变化规律[15]

油纸绝缘材料经过直流预压后，绝缘纸板被注入大量空间电荷，严重畸变了绝缘纸板的内部电场分布，当升高交流电压时，撤压后快速迁移消散的空间电荷很容易受到电场扰动，诱发局部放电的发生，导致局部放电起始电压降低，而放电又加快了绝缘纸板内部的电荷中和或泄放的速度，致使绝缘纸板内部残余空间电荷的数量逐渐减少。由于放电致使变压器油裂解活化，从而使得下降过程中的放电量要大于上升过程中。当经过直流预压后，局部放电起始电压较低，升、降压过程中局部放电量较大，且升压过程中的放电量大于降压过程中的。这是由于空间电荷作用致使电场畸变，易在较低电压作用下产生局部放电，同时在交流电场作用下绝缘纸板中空间电荷快速迁移、中和，使得交流电压上升过程中的局部放电量大于交流电压下降过程中的局部放电量，局部放电加快了绝缘纸板内空间电荷中和、消散的速度，致使空间电荷总量减少，从而减小了对电场的影响。

9.3.3　现场试验的建议

油纸绝缘在直流电压作用下的空间电荷现象，严重影响了油纸绝缘在交流电压作用下的局部放电特性，降低了局部放电的起始电压。如何规避空间电荷对现场试验的影响？

图 9.10 为局部放电起始电压与重复加压次数的关系。随着重复次数的增多，未预压直流下局部放电起始电压略有下降，预压直流电压后的油纸绝缘交流局部放电起始电压整体呈现先上升后下降的趋势，但均低于未预压交流电压作用下的。放电过程会对绝缘纸板表面的纤维产生轻微的烧蚀，使得原本表面的帚化纤维数量减少，纤维表面变得光滑，从而使第二次起始电压有所上升。由于放电具有累积效应，多次重复加压放电加剧了对绝缘纸板表面烧蚀破损，致使之后局部放电起始电压呈现下降的趋势。

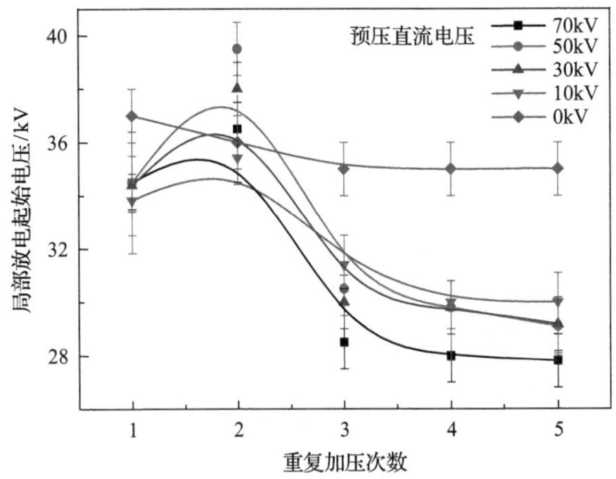

图 9.10　局部放电起始电压与重复加压次数关系[15]

由此可见，直流预压后经过多次重复加压放电，其交流电压下局部放电量的变化规律与未预压交流电压下的变化规律相同，结果表明多次放电可以加快油纸绝缘中注入空间电荷中和、消散速度，从而减小直流预压下形成空间电荷对油纸绝缘局部放电特性的影响，但是试验中应当注意交流电压幅值大小，避免放电量过大对绝缘纸板表面形成烧蚀。

另外，在换流变出厂试验测试绝缘时，如何确定两次试验的时间间隔是很重要的问题。足够的放电时间才可能使绝缘电介质中的空间电荷完全消散，从而避免残余在电介质中的空间电荷影响下一项绝缘试验的测试结果。

空间电荷总量指绝缘介质内所有空间电荷量的绝对值之和。图 9.11 所示为不同温度下油纸绝缘在 20kV/mm 电场下极化 60min 后，撤压时空间电荷总量消散曲线。

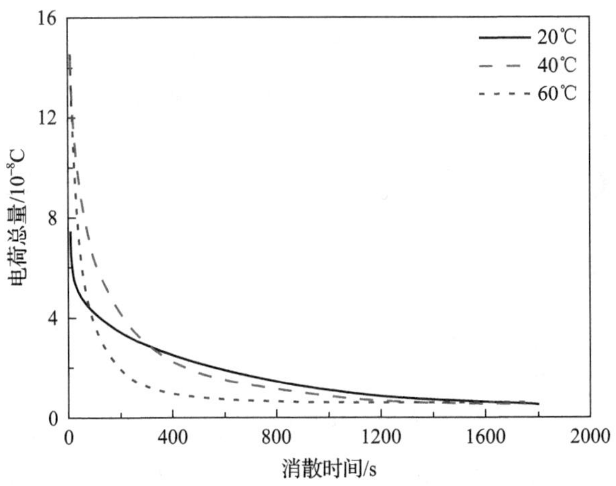

图 9.11　不同温度下空间电荷总量消散曲线[16]

从图 9.11 中可以看到，在 0～20s 阶段内，空间电荷总量的大小关系为 $Q_{60℃} > Q_{40℃} > Q_{20℃}$；在 20～80s 阶段内，空间电荷总量的大小关系为 $Q_{40℃} > Q_{60℃} > Q_{20℃}$；在 80～290s 阶段内，空间电荷总量的大小关系为 $Q_{40℃} > Q_{20℃} > Q_{60℃}$；在 290s 以后，空间电荷总量的大小关系为 $Q_{20℃} > Q_{40℃} > Q_{60℃}$。即在消散过程中，温度与空间电荷总量呈非单调关系，消散初始阶段，温度越高，空间电荷总量越高；消散一段时间后，温度越高，空间电荷总量越低。而消散 30min 之后，三种试样的空间电荷总量明显已经趋于平稳，空间电荷消散结束。

试品中空间电荷总量随时间的变化拟合关系如表 9.2 所示，即空间电荷的消散与消散时间成指数衰减关系。通常情况下，空间电荷消散达到稳定值需要的时间按照 20℃的情况计算不低于 38min，随着温度升高，需要的时间更短。

表 9.2　不同温度下油浸纸试样中空间电荷总量与消散时间的关系

温度/℃	拟合曲线/C	R^2
20	$Q_{20℃} = 4.807\times10^{-8}\mathrm{e}^{(-t/455.132)} + 5.258\times10^{-9}$	0.98
40	$Q_{40℃} = 1.102\times10^{-7}\mathrm{e}^{(-t/177.039)} + 7.911\times10^{-9}$	0.98
60	$Q_{60℃} = 1.317\times10^{-7}\mathrm{e}^{(-t/70.551)} + 7.014\times10^{-9}$	0.98

综合上述结果可以发现，尤其是在以油纸绝缘材料作为主要绝缘材料的换流变压器，换流变压器内有大量绝缘纸板组成的绝缘结构，在外施直流耐压过程中，内部绝缘纸板注入大量空间电荷，严重影响了油纸绝缘的局部放电特性，对换流变压器的正常工况运行带来了巨大威胁。因此，建议在换流变压器经受直流耐压试验后，可以对其施加一定幅值的交流电压，可以加速油纸绝缘材料中空间电荷的中和及消散速度，尽量减小空间电荷对局部放电特性的影响，但施加交流电压幅值不能过高，以免放电对换流变压器造成不必要的破坏。另外也可以长时间接地去极化处理，使其内部空间电荷消散，去极化时间不低于 38min。

9.4　空间电荷与其他设备绝缘结构设计和运行特性评估

9.4.1　电力电容器

空间电荷不仅仅影响变压器、电力电缆绝缘的运行特性与绝缘性能，对电力电容器的电气与绝缘性能亦有较大影响。在过去，电力电容器采用牛皮纸或聚丙烯膜作为电介质材料，但随着双向拉伸聚丙烯(biaxially oriented polypropylene, BOPP)薄膜的出现，其拥有介电性能稳定、耐受电场高、易于制备等优点，目前电力电容器主要以 BOPP 薄膜作为电介质材料[17]。

对于电容器而言，提高相对介电常数与击穿强度是提高电容器储能容量的关键。有研究表明 BOPP 薄膜的击穿场强可高达 700V/μm，而实际工程中高压电容器的实际应用电场强度仅为 200V/μm[18,19]，电容器薄膜的击穿电场强度对电力电容器的实际工程应用影响较大。

当电力电容器的聚合物薄膜电场强度提高，空间电荷的注入现象将会更加明显。当电场强度高于一定阈值时，空间电荷的注入积累效应及泄露电流将会显著增加[20]。空间电荷的积累会使聚合物薄膜局部电场发生畸变，一方面加速电介质的绝缘老化，另一方面有可能直接导致聚合物薄膜的击穿。

为抑制电容器聚合物薄膜中空间电荷的注入与积累，可使用氟气或含氟的气体混合物来对聚合物进行表层分子结构调控，在聚合物表面形成特殊结构或极性基团，改变聚合物的表面能(图 9.12)。天津大学杜伯学等研究表明，对聚丙烯薄膜进行直接氟化可在聚合物表面形成一层致密的氟化层，填补试样表层本身的缺陷，改变聚丙烯的电荷陷阱深度和密度，有效抑制表面电荷的注入与积累，进而减小空间电荷引起的电场畸变，提高击穿场强与电容量[21](图 9.13)。

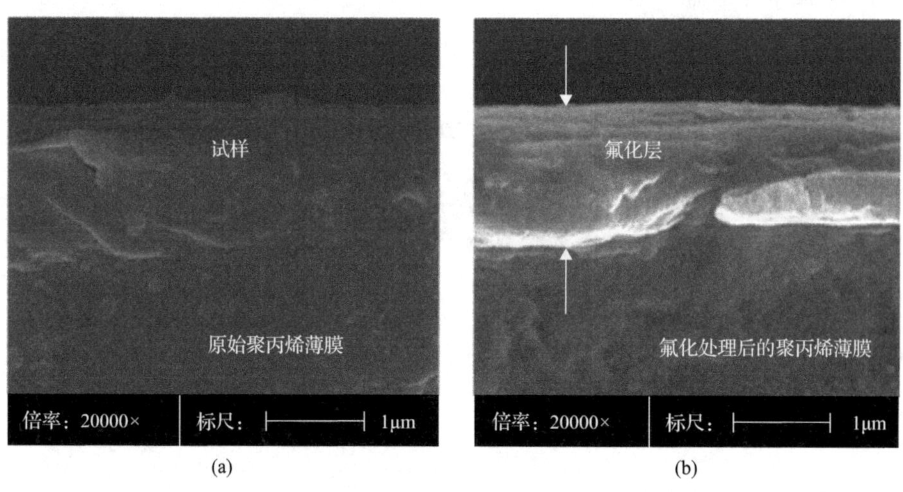

图 9.12　聚丙烯薄膜截面的 SEM 图像

9.4.2　驻极体

在电气绝缘领域中，空间电荷的存在将畸变电场，对绝缘造成危害，然而在其他领域中则不然。驻极体是一种能够长期存储宏观电荷的材料，其电荷可来源于内部极性分子在电场下取向形成的极化电荷，也可来源于电场作用下的外部注入或电荷分离形成的空间电荷[22]。利用空间电荷，驻极体可以被制作成各种传感器、过滤器、能量采集器等。

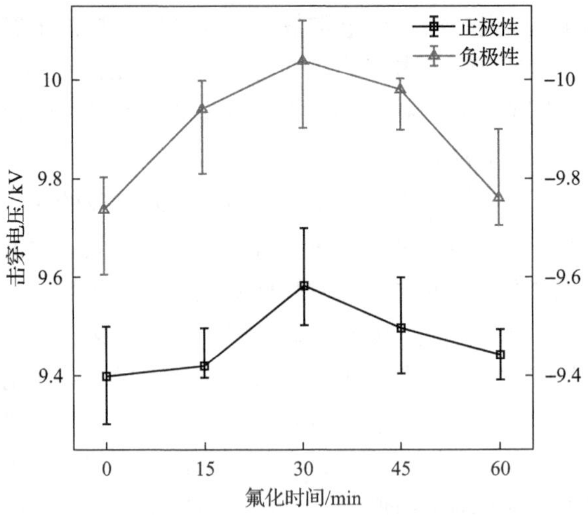

图 9.13　不同极性不同氟化时间下的聚丙烯薄膜击穿电压(冲击电压频率为 400Hz)

1. 驻极体传感器

如图 9.14 所示，华中科技大学周军课题组开发了一种基于驻极体纤维的柔性

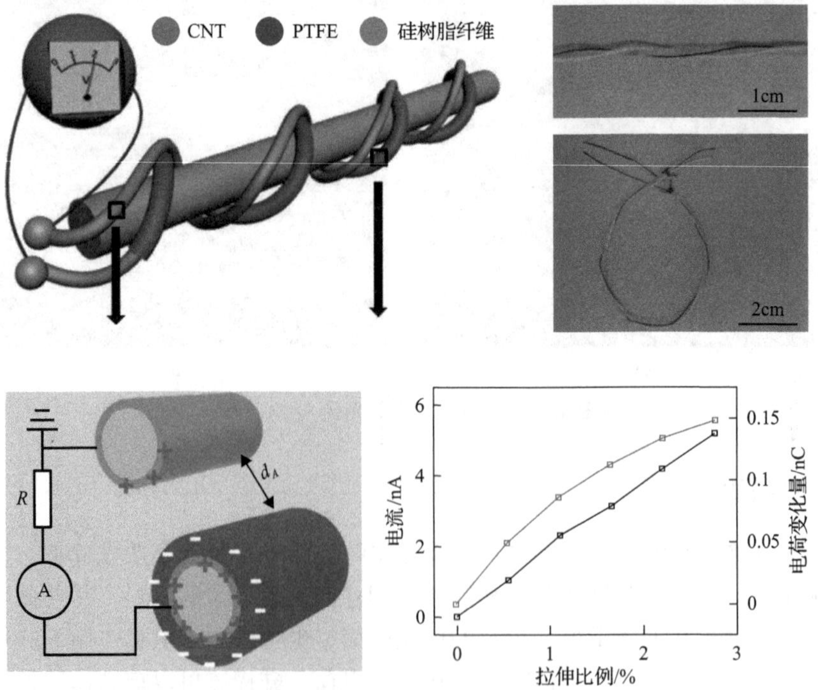

图 9.14　基于驻极体纤维的柔性可拉伸应变传感器[23]

可拉伸应变传感器，该传感器由碳纳米管(CNT)涂层棉线和极化后的聚四氟乙烯(PTFE)碳纳米管棉线组成，两根线缠绕成双螺旋结构盘绕在硅树脂纤维上，拉伸时两棉线距离发生变化使得外电路产生电信号，可用于关节弯曲检测[23]。

2. 驻极体空气过滤材料

传统过滤器滤材由细小纤维或多孔材料组成，通过物理拦截捕获粉尘粒子，若要过滤亚微米级的粒子需要采用夯实加密状态的纤维，导致流阻大大增大。而驻极体过滤器材料中存在高达几百～上千伏电压的静电场，气流中带电微粒通过空隙时将在电场力作用下被阻挡或捕获[24]。

3. 驻极体能量采集器

驻极体具有较高的机电转换效率、较长的使用寿命且易集成于微机电系统，可作为压电能量采集器，有望作为微型低功耗电子设备的自取能器件，如自供电可穿戴设备的供电模块。当人在运动时，柔性驻极体可将人体运动的机械能转化为电能，可对设备进行供电；当压电驻极体被放置于地板中，人在其上走动时可产生电能，瞬时功率可达 4500μW[25]，如图 9.15 所示。

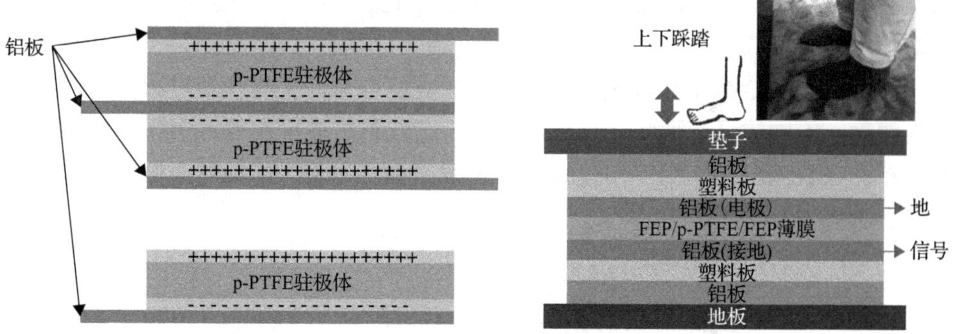

图 9.15　基于压电驻极体的地板下能量采集系统[25]

9.4.3　飞行器

飞机、火箭等飞行器在大气层内运动时，由于多种起电机理将在飞行器积累大量空间电荷，使得本来相互绝缘的飞行器部件之间发生放电。一方面，放电产生的热量将会对飞行器部件造成损伤，甚至引起油箱起火爆炸；另一方面，高频放电脉冲将作为近距离信号干扰源，对飞行器的导航系统、通讯系统等造成干扰，造成偏航、飞行失稳等问题。

导致飞行器积累大量空间电荷的原因主要有大气电场的静电感应充电效应、

发动机的喷流起电充电效应、摩擦起电充电效应、雷云的静电感应与电荷吸附等。由于地球表面带有负电荷，大气中存在指向地面的电场，当飞行器停放在地面上时，在大气电场作用下飞行器机体会聚集负电荷。美国学者 Vance 对发动机喷流起电效应进行研究，测得喷流起电电流最高可达 800μA，但其机理仍有待进一步研究[26]。当飞行器在大气层中高速运动时，表面材料与大气中的粒子发生高速碰撞，产生强烈的摩擦起电，使飞行器带上电荷。

随着飞行过程中空间电荷的不断积累，局部电场的畸变更加严重，当局部电场强度大于空气击穿的电场强度阈值时，飞行器绝缘部件之间便发生空气击穿，形成局部放电，对飞行安全造成严重危害。研究学者基于飞行器空间电荷产生、积聚至局部放电的主要机理，提出了飞行器穿云的起电与放电模型，建议通过增加放电针数目、优化放电针设计等减小飞行器的最大放电量[27]。

9.4.4　GIL

随着特高压输电的发展，具有输送容量大、占地面积少、运行可靠性高等优点的气体绝缘金属封闭输电线路(gas insulated transmission line，GIL)已得到日益广泛的应用。然而直至目前，绝大部分 GIL 工程仅限于交流输电领域，这是由于在直流电压作用下，GIL 设备的盆式绝缘子等绝缘部件表面积聚电荷，使得沿面闪络电压显著降低。

GIL 中盆式绝缘子在直流电压作用下的表面电荷产生与积聚过程复杂，机理尚未明确，不同绝缘子形状、材料、制造工艺及材料表面态等都会影响表面电荷的分布。在直流电压作用下，盆式绝缘子表面主要积聚与施加电压极性相反的电荷[28]，如图 9.16 所示。

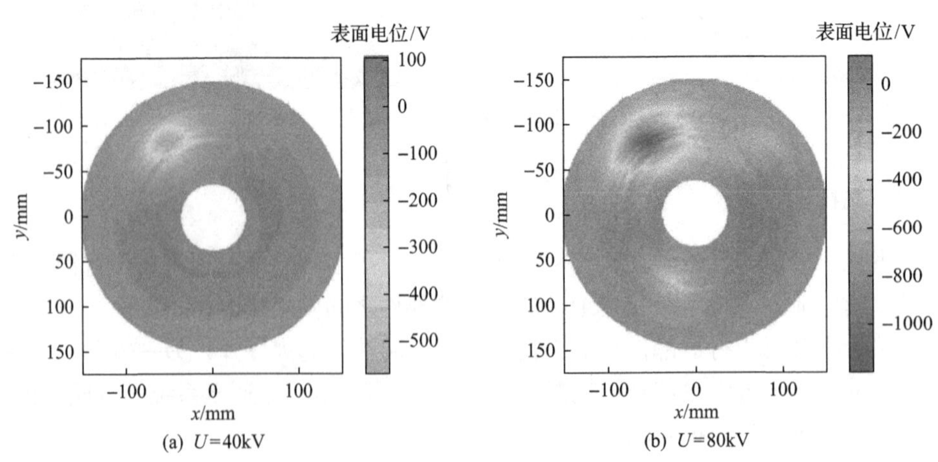

(a) U=40kV　(b) U=80kV

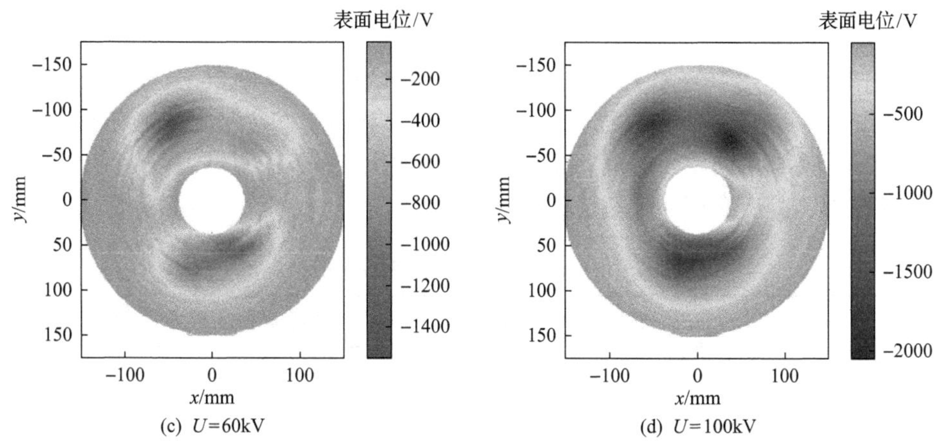

图 9.16　0.5MPa 下 SF6 中绝缘子施加正极性直流电压后的表面电荷分布[28]

9.4.5　等离子体表面处理

等离子体表面处理是利用等离子体中产生的空间电荷、紫外光子、臭氧等活性粒子对材料表面进行改性，可能增加或去除材料表面吸附的几个单(原子或分子)层；可能涉及表面的化学反应；可能增加或去除表面电荷；可能改变材料表面最外几个单层的物理或化学状态[29]。

低温等离子体中存在着大量的、种类繁多的空间电荷等活性粒子，它们比通常的化学反应器所产生的活性粒子种类更多、活性更强、更易于和所接触的材料表面发生反应，因而被用来对材料表面进行处理。和传统的方法相比，等离子表面处理具有显著的优点，它更有效、成本低、无废弃物、无污染，有时可以得到传统化学方法难以得到的处理效果。等离子体表面处理在表面改性和灭菌消毒中的应用已有较好的范例。

1. 羊毛纤维的表面改性

Rakowski 利用低气压(266～800Pa)放电产生的低温等离子体对羊毛进行处理，改进其可印染性[30]。试验比较了等离子体处理方法与传统的氯化处理方法，得出如下结论。若每年对 120t 的羊毛进行改性，等离子体处理方法可节省 27000m^3 的水、44t 次氯酸钠、16t 亚硫酸氢钠、11t 硫酸和 685000kW·h 电。氯化方法处理羊毛需耗电 7kW·h/kg，而等离子体处理羊毛仅耗电 0.3～0.6kW·h/kg，主要用于运行真空系统。更为重要的是，等离子体处理是干燥系统处理，它不像氯化处理会产生大量的污水。

2. 灭菌

美国田纳西大学的 Montie 小组利用大气压下辉光放电(APGD)等离子体进行了灭菌试验，取得了很好的结果[31]，见表 9.3。和传统方法相比，等离子体表面处理方法具有相对简单、安全、快速、成本低的优点，不需要高温或化学添加物，因而不损坏试品或在试品上造成药物残留。

表 9.3　APGD 低温等离子灭菌效果

微生物	起始数量/个	D_1 指标/s	D_2 指标/s	细胞数量减少/10−x	总处理时间/s
玻璃表面的大肠杆菌	1.0×10^6	33	7	≥5	70
琼脂上面的大肠杆菌	8.0×10^7	70	16	≥6	300
纸带上面的杆状真菌	1.0×10^6	128	12	≥5	180
玻璃表面的酵母菌	1.5×10^6	180	30	≥5	300
纸带上的酵母菌	1.5×10^6	126	30	≥5	210

注：表中的 D_1 和 D_2 分别是活体减少到第 1 个、第 2 个的 10%所需的时间。

9.5　空间电荷研究的发展方向

9.5.1　空间电荷理论研究的发展

大型电力设备研制与运行过程中，尚不具备条件对设备内部绝缘各点进行电场监测，通常采用数值仿真的方法对不同电压作用下绝缘结构所呈现的电场分布规律进行研究。然而，现有的仿真软件无法考虑电力设备绝缘结构中的空间电荷分布特性，因而仿真结果精确获取实际绝缘内部电场分布较为困难。

同时，聚合物绝缘材料的电阻率是关于电场、温度、湿度等环境因素的非线性函数，往往还具有各向异性的特点。在含有不同频率成分外加电压的作用下，例如直流、交流、交直流叠加、极性反转等不同的电压形式，多层电介质产生不同的介电弛豫过程与电导过程，在其宏观界面处形成自由面电荷与极化面电荷的积聚，电荷的产生反过来又影响到原有电场的分布。近年来，随着计算机硬件性能的提高和电磁场仿真软件能力的不断增强，国内一些课题组和公司已经合作，研发考虑空间电荷分布的电力设备仿真软件，能够仿真热-力-流-电多物理场作用下特高压电力设备内部电场的计算问题，并且在一些样机电力设备中通过实测电场分布验证了所研发软件的计算精度。

现有电介质空间电荷研究主要针对薄膜试样，开展厚度方向的一维空间电荷测量和特性研究。然而，一维空间电荷测量技术对于被测试样的诸多特性都做了近似假设，例如不考虑试样截面方向材料参数的各向异性和非线性、电极-试样界面处电荷信号被电极电荷信号淹没等。

空间电荷无法通过测量装置直接定量描述，测量信号的反演计算是空间电荷测量技术的关键组成。现有一维空间电荷波形的恢复处理是一个反卷积问题，该问题是病态的，即方程解不唯一，且解不连续并依赖于系统观测量。病态问题求解需采用正则化方法，通过在所求问题中引入阻尼因子或正则化因子，寻找减小求解误差与抑制噪声放大之间的平衡点，从而使方程的解保证一定精度，且系统噪声不至于被放大至产生严重数值伪振荡。对于迭代正则化方法而言，通常以迭代步数作为正则化因子来控制求解质量与算法的稳定性。由于电介质内部声波传递过程具有衰减和色散特性，所以利用幂函数规律和时间因果律获得宽频率范围内的衰减因子和色散因子，获得噪声水平 40～50dB 下无衰减与色散的空间电荷实测信号。

基于外激励源作用下，准确掌握空间电荷动态行为是空间电荷信号准确反演的关键。空间电荷高速动态测量过程中存在较大的背景噪声，空间电荷三维测量信号的反演存在诸多难点，包括计算量大、反演不确定性高等。此外，基于太赫兹波的空间电荷测量技术，太赫兹波的能量范围为 0.4～40eV，高于聚乙烯材料中的化学陷阱和物理陷阱能级(0.4～1.5eV)。在此前提下，绝缘材料中自由电荷和束缚电荷在太赫兹波作用下的受力分析尤为关键。未来，需要对太赫兹波作用下空间电荷的电磁力问题建立相关模型进行深入研究。

9.5.2　空间电荷测量技术研究的发展

目前固体绝缘材料较为成熟的空间电荷测量方法有热测法、压力波扩展法和电声脉冲法等。这些测量方法存在的不足包括①测量速度慢，信号物理意义不直观；②分辨率难以进一步提高、信噪比低；③难以测量厚试样。未来空间电荷测量技术的发展方向可概括如下。

1. 高速动态空间电荷测量技术

研究暂态过程的空间电荷行为演变规律，需要高速动态空间电荷测量技术。以 PEA 法无损测量聚乙烯薄膜试样为例，压力波通过 2mm 厚度仅需约 1μs，为空间电荷的测量向高速动态方向的发展提供了可能。受到硬件条件的限制，快速测量的持续时间只有几百 ms 而连续测量之间的死区较大，并不适于实际应用。目前，高速动态空间电荷测量既要提高采样率，缩短单次测量之间的时间间隔，也要提高存储性能和机制，这不仅要求测量系统具有快速性，还需要可持续性，使得内存和外部数据传输之间达成高速动态的协议。在软硬件协同提升方面，空间电荷高速动态连续测量必然在短时间内产生海量数据。这一方面要求示波器具有更大的存储深度，另一方面要尽可能减小“死区”数据，并结合压缩感知等技术，以期大幅改进海量测量数据与有限内存之间的巨大矛盾。

2. 高精度空间电荷三维探测技术

固体绝缘缺陷对试样内部空间电荷的分布有显著影响，国内外学者对树枝老化下绝缘材料的空间电荷特性进行了相关研究，但现有研究仅关注了其一维信息。然而，实际缺陷往往呈现局部性、分布性和各向异性的特点，有必要开展三维探测研究。日本学者基于 PEA 法，运用电极扫描技术或声透镜技术，建立空间电荷三维探测系统。后续随着微处理器技术的进步，微处理器阵列被引入 PEA 系统中，实现了一定精度的空间电荷三维探测。然而，由于现有测量技术的空间分辨率有限等问题，且目前三维空间电荷信号反演技术尚未完善，相关测量方法仍无法表征微纳尺度缺陷内部的三维空间电荷分布信息。太赫兹技术为纳米级别分辨率的空间电荷测量提供了新思路，可以克服当前技术空间分辨率有限，以及动态测量速度的不足。目前，太赫兹波的检测研究仍处于起步状态，而对于高电场下绝缘材料的太赫兹空间电荷测量，其光路拓扑、三维信号传感等结构仍未实现，太赫兹波下的空间电荷信号检测和反演机制不明。

3. 多层厚试样空间电荷测量技术

目前，小尺寸(微米级)单层绝缘空间电荷的研究很多，但大尺寸(厘米级)复杂结构中多层绝缘界面电荷分布演变规律尚不清楚。尤其是在变压器内部多层油纸绝缘中，可以通过单层油、纸绝缘薄试样的建模仿真计算与基于 PEA 方法空间电荷实验研究，依次推演到多层油-纸绝缘厚试样复杂结构下的空间电荷演变。

此外，空间电荷与其他电气性能的联合测量也是当前及未来的重要发展方向，包括空间电荷-电导电流联合测量、空间电荷-热刺激电流联合测量等。联合测试系统的优势是能够获得相同试样、相同区域、相同过程的多维试验参数，更好地挖掘电荷载流子输运的物理过程。

9.5.3 空间电荷暂态特性研究的发展

相对于稳态运行工况，实际工程中直流设备固体绝缘击穿失效往往发生在暂态过程，如冲击过电压、冷启动、极性反转等。在短暂的击穿发生过程中，固体绝缘内部往往伴随着空间电荷的快速运动，内部最大电场幅值也在变化过程。因此，暂态过程复杂、参数测量难度大，也是电力设备绝缘的重大威胁，研究击穿过程中空间电荷和电场分布的高速测量技术，并获得暂态过程空间电荷特性和绝缘内部最大电场畸变值，对于阐明击穿机理有着重要意义。暂态过程空间电荷研究对电力设备绝缘水平的提高、直流绝缘料的开发和评估具有重要的意义，在理论和应用上都具有重要价值。

1. 特殊电压下(如极性反转、直流接地等)空间电荷暂态特性

对于极性反转工况来说，由于在直流电缆输电中加入了电压源控制器技术，所以极性反转工况对电缆的安全稳定运行的威胁大大减低，但是先前早期的关于极性反转工况下直流电缆绝缘材料空间电荷暂态过程的研究成果，依然可以评价一种材料内部的空间电荷在暂态工况下表现出来的特性。

潮流反转是直流输电系统的一个常用、必需的操作模式，实现它的唯一办法就是电压极性反转，如图 9.17(a)所示。换流变压器阀侧绕组内的油纸绝缘系统在极性不变的直流电场长期作用下，载流子定向移动容易导致油浸绝缘纸中电荷的积聚，在快速极性反转过程中空间电荷的分布不能跟随电压极性反转过程而发生

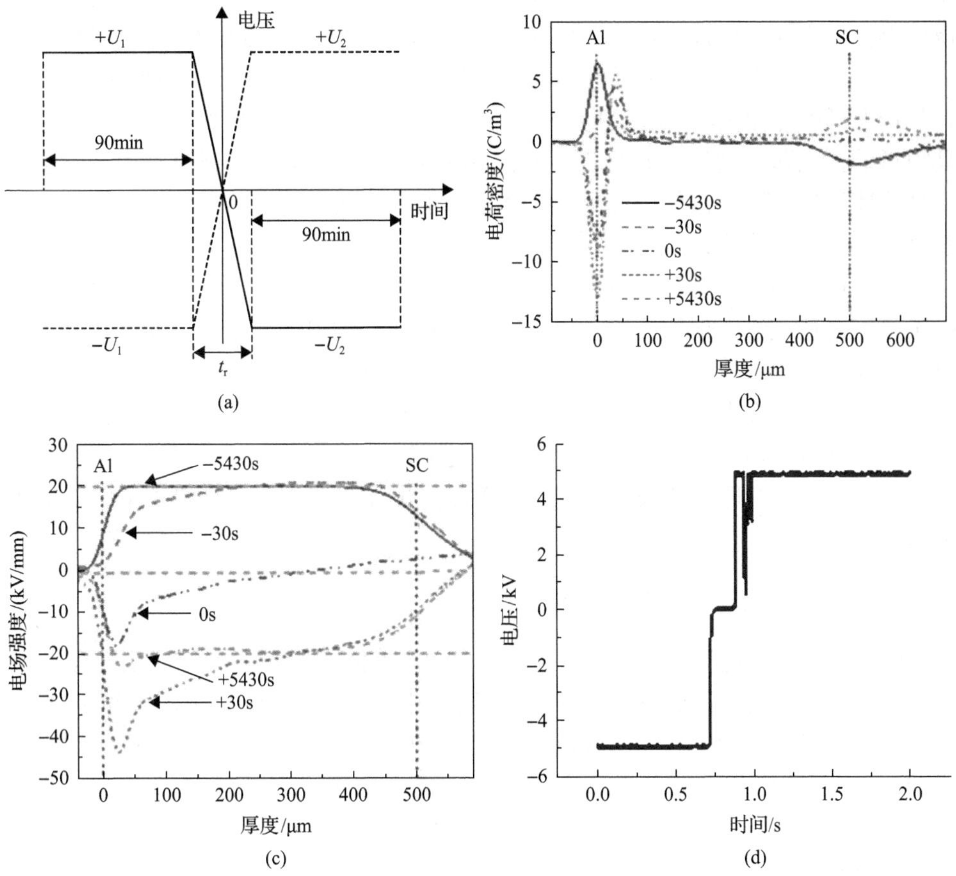

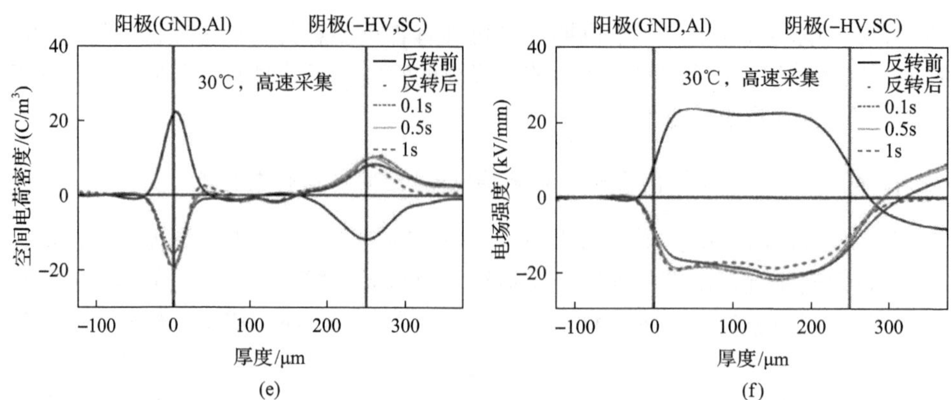

图 9.17　(a)慢速极性反转电压流程图，(b)慢速极性反转空间电荷分布，(c)慢速极性反转电场分布，(d)快速极性反转电压波形，(e)快速极性反转空间电荷分布，(f)快速极性反转电场分布

改变，容易导致绝缘内部电场的畸变，损坏绝缘甚至导致击穿。从图 9.17(b)看到，第一次极化在 Al 电极附近残留的正电荷在极性反转后由同极性电荷变为异极性电荷，因而在极性反转后会增大 Al 电极附近的电场。如图 9.17(c)所示，当极性反转过程结束后，Al 电极处的电场约为外施电场的 2 倍。在极性反转结束后，在外加电场的作用下，随着 Al 电极处负电荷的注入，Al 电极处的负电荷密度及其附近的正电荷密度的幅值逐渐减小。在图 9.17(e)和(f)中，通过高速采集也观察到快速极性反转中试样内部出现空间电荷的快速演变过程，说明电荷的迁移和复合作用发生十分迅速。

HVDC 电缆在正常运行条件下偶有发生接地故障的风险，接地故障一旦发生，除了可能会造成继电保护装置、信号装置和自动装置误动或拒动等问题之外，对电缆本体绝缘也会造成一定破坏，产生直流接地电树枝，对电缆的安全稳定运行造成严重威胁。在电力系统中，除了电缆会受到直流接地故障的严重威胁外，直流输电系统双极运行时，其中一极发生接地故障时，将会在另一极产生严重的过电压，不仅影响线路塔头设计，还对开关场过电压保护水平、绝缘水平等造成不良影响。

2. 高温下的空间电荷暂态特性

电介质中空间电荷研究表明，温度是影响空间电荷特性的一个重要因素。虽然温度对空间电荷注入的阈值场强(电介质中开始产生空间电荷注入的电场)影响不大，但是对电荷的分布和注入速度有明显影响。温度越高，空间电荷的注入速度和注入深度越大。高温下空间电荷变化迅速，空间电荷脱陷的概率增大，载流子迁移率更大，释放的能量增多。因此，急需高速动态空间电荷测量技术来弥补在高温下普通空间电荷测量技术的短板，从而全方位探究不同时间尺度下电介质材料空间电荷演变过程。

3. 预击穿过程空间电荷暂态特性

多数学者认为空间电荷对击穿的影响是由于电介质材料内空间电荷的聚集影响了电场的分布，并使局部电场畸变造成的。然而，电介质材料发生击穿的瞬间，外部施加的电场不能准确反映绝缘内部出现过的最大电场幅值。另一方面，电介质材料配方或者制备工艺考虑不够全面，会导致材料在击穿特性上出现不均匀不连续的属性。已有研究发现，老化本身就是一种空间电荷分布的、随时间不断发展和累积的损失过程，这些因素都会导致在暂态工况下击穿所需电场幅值远低于未老化绝缘试样的电场幅值。实际在绝缘结构中通常会出现双层或多层绝缘介质，在界面上会出现空间电荷的积聚，而界面一般是绝缘结构的弱点。因此，当存在界面空间电荷的时候，暂态工况下容易发生界面上的放电和电树枝等情况，甚至提前发生击穿。

图 9.18 展示了本课题组开展的预击穿过程三种不同冷却速率 LDPE 空间电荷动态特性试验，观测加压、预击穿以及击穿后的空间电荷分布、运动、衰减情况，来研究形态结构、空间电荷与击穿的关系。实验发现，绝缘内部击穿发生在试样内场强最高时刻，击穿前甚至出现连续多轮的空间电荷包现象，空间电荷产生、运动和消散可能造成电介质老化。

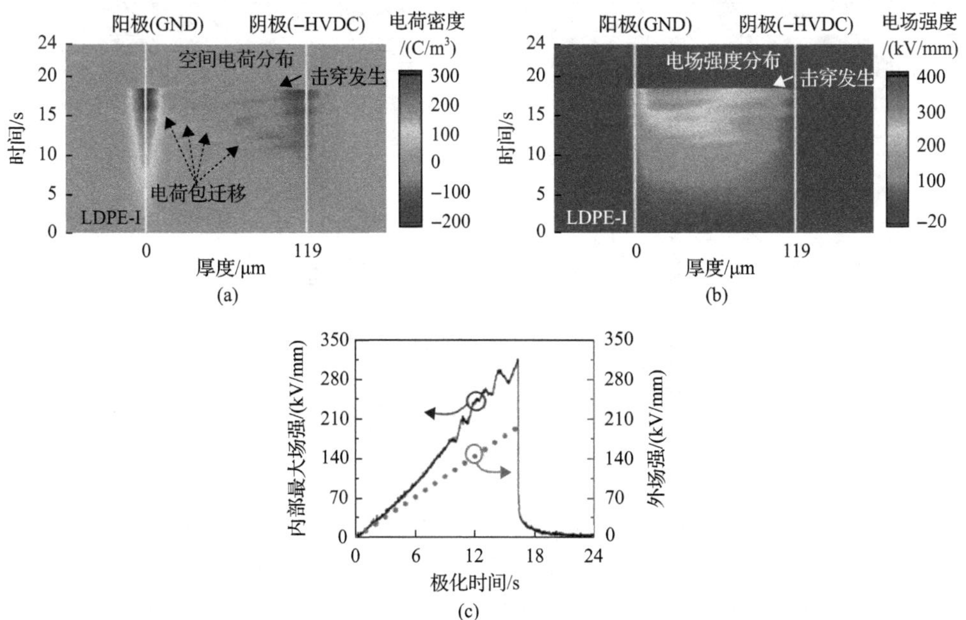

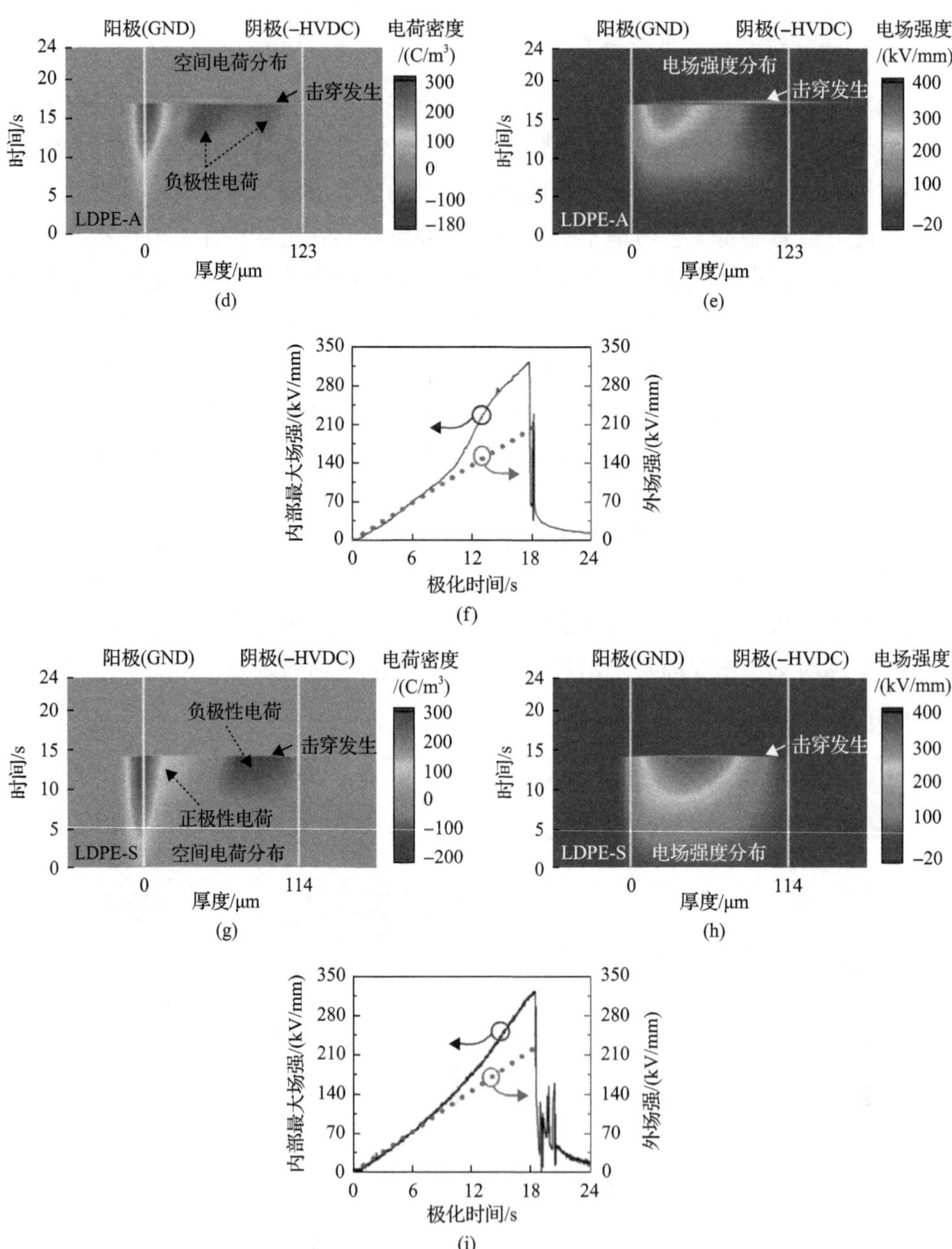

图 9.18　(a)～(c) 70℃下 LDPE-I 空间电荷、电场分布、最大电场与外施电场随极化时间变化曲线，(d)～(f) 70℃下 LDPE-A 空间电荷、电场分布、最大电场与外施电场随极化时间变化曲线，(g)～(i) 70℃下 LDPE-S 空间电荷、电场分布、最大电场与外施电场随极化时间变化曲线

9.5.4　空间电荷数值仿真研究的发展

通过大量空间电荷试验数据的积累，国内外学术界对空间电荷稳态过程和演化机理有了一定的认知。同时随着数值计算水平的提高，人们开始寻求建立空间电荷输运模型，并通过计算机对空间电荷现象进行仿真。近些年国际上已有多个研究小组提出了描述电介质材料中空间电荷动态过程的数学物理模型，并采用计算流体力学方法得到了随时间变化的介质内部电荷浓度和电场强度分布。

固体绝缘空间电荷暂态过程数值仿真涵盖了分子尺度的量子化学计算与宏观流体问题求解，亦即微观与宏观两个层面。在分子尺度上，需采用分子动力学方法计算得到高分子聚合物如聚乙烯的稳定构型。基于该分子构型，采用量子化学从头算方法或密度泛函理论计算电子的能态密度分布。该方法可以用于研究物理陷阱与化学陷阱对于电子能态的影响，从而计算出陷阱深度、浓度、分布。

宏观层面空间电荷动态过程的仿真需基于微观分子尺度材料计算得到的参数，如陷阱深度、浓度、分布、载流子迁移率等，通过对静电场泊松方程与电流连续性方程的联立求解得到随时间变化的介质内部电荷浓度、电场强度、电流密度、复合速率等物理量的分布。这些数据可以与 PEA 等实验装置测量得到的结果进行参照对比，为空间电荷暂态过程的机理性研究提供理论依据。

因而，在当前研究水平下，实验技术手段、数学物理模型和数值计算方法等条件均已具备，有必要对空间电荷暂态过程的数值仿真开展更为深入的研究，促进电介质理论与仿真技术的发展。

9.5.5　空间电荷应用研究的发展

随着空间电荷测量技术的发展，空间电荷应用领域也不断拓展，在绝缘材料特性机理、材料开发及绝缘评估当中都将发挥举足轻重的作用。

1. 特性机理

与空间电荷稳态特性研究相比，暂态特性研究在研究成果数量和系统程度上尚处于早期阶段，对于各种暂态工况下空间电荷暂态特性的数据均有待深入研究，并建立稳态、暂态过程之间的关联关系，包括载流子的来源与类型、输运机制、注入与析出，以及与绝缘特性和绝缘老化之间的关系。

2. 材料开发

固体绝缘材料在电力工业、高新技术与军事领域中具有重要的应用前景。在超特高压、超大容量电力设备和高性能武器装备中，固体绝缘材料常常工作于非常规或极端强电磁条件之下，无论是从新型超/特高压输变电设备发展和绝缘安全运行的需要出发，还是从尖端新武器装备研发和性能提高的需要出发，均对固体绝缘材料及其结构在强电磁条件下的绝缘性能提出了更高的要求。目前，有少数直流电力设备绝缘标准考虑到了稳态工况下的空间电荷效应，并给出了指标。在直流电缆绝缘材料开发过程中，考虑到了稳态条件下(较低电场)空间电荷和电场分布特性，但是对于暂态工况下空间电荷特性和指标则没有相关试验依据和标准可以参考。换流变压器的阀侧绕组存在交直流复合电压同时叠加的情况，实验研究发现，经过直流预压后再开展交流局部放电试验，局部放电的起始电压和放电量均会受到预压过程积聚的空间电荷影响。而目前换流变压器厂商在设计阶段，并未考虑油纸绝缘介质中空间电荷效应的影响。

3. 绝缘评估

目前，空间电荷测量技术有相关的标准，包括行标、国标和 IEC 标准，但主要还是针对空间电荷稳态过程的测量。而对于暂态工况及测量技术，则尚没有相关标准和测试依据。这限制了当前空间电荷暂态过程的研究进展，包括试样条件、测试系统、测试结果的可重复性等。空间电荷暂态过程的研究对于揭示固体绝缘的电老化与击穿机理、提高固体绝缘性能具有重要的理论价值和工程实践意义。

参 考 文 献

[1] Mazzanti G, Montanari G C, Alison J M. A space-charge based method for the estimation of apparent mobility and trap depth as markers for insulation degradation-theoretical basis and experimental validation[J]. IEEE Transactions on Dielectrics and Electrical Insulation, 2003, 8(2): 187～197.

[2] Dissado L A, Mazzanti G, Montanari G C. The role of trapped space charges in the electrical aging of insulating materials[J]. IEEE Transactions on Dielectrics and Electrical Insulation, 1997, 4(5): 496～506.

[3] Dissado L A, Paris O, Ditchi T, et al. Space charge injection and extraction in high divergent Fields[C]//1999 Conference on Electrical Insulation and Dielectric Phenomena, Austin, 1999: 23～26.

[4] Dissado L A, Fothergill J C. Electrical degradation and breakdown in polymers[M]//London: IET Press, 1992.

[5] Huang M, Zhou Y X, Dai C, et al. Charge transport in thermally and electrically stressed oil-impregnated paper insulation[J]. IEEE Trans. Dielectr. Electr. Insul., 2016, 23(1): 266～274.

[6] Zhang L, Mohammad M. KhanI, Timothy M, et al. Suppression of space charge in crosslinked polyethylene filled with poly(stearyl methacrylate)-grafted SiO_2 nanoparticles[J]. Applied Physics Letters, 2017, 110(13): 132903(1～5).

[7] 王云杉. 聚乙烯长期交直流老化条件下的空间电荷特性研究[D]. 北京: 清华大学, 2011.

[8] 聂皓. 热老化对纳米复合硅橡胶空间电荷和击穿特性的影响[D]. 北京: 清华大学, 2020.

[9] 费益军, 张云霄, 周远翔. 硅橡胶热老化特性及其对电缆附件运行可靠性的影响[J]. 电工电能新技术, 2014, 33(12): 30～34.

[10] 黄光磊, 李喆, 杨丰源, 等. 直流交联聚乙烯电缆泄漏电流试验特性研究[J]. 电工技术学报, 2019, 34(1): 192～201.

[11] Takada T. Acoustic and optical methods for measuring electric charge distributions in dielectrics[C]//IEEE

Dielectrics and Insulation Society. 1999 Annual Report Conference on Electrical Insulation and Dielectric Phenomena, Austin, 1999: 1～14.

[12] Takeda T, Hozumi N, Suzuki H, et al. Space charge behavior in full-size 250kV DC XLPE cables[J]. IEEE Transactions on Power Delivery, 1998, 13 (1) : 28～39.

[13] Yamanaka T, Maruyama S, Tanaka T. The development of DC+/–500kV XLPE cable in consideration of the space charge accumulation[C]//Properties and Applications of Dielectric Materials, 2003. Proceedings of the 7th International Conference on, Nagoya, 2003: 1～5.

[14] 沙彦超. 直流及交直流复合电压下油纸绝缘局部放电特性研究[D]. 北京: 清华大学, 2014.

[15] 金福宝. 交直流复合电压下油纸绝缘沿面放电特性研究[D]. 北京: 清华大学, 2015.

[16] 周远翔, 黄欣, 黄猛, 等. 温度对油纸绝缘空间电荷消散特性的影响[J]. 电工电能新技术, 2018, 37 (7) : 1～8.

[17] 许然然, 杜伯学, 肖谧. 高压直流电容器电介质研究现状[J]. 电气工程学报, 2018, 13 (11) : 1～10.

[18] Duarte L H S, Alves M F. The degradation of power capacitors under the influence of harmonics[C]//10th International Conference on Harmonics and Quality of Power, Rio de Janeiro, 2002, 11 (1) : 334~339.

[19] 谢超, 叶建铸, 石延辉, 等. 直流滤波电容器剩余预期寿命的试验研究[J]. 电力电容器与无功补偿, 2017, 38 (2) : 87～93.

[20] Dissado L A, Laurent C, Montanari G C, et al. Demonstrating a threshold for trapped space charge accumulation in solid dielectrics under DC field[J]. IEEE Transactions on Dielectrics and Electrical Insulation, 2005, 12 (3) : 612～620.

[21] Du B, Huang P, Xing Y. Surface charge and flashover characteristics of fluorinated PP under pulse voltage[J]. IET Science, Measurement & Technology, 2017, 11 (1) : 18～24.

[22] 陈阳. 驻极体中空间电荷新型测量方法研究[D]. 哈尔滨: 哈尔滨工程大学, 2010.

[23] Zhong J, Zhong Q, Hu Q, et al. Stretchable self-powered fiber-based strain sensor[J]. Advanced Functional Materials, 2015, 25 (12) : 1798～1803.

[24] 陈钢进, 肖慧明, 王耀翔. 聚丙烯非织造布的驻极体电荷存储特性和稳定性[J]. 纺织学报, 2007, 28 (9) : 125～128.

[25] Tajitsuy Y, Takarada J, Hiramoto M, et al. Application of piezoelectric electrets to an energy-harvesting system[J]. Japanese Journal of Applied Physics, 2019, 58: SLLD05 (1～5) .

[26] Vance E F, Nanevicz J E. Rocket motor charging experiment[R]. Menlo Park, California, 1996.

[27] 杜照恒, 刘尚合, 魏明, 等. 飞行器静电起电与放电模型及仿真分析[J]. 高电压技术, 2014, 40 (9) : 2806～2812.

[28] 张博雅, 王强, 张贵新, 等. SF_6中绝缘子表面电荷积聚及其对直流 GIL 闪络特性的影响[J]. 高电压技术, 2015, 41 (5) : 1481～1487.

[29] 李成榕, 王新新, 詹花茂, 等. 等离子体表面处理与大气压下的辉光放电[J]. 高压电器, 2003, 39 (4) : 46～48, 51.

[30] Rakowski W. Plasma modification of wool under industrial conditions[J]. Melliand Textilberichte, 1989, 70 (10) : 780～785.

[31] Montie T C, Kelly-Wintenberg K, Reece R J, et al. An overview of research using the one atmosphere uniform glow discharge plasma (OAUGDP) for sterilization of surface and material[J]. IEEE Trans. Plasma Science, 2000, 28 (1) : 41～50.